Motorrad-Reparaturanleitung Band 5272

KTM Viertakter
Enduros und Supermotos

ab Modelljahr 1987

AF850575

In Zusammenarbeit
mit der Zeitschrift

MOTORRAD
Europas größte Motorradzeitschrift

bucheli verlag

Impressum

Impressum

ISBN 3-7168-2086-5
ISBN 978-3-7168-2086-5

Motorrad-Reparaturanleitung
Band 5272

Redaktion und Gestaltung: Büro Schermer, D-70469 Stuttgart
Texte: Axel Schermer, Franz Josef Schermer, Helmut Strauß, Stefan »Gogo« Bockisch
Fotos: Sandra Hauber, Axel Schermer
Zeichnungen: Daniel Horvat, Hans A. Plast, Wolf Kurz

Für diese Motorrad-Reparaturanleitung wurden unter anderem Bilder, Texte und Zeichnungen aus den Archiven der Zeitschrift MOTORRAD und des Motorbuch-Verlags verwendet.

Ein ganz spezieller Dank geht an Harry Humke und Ralph Söhner von MOTORRAD für ihre unbürokratische Hilfe bei der Besorgung von Fotos und Unterlagen für die KTM LC4.

Satz und Layout: Stefanie Schenk, Steven Flier
Lektorat: Myrta Baumberger
Druck: Druck- und Medienzentrum Gerlingen GmbH
D-70839 Gerlingen
Bindung: K. Dieringer
D-70839 Gerlingen

Verkauf:
Gewerbestraße 10
CH-6330 Cham
Postadresse:
Postfach 4161
CH-6304 Zug
Telefon: ++41 (0)41 741 77 55
Telefax: ++41 (0)41 741 71 15
www.bucheli-verlag.ch

1. Auflage 2006

Pflege, Wartung und kleinere Reparaturen rund um die KTM LC4 Supermoto- und Enduro-Modelle bilden den Inhalt dieses Buches. Sie finden jede Menge Tipps und Kniffe in Text und Bild zur fachgerechten Durchführung. Beispielhaft hier ein Bild aus dem Kapitel 8 »Räder« zum Thema »Hinterrad einbauen«.

Warum dieses Buch wichtig ist

Im Jahre 1987 präsentierte KTM den neuen Viertaktmotor LC4 im Endurofahrwerk. Doch erst einige Jahre später zur Mitte der 90er-Jahre kam der große Durchbruch, als die Super Duke auf den Markt kam, eine Mischung aus Enduro und Straßenmaschine. KTM erkannte den aufkeimenden Boom der Supermotos und kam wenig später mit den SM-Modellen. Und mit den LC4-Enduros konnte man viel besser im Gelände herumtoben als mit den weichgespülten, allerdings auch voll alltagstauglichen Enduros der japanischen Mitbewerber. Dem Slogan »Hard Enduro« wurden die KTM-Enduros auch bei unzähligen Wüstenrallys gerecht, die Kinigadner & Co. siegreich beendeten. Kein Wunder, dass KTM durch die LC4-Modelle vom »kleinen österreichischen Motorradhersteller« zu einer großen europäischen Marke geworden ist!

Der Bestand an LC4-Maschinen in Deutschland, Österreich und der Schweiz ist riesig und damit stieg auch der Bedarf an einen Buch, das sich ausschließlich mit Praxis-Technik der LC4 beschäftigt. Für die Behebung möglicherweise auftretender Probleme bietet diese Motorrad-Reparaturanleitung in Bild und Text eine Menge Tipps, um eine KTM LC4 zuverlässig am Laufen zu halten. Doch dieses Buch will mehr sein als nur eine Reparaturanleitung, die man nur dann zur Hand nimmt, wenn etwas kaputt ist.

Wenn Sie sich dieses Buch gekauft haben, um Ihr Motorrad besser kennen zu lernen und zu erfahren, was in ihm steckt, ist das gut so. Dieses Buch kann Ihnen helfen, die komplexe Mechanik, die in einer KTM LC4 steckt, zu begreifen und bietet gleichzeitig Lesestoff, der Ihnen hilft, Ihr Motorrad besser zu verstehen. Denn ein Fahrer, der sein Motorrad versteht, geht sorgsamer damit um. Was hilft, Probleme entweder schon im Ansatz zu erkennen oder gar nicht erst auftreten zu lassen.

Ein Motorrad hat öfter mal eine Wäsche nötig. Fachgerechte Pflege ist kein Hexenwerk, kleine Reparaturen kann man selbst machen.

Auf Zerlegung und Zusammenbau des Motors haben wir in diesem Buch bewusst verzichtet, weil eine Operation am offenen Herzen der KTM LC4 den Umfang dieses Buches bei weitem sprengen würde. Für Laien gilt deswegen der gute Ratschlag, dass Revisionen von Motor und Getriebe KTM-Händlern und -Spezialisten vorbehalten bleiben sollten; diese wurden in mehrtägigen Technik-Lehrgängen bei KTM geschult.

Der Spagat zwischen allgemein verständlicher Technik und stimmiger Anleitung zum Selbstschrauben bestimmt also den Inhalt dieses Buches. In diesem Sinne wünschen wir Ihnen, lieber Leser, viel Spaß bei der Lektüre – und hoffen gleichzeitig, dass Sie keinen Ärger mit Ihrer Maschine haben. Sollte dennoch ein Problem auftreten, kann Ihnen dieses Buch helfen, dieses rasch und kostengünstig zu beseitigen.

Einige Grundsätze zu diesem Buch:

- Die Lektüre kann weder eine Lehre zum Motorradmechaniker noch Praxis im Kfz-Handwerk ersetzen.
- Interessierte Laien sollten sich vor allem die Pflegetipps zu Herzen nehmen, denn gute Pflege erhält den Wert des Motorrads und sorgt dafür, dass man es besser kennen lernt.
- Die Anwendung der im Buch gezeigten Arbeitsschritte setzt einen Grundstock an gutem Werkzeug voraus. Deswegen behandeln wir dieses Thema sehr ausführlich in einem extra Kapitel.
- Inhalte wie beispielsweise Ventile einstellen, Kupplung reparieren, Radlager erneuern oder Arbeiten an den Bremsen erfordern ein umfangreiches Basisfachwissen und sehr genaues Arbeiten.
- An sicherheitsrelevanten Baugruppen wie Radaufhängung und Bremse darf nur arbeiten, wer sein Handwerk echt beherrscht, was eigentlich nur für ausgebildete Mechaniker gilt. Für andere heißt es: Motorrad zum KTM-Händler, dort arbeiten ausgebildete Fachleute.

In diesem Sinne wünsche ich Ihnen allzeit gute Fahrt mit Ihrer KTM LC4!

Herzlichst, Ihr
F. J. Schermer
(verantwortlicher Redakteur)

Wenn in diesem Buch von »Fahrern« die Rede ist, meinen wir natürlich auch die weiblichen Leser. Der leichteren Lesbarkeit halber beschränken wir uns jedoch auf die allgemeine (männliche) Form.

Inhalt

Folgende Symbole verdienen während der Arbeiten besondere Beachtung:

Sichtprüfung: *Teil genau ansehen, besonders beachten*

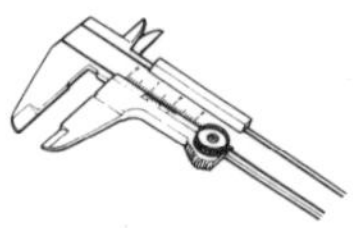

Messen: *Messschieber oder anderes Messwerkzeug nötig*

Achtung: *Besondere Vorsicht geboten, Sicherheitshinweise beachten*

Tipp: *Wertvoller Hinweis für einfacheres Schrauben*

Folgende Symbole verdeutlichen den Schwierigkeitsgrad der Arbeiten:

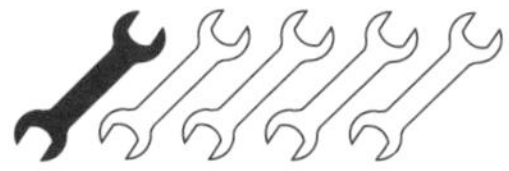

Ein Schlüssel:
Einfache Arbeit, erweitertes Bordwerkzeug reicht aus

Zwei Schlüssel:
Anspruchsvolle Arbeit, extra Werkzeug notwendig

Drei Schlüssel:
Gutes Werkzeug und Spezialkenntnisse erforderlich

Vier Schlüssel:
Spezialwerkzeug und sehr gute handwerkliche Fertigkeit gefragt

Fünf Schlüssel:
Spezialwerkzeug und meisterliche Fertigkeiten notwendig: Fachwerkstatt!

Top-Test KTM LC4-E 640

STILL CRAZY

In den vergangenen 14 Jahren mauserte sich die LC4 zur heutigen 640er. Was blieb vom einstigen Geländesportler übrig? Sind die wilden Jahre vorbei? Herzverfettung eingetreten? Die eindeutige Diagnose liefert der MOTORRAD-Top-Test.

Von Sascha Zdrahal; Fotos: Markus Jahn

Original-Artikel aus der Zeitschrift MOTORRAD 7/2001

Hardenduro gleich KTM LC4 – am Image ihres Bestsellers haben die Marketing-Strategen fleißig gebastelt. Mit Erfolg. Das Macho-Bike für Stollen-Freaks transportiert heute gekonnt die Rallye- und Sporterfolge auf die Parkplätze vor der Uni oder dem Kino. Was ist dran am Harte-Männer-Gehabe? Und für welchen Preis erkauft man sich im Alltag den Individualisten-Touch?

Eine harte Maschine für noch härtere Typen war die LC4 freilich von Anfang an. Anno 1987 präsentierte KTM einen kompakten und leichten Viertaktmotor, dessen Detaillösungen wie die elektrische Kühlwasserpumpe oder die zweitakttypische Schottwand zwischen Kurbelgehäuse und Getriebe so eigenwillig waren wie

LC4
KTM
REFLEX
GAERNE
PREMIER

Der **Klassiker** ballert souverän durch dick und dünn

sein Startverhalten. Intensive Modellpflege milderte die Start-Allüren, und nachdem einige Motoren durch lose Kontakte zur Wasserpumpe verendeten, gab es eine mechanisch angetriebene Umwälzpumpe. Mit diesen Maßnahmen wurde der Sportler zusehends softer und einem breiteren Publikum zugänglich.

Der Durchbruch zur alltagstauglichen Enduro gelang 1997. Nach dem Probelauf bei der Duke gab es die Hardenduro – das Image war längst zementiert – mit zusätzlichem Elektro-Starter. Und siehe da, viele Offroad-Fans mochten sich fortan nur die halbe Härte geben.

Für den Top-Test darf es ruhig die ganze Härte sein. Der Marathon beginnt nach frostiger Nacht bei drei Grad minus – per Kick. Choke am Lenkerende gezogen, zweiter Tritt auf den noch in akzeptabler Höhe montierten Starterhebel, und der Motor läuft. Während der Warmlaufphase das Eis vom Minimal-Cockpit kratzen, dann kann es losgehen.

Kurs Süd, der allmählich kräftiger werdenden Sonne entgegen. Auf der Fahrt in wärmere Gefilde freut sich der KTM-Fahrer über die nicht allzu harte und ausreichend breite Sitzbank. Langstreckenqualitäten kann der zwölf Liter fassende Kunststofftank nicht bieten, vor allem nicht in Kombination mit den Trinksitten. Nach einem Vollgassprint auf der Autobahn – was aufrecht sitzend Tacho knapp 160 entspricht – fordert der Einzylinder schon nach knapp 90 Kilometern mit kräftigem Schütteln dazu auf, den Benzinhahn in Reservestellung zu drehen. Das entspricht einem Verbrauch von über zehn Litern. Bei gemäßigtem Tempo reichen die verbleibenden 2,5 Liter dann immerhin noch ungefähr 50 Kilometer, ehe der abschließbare Tankdeckel runter und Super rein muss. Beim Überlandeinsatz genehmigt sich die LC4-E 640 im Schnitt 6,2 Liter auf 100 Kilometer.

Aber die Autobahn ist ohnehin nicht das Revier der KTM, denn bei höheren Drehzahlen überschreitet sie mit ihren zermürbenden Vibrationen im wahrsten Sinne des Wortes die Schmerzgrenze. Eine aktuelle Enduro, die die Handgelenke härter malträtiert, gibt es vermutlich nur im Lager der Wettbewerbs-Maschinen. Die kleine, erst im Verlauf der Evolution hinzugekommene Ausgleichswelle wird den Massenkräften nicht Herr, und die Rücksicht in den Spiegeln ist ab 110 km/h nur noch ein unkenntliches Zerrbild. Zudem macht sich bei höherem Tempo ein endurotypisches leichtes Pendeln bemerkbar. Dieses Eigenleben nimmt nie gefährliche Ausmaße an, doch die Signale sind eindeutig – der Dampfhammer gehört einfach nicht auf den Highway, er liebt die Landstraße.

Hier schwingt die LC4 unbeschwert von einer Schräglage in die nächste und lässt sich mit dem breiten Lenker auch zügig in ganz enge Kehren zwingen. Zu diesem Einsatzgebiet – am liebsten auf drittklassigen Mittelgebirgsstraßen – passt die für einen Einzylinder angenehm kräftige und drehfreudige Motorcharakteristik. Die gemessenen 53 Nm schieben aus den Kurven kräftig an, vorausgesetzt, die eingelegte Fahrstufe stimmt. Leider gehen die Gangwechsel recht hart vonstatten – ein altes Leiden. Bei zu niedrigen Drehzahlen peitscht die Kette indes lautstark über den Schwingenschutz. Insgesamt sind die Anschlüsse von einem Gang zum anderen trotz der recht langen Sekundärübersetzung ganz passabel.

Als Folge der soften Fahrwerksabstimmung kann man nicht vermeiden, dass die LC4-E 640 bei jedem Beschleunigen und Bremsen heftig aus- und einfedert. Das ist jedoch nicht weiter tragisch, da Federbein und Gabel genügend Dämpfung besitzen und rasch wieder Ruhe einkehrt. Auch in schnell durchfahrenen, mit Wellen gespickten Kurven zieht die Österreicherin ruhig ihre Bahn. Für den Solobetrieb reicht die Verzögerung der vorderen, recht filigranen Bremsscheibe aus. Im Zweipersonen-Einsatz oder bei maximaler Verzögerung bis zum Stand stößt die Brembo-Anlage allerdings an ihre Grenzen. Längere Touren zu zweit sind auf der relativ kurzen Sitzbank aber ohnehin kein reines Vergnügen, da Beifahrer mit dem soliden Gepäckträger kollidieren. Am Abstand zwischen der Sitzbank und den rahmenfesten Soziusrasten gibt es dagegen nichts auszusetzen.

Ein kleines Highlight ist der kompakte H4-Scheinwerfer. Er leuchtet schön hell und die Straße recht gleichmäßig aus, so dass auch nächtliche Fahrten über Land nicht zum Horrortrip geraten. Die Einstellung lässt sich zwar ohne großes Gefummel mittels Bordwerkzeug verändern, die richtige Position aber nur schwer finden. Dass die KTM-Techniker ihre Maschinen nicht nur vom Zeichenbrett kennen, belegt unter anderem die Zusammenstellung des praxisgerechten Bordwerkzeugs. Ungeklärt ist lediglich, für welche Notfälle der Flaschenöffner gedacht ist. Um für alle Fälle gewappnet zu sein, sollte man diesen besser durch einen 14er-Gabelschlüssel für die Spiegelbefestigung ersetzen. Vermisst wird außerdem ein Vierer- und Fünfer-Innensechskant (für die Bremspedalbefestigung und -exzenter sowie die Gepäckträgerbefestigung). Ein Pärchen Montierhebel, einen Reserveschlauch und Pressluftpatronen haben

Auch bei verschärfter Gangart ist auf die LC4-E 640 Verlass, selbst der Gleichdruckvergaser macht keinerlei Mätzchen

Auf Landstraßen zeigt die KTM so gut wie keine Schwäche. Beim Handling und Slalomtest erreicht sie gute Werte, die Bremsscheibe wird jedoch nur dem Solobetrieb gerecht

Kräftige Beißer – ohne die Abdeckungen zeigen die Rasten Zähne. Das neue Bremspedal ist etwas leichter

Kleiner Softie – die Lenkeraufnahmen sind in der Brücke gummigelagert. Die Lenkerposition lässt sich zweifach variieren

Echter Sportler – die Gabel stammt von den Race-Modellen, die Bremsscheibe ist dem Straßeneinsatz angepasst

News & Facts

> Plus

Kräftiger Einzylinder mit guten Fahrleistungen

Hochwertige und robuste Ausstattung

Praxisgerechte und servicefreundliche Detaillösungen

> Minus

Harte, zermürbende Vibrationen

Im Gelände etwas unhandlich mit der Tendenz zum Untersteuern

> Wunschzettel

Endlich einen soliden Motorschutz aus Aluminium

Einen leichten Seitenständer als bequeme Parkstütze

Ein etwas größeres und vor allem abschließbares Werkzeugfach

Ein modernes Cockpit, eventuell in Digitalausführung mit Drehzahlmesser, Ölthermometer und einstellbarem Tripmaster

Rückspiegel, in denen man auch bei Tempo 110 mehr als nur wild hüpfende Zerrbilder erkennen kann

> Fahrwerkseinstellungen

Gabel: Zugstufe 11 (11) Klicks, Druckstufe 19 (17) Klicks offen

Federbein: Zugstufe Pos. 7 (7), Druckstufe Pos. 4 (7)

(Klammerwerte für Offroad-Einsatz)

erfahrene Enduristen in abgelegenen Gegenden sowieso dabei. Und spätestens bei einer Reifenpanne lernt man den etwas unhandlichen, aber sehr soliden Hauptständer schätzen. Ein zusätzlicher Seitenständer – vielleicht aus Aluminium – würde den Alltag erleichtern.

KTM-Besitzer können kaum einem Abstecher ins geschotterte Terrain widerstehen, was sicher auch an ihrem Bike liegt. Denn trotz der zahlreichen Weichspülungen im Lauf der Jahre besitzt die LC4 noch immer die knackigen Offroad-Qualitäten ihrer Ahnen. Mit etwas erhöhter Druckstufendämpfung an Gabel und Federbein ballert der Klassiker souverän durch dick und dünn. Das stattliche Gewicht von 157 Kilogramm vollgetankt lässt sich zwar nicht wegdiskutieren. Aber das Alpen-Krad zählt nach wie vor zu den Leichtesten unter den Alltagstauglichen. Auch bei der Sturzvorsorge leisteten die Österreicher mit geschmiedeten Handhebeln und robusten Kunststoffteilen ganze Arbeit. Die empfindlichen Kühler sind ebenfalls gut geschützt, da meist zuerst der Lenker den Boden berührt.

Wenig Freude bereiten dagegen die serienmäßigen Metzeler Enduro 3. Gefallen sie auf Asphalt noch durch guten Grip und ein neutrales Lenkverhalten, wirken sie auf losem Untergrund geradezu hilflos. Seitenführung und Traktion sind nur auf fester Erde oder auf Fels vorhanden. Wer das Potenzial seiner LC4 im Gelände ausschöpfen will, kommt um grobstolligere Alternativen nicht herum. Für die Geländetests wurden probeweise Pirelli MT 21 montiert, die einen akzeptablen Kompromiss zwischen Asphalt- und Geländeeignung bieten.

Off road fällt die lange Endübersetzung stärker ins Gewicht als auf der Straße, so dass für eine ausgedehnte Endurotour der Tausch des 16er-Ritzels gegen ein 15er-Exemplar zu empfehlen ist. Die Kupplung hält zwar intensiver Schleifarbeit stand, doch speziell in langsameren Passagen lässt sich die so übersetzte KTM relaxter fahren. Spätestens, wenn der Verlauf des Mulipfads zum Überqueren größerer Felsblöcke zwingt, lohnt der Tausch. Und für den Geländeeinsatz sollte man auch gleich den etwas über die Sitzbank ragenden Gepäckträger demontieren, sonst sind bei Steilabfahrten im Stehen blaue Flecken am Allerwertesten unvermeidlich.

Als Viertakt-Enduro alten Schlags zählt die LC4 nicht zu den handlichsten, wenn es durch enge Rechts-Links-Kombinationen geht. Damit kann man sich aber gut arrangieren, solange man nicht auf der Jagd nach Sekunden ist. Die Stärke der KTM ist eher der stabile Geradeauslauf. Unangenehm ist jedoch die Eigenschaft, über das Vorderrad zu schieben. In Verbindung mit den Serienreifen eine unglückliche Allianz. Auch hier hilft die Umbereifung auf den Pirelli MT 21, mit dem das Motorrad durch den besseren Grip förmlich auf Kurs gezwungen wird.

Liebe zum Detail – die **Evolution** der LC4

Tief durchatmen – mit dem seit 1998 verwendeten Gleichdruckvergaser verbesserte sich die Laufkultur

Schlanke Linie – die Instrumentierung ist traditionell minimal. Komfortbewusst gibt man sich mit dem Zünd-Lenk-Schloss

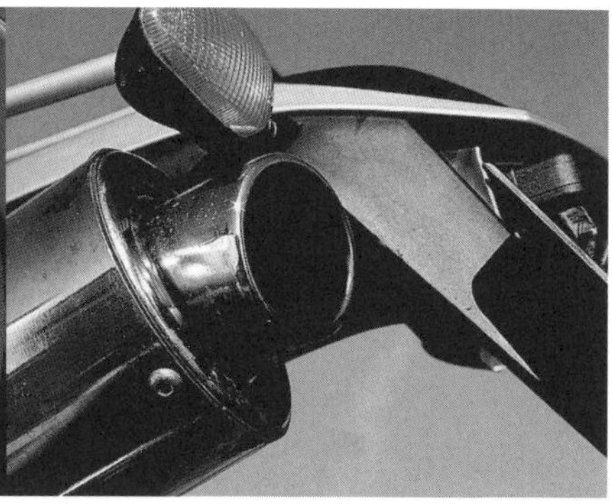

Hörtest – der neue Edelstahldämpfer liefert einen fülligen, aber dezenten Sound. Ein ungeregelter Kat fehlt

KTM LC4-E 640

Daten

Motor: Wassergekühlter Einzylinder-Viertaktmotor, eine Ausgleichswelle, eine obenliegende, kettengetriebene Nockenwelle, vier Ventile, Kipphebel, Nasssumpfschmierung, Mikuni-Gleichdruckvergaser, Ø 40 mm, kontaktlose Kondensatorzündung (CDI), E- und Kickstarter, Drehstromlichtmaschine 200 W, Batterie 12 V/8 Ah.
Bohrung x Hub 101 x 78 mm
Hubraum 625 cm³
Verdichtungsverhältnis 11:1

Nennleistung (ECE)
36 kW (49 PS) bei 7500/min
Max. Drehmoment
52 Nm (5,3 kpm) bei 5500/min

Kraftübertragung: Primärantrieb über Zahnräder, mechanisch betätigte Mehrscheiben-Ölbadkupplung, Fünfganggetriebe, O-Ring-Kette, Sekundärübersetzung 42:16.

Fahrwerk: Einschleifenrahmen aus Stahlrohr, geteilte Unterzüge, geschraubtes Rahmenheck, Upside-down-Gabel, Gleitrohrdurchmesser 43 mm, verstellbare Zug- und Druckstufendämpfung, Zweiarmschwinge aus Aluprofilen, Zentralfederbein mit Hebelsystem, verstellbare Federbasis, Zug- und Druckstufendämpfung, Scheibenbremse vorn, Doppelkolbensattel, Ø 300 mm, Scheibenbremse hinten, Einkolbensattel, Ø 220 mm.
Speichenräder
mit Alufelgen 1.60 x 21; 2.50 x 18
Reifen 90/90-21; 140/80-18
Fahrwerksdaten: Radstand 1510 mm, Lenkkopfwinkel 62,5 Grad, Nachlauf 124 mm, Federweg v/h 270/300 mm.

Service-Daten
Service-Intervalle alle 5000 km
Öl- und Filterwechsel alle 5000 km /2,1 l
Motoröl SAE 15 W 50
Telegabelöl SAE 5
Zündkerzen NGK DPR 8 EA9
Kette 5/8 x 1/4, 110 Rollen
Leerlaufdrehzahl 1000±100/min
Ventilspiel Ein-/Auslass 0,15/0,15 mm
Reifenluftdruck vorn/hinten Solo (mit Sozius) 1,8/2,0 (2,0/2,2) bar

Garantie ein Jahr ohne Kilometerbegrenzung
Farben Silber/Schwarz, Orange/Schwarz
Leistungsvariante 25 kW (34 PS)
Grundpreis inkl. MwSt. 13 280 Mark
Nebenkosten 390 Mark

MOTORRAD Messungen

Fahrleistungen[1]
Höchstgeschwindigkeit
Solo (mit Sozius) 169 (155) km/h

Beschleunigung Solo (mit Sozius)
0–100 km/h 4,5 (6,1) sek
0–120 km/h 6,9 (9,2) sek
0–140 km/h 10,6 (–) sek

Durchzug Solo (mit Sozius)
60–100 km/h 5,4 (8,2) sek
100–120 km/h 3,0 (4,6) sek
120–140 km/h 3,5 (5,9) sek

Tachometerabweichung Anzeige/effektiv
50/50, 100/99, 169/173 km/h

Kraftstoffart Super
Verbrauch im Test
bei 100 km/h 4,6 l/100 km
bei 130 km/h 5,9 l/100 km
Landstraße 6,2 l/100 km
Theoretische Reichweite 193 km

Maße und Gewichte
L/B/H 2270/860/1480 mm
Sitzhöhe 960 mm
Wendekreis 5290 mm
Gewicht vollgetankt 157 kg
Zulässiges Gesamtgewicht* 350 kg
Zuladung 193 kg
Radlastverteilung v/h 46/54 %
Tankinhalt/Reserve* 12/2,5 Liter

MOTORRAD-Messwerte
Bremsen und Fahrdynamik
Bremsmessung
Bremsweg aus 100 km/h 40,6 m
Mittlere Bremsverzögerung 9,5 m/s²
Bemerkungen: Vorderradbremse verlangt nach hoher Handkraft, befriedigende Dosierbarkeit in kaltem und heißem Zustand. Gabel taucht extrem weit ein und verzieht sich spürbar. Überraschend geringe Fadingneigung auch nach fünf Vollbremsungen.

Handling-Parcours I
Beste Rundenzeit 21,5 sek
V_{max} am Messpunkt 97,2 km/h
Bemerkungen: Motorrad taucht vorn und hinten beim Schräglagenwechsel stark ein, dabei leichte Verwindung der Gabel. Durch breiten Lenker und schmale Reifen relativ geringe Lenkkräfte notwendig.

Handling-Parcours II
Beste Rundenzeit 28,3 sek
V_{max} am Messpunkt 53,6 km/h
Bemerkungen: Fährt sich im Endurostil (Drücken) und auf engen Linien sehr einfach. Störend wirken sich nur die langhubigen Federelemente aus. Gripbalance nicht optimal, rutscht zuerst übers Vorderrad.

Kreisbahn Ø 46 m
Beste Rundenzeit 11,0 sek
V_{max} am Messpunkt 53,6 km/h
Bemerkungen: befriedigende Kurvenstabilität, kein Aufsetzen. Heimtückisch: Auch in der Kreisbahn rutscht das Vorderrad teilweise früher als das Hinterrad.

[1] Messbedingungen: Temperatur 6 Grad, kein Wind; Messort: A 81; MOTORRAD-Testparcours, Werte von Handlingkurs und Bremsentest aus den drei besten Fahrversuchen gemittelt.
*Herstellerangaben

Die Grenzen der Federelemente werden beim Übergang vom zügigen zum sportorientierten Fahren erreicht. Klar, Cross-Pisten sind nicht die Heimat der 640er, sie will schließlich kein Wettbewerbs-Bike sein. Doch sportlich Enduro fahren und auch mal einen ersten Hobbywettbewerb verkraftet die LC4-E 640 allemal. Und das ist das Besondere dieser Enduro: ihre Vielseitigkeit. Denn welches alltagstaugliche Motorrad sonst bietet einen so breiten Einsatzbereich. ■

Der Motor ist mittlerweile recht verbaut. Das Ventileinstellen erfordert Fingerakrobatik

Schräglage im Labor: Auf der Kreisbahn waren bei der LC4 nicht etwa aufsetzende Rasten oder der Hauptständer der begrenzende Faktor, sondern die Haftfähigkeit der Reifen. Probleme gab es mit einem gelegentlich einklappenden Vorderrad im Extrembereich

MOTORRAD Bremsmessung

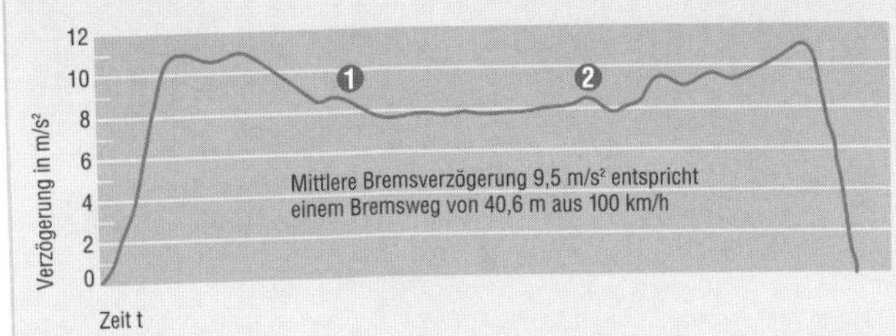

Die KTM-Bremse lässt schnell nach (1), was durch eine stetig erhöhte Handkraft (2) korrigiert werden muss. Ein Bremsweg von 40,6 Metern aus 100 km/h ist für eine Enduro noch okay

MOTORRAD Leistungs²- und Gangdiagramm

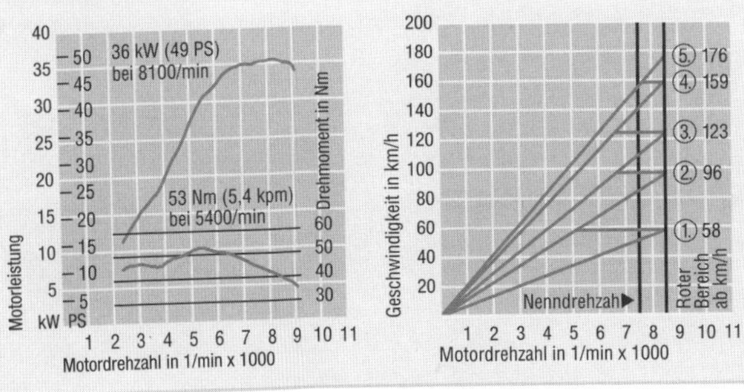

Die Abstimmung des Motors gelang sehr gut. Für den überwiegenden Asphalteinsatz passt die Abstufung des Getriebes perfekt, im Gelände ist die Gesamtübersetzung jedoch deutlich zu lang

²Leistung an der Kupplung. Messung auf dem Dynojet-Rollenprüfstand, ECE-Messung, maximal mögliche Abweichung ± 5%

FAZIT

Die KTM LC4-E 640 schafft es, Geländeeigenschaften mit Alltagsqualitäten zu verknüpfen. Und damit kommt sie dem Ideal vieler Stollenfreunde nahe, die seit jeher „eine für alles" suchen. Mit der 640er hat das Konzept vermutlich seine höchste Stufe erreicht. Es ist bis ins Detail ausgereift, aber auch ausgereizt. Eine Weiterentwicklung wird es kaum geben.

WERTUNG

Enduro

	Maximale Punktzahl	KTM LC4-E 640
ANTRIEB Fahrleistungen		
Höchstgeschwindigkeit	20	14
Beschleunigung	20	18
Durchzug	20	16
Motor		
Leistungsentfaltung	20	14
Startverhalten	10	9
Abgasreinigung	10	0
Kraftübertragung		
Lastwechselverhalten	20	12
Schaltbarkeit	20	10
Getriebeabstufung	15	13
Summe	**155**	**106**
FAHRWERK Fahrverhalten		
Geradeauslaufstabilität	20	12
Stabilität in Kurven	20	14
Lenkpräzision	20	15
Handlichkeit	20	13
Fahrwerksabstimmung Straße	20	12
Fahrwerksabstimmung Sozius	20	12
Schräglagenfreiheit	20	20
Aufstellneigung	20	20
Bremsen		
Bremswirkung	20	12
Bremsdosierung	20	16
Summe	**200**	**146**
GELÄNDEWERTUNG		
Federung/Dämpfung	20	16
Sitzposition/Ergonomie	10	15
Fahrstabilität auf Bodenwellen	15	14
Handlichkeit	20	8
Bodenfreiheit	15	11
Leistungsentfaltung	15	11
Getriebeabstufung	10	6
Summe	**105**	**81**
ALLTAGSTAUGLICHKEIT		
Sitzkomfort Fahrer	20	13
Sitzkomfort Sozius	5	3
Windschutz	15	8
Licht	20	14
Wartungsfreundlichkeit	15	14
Theoretische Reichweite	15	9
Zuladung	10	8
Ausstattung	10	9
Summe	**110**	**78**
WIRTSCHAFTLICHKEIT		
Anschaffungspreis	20	12
Garantie	15	8
Verbrauch	20	15
Inspektionskosten	15	9
Summe	**70**	**44**
GESAMTSUMME	**640**	**455**

MANEGE FREI!

Test KTM 640 LC4 Supermoto

Original-Artikel aus der Zeitschrift MOTORRAD 24/2002

KTM 640 LC4 Supermoto: Das heißt auf Zuruf Männchen machen, auf dem Kopf stehen, auf den Ohrläppchen ums Eck und immer dieselbe Frage: Wie macht sie das bloß?

Von Stefan Kaschel; Fotos: fact

Die von abgeklärten Zeitgenossen gerne in die kleinkindliche Erfahrungswelt verwiesene Gefühlsregung des Staunens steht im unmittelbaren Zusammenhang mit dem des „Selber-können-wollens". Wer einst in der Manege die Löwennummer sah, hatte seinen Berufswunsch definiert. Zirkusdirektor. Auch einmal so die Welt verblüffen! Im Erwachsenenalter geht man die Karriereplanung dann rationeller an. Umso erstaunlicher ist die kindliche Erregung, die selbst gestandene Motorradfahrer angesichts der Darbietungen der Supermoto-Cracks befällt. Einmal so im Drift um die Ecken, das wär's!

Nur: Wie machen die das bloß? Eins scheint klar: Ohne eine geeignete Gerätschaft geht da nichts. Als Wunscherfüller hinsichtlich dieser pubertären Unvernunft tut sich seit Jahren KTM hervor. 640 LC4 Supermoto heißt das aktuelle Vehikel auf dem Weg zum provozierten instabilen Fahrzustand, der nach der jüngsten Überarbeitung noch einfacher erreichbar sein soll, weil die Österreicher ein Füllhorn von Modifikationen über den neuen Jahrgang ausschütteten. Dabei kostet diese Supermoto gerade mal 180 Euro mehr als das Vorgängermodell.

An oberster Stelle wird in der Liste der Veränderungen traditionell die Leistung genannt, obgleich die dem hoffnungsvollen Nachwuchsdrifter eigentlich egal sein kann. „High Flow" heißt der neue, von der Dakar-Maschine abgeleitete Zylinderkopf mit größeren Auslassventilen, der dem LC4-Agregat in Kombination mit neuen Steuerzeiten, optimiertem Zündzeitpunkt und einem neuen Krümmer satte 54 statt der bisherigen 49 PS bescheren soll. Dass sich auf dem Prüfstand lediglich 53 PS einfinden, mag an der geringen Laufleistung der Testmaschine liegen. Trotzdem gibt es fast über das gesamte Drehzahlband mehr Power und Drehmoment (siehe Leistungskurve).

Wichtiger für spektakuläre Quersteher sind jedoch ganz andere Faktoren. Die vordere Bremse zum Beispiel. „Vorne so stark bremsen, dass die Hinterhand leicht wird, aber noch Bodenkontakt hat", lautet Tipp eins von Supermoto-DM-Spezialist

Schlank, rank, auf breiten Sohlen: Keine Frage, die 640 LC4 Supermoto ist eine Aktivistin. Lampenmaske und Kotflügel sind neu, die Schwinge ebenfalls. Im Cockpit dominiert der digitale Tacho, bei der Bremsanlage der neue Vierkolbensattel. Und im Zylinderkopf ist drin, was draufsteht: High Flow. Die Leistungskurve (unten) belegt es

KTM 640 LC4 SUPERMOTO

Daten

Motor: wassergekühlter Einzylinder-Viertaktmotor, Kurbelwelle querliegend, eine Ausgleichswelle, eine obenliegende, kettengetriebene Nockenwelle, vier Ventile, Rollenkipphebel, Trockensumpfschmierung, Mikuni-Gleichdruckvergaser, Ø 40 mm, Kondensatorzündung (CDI), keine Abgasreinigung, E- und Kickstarter, Drehstromlichtmaschine 200 W, Batterie 12 V/8 Ah.

Bohrung x Hub	101,0 x 78,0 mm
Hubraum	625 cm³
Verdichtungsverhältnis	11,5:1
Nennleistung	40 kW (54 PS) bei 7000/min
Max. Drehmoment	55 Nm (5,6 kpm) bei 5500/min

Kraftübertragung: Primärantrieb über Zahnräder, hydraulisch betätigte Mehrscheiben-Ölbadkupplung, Fünfganggetriebe, O-Ring-Kette, Sekundärübersetzung 42:17.

Fahrwerk: Einschleifenrahmen aus Stahlrohr, geteilte Unterzüge, geschraubtes Rahmenheck, Upside-down-Gabel, Gleitrohrdurchmesser 48 mm, verstellbare Zug- und Druckstufendämpfung, Zweiarmschwinge aus Aluguss, Zentralfederbein mit Hebelsystem, verstellbare Federbasis, Zug- und Druckstufendämpfung, Scheibenbremse vorn, Ø 320 mm, Vierkolbensattel, Scheibenbremse hinten, Ø 220 mm, Einkolbensattel.

Speichenräder	3.50 x 17; 5.00 x 17
Reifen	120/70 ZR 17; 160/60 ZR 17

Fahrwerksdaten: Radstand 1510 mm, Lenkkopfwinkel 63 Grad, Nachlauf 99 mm, Federweg v/h 265/310 mm.

Garantie	zwei Jahre ohne Kilometerbegrenzung
Farben	Orange, Silber/Schwarz
Preis inkl. MwSt.	7870 Euro o. Nk.

Fahrleistungen[1]

Höchstgeschwindigkeit*	156 km/h
Beschleunigung	
0–100 km/h	4,3 sek
0–140 km/h	9,0 sek
Durchzug	
60–100 km/h	4,5 sek
100–140 km/h	5,1 sek
Kraftstoffart	Super
Verbrauch im Test	
Landstraße	5,6 l/100 km

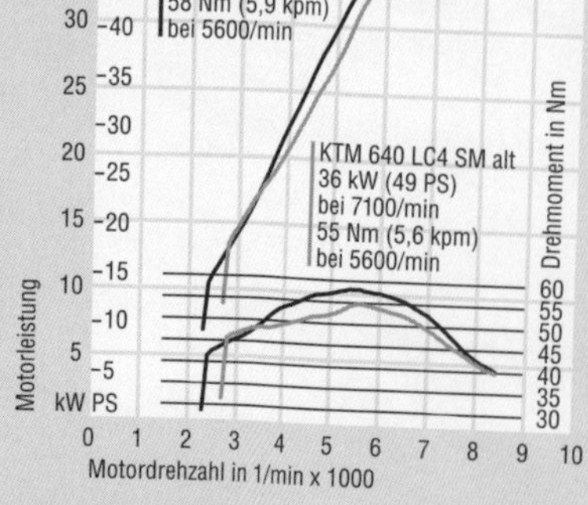

*Herstellerangaben; Messung auf Dynojet-Rollenprüfstand 150, korrigiert nach ECE, maximal mögliche Abweichung ± 5%

KTM 640 LC4 Supermoto

Achim Trinkner. KTM hat ihn beherzigt. Statt der bisherigen Doppelkolbenzange kommt an der beachtlichen 320er-Scheibe nun ein zeitgemäßer Vierkolbenbeißer von Brembo zum Einsatz, der diesen Balanceakt dank eines exakteren Druckpunkts und der damit verbundenen besseren Dosierbarkeit deutlich leichter macht. „Hinten mitbremsen, die Gänge runterprügeln und mit gefühlvollem Kupplungseinsatz das Bremsmoment des Motors nützen", rät Trinkner. KTM hat das berücksichtigt und die 640 mit einer hydraulisch betätigten Kupplung ausgerüstet, deren Hebel sich über ein kleines Handrad in Sachen Hebelweg und Einrückzeitpunkt einstellen lässt. „Danach, ab dem Kurvenscheitel, ist es vorbei mit dem Driften. Dann zählt nur noch Traktion", beendet Achim die kleine Querstehkunde. KTM hat auch hier das richtige Rezept, spendiert der neuen Supermoto neben einer neuen Gussschwinge und dem bewährten 160er Pirelli MT 60 RS an der Hinterhand statt der bisher 4,25 Zoll breiten Felge eine 5,00-Zoll-Variante, welche die Reifenaufstandsfläche vergrößert.

Und wenn das alles nicht reicht? Wenn schon beim kleinsten Rutscher die Vernunft über den Darstellungszwang siegt, der jugendliche Übermut dem Verantwortungsbewusstsein für Familie, Hund und Goldfisch weicht? Wenn Angst sich breit macht? Dann ist es Zeit, den tollkühnen Männern und ihren driftenden Kisten die Manege zu überlassen – und an der 640 LC4 Supermoto Qualitäten zu entdecken, die weniger der spektakulären Außenwirkung sondern mehr der inneren Freiheit zuträglich sind. Im Grund genommen ist die Botschaft nämlich simpel: ein strammer Einzylinder in einem straffen Fahrwerk, wenig Gewicht und viel Bewegungsfreiheit – mehr braucht es nicht zum Glücklichsein.

Jedenfalls nicht, wenn der Aktionsradius überwiegend in urbanen Gefilden angesiedelt ist. Die KTM versteht es wie kaum eine Zweite, dem Alltag das Alltägliche zu nehmen. Wer im Büro den Helm absetzt, hat schon gewonnen. Zumindest jene kleinen Rennen, die nicht das große Publikum, aber das eigene Ego befriedigen. An jeder Ampel, um jede Verkehrsinsel, über jede Straßenbahnschiene – es gibt nichts, was einer LC4 Supermoto hier das Wasser reichen könnte. Laserscharf lenkt sie ein, fährt immer innen und immer vorn, bremst bei einem beherzten Zug am Hebel gewaltig, ohne dass sich die neue, ebenso gewaltige 48er-Upsidedown-Gabel auch nur ansatzweise verwindet, drückt nicht gewaltig, dafür aber gut kontrollierbar vorwärts.

Wenn der aufmerksame Pilot die Drehzahl nicht zu weit absinken lässt, was angesichts des fehlenden Drehzahlmessers im ebenfalls neu gestalteten Cockpit nicht ganz leicht fällt. Dann holpert der Eintopf ganz ungeschmeidig vor sich hin, lässt die Kette peitschen und den zuvor strahlenden Helden betreten einen, wenn nicht zwei Gänge nach unten schalten. Ein Tätigkeitsfeld, um das er auch jenseits der Ortsschilder nicht herumkommt.

Denn die Supermoto vermittelt einem nicht gerade das Gefühl, immer und überall mehr Leistung zu haben als notwendig. Im Gegenteil: Sie motiviert jeden halbwegs ehrgeizigen Fahrer durch ihre aktive Sitzposition, dieses Manko durch beherzten Einsatz auszubügeln. Dass dieses trotz der in der Zugstufe etwas zu straff gedämpften Gabel fast immer gelingt, spricht für das Konzept von kinderleichtem Handling, wenig Gewicht und viel Bodenfreiheit. Dass die allgegenwärtigen Vibrationen des Singles nur auf längeren Geradeausetappen notiert werden, für den auch in freier Wildbahn gebotenen Fahrspaß, der nur bei ganz hohem Tempo (gemessene 170 km/h Topspeed statt angegebener 156) durch leichtes Pendeln getrübt wird.

Und dass bei allen, die sich dann derart mit der Supermoto angefreundet haben, doch die Zirkusnummer wieder in den Vordergrund rückt, spricht für das Kind im Mann. Denn die neue LC4 640 Supermoto lässt sich dank des kräftigeren Motors nun auch problemlos im zweiten Gang aufs Hinter- und wegen der besser dosierbaren Bremse auch einfacher aufs Vorderrad stellen als je zuvor. So wird selbst abseits von wagemutigen Drifteinlagen das Publikum staunen: Wie macht der das bloß? ■

Werkstatt

In diesem Kapitel: Bordwerkzeug · Werkzeug für die Hobby-Werkstatt · Werkzeugwagen und Hebebühne · Aufbockhilfen · Öl und Fett · Werkstatthilfsmittel · Spezialwerkzeug · Richtig schrauben · Schrauben, Scheiben, Muttern · Fetten, Ölen, Kleben · Schrauben sichern · Anziehdrehmomente · Seegerringe · Simmerringe · Flächendichtmittel · Gewindereparatur mit HeliCoil · Bücher.

Bild 1 ganz rechts: Ein sinnvolles Werkzeugsortiment für die Hobbywerkstatt. Teilebezeichnungen siehe nächste Seite unten.

Bild 2 unten: Digitaler Messschieber (A), Mikrometer oder Bügelmessschraube (B), Fühlerlehren (C), Druckverlusttester (D).

Bild 3: Besteckkasten zur Ordnunghilfe.

Werkzeug

Für jede Wartungsarbeit und Reparatur braucht man gutes Werkzeug. Die Idee, kleinere Servicearbeiten oder größere Reparaturen mit dem Bordwerkzeug durchführen zu wollen, ist und bleibt eine Illusion.

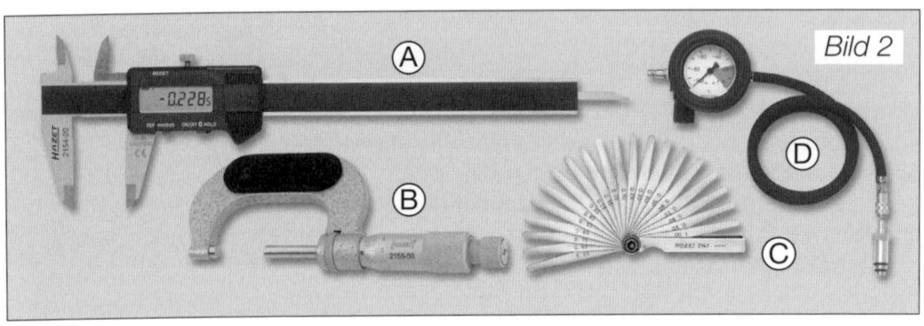

Bild 2

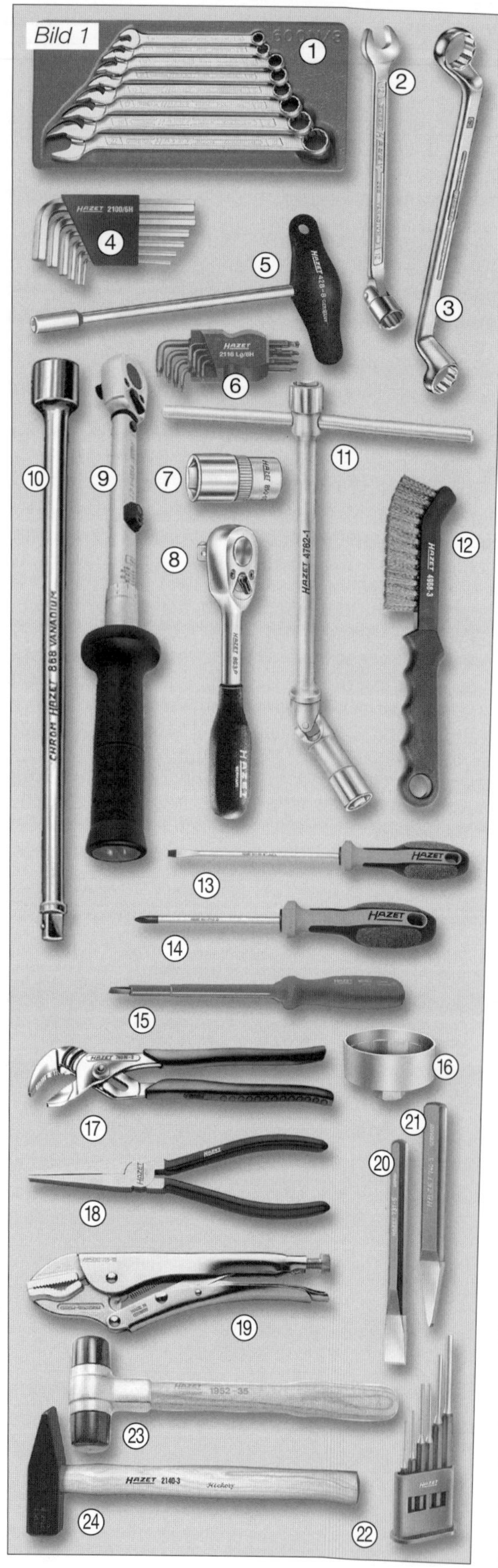

Bild 1

Sicherheitshinweise Achtung und Tipps

Werkzeug nicht im Baumarkt kaufen, auch wenn dessen Sonderangebot noch so verlockend ist! Das in Baumärkten angebotene Werkzeug ist generell eher schlecht als recht, in vielen Fällen sogar gefährlich, weil es aus minderwertigem Material besteht und deswegen bruchgefährdet ist.

Ein Blick ins Internet rentiert sich bei der Werkzeugrecherche. Echtes Qualitätswerkzeug ist im Internet unter *www.hazet.de* zu sehen. Hazet ist einer der bekanntesten deutschen Hersteller von Kraftfahrzeug-Qualitätswerkzeugen.

Im Haushaltswarengeschäft (z. B. bei IKEA) gibt es für kleines Geld Besteckablagen für Schubladenkästen in verschiedenen Unterteilungen. Diese eignen sich ganz hervorragend als Schrauben- und Kleinteileablage (Bild 3).

Wenn teure Spezialwerkzeuge benötigt werden, bei der Werkstatt um die Ecke nachfragen, ob man gegen ein hinterlegtes Pfand und einen Obolus in die Trinkgeldkasse das Werkzeug geliehen bekommt.

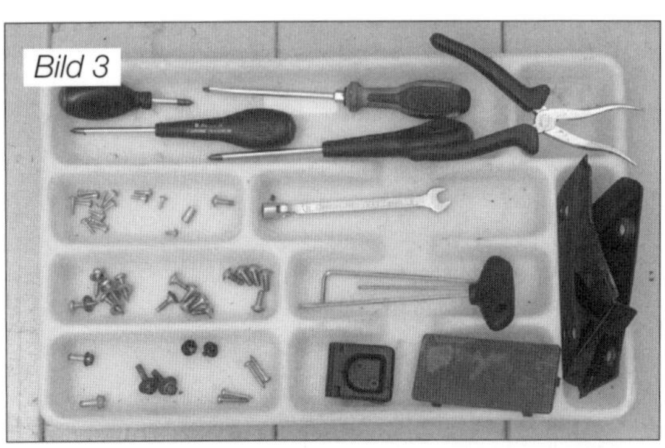
Bild 3

Wichtig: Für das selbst ergänzte Bordwerkzeug wie für das Werkzeug in der Hobbywerkstatt gilt der alte Spruch: Mit schlechtem Werkzeug kann man keine gute Arbeit machen! Ein Blick ins Internet rentiert sich bei der Werkzeugrecherche: Nachsehen unter *www.hazet.de*, das ist die Seite eines der bekanntesten deutschen Herstellers von Kraftfahrzeug-Qualitätswerkzeugen. Auf dieser Internetseite finden Sie auch die Adresse des Fachhändlers in Ihrer Nähe, wo Sie Hazet-Werkzeug kaufen können.

Achtung: Werkzeug nicht im Baumarkt an der Ecke kaufen, auch wenn dessen Sonderangebot noch so verlockend ist! Das in Baumärkten angebotene Werkzeug ist meistens eher schlecht als recht, – und vielfach sogar gefährlich, weil es meistens aus minderwertigem Material besteht und deswegen bruchgefährdet ist.

Die Sechskantköpfe der meisten an einem Motorrad serienmäßig verbauten Schrauben sind oben abgerundet und zusätzlich noch schräg angefast (Pfeil in Bild 4), damit bei der Fahrzeugmontage im Werk die Werkzeuge (»Nüsse«) an den Pressluftschraubern besser über den Kopf rutschen. Um diese Schrauben sicher öffnen und anziehen zu können, braucht man Präzisions-Sechskantnüsse, die möglichst dicht an allen sechs Kanten des Schraubenkopfes anliegen.

Vermurkste Schrauben und Muttern oder gar hässliche Kratzer im Umfeld von Schraubverbindungen, die von abgerutschten, weil nicht passenden Schlüsseln herrühren, sind schlimm anzusehen. Ganz zu schweigen von den Verletzungen, die man sich beim Schrauben zuziehen kann, wenn man mit schlechtem Werkzeug arbeitet.

Teilebezeichnungen in Bild 1 links: Satz Ring-Maulschlüssel (1), Maul-Steckschlüssel (2), Doppelringschlüssel (3), Satz Inbusschlüssel (4), Sechskant-Steckschlüssel mit Querknauf (5), Satz Torx-Schlüssel (6), Steckschlüsselnuss mit Innensechskant (7), Umschaltknarre (8), Drehmomentschlüssel (9), Verlängerung (10), Zündkerzenschlüssel (11), Bremssattelbürste mit Messingborsten (12), Schlitz-Schraubenzieher (13), Kreuzschlitz-Schraubenzieher (14), Elektriker-Schraubenzieher (15), Ölfilterschlüssel (16), Universalzange (17), Flachzange (18), Gripzange (19), Flachmeißel (20), Kreuzmeißel (21), Satz Splinttreiber (22), Kunststoffhammer (23), Schlosserhammer (24).

Der Begriff SW ist die Abkürzung für »Schlüsselweite«. SW 12 bedeutet also, dass dieser Schlüssel für einen Schraubenkopf oder eine Mutter mit 12 mm bestimmt ist, gemessen über die Mitte an zwei zueinander parallelen Flächen. M8-Schrauben oder Muttern brauchen einen 12er- oder 13er-Schlüssel; M6 einen 8er- oder 10er-Schlüssel.

Zu dem normgerecht als »Schraubendreher« bezeichneten Werkzeug sagen wir hier in dieser Reparaturanleitung »Schraubenzieher«. Das ist nach DIN- oder ISO-Norm fachlich nicht korrekt, aber unter Motorradfahrern üblich.

Bordwerkzeug

Unbedingt ins Bordwerkzeug gehört ein Reifen-Flickzeug vom Hersteller »TIP TOP« (Bild 10). Damit lässt sich ein Loch reparieren. Natürlich sollte man auch Reifenmontierhebel und Luftpumpe dabei haben: Diese Teile gibt es beim KTM-Motorradhändler und in den Läden der Shopketten.

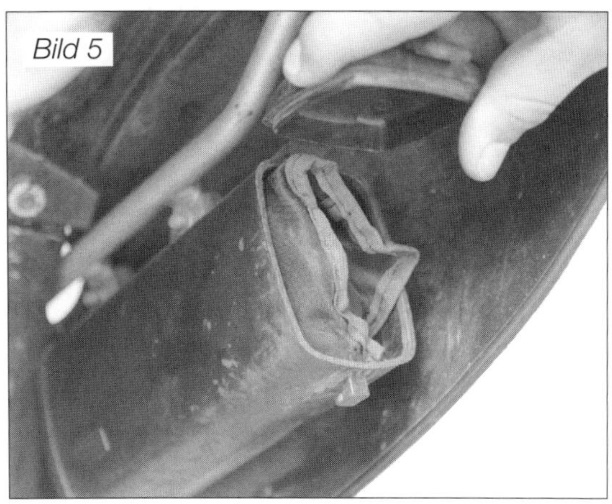

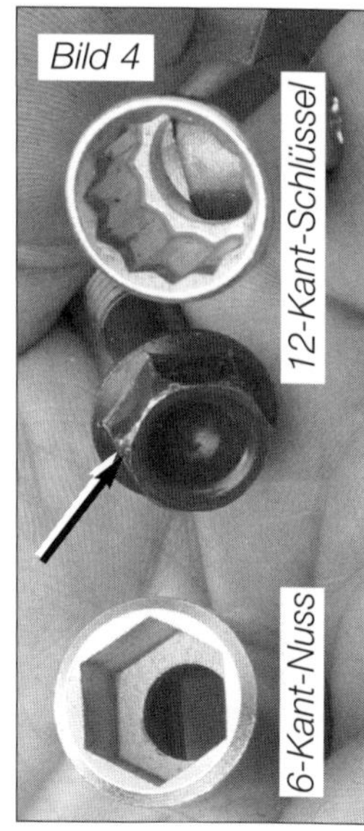

Bild 4: Sechskantkopf einer Schraube mit abgerundeten Ecken mit 6-Kant-Nüssen bearbeiten.

Bilder 5 und 6: Das serienmäßige Bordwerkzeug genügt in Notsituationen. Zum fachgerechten Schrauben zu Hause ist zusätzliches Qualitätswerkzeug nötig.

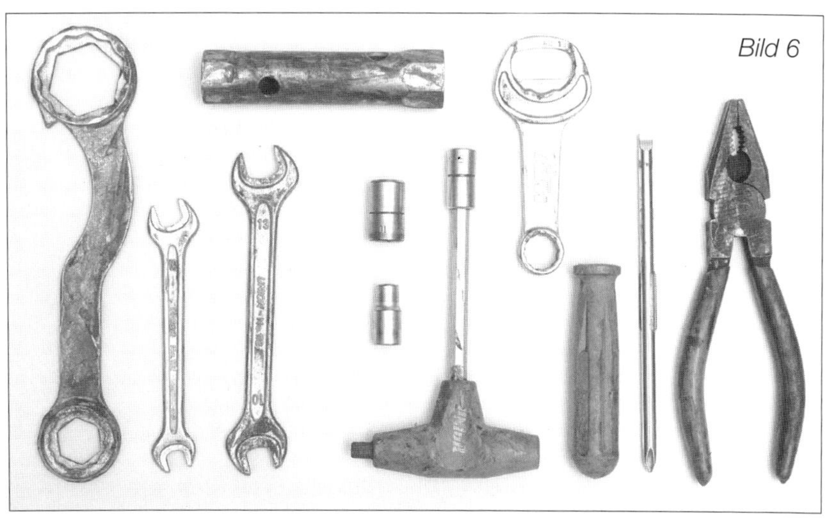

Reifendruckprüfer: Bitte verwenden Sie KEIN Plastikteil aus dem Baumarkt, sondern ein Präzisionsmessgerät (Bild 9). Das beste Druckmessgerät, das wir kennen und in unserer Werkstatt täglich verwenden, stammt vom deutschen Hersteller Flaig und hat ein stabiles Alu-Gehäuse. Erhältlich ist es z. B. bei mobil-tech (*www.mobil-tech.de*) oder in gut sortierten Motorradzubehörläden sowie bei vielen Motorradhändlern.

■ Weil der Raum für das Bordwerkzeug in der serienmäßigen Werkzeugbox zu eng ist (je nach Modell klein bis sehr klein) für Sechskantnüsse und Knebel, sollte man sich ein extra Werkzeugtäschchen fest ans Motorrad machen; z. B. auf den hinteren Kotflügel im Bereich seiner Befestigung am Heckrahmen.

Besseres Bordwerkzeug

■ Sechskantnüsse mit entsprechenden Schlüsselweiten für die Achsmuttern vorne und hinten sowie einen Knebel (Querknauf), damit bei einem Plattfuß unterwegs die Räder fachgerecht aus- und eingebaut werden können.

■ Man kann auch die schlankeren Maul-Steckschlüssel einpacken: mit 8 mm, 10 mm, 12 mm, 14 mm, 17 mm; dazu Schlüssel in den entsprechenden Maßen für die Vorder- und Hinterachsmutter (27 mm).

■ Inbusschlüssel 4 mm, 5 mm, 6 mm, 8 mm mit Kugelsechskant auf der langen Seite.

■ Schraubenzieher mit Flachklinge 5 mm und Kreuzschlitzklinge sowie einen Elektriker-Schraubenzieher, Kombizange.

■ Eine Rolle Klebeband. Nehmen Sie unbedingt Qualitäts-Gewebeband (z. B. von Tesa), KEIN durchsichtiger Büro-Tesafilm oder das braune Karton-Packband!

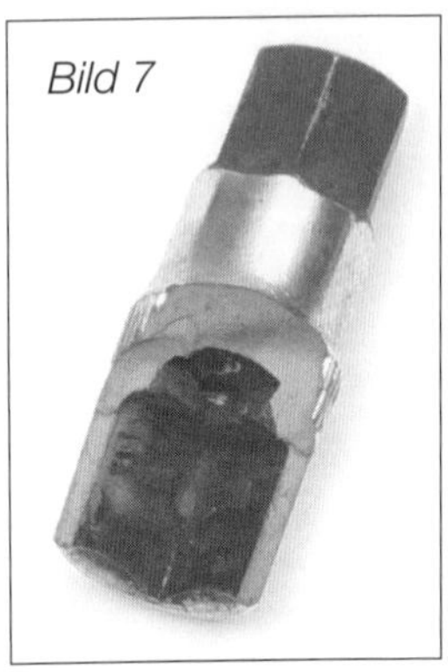

Bild 7

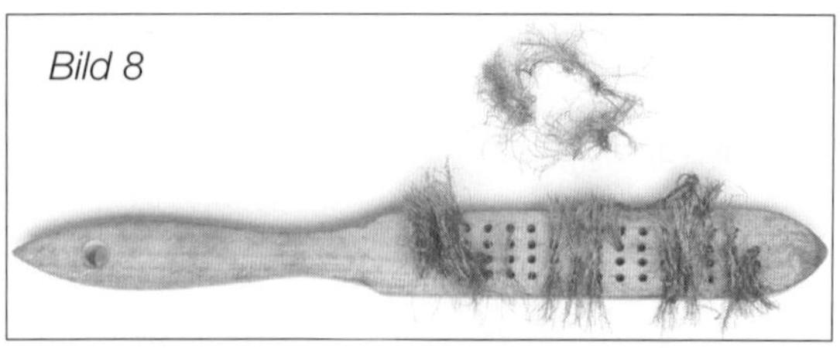

Bild 8

Bilder 7 und 8: Typisches Schwachsinn-Baumarktwerkzeug: geplatzte Nuss, ausgefranste Bürste.

Bild 9

Bild 9: Flaig-Reifendruckprüfer mit stabilem Alugehäuse.

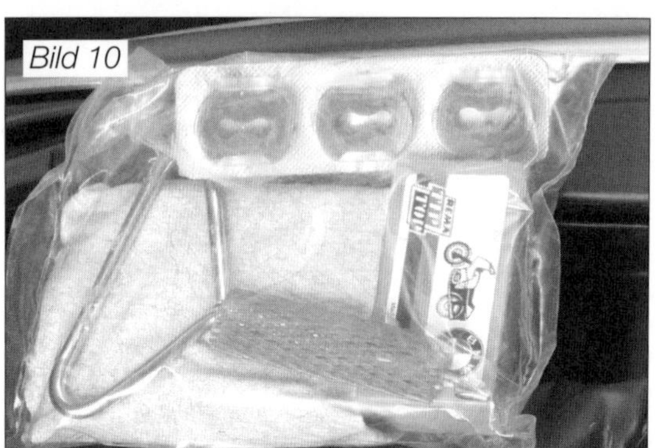

Bild 10

Bild 10: Reifen-Pannenhilfeset zur notdürftigen Reparatur eines Plattfußes.

Bordwerkzeug für die lange Reise

Je nach Alter und Zustand des Motorrads muss für eine lange Reise das »bessere Bordwerkzeug« um nachfolgende Teile erweitert werden, damit eine Panne selbst in einem dünn besiedelten Gebiet ordentlich beschraubt werden kann.

■ Prüflampe oder kleines Multimeter
■ kleiner Schlosserhammer (100 Gramm)
■ zwei Reifenmontierhebel
■ Wasserpumpenzange
■ Rätschenkasten mit 1/4-Zoll-Antrieb: Darin sind so viele Bits und Nüsse enthalten, dass man fast alle Schraubverbindungen am Fahrzeug lösen kann.
■ eine Tube Silikon-Dichtungsmittel, benzin- und ölfest,
■ kleine Drahtbürste
■ Universalspray (Dose WD 40)
■ einige mitteldicke Kabelbinder und eine Rolle Klebeband, damit lassen sich z. B. zerstürzte Verkleidungsteile prima zusammenhalten, Schmutzlappen, eventuell noch ein paar Arbeitshandschuhe

Werkzeug für die Hobby-Werkstatt

Für Arbeiten und Wartungen, die über die Behebung einer Panne auf der Straße hinausgehen, muss ein ordentlicher Werkzeugbestand vorhanden sein. Für die Heim-Bastlerwerkstatt empfehlen wir folgende Teile:

■ Nusskasten von SW 8 bis SW 27 mit 3/8-, 1/4- oder 1/2-Zoll-Antrieb
■ Inbusnüsse von SW 4 bis SW 10 mit 1/4- oder 3/8-Zoll-Antrieb
■ Flachspitzzange klein und Seitenschneider

- Messing- und Stahldrahtbürste
- Ölauffangwanne mit Öltank für den Ölwechsel
- Fächer-Fühlerlehre von 0,05 bis 1,0 mm
- Schlosserhammer mit 250 Gramm sowie ein Kunststoffhammer
- Satz Durchschläge, auch »Splint-Austreiber« genannt
- Messschieber mit einem Messbereich von 0 bis 250 oder 0 bis 300 mm
- Zwei Drehmomentschlüssel sind dringend zu empfehlen: einer mit dem Einstellbereich 40 bis 200 Nm und ein zweiter mit 5 bis 40 Nm. Diese werden zum Beispiel beim Aus- und Einbau der Räder benötigt, denn die Achsmuttern und die Befestigungsschrauben der Bremssättel verlangen nach exaktem Anziehdrehmoment. Nötig ist ein passender Drehmomentschlüssel auch bei Arbeiten an Kettenritzel und Kettenrad, dem Lichtmaschinenrotor (»Schwungrad«), an der Kupplung und am Fahrwerk bei Gabel, hinterem Federbein und Schwinge.
- Batterieladegerät 12 Volt
- Isolierter Seitenschneider (»Elektro-Knipser«)
- Digitales Multimeter und Prüflampe
- Kupferpaste für Auspuffverbindungen
- Silikondichtpaste für Gehäusedichtflächen

Und wenn Sie jetzt noch Geld übrig haben, kaufen Sie sich noch Folgendes: Schlagschrauber, mit dem lassen sich z. B. große, fest angezogene Schrauben und Muttern wie die des vorderen Kettenritzels oder der Kupplungsnabe relativ einfach öffnen. Es gibt Druckluft- oder Akku-Schlagschrauber; wir arbeiten in unserer Werkstatt mit dem Akku-

- Schlagschrauber »Hitachi WR 12DAF« (Bild 11).
- Akkubohrmaschine mit einem Bohrersatz von 2 bis 10,5 mm.
- Druckluft-Kompressor, Druck bis 8 bar, mit Druckluftpistole, Reifenfüllmanometer (Bild 12).
- HeliCoil-Gewindereparaturkits M5, M6, M8 und M10 sowie für das Zündkerzengewinde (weiter hinten in diesem Kapitel zeigen wir den fachgerechten Umgang damit).
- Elektrische Heizplatte mit 25 cm Durchmesser oder einen starken Werkstatt-Heißluftföhn.
- Lötkolben mit 150 Watt Leistung.
- Schleifbock: Er ist in jedem Falle nützlich, und wenn man daran nur ab und zu seine Bohrer schleift und sich am Funkenflug freut.

Werkzeugwagen, Hebebühne

Als Ablage beim Schrauben direkt am Motorrad benutzen wir einen Besteckkasten (Bild 3). Darin lassen sich die momentan benötigten Werkzeuge sowie die abgebauten Kleinteile wunderbar ablegen. Besteckkästen gibt es für kleines Geld in jedem Haushaltswarenladen (z. B. bei Ikea, dort sind sie besonders billig!). Man kann auch ausgespülte Joghurt-Becher sammeln, um darin Muttern, Schrauben und Kleinteile nach Baugruppen geordnet abzulegen.
Werkzeug muss nicht nur vorhanden, sondern auch auffindbar sein. Und weil es mit der Ordnung immer so eine Sache ist, empfehlen wir, das meist benötigte Werkzeug im falt- und fahr-

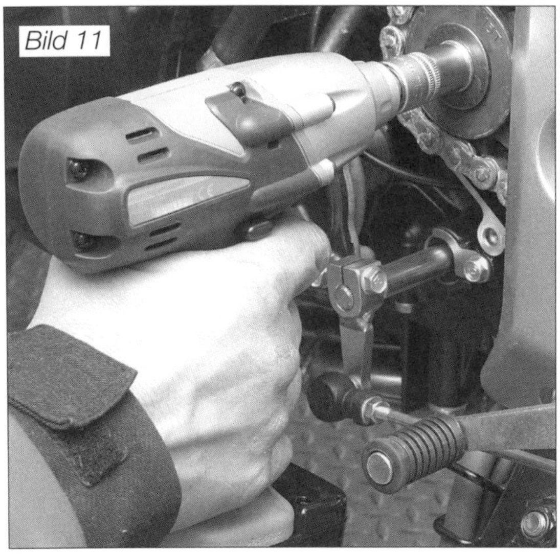
Bild 11

Bild 11: Ein Schlagschrauber, hier einer von Hitachi mit Akku (es gibt auch solche mit Pressluftbetrieb), leistet gute Dienste beim Öffnen der Befestigungsschraube des vorderen Kettenritzels oder der großen Mutter an der Kupplungsnabe.

Bild 12

Bild 12: Druckluft-Kompressor mit Luftpistole, Reifenfüller und Schlauch.

baren Hazet-Werkzeugwagen »Assistent« aufzubewahren. Dieser ist innen größer, als er von außen aussieht. Das Grundmaß des »Assistent« beträgt 725 mm x 398 mm, aufgezogen ist er etwas mehr als einen Meter hoch, zusammengeschoben kaum noch die Hälfte (Bild 15). Perfekt ist eine Hebebühne. Sie erleichtert alle Schraubarbeiten am Motorrad, denn man kann die Maschine in die gewünschte Arbeitshöhe bringen, muss sich also nicht bücken. Preiswerte Hebebühnen gibt es in den Shops der Motorrad-Zubehörketten.

Aufbockhilfen

Für eine KTM ohne Hauptständer sollte man zumindest einen Enduro-Schnellständer haben, der einfach unter den Motor geschoben und die ganze Maschine mit einem Tritt hochgehoben wird. Denn zum schmieren und spannen der Kette oder zum Aus- und Einbau der Räder zwecks Reifenwechsel kann man die LC4 nicht auf dem Seitenständer abstellen.

Noch feiner sind die praktischen Schnellständer für Front und Heck, mit denen der komplette Hinter- bzw. Vorderbau angehoben wird. Auch zum Ausbau des Motors, der Gabelbeine zum Wechsel des Dämpferöls oder zum Ausbau der Lenkung zwecks Schmieren oder Erneuern der Lenkkopflager muss das Motorrad sicher aufgebockt werden.

Preiswerte Front- und Heckständer gibt es beim Motorradhändler und in den Shops der Versandhandelsketten. Einen fahrbaren Werkstattkran, an dem man die Maschine über Riemen, die um den Rahmen geschlungen werden, aufhängen kann, gibt es für ca. 300 Euro im Zubehörhandel zu kaufen.

Bilder 13 und 14: Aus scheinbar leeren Öldosen kommt immer noch so viel Öl heraus, dass es als Tropföl im stilvollen Ölkännchen zum täglichen Hilfsmittel wird.

Bild 13

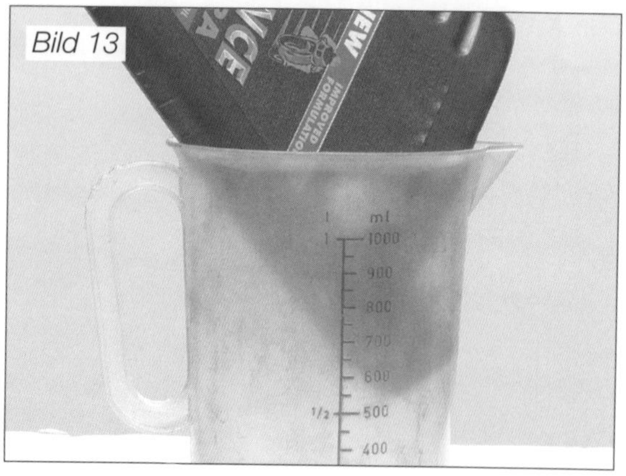

Bild 14

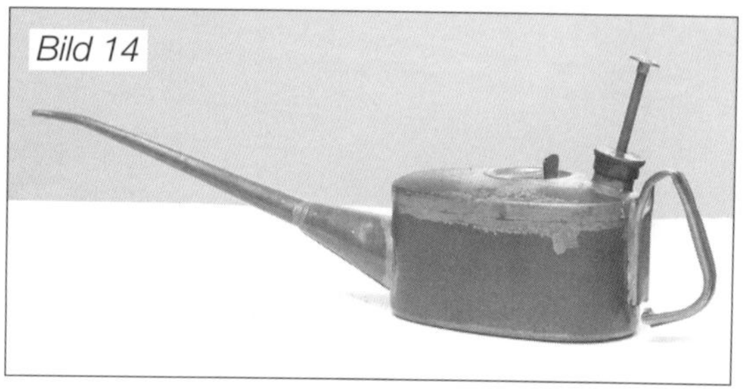

Bild 15: Der fahr- und faltbare Werkstattwagen »Assistent« ist seit vielen Jahren ein Klassiker in den Werkstätten von Hobby- und Profischraubern.

Bild 15

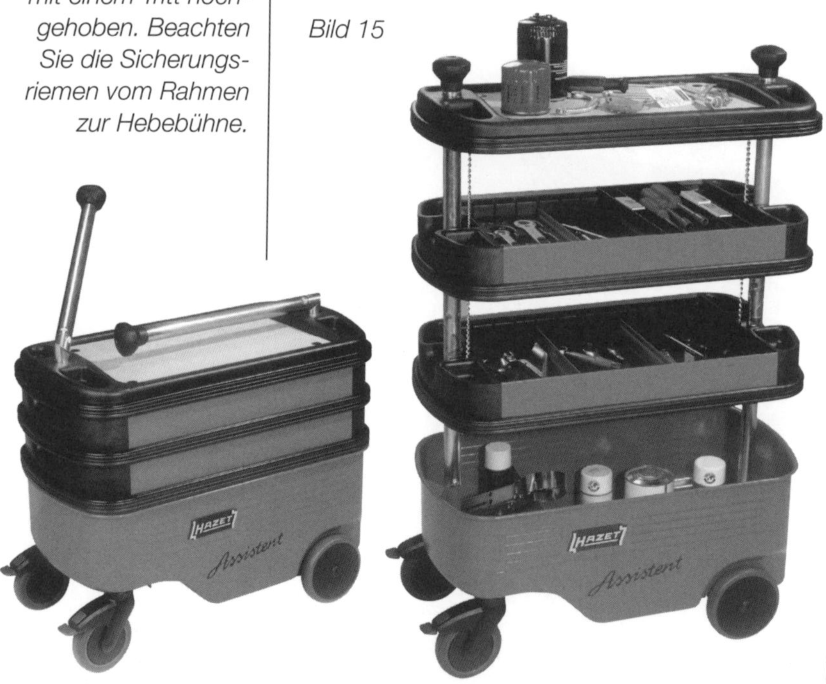

Bild 16: Der Enduro-Schnellständer wird einfach unter den Motor geschoben und die ganze Maschine mit einem Tritt hochgehoben. Beachten Sie die Sicherungsriemen vom Rahmen zur Hebebühne.

Bild 16

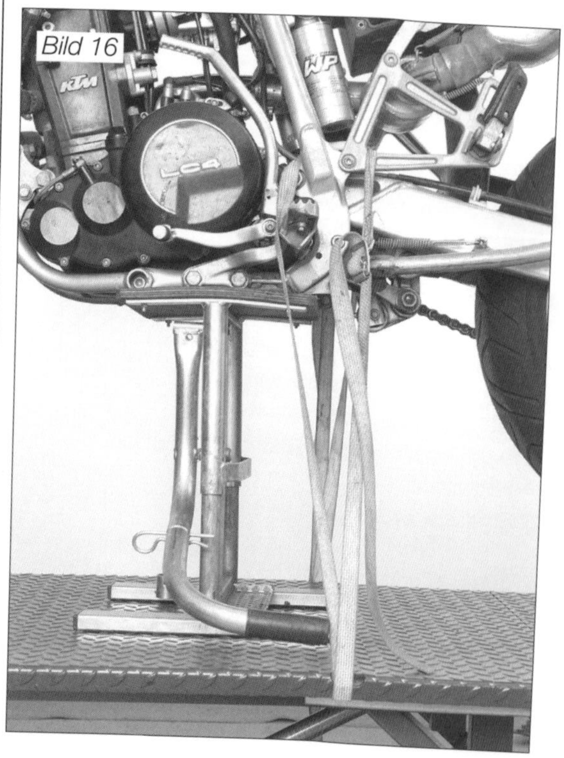

Vorname

Nachname

Straße

PLZ, Ort

Email-Anschrift (☐ Ja, ich möchte per E-mail über Neuerscheinungen informiert werden)

Bitte schicken Sie mir **gratis** Ihren Prospekt mit allen lieferbaren Titeln zum Thema:

- ☐ **Personenwagen / Nutzfahrzeuge**
- ☐ **Motorrad**
- ☐ **Eisenbahn / Modelleisenbahn**
- ☐ **Luftfahrt / Raumfahrt**
- ☐ **Militärgeschichte / Waffen**
- ☐ **Aktive Freizeit**
- ☐ **Pferde / Hunde Katzen**
- ☐ **Jagd / Angeln**
- ☐ **Typenkompass** Personenwagen / Nutzfahrzeuge / Motorrad / Luftfahrt / Zeitgeschichte / Maritim / Eisenbahn

Bitte mit € 0,60 frankieren Danke!

Antwortkarte

Paul Pietsch Verlage
Hauptstätter Straße 149
70178 Stuttgart

Lieber Leser,

vielen Dank für Ihre Antwort.
Nur durch Ihre Anregungen und Ihre Kritik können wir uns ständig verbessern. Bitte schreiben Sie uns doch auf dieser Antwortkarte, wie Ihnen das Buch gefallen hat.

Autor und Titel des Buches:

Meine Meinung zu diesem Buch:

☐ sehr gut ☐ gut ☐ weniger gut ☐ nicht so gut

Kommentar:

Öl und Fett

Öl: Öl ist das wichtigste Werkstatthilfsmittel. Ein stilvolles Ölkännchen (Bild 14) muss auf jede Werkbank, weil ein Tropfen Öl vor der Montage an Schrauben und Muttern gehört. Natürlich kann man auch Öl-Allzweckspray oder WD 40 verwenden, aber die häufige Benutzung von Spray wird mit der Zeit richtig teuer.

In das Ölkännchen gehört gutes Qualitätsöl. Also eine weitere Warnung vor dem Baumarkt: Dort kein »prima Ölkännchen mit 150 ml Allzwecköl für nur 1,95 Euro« kaufen, das ist viel zu teuer für den billigsten Schmierfusel. Besser ist es z. B., die letzten Reste aus Motoröldosen oder -flaschen zu sammeln, indem man die Ölflasche zum Austropfen kopfüber in einen Becher stellt (Bild 13) und so »Tropföl« sammelt. Das ist nun beileibe kein übertriebener Geiz, aber warum die scheinbar leere Öldose wegwerfen, wenn sich noch ein paar Kubikzentimeter gutes (und teueres!) Motoröl darin befinden?

Fett: Schmierfett ist neben Öl ein weiteres wichtiges Grundhilfsmittel in der Motorradwerkstatt. Motorrad-Schmierfett sollte möglichst (Salz-) wasserresistent sein. Wir brauchen in der Motorradwerkstatt zwei Fettarten (Bild 17):

- »Leichtes Wälzlagerfett«, z. B. für schnell drehende Bauteile, wie Radlager oder Radlager-Simmerringe beim Radeinbau. Wie die Bezeichnung »leicht« schon sagt, ist das Fett »leicht« und damit besonders geschmeidig. Wenn man es zwischen den Fingern verreibt, wird es extrem glitischig. Man spürt während des Reibens quasi den Schmierfilm, und danach lässt sich das Fett kaum von der Haut abwaschen.
- »Schweres Wälzlagerfett« ist für langsam drehende Bauteile wie Lenkkopf- und Schwingenlager, Gelenkbolzen von Fußrasten, Schalt- und Bremshebel. Man spürt beim Reiben zwischen den Fingern, dass das schwere Fett steifer ist als leichtes Wälzlagerfett. Deswegen ist es nicht für Schnelldrehbauteile wie Radlager geeignet, hält aber viel höhere Drücke aus.

Mehr zur richtigen Verwendung von Öl und Fett weiter hinten im Kapitelabsatz »Richtig schrauben«.

Werkstatthilfsmittel

Die meisten der für die LC4 benötigten Werkstatthilfsmittel werden vom Chemiegiganten Henkel hergestellt, wie z. B. flüssige Schraubensicherungen (»Loctite«) und Dichtmittel. Im Internet unter *www.loctite.de* findet man Loctite-Produktbeschreibungen und kann sich über deren Anwendung informieren. KTM-Händler sind in der Regel gut sortiert und bieten alle benötigten Werkstatthilfsmittel an.

Man sollte die oben schon besprochenen beiden Fette haben sowie Kontaktspray, Molykote 111

Bild 17: Schweres und leichtes Fett sind für das richtige Schmieren der entsprechenden Bauteile wichtig.

Bild 17

Schweres Fett ist für langsam drehende Lager und Bauteile, wie z. B. Lenkkopf- und Schwingenlager.

Leichtes Fett für schnell drehende Lager, z. B. Radlager, und zum Schmieren von Simmerringen.

Bild 18

Bild 18: Wichtige Werkstatthilfsmittel wie Bremsenreiniger (1), Kältespray zum Einbau von Lagern (2), Kontaktspray für Elektrostecker (3), Fett für Lager und Simmerringe (4), Loctite-Schraubensicherung »mittelfest« (5) und »hochfest« (6), Chrompoliturpaste (7), Dichtmasse für Gehäusedeckel (8), Molykotefett (9).

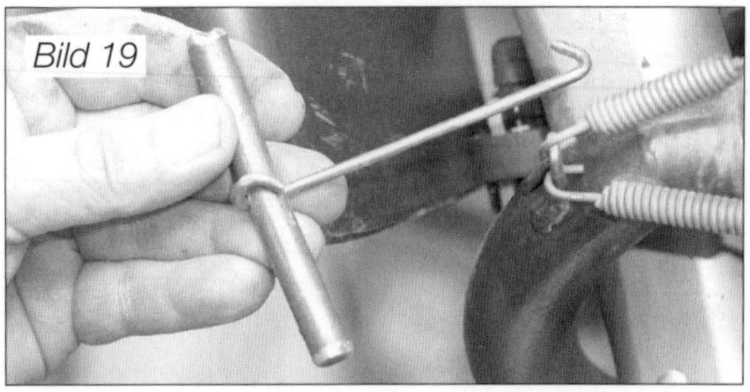

Bild 19: Eigenbau-Federzieher zum Abnehmen und Anbauen der Auspufffedern.

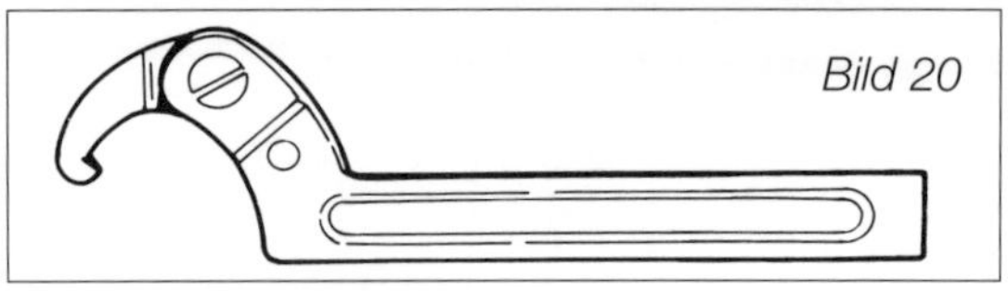

Bild 20: Verstellbarer Hakenschlüssel.

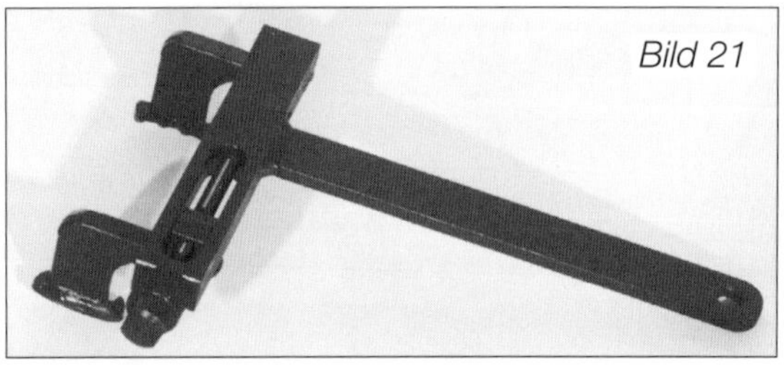

Bild 21: Kupplungsnabenhalter.

Bilder 22 und 23: Limarotorabzieher.

(Silikonfett), Dichtmittel 3-Bond (Flächendichtmittel), Loctite 577 (Gewindedichtmittel) Loctite 243 (Schraubensicherung »mittelfest«), Loctite 2701 (Schraubensicherung »hochfest«) und Bremsenreiniger.

Spezialwerkzeug

Für einige Arbeiten an Fahrwerk und Antrieb werden Spezialwerkzeuge benötigt. Man kann diese beim KTM-Händler kaufen, aber sie sind teuer. Auf die verschiedenen Spezialwerkzeuge sowie einfache Alternativen dazu gehen wir in den entsprechenden Kapiteln ein.

Federzieher: Der Auspuff ist an verschiedenen Stellen mit Federn zusammengespannt. Um diese Federn abzunehmen bzw. wieder anzubauen, wird ein Federzieher benötigt – fummeln Sie bitte nicht mit einer Wasserpumpenzange herum, man rutscht leicht ab und reißt sich die Hände auf! Einen Federzieher kann man sich leicht selbst machen: Durch ein 10 oder 12 mm dickes Stück Rundmaterial mittig ein 3-mm-Loch bohren, einen dicken Schweißdraht durchführen und entsprechend umbiegen (Bild 19), das ist ein prima Federzieher!

Hakenschlüssel (Bild 20)**:** Wird benötigt zum Verstellen des Federbeins bzw. der Federbasis; es sollte ein exakt auf die Nutmutter des Federbeins passender Schlüssel gekauft werden (KTM-Händler!). Hakenschlüssel sind nicht teuer, sie gehören zur Werkzeug-Grundausstattung.

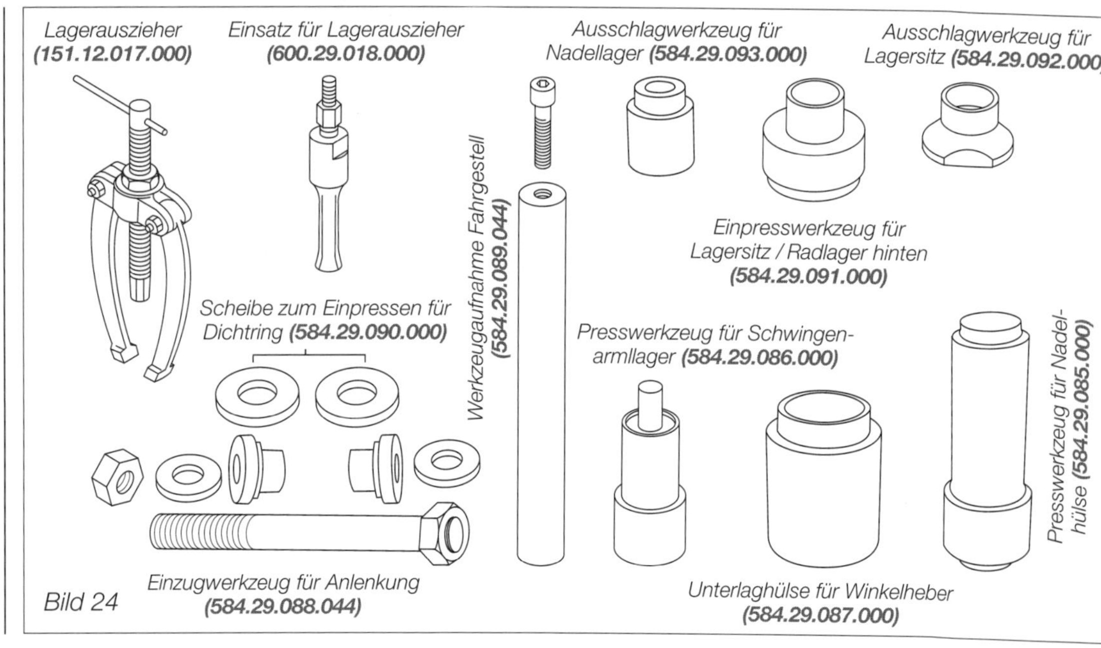

Bild 24: Spezialwerkzeuge für das Fahrgestell mit KTM-Teilenummern in Klammern.

Bild 25 ganz rechts: Spezialwerkzeuge für den Motor mit KTM-Teilenummern in Klammern.

Rotor- und Kupplungsnabenhalter: Wird benötigt zum Halten des Lichtmaschinenrotors (Bild 23) bzw. der Kupplungsnabe (Bild 21), wenn dessen Zentralschraube bzw. -mutter gelöst oder festgezogen werden muss.

■ Wenn der Rotorhalter zum Kauf zu teuer ist: Mit dem oben schon erwähnten Akku-Schlagschrauber kann man die Lima- und Kupplungsnabenmutter öffnen, ohne gegenzuhalten!

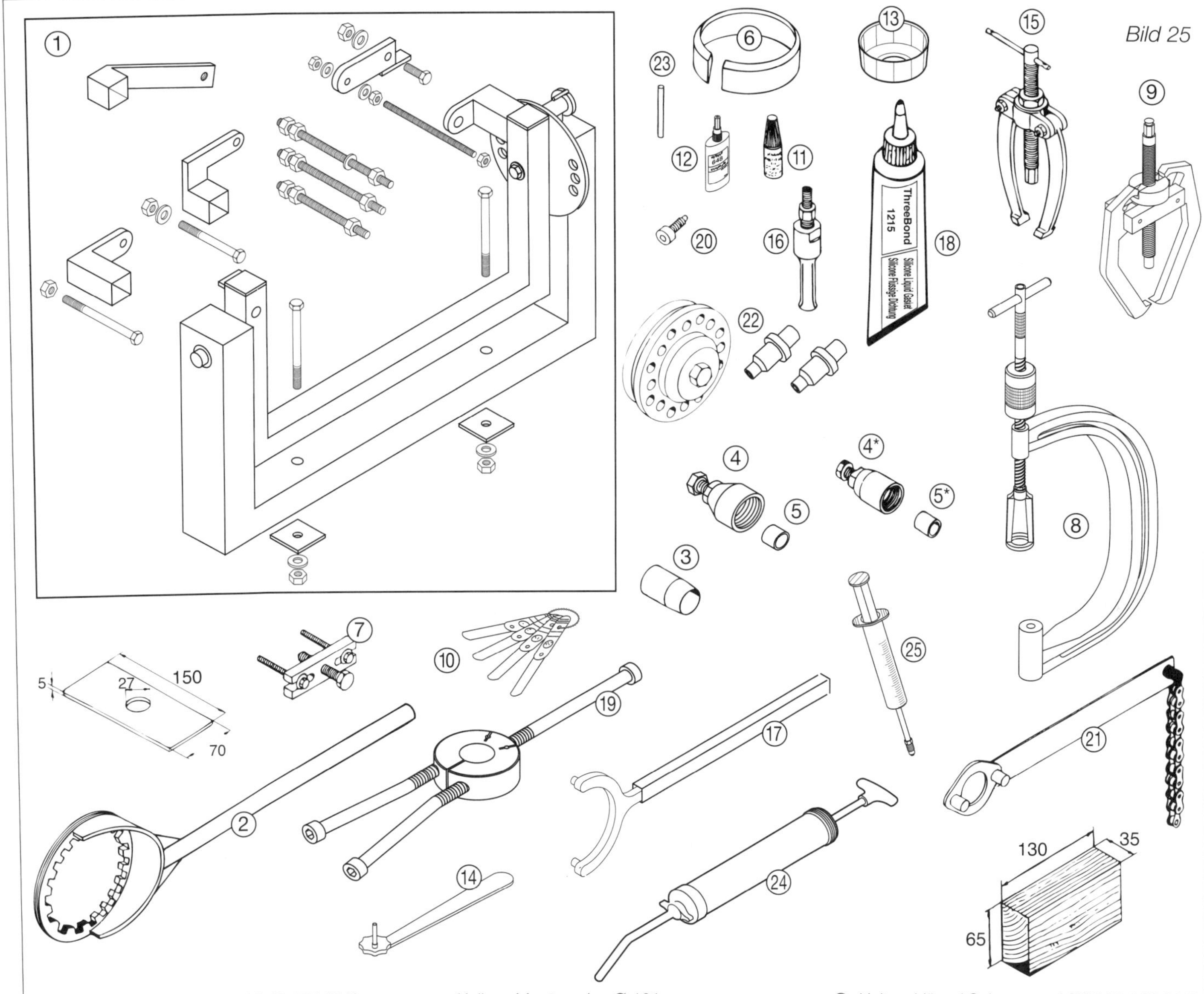

Bild 25

① *Universalmontagebock* ***(560.12.001.000)***
② *Kupplungshalter* ***(583.29.003.000)***
③ *Montagehülse für Kurbelwellendichtring links Ø 25 mm* ***(580.12.005.025)***
④ *Schwungradabzieher (Kokusan)* ***(584.29.009.000)***
④* *Schwungradabzieher (SEM)* ***(580.12.009.000)***
⑤ *Schutzkappe für Kurbelwelle (SEM)* ***(510.12.016.000)***
⑤* *Schutzkappe für Kurbelwelle (Kokusan)* ***(584.29.031.000)***
⑥ *Kolben-Montagering Ø 89 mm* ***(580.12.015.089)***
Kolben-Montagering Ø 95 mm ***(580.12.015.095)***
Kolben-Montagering Ø 100 mm ***(580.12.015.100)***
Kolben-Montagering Ø 101 mm ***(580.12.015.101)***
Kolben-Montagering Ø 102 mm ***(585.29.015.102)***
⑦ *Abzieher für Primärrad und Kupplungsmitnehmer* ***(590.29.021.044)***
⑧ *Ventil-Montagevorrichtung* ***(590.29.019.000)***
⑨ *Abzieher* ***(590.29.033.000)***
⑩ *Lehre für Ventilspiel* ***(590.29.041.000)***
⑪ *Loctite 243 blau 6 ml* ***(6.899.785)***
⑫ *Loctite 648 rot 20 ml* ***(584.29.059.000)***
⑬ *Schlüssel für Schraubfilter* ***(583.29.039.000)***
⑭ *Einstellwerkzeug für Gemischregulierschraube* ***(590.29.034.000)***
⑮ *Lagerauszieher* ***(151.12.017.000)***
⑯ *Einsatz 12 – 16 mm* ***(151.12.018.000)***
Einsatz 18 – 23 mm ***(151.12.018.100)***
⑰ *Halteschlüssel Schwungrad* ***(584.29.012.000)***
⑱ *Silikondichtmasse (Three-Bond)* ***(3090.98)***
⑲ *Montagewerkzeug für Lagerinnenring NJ 207 (alle LC4)* ***(584.29.037.040)***
Montagewerkzeug für Lagerinnenring NJ 306 (LC4-E) ***(584.29.037.043)***
⑳ *Kurbelwellenfixierschraube* ***(580.30.080.000)***
㉑ *Halteschlüssel für Kettenritzel* ***(510.12.012.000)***
㉒ *Nietwerkzeug für Kupplung* ***(546.29.027.000)***
㉓ *Grenzlehrdorn für Ventilführung Ø 7,05 mm* ***(580.29.026.007)***
㉔ *Spritze für Rahmenöl* ***(584.29.048.000)***
㉕ *Entlüftungsspritze für hydraulische Kupplung* ***(503.29.050.000)***

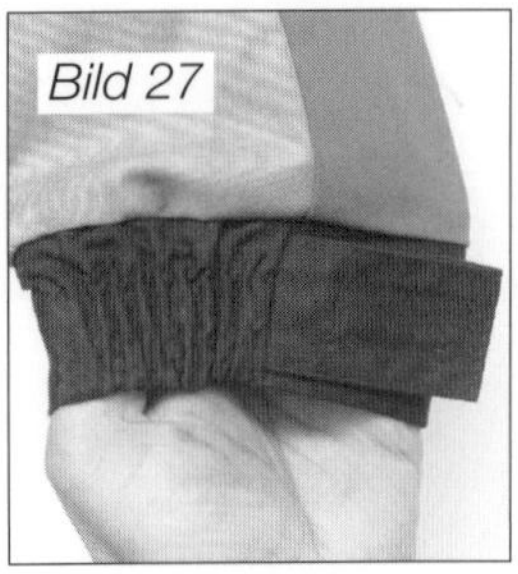
Bild 27

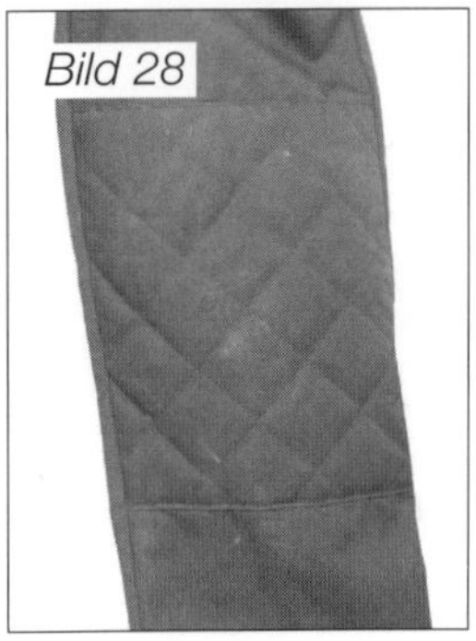
Bild 28

Bild 29: Grundregel beim Schrauben: Nur wer in größtmöglicher Ordnung auf die zu beschraubenden Teile schaut, kann Fehler rasch erkennen und fachgerecht beheben. Man muss dabei keinesfalls auf dem Boden liegen...

Limarotor-Abzieher: Wird zwingend benötigt zur Demontage des Lichtmaschinenrotors (Bild 23), denn ohne den speziellen Lichtmaschinenrotor-Abzieher lässt sich der Rotor nicht vom Kurbelwellenstumpf abziehen!

Bild 26

Bilder 26, 27 und 28: Monteurskombi mit Bündchen an Ärmeln und verstärktem Kniebereich.

Bild 29

Gewindeschneider-Satz: Im Kapitelabsatz »Richtig schrauben« zeigen wir den Umgang mit dem Gewinde-Reparaturmittel »HeliCoil«. Unter die Rubrik »Spezialwerkzeug« fällt auch ein kompletter Satz Gewinde-Schneid- und Bohrwerkzeuge. Damit lassen sich Außen- wie Innengewinde anfertigen oder nachschneiden, wenn z. B. Reste von Loctite daran hängen, Farbe oder Rost.

Kühler- und Verschlussdeckel-Prüfgerät: Wird benötigt zum Prüfen des Kühlerverschlussdeckel-Öffnungsdrucks und zum »Abdrücken« des kompletten Kühlsystems bei einer Prüfung auf Lecks.
■ Wenn zu teuer: Mit dem Deckel zum Händler gehen und dort prüfen lassen.

Lagereintreiber: Wird benötigt zum Einbau von Lagern und z. B. der Wasserpumpendichtung.
■ Wenn der Lagereintreiber zum Kauf zu teuer ist: Man kann sich auch mit passenden Nüssen oder einem passend gemachten Rohrstück helfen (siehe dazu auch Kapitel 24 »Kühlsystem« und den Absatz »Wasserpumpe reparieren«).

Gabeldichtring-Treiber mit Treibhülse: Wird benötigt zum Einbau von Gleitbuchsen, Dichtringen und Staubmanschetten bei Zerlegung und Zusammenbau der Telegabel.
■ Wenn der Gabeldichtringtreiber zum Kauf zu teuer ist: Man kann sich mit einem passend abgesägten Rohrstück helfen oder den Gabeldichtring mit einem kleinen Dorn ringsum vorsichtig einklöpfeln.

Dämpferrohrhalter mit T-Griff: Wird benötigt beim Zerlegen und Zusammenbauen der Telegabel zum Gegenhalten der Dämpferrohr-Schraube.
■ Wenn der Dämpferrohrhalter zum Kauf zu teuer ist: Man kann die untere Zentralschraube, die Gabelstand- und Tauchrohr verbindet, mit dem Schlagschrauber ausdrehen! Oder man baut das Gabelbein wieder provisorisch zusammen, dann drückt die Gabeltragfeder auf den unteren Dämpferrohrhalter und die Schraube lässt sich ausdrehen. Wenn nicht: Gabelbein zum Händler geben!

Richtig schrauben

Gut schrauben zu können ist keine angeborene Gottesgabe, sondern eine Sache der realen Einschätzung: Was habe ich bisher gelernt, kann ich schon, traue ich mir zu, kann ich noch lernen? Und: Von was lasse ich die Finger weg, weil mein Wissens- und Könnenstand sowie der eigene Werkzeugbestand nicht ausreichend genug sind? Das Wissen um die eigenen Fähigkeiten ist die beste Voraussetzung, um ein guter Schrauber zu sein – oder zu werden.

Ordnung halten in der Bude!

Wer Ordnung hält, ist nur zu faul zum Suchen. Eine blödere Ausrede als diese gibt es nicht, wenn man in eine Hobbywerkstatt kommt, wo sich alte Ölfilter auf gebrauchten Reifen stapeln, leere Bierflaschen und Pizzapappen vor sich hin stinken.

Der auf dem Boden liegende Mensch in Bild 29 ist kein Ordnungsfetischist mit Putzfimmel sondern ein pfiffiger Mechaniker, der seit 25 Jahren in Australien lebt und sich dort eine sichere Existenz als Motorrad-Spezialist für unlösbare Probleme geschaffen hat. Er hat weder den Werkstattboden extra fürs Foto sauber geputzt noch die Teile des zerlegten Stoßdämpfers – in »Ekke Schäfer's Motorcycle Worshop« in Brisbane sieht es immer so aus. Denn Ekke weiß, dass exaktes Schrauben ein hohes Maß an Ordnungssinn und Selbstdisziplin voraussetzt, was Sauberkeit des Arbeitsplatzes und der zu bearbeitenden Teile betrifft. Ekke weiß blind, wo in seiner Werkstatt welcher Schlüssel und welches Spezialwerkzeug zu finden ist (und wie er damit umzugehen hat!), er schraubt sicher, gut und schnell. Und nach Abschluss der Arbeiten ist »fertig« auch wirklich »fertig!, Motor läuft wieder!«.

Sicherer Werkzeuggebrauch

Ganz zu Anfang dieses Kapitels haben wir es schon gesagt, hier wiederholen wir es: Mit schlechtem Werkzeug kann man keine gute Arbeit machen! Hier ergänzen wir thematisch: Mit gutem Werkzeug muss man auch umgehen können.

Die Bilder 30 bis 33 verdeutlichen, was wir meinen:

■ Wenn ein Schraubenkopf oder eine Mutter einen 13er-Schlüssel braucht (Bild 30), dann ist der 14er (Bild 31) das falsche Werkzeug. Und wenn eine Schraube sich selbst mit dem richtigen Werkzeug gar nicht lösen möchte, mit dem Schlagschrauber (Bild 34) hat jede alte, bombenfest sitzende Schraube keine Chance.

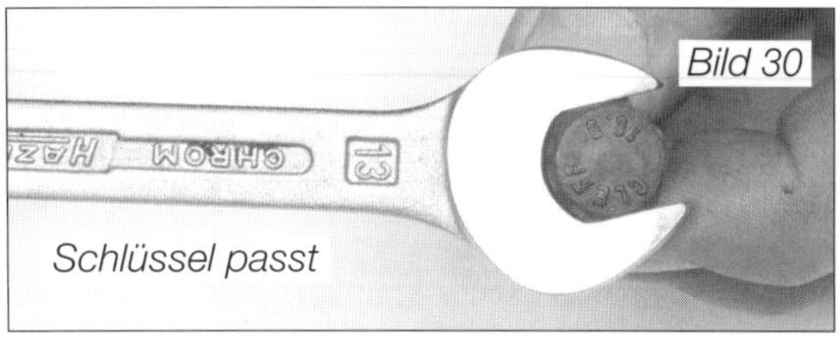

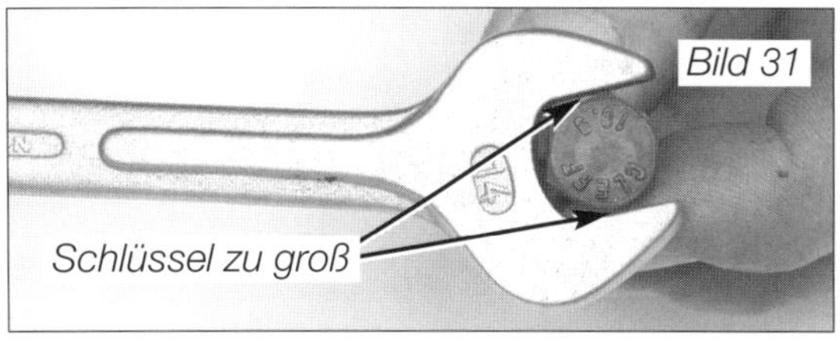

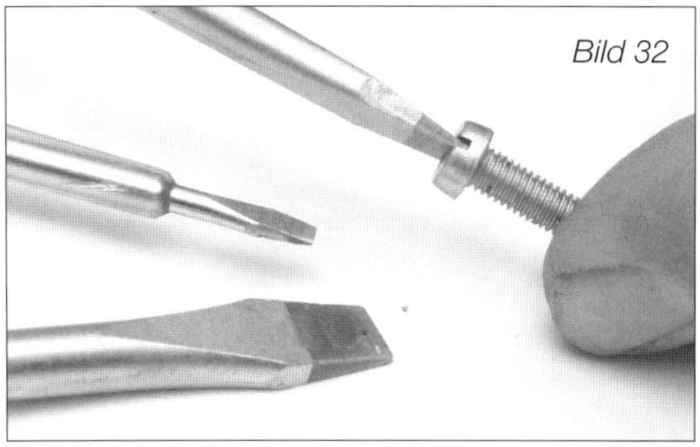

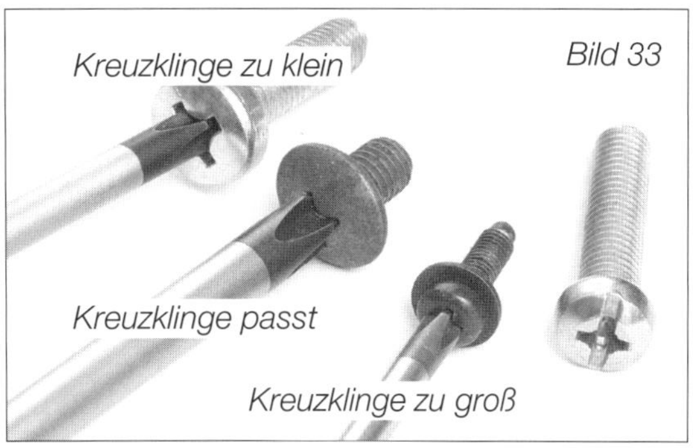

Bilder 30 bis 33: Immer passendes Werkzeug verwenden. Ein zu großer Schlüssel vermurkst beim ersten Ansatz den Schraubenkopf, ein zu kleiner Schraubenzieher rutscht durch, ein zu großer versaut den Schlitz im Schraubenkopf.

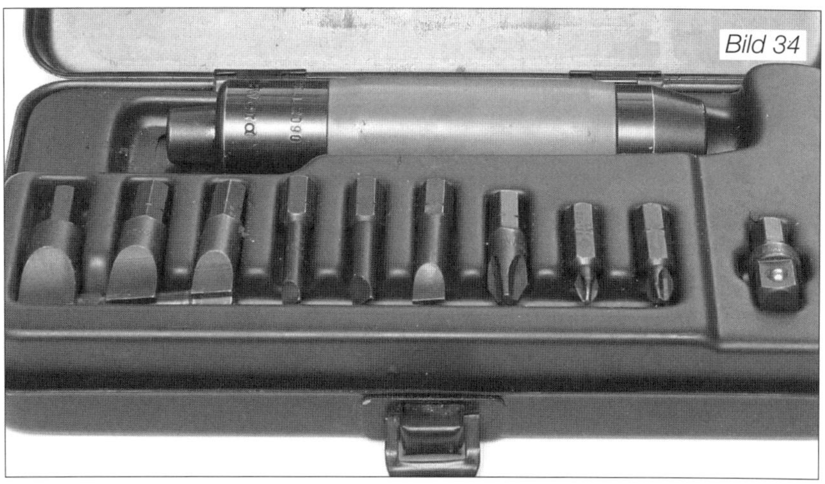

Bild 34: Für hoffnungslose Fälle gibt es den hammerbetriebenen Schlagschrauber, gegen den selbst eine vermurkste Kreuzschlitzschraube kapituliert.

Schrauben, Scheiben, Muttern

Stahlschrauben in Aluminium, die z. B. in Motorgehäuse gedreht werden, müssen mindestens mit der Länge des doppelten Schraubendurchmessers in das Innengewinde eingeschraubt werden (M6 also 12 mm). Noch besser ist der zweieinhalbfache Durchmesser (bei M6 also 15 mm). In Bild 36 sieht man eine zu kurze Schraube, in Bild 37 eine in der richtigen Länge und zwei zu kurze.

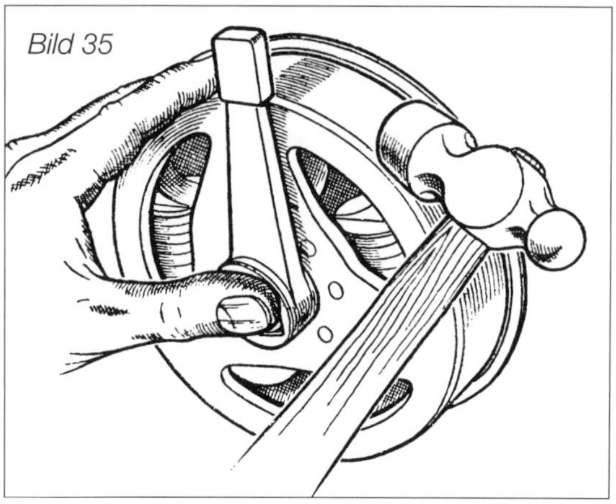

Bild 35: Wenn eine Mutter/Schraube mit dem Hammer geöffnet werden muss, den Schlüssel mit dem Daumen vorspannen und das Werkstück möglichst fest halten.

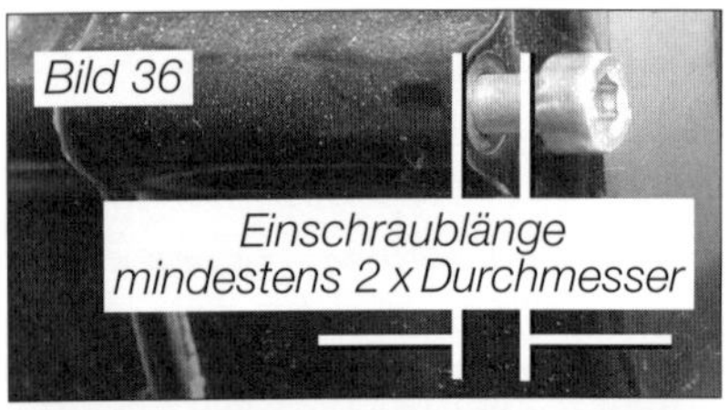

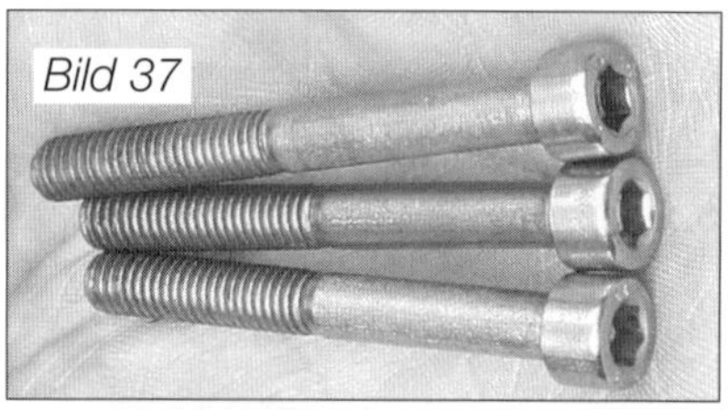

Bilder 36 und 37: Bei Stahlschrauben in Alu auf genügend Einschraublänge achten.

Bild 38: Gewinde immer nur mit einer Messingbürste reinigen.

Bild 39: Defekte Schraubgewinde.

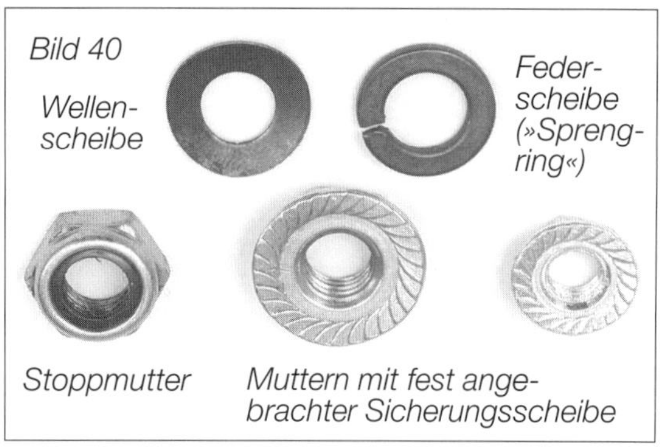

Bild 40: Verschiedene Scheiben und Muttern.

■ Wenn man keine Schrauben in der passenden Länge bekommt und nur solche, die 5 mm zu kurz oder 20 mm zu lang sind, dann lieber die zu langen kaufen und auf passende Länge zurechtsägen. Lohn der (Säge-)Arbeit ist ein nicht ausreißendes Gewinde!

Wenn Schmutz oder Reste von Schraubenkleber an der Schraube haften, diese mit einer Messingbürste reinigen (Bild 38). Eine scharfe Stahlbürste reißt die Oberflächen des Gewindes auf!

Bei jeder Schraube, die wieder montiert werden soll, ihr Gewinde begutachten: Die in Bild 39 sind defekt (»überdreht«), also reif für die Mülltonne.

In Bild 40 sind verschiedene Scheiben und Muttern dargestellt:

■ Unterlag- oder Wellenscheiben sollen zwischen Stahlmuttern und Aluminium gelegt werden, das verbessert die Flächenpressung und schont das Alu.

■ Eine Federscheibe, auch »Sprengring« genannt, verhindert durch ihre beiden Zacken bis zu einem gewissen Maße das Lösen der Schraube/Mutter. Nur bei Stahl auf Stahl verbauen!

■ In die Stoppmutter ist ein Kunststoff-Sicherungsring (oder ein mehrteiliges Stahlsegment) eingesetzt, der die Mutter auf dem Schraubgewinde »verklemmt« und damit sichert. Eine Stoppmutter mit Kunststoff-Sicherungsring soll nur einmal, höchstens zweimal verwendet werden; eine Stoppmutter mit mehrteiligem Stahlsegment kann mehrmals verbaut werden.

■ Stahlmutter mit fest angefügter Feinzahnscheibe wird ohne zusätzliche Unterlegscheibe auf Alu oder Stahl verschraubt. Nach mehrmaliger Verwendung ist die Verzahnung »flach«, sichert also nicht mehr richtig. Für die Befestigung eines Nummernschilds ist eine solche Mutter aber immer noch gut genug!

Fetten, Ölen, Kleben

Werden blanke Bauteile miteinander verschraubt, vorher die Kontaktflächen beider Teile mit etwas Fett einschmieren. So rosten sie nicht fest, denn Fett zwischen zwei Passflächen verhindert das Eindringen von Feuchtigkeit.

Wenn Schrauben und Muttern verarbeitet werden, immer einen Tropfen Öl auf/in ihre Gewinde und Anlageflächen geben.

Loctite »mittelfest« hält eigentlich jede Schraubverbindung zuverlässig zusammen. Bei extrem belasteten Schraubverbindungen, wie z. B. den Befestigungsschrauben der Bremsscheiben, ist Loctite »hochfest« vorgeschrieben. Bei Schrauben einen Tropfen auf (Bild 41), bei Muttern in das Gewinde (Bild 42) geben.

Schrauben sichern

Für den Sporteinsatz müssen manche Schrauben und Muttern von außen gesichert werden, wie z. B. Ölablass- oder Wasserablassschraube oder die Bremszangenschrauben (Bild 43).

Bei Drahtsicherung ist Folgendes zu beachten.

- Die Sicherung von Schraube zu Schraube (oder Mutter zu Mutter) muss in Festdrehrichtung erfolgen (Bild 43) und aus hochwertigem Stahldraht sein (Ø 0,8 bis 1,0 mm). Keinen weichen Blumenbindedraht verwenden, der vibriert durch!
- Bei einer Sicherung von Schraube/Mutter zum Rahmen hin (Bild 44) nur weichen, ausgeglühten Messingdraht verwenden (Ø 1 bis 1,2 mm). Wird harter Stahldraht verwendet, scheuert dieser zuerst den Lack durch und dann die Oberfläche des Rahmenrohres. Es bildet sich eine Sollbruchstelle, an der der Rahmen dann irgendwann durchreißt.

Sicherungsbleche, z. B. unter der Mutter/Schraube von Kettenrad oder Kettenritzel, immer akkurat zu einer oder zwei Flächen der Mutter umbiegen und dicht anlegen (Bild 45).

Wenn Splinte zur Sicherung von Schraube/Mutter (z. B. an Radachsen) vorhanden sind, sollte man die Biegesplinte wegwerfen und Dauersplinte verwenden (Bild 46).

Profis zeichnen jede Schraube/Mutter, die sie mit dem vorgeschriebenen Drehmoment angezogen haben, mit einer Farbmarkierung (Bild 47). Sollte sich eine Schraubverbindung wider Erwarten öffnen, sieht man das an den zueinander verdrehten Farbstrichen!

Anziehdrehmomente

Um eine notwendige Verbindungs-Haltekraft ausüben zu können, muss eine Schraube (Mutter) in dem ihr zugeordneten Innengewinde (Außengewinde) mit einem bestimmten Anziehdrehmoment festgezogen werden. Nur damit ist garantiert, dass die durch die Schraube (Mutter) zueinander verspannten Bauteile ausreichend fest sind und sich die Schraubverbindung nicht von alleine löst (z. B. durch Vibrationen, beim großen Einzylinder-Viertakter immer ein Thema).

- Werden Schrauben/Muttern zu leicht angezogen, besteht die Gefahr, dass sich die Schraubverbindung lockert.
- Werden Schrauben/Muttern zu fest angezogen, werden ihre Gegengewinde »weich«; gefühlt ist die Schraubverbindung »fest«. Spätestens im Betrieb lockert sie sich und fällt ab.
- Werden Schrauben/Muttern bei der Montage zu fest angezogen, reißen bzw. brechen dabei aber (noch) nicht, dann aber spätestens im Betrieb.

Im Kapitel 33 »Anziehdrehmomente« sind die von KTM vorgeschriebenen Anziehdrehmomente

Bilder 41 und 42: Zur Gewindesicherung einen Tropfen auf die Schraube bzw. in die Mutter geben.

Bilder 43 und 44: Drahtsicherungen.

Bild 45: Sicherungsscheiben umbiegen und ganz dicht an das Sechskant der Schraube/Mutter anlegen.

Bilder 46 und 47: Splinte und Farbmarkierung.

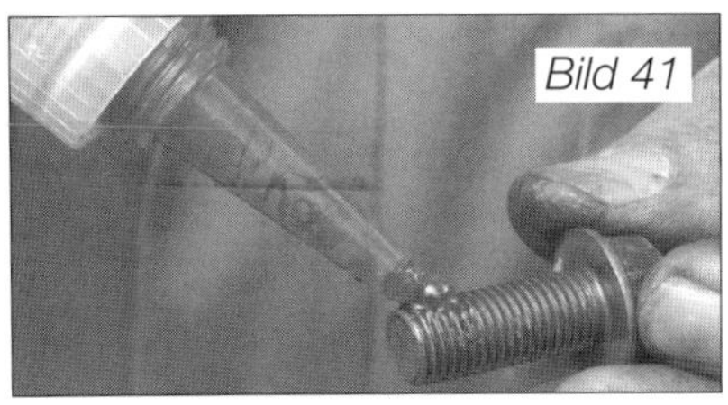
Bild 41

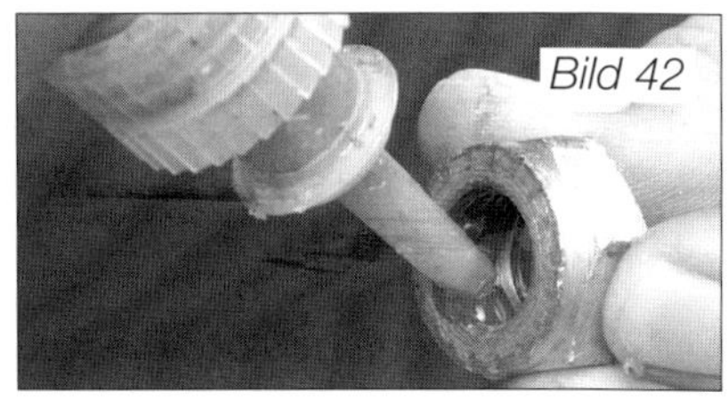
Bild 42

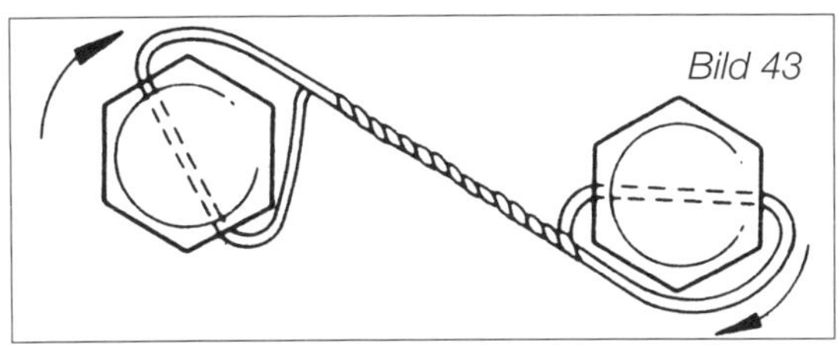
Bild 43

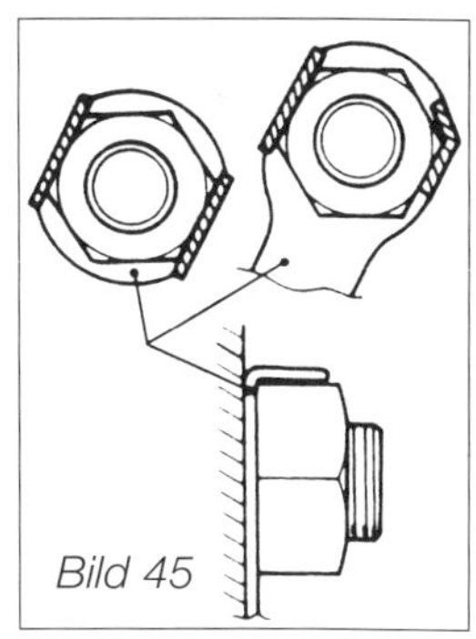
Bild 45

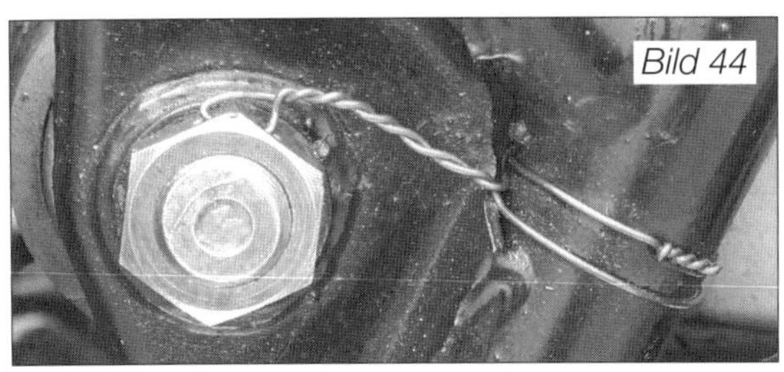
Bild 44

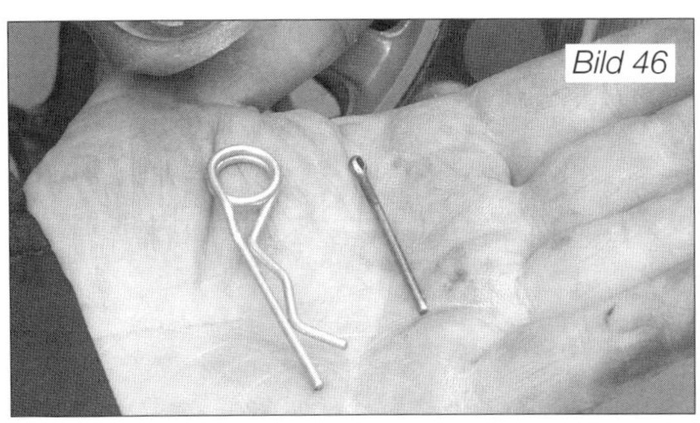
Bild 46

Bild 47

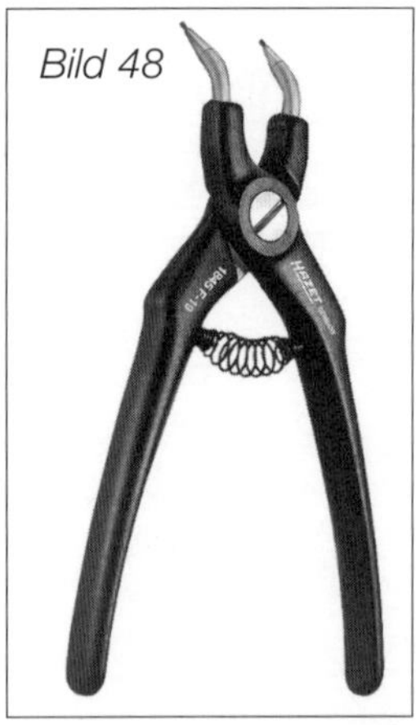

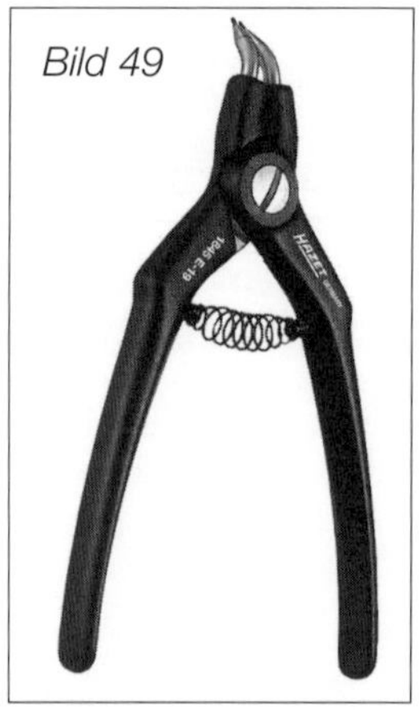

Bilder 48 bis 51: Im Lauftext sind die zu den Bildern gehörenden Arbeitsschritte nummeriert beschrieben.

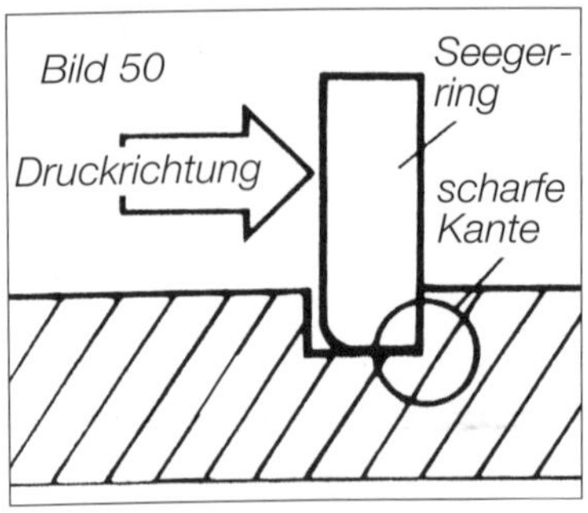

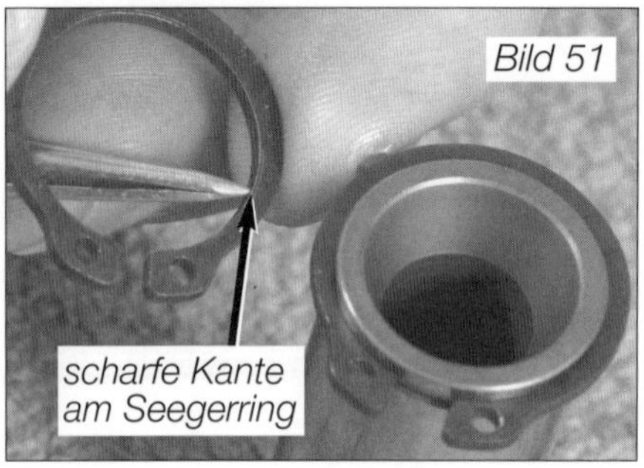

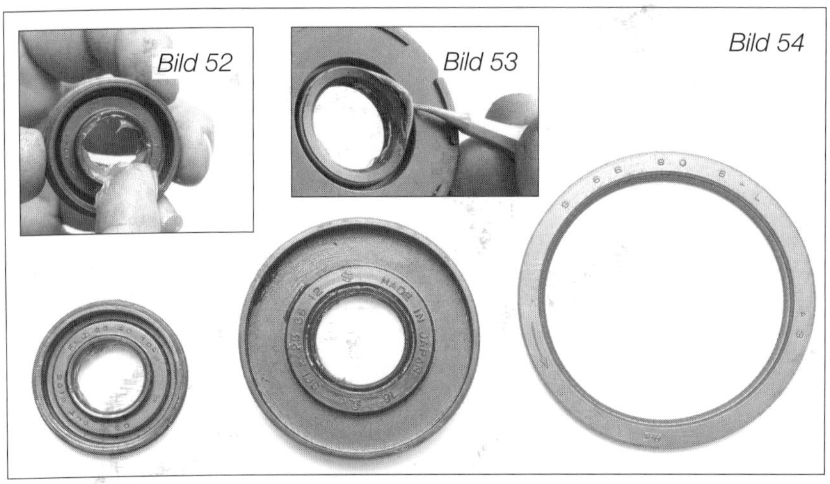

Bilder 52 bis 54: Simmerringe werden mit der Aufschrift nach außen eingebaut. Simmerring vor Einbau mit leichtem Wälzlagerfett einschmieren.

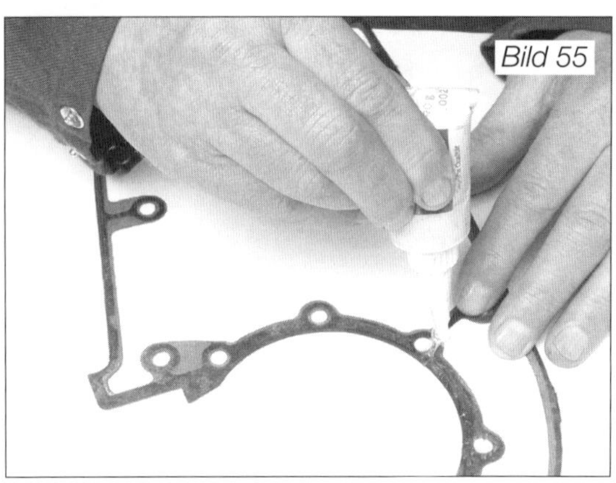

Bild 55: Silikondichtmittel verwenden, wenn die Papierdichtung gebraucht ist.

aufgelistet. Außerdem nennen wir in den einzelnen Kapiteln bei den Arbeitsschritten die Anziehdrehmomente der Schraubverbindungen an den zu bearbeitenden Bauteilen.

Seegerringe

Zum Aus- und Einbau von Seegerringen werden spezielle Zangen benötigt: Innenseegerringe werden zusammengedrückt (Zange Bild 48), Außenseegerringe auseinander gezogen (Zange Bild 49). Einmal ausgebaute Seegerringe sollen durch Neuteile ersetzt werden; wenn man sie vorsichtig und ohne große Verformung ausbaut, kann man sie noch einmal verwenden.

Beim Einbau muss die scharfe Kante des Seegerrings in Druckrichtung (also quasi »nach außen«) eingebaut werden (Bilder 50 und 51). Lieber zwei- als einmal nachsehen, ob der eingebaute Seegerring auch wirklich richtig satt in seiner Nut sitzt!

Simmerringe

Simmerringe, auch »Wellendichtring« genannt, dichten sich drehende (Radlager) oder zueinander gleitende Bauteile (Gabelbeine) nach außen und/oder innen ab. Beispiele hierfür sind die Schalt- und Kickstarterwelle, auch die Wasserpumpendichtung ist beim LC4-Motor als eine Art »doppellippiger Simmerring« ausgeführt. Simmerringe müssen mit der Aufschrift nach außen eingebaut werden, egal wie der Simmerring geformt ist!

Wichtig beim Einbau:

- Einmal ausgebaute Simmerringe nicht mehr einbauen, also immer Neuteile verwenden.
- Simmerring innen mit leichtem Wälzlagerfett einfetten (Bild 52), niemals »trocken« über die Welle schieben!
- Die dünne Spannfeder (Bild 53) muss vorhanden sein – sie keinesfalls entfernen in dem Glauben, dass dann die Welle leichter läuft!

Flächendichtmittel

Das beste Flächendichtmittel ist öl- und fettverträgliches Silikondichtmittel mit einer Temperaturbeständigkeit von −40 °C bis 250 °C. Es soll nur dann verwendet werden, wenn Bauteil auf Bauteil ohne neue, zwischengelegte Papierdichtung verbaut wird.

■ Bei einer neuen Papierdichtung kein zusätzliches Dichtmittel verwenden.
■ Muss eine gebrauchte, ausgehärtete Papierdichtung verwendet werden, dann beide Seiten dieser Dichtung leicht und gleichmäßig mit Silikondichtmittel einschmieren (Bild 55).

Gewindereparatur mit Heli-Coil

Speziell an älteren Motorrädern sind oft Gewinde beschädigt oder zerstört, weil häufiges Lösen und Anziehen zum Verschleiß oder Zerstörung des Gewindes geführt hat oder Schrauben oder Muttern wurden mit zu großen Anziehdrehmomenten angezogen, das Gewinde ist »ausgerissen«. Es kann auch durch Korrosion (»Rost«) zwischen Schraube und Bauteilwerkstoff zum »Festbacken der Schraube« gekommen sein und beim Versuch, die Schraube zu lösen, wird das Mutterngewinde zerstört.

Zerstörte Gewinde können mit geringem Aufwand und Kosten einfach und zuverlässig repariert werden, indem das defekte Innengewinde ausgebohrt und ein aus gewickeltem Draht bestehender Gewindeeinsatz eingedreht wird: »HeliCoil« nennt sich dieses Reparaturverfahren, das von der Firma Böllhoff Verbindungstechnik GmbH in Bielefeld hergestellt und weltweit vertrieben wird (*www.helicoil.de*).

HeliCoil bietet so genannte »Repairkits« in den Abmessungen von M2 bis M36 an. Ein HeliCoil-Repairkit (Bild 56) kostet ca. 40 Euro, ist im Fachhandel erhältlich und enthält:
■ Kernlochbohrer mit dem Kernloch-Gewindedurchmesser für das neue Gewinde.
■ HeliCoil-Gewindebohrer.
■ HeliCoil-Einbauwerkzeug, das ist eine Einbau-Gewindespindel mit einem kleinen Ansatz vorne.
■ 20 HeliCoil-Drahtgewindeeinsätze aus hoch korrosionsbeständigem Stahl der Legierung 1.4301 (Festigkeit mehr als 1.400 N/mm^2).

Gewinde reparieren

Am Beispiel eines ausgerissenen M6-Gewindes in einem Motorblock (Bilder 57 bis 64) erklären wir eine Gewindereparatur mit einem HeliCoil-Drahtgewindeeinsatz:
1. Schritt: Wenn der Rest einer abgebrochenen Schraube (Bild 57) im alten Gewinde steckt: Sichtbaren Schraubenrest ankörnen, mit einem scharf geschliffenen Bohrer, der 0,5 mm kleiner ist als der alte Gewinde-Nenndurchmesser (Beispiel M6: Bohrer 5,5 mm), das abgebrochene Gewindestück vorsichtig ausbohren.

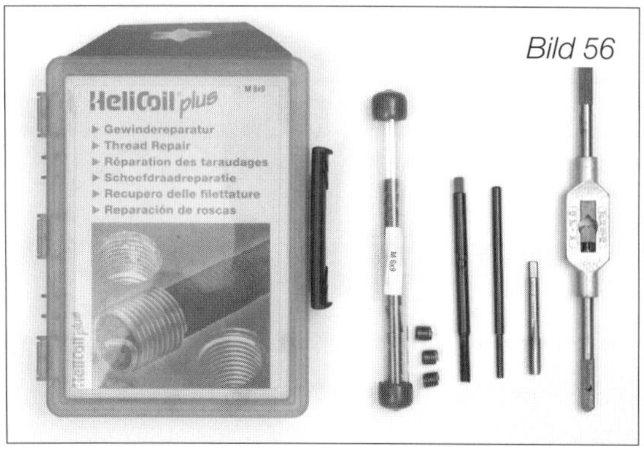

Bild 56

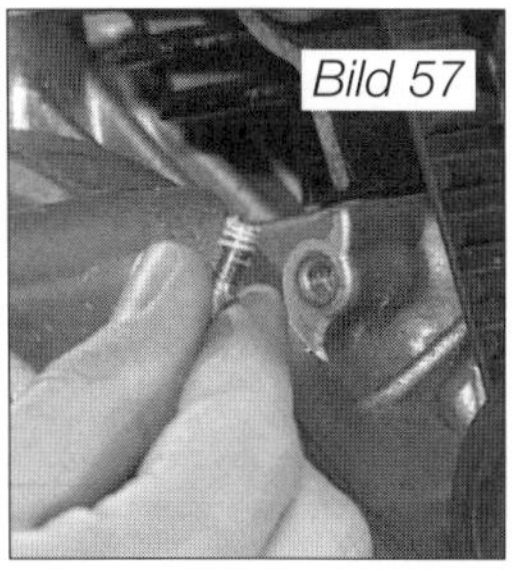
Bild 57

Bild 58

Bild 59

Bild 60

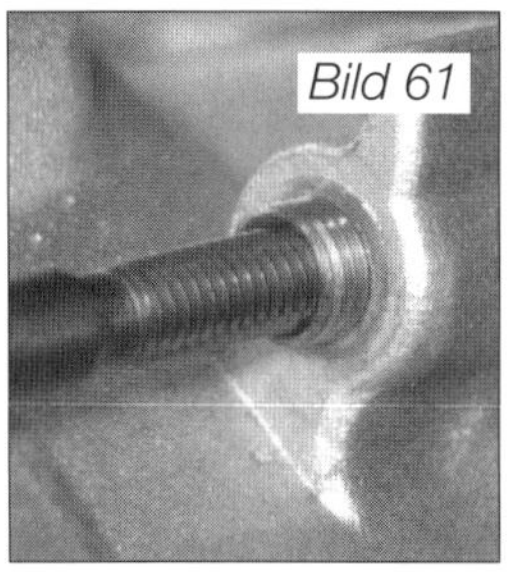
Bild 61

Bild 62

Bild 63

Bild 64

Bilder 56 bis 64:
■ *56: Kompletter HeliCoil-Reparaturkit.*

■ *57: Defektes Gewinde, überdrehte Schraube.*

■ *58: Schraubenreste ausbohren, sauberes Kernloch erzeugen.*

■ *59: Neues Aufnahmegewinde für den HeliCoil-Gewindeeinsatz schneiden.*

■ *60 und 61: HeliCoil-Gewindeeinsatz mit der Einbauspindel montieren.*

■ *62: Zapfen brechen und entfernen.*

■ *63: Perfekt ist das neue Gewinde mit HeliCoil-Gewindeeinsatz.*

■ *64: Schraube eindrehen und anziehen, fertig!*

2. Schritt: Mit dem im HeliCoil-Repairkit befindlichen Bohrer das beschädigte Gewinde komplett ausbohren (Bild 58). Der Bohrerdurchmesser entspricht dem Kerndurchmesser des neuen Aufnahmegewindes für den HeliCoil plus-Drahtgewindeeinsatz.
3. Schritt: Aufnahmegewinde für den HeliCoil-Drahtgewindeeinsatz mit dem beiliegenden Gewindebohrer schneiden (Bild 59).
Wichtig: Damit keine Späne in Gewindebohrungen hineinfallen, den Gewindebohrer vor dem Gewindeschneiden in Fett eintauchen, dann bleiben die Späne am Gewindebohrer haften.
4. Schritt: Gewinde reinigen, z. B. mit Druckluft ausblasen. ALLE Späne entfernen!
5. Schritt: HeliCoil-Drahtgewindeeinsatz mit der Einbauspindel montieren. Dieses ist sehr einfach, der Drahtgewindeeinsatz wird mit der Spindel wie eine Schraube in das vorbereitete Aufnahmegewinde eingedreht (Bilder 60 und 61).
6. Schritt: Nach der Montage des Drahtgewindeeinsatzes dessen Mitnehmerzapfen abbrechen (Bild 62):

- Zapfenwerkzeug zuvor in etwas Fett tauchen, ganz in den Drahtgewindeeinsatz einführen, mit einem kleinen Hammer einen leichten Schlag auf das Zapfenwerkzeug geben und den abgebrochenen Mitnehmerzapfen aus dem Drahtgewindeeinsatz entfernen.

Wichtig: Bei der Reparatur von Durchgangsbohrungen muss Obacht gegeben werden, wo der abgebrochene Mitnehmerzapfen hinfällt, damit er z. B. nicht in den Motor zwischen empfindliche Motorenmechaniken gerät!

Eine solche Gewindereparatur ist innerhalb von zehn Minuten ohne Schweißaufwand erledigt. Nach der Reparatur mit HeliCoil ist das Gewinde um ein Vielfaches belastbarer als das Originalgewinde. Das Gewinde wurde nicht etwa »geflickt«, sondern seine Qualität wurde deutlich verbessert: Der HeliCoil-Drahtgewindeeinsatz aus Edelstahl macht das Gewinde verschleißfester und korrosionsbeständiger. Zukünftige Wartungsarbeiten können diesem Gewinde nichts mehr anhaben.

Ölablassgewinde mit HeliCoil reparieren

Die Bilder 65 bis 72 zeigen eine harte Variante der Gewindereparatur: Das Ölablassgewinde im Motorgehäuse ist komplett hinüber (Bild 65), weil eine Ölablassschraube mit falscher Gewindesteigung eingewürgt wurde. Die nachfolgend geschilderte Gewindereparatur kann aber auch bei einem ausgerissenen Zündkerzengewinde angewendet werden; man sollte dann allerdings genau darauf achten, dass der Kolben kurz vor dem Verdichtungs-OT steht und alle Ventile geschlossen sind.

1. Wir suchen in der Schraubenkiste eine ähnliche Schraube (Bild 66). Mit Schublehre und Gewindelehre stellen wir deren Durchmesser und Gewindesteigung (Bild 67) fest: M14 x 1,25.
2. HeliColil-Gewindebohrer satt in Fett eintauchen (Bild 68).
3. Gewindeloch anschneiden, nach jeweils zwei Schneidumdrehungen wieder ausdrehen (Bild 69), Späne entfernen, Gewindebohrer in Fett eintauchen, zwei weitere Gänge schneiden.

Bilder 65 bis 72: Hätten wir bei diesem ausgerissenen Ölablassgewinde keinen HeliCoil-Reparaturkit zur Hand gehabt, wäre das Wochenende frustbeladen verlaufen. Gemerkt haben wir das Problem nämlich erst tief in der Nacht von Samstag auf Sonntag, wie immer, wenn sich beim Schrauben so einiges hinzieht.

Bild 65

Bild 66

Bild 67

Bild 68

Bild 69

Bild 70

Bild 71

Bild 72

4. HeliCoil-Gewindewendel auf Eindrehwerkzeug aufdrehen (Bild 70), vorsichtig eindrehen.
5. Letzter Check: Gewindewendel ist ca. 1/2 Gewindesteigung bis unter die Dichtfläche eingedreht, sitzt sauber (Bild 71).
6. Mit einer Spitzzange den »Mitnehmerzapfen« abbrechen und herausziehen (Bild 72). Neue Ölablassschraube probehalber eindrehen – passt! Was waren wir stolz auf uns...

Bücher

Titel: Fachkunde Kraftfahrzeugtechnik
ISBN-Nummer: 3-8085-2238-0
978-3-8085-2238-7
Preis: 36,00 Euro
www.europa-lehrmittel.de

Wer seine Technikkenntnisse erweitern und vervollständigen möchte, dem sei das Buch »Fachkunde Kraftfahrzeugtechnik« aus dem Europa-Lehrmittel-Verlag ans Herz gelegt. Bei dem 688 Seiten starken Werk handelt es sich zwar um ein Übungsbuch und Nachschlagewerk für Auszubildende des Kfz-Handwerks, dennoch werden auch Laien mit geringen Vorkenntnissen nicht überfordert. Die Themen reichen von Werkstoffkunde über Elektrotechnik bis hin zur genauen Beschreibung der Baugruppen eines Kraftfahrzeugs. Fotos und Zeichnungen sind farbig, außerdem liegt dem Buch eine CD mit über 2000 Prüfungsfragen bei. »Fachkunde Kraftfahrzeugtechnik« legt zwar den Schwerpunkt auf Automobile, doch die Zweiradtechnik kommt nicht zu kurz.

Titel: Motorradtechnik
Autor: Jürgen Stoffregen
ISBN-Nummer: 3-528-44940-3
978-3-528-44940-7
Preis: 28,90 Euro
www.vieweg.de

Ein Stück tiefer und vor allem motorradspezifischer als das zuvor beschriebene Buch behandelt BMW-Pressesprecher Jürgen Stoffregen die Materie. Das mittlerweile schon in fünfter Auflage im Vieweg-Verlag erschienene Werk »Motorradtechnik – Grundlagen und Konzepte von Motor, Antrieb und Fahrwerk« umfasst 410 Seiten und bietet 328 Abbildungen und 21 Tabellen. Berechnungsformeln bei vielen Kapiteln vervollständigen das Buch, das unter Spezialisten als Referenzwerk gilt. Ein gewisser Grundstock technischer Kenntnisse sollte bei der Lektüre allerdings vorhanden sein.

Bild 73

Bild 74

Bilder 73 und 74: Für spannende Leseabende empfehlen wir diese beiden Technikfachbücher ganz besonders.

Pflege

In diesem Kapitel: Waschen und Polieren · Winterbetrieb · Ölspray · Schmierstellen · Überwintern · Inbetriebnahme nach der Winterpause.

Waschen und Polieren

Egal wie viele Verkleidungsteile Ihre LC4 hat, sie soll immer nur mit milden Waschmitteln, weichen Schwämmen und Lappen gewaschen werden.

Bilder 1 und 2: Verschiedene Pflegemittel.

Bei Verwendung von aggressiven Mitteln und harten Bürsten sehen Kunststoff-, Lack- und Aluteile rasch zerkratzt und hässlich aus.

Motorrad nur in kaltem Zustand waschen. Wenn es bei warmem Motor oder in direkter Sommer-Sonneneinstrahlung gewaschen wird, verdunstet das Waschwasser zu schnell und die Waschmittelzusätze brennen sich in die heißen Oberflächen von Motor, Auspuffkrümmer und Topf regelrecht ein. Solche Flecken wieder zu entfernen ist recht mühselig.

Ein großer Eimer warmes Wasser mit einem Schuss mildem Reinigungsmittel und ein weicher Schwamm genügen für die Wäsche. Die in Motorrad- und Zubehör-Fachgeschäften angebotenen speziellen Motorradreiniger sind sehr zu empfehlen, sie lösen Dreck und Fettrückstände gut ab. **Nicht zu viel Reiniger verwenden!** Nach der Warmwäsche mit reichlich klarem, kaltem Wasser nachspülen.

■ Nach der Klarwasser-Nachwäsche alle Verkleidungsteile, Tank und Sitzbank mit Waschleder oder weichem Tuch umgehend abtrocknen.

■ Für Lampen- und Blinkergläser, Instrumente, Spiegel, Gabelstand- und Tauchrohre sowie vorderes Schutzblech gilt: Angetrocknete Insektenreste mit reichlich Wasser einweichen und abwaschen. Nicht mit harten Gegenstän-

Sicherheitshinweise ⚠ Achtung und ☞ Tipps für dieses Kapitel

⚠ Schmieren Sie niemals den Gas- oder Kupplungszug mit Kettenspray oder Motoröl! Die serienmäßigen Bowdenzüge der neueren LC4-Modelle sind mit einem speziellen Kunststoffmaterial beschichtet und wenn ungeeignetes Öl in den Bowdenzug eingespritzt wird, kann die Beschichtung des Zuges aufquellen und die Freigängigkeit einschränken, was bis zum völligen Festsitz des Zuges führen kann! Wenn ein Schmieren der Züge nötig sein sollte, verwenden Sie entweder dünnflüssiges, harzfreies Nähmaschinenöl oder Ölspray.

⚠ Motorrad bei normaler Verschmutzung nicht mit dem Dampfstrahler reinigen! Dampf und Reinigungsmittel aus Hochdruckreinigern dringen überall dorthin, wo sie nicht hin sollen, z. B. in elektrische Steckkontakte, Schalter, Radlager, Gehäuseteile, Bremssättel.
Ausnahme: Eine bei hartem Geländeeinsatz verdreckte, verkrustete Enduro muss mit dem Dampfstrahler gereinigt werden, anders ist trockenem Schmodder nicht beizukommen. Wenn dem so ist, bitte Folgendes beachten:
■ Dampfstrahllanze nicht nah an Radlager, Lenklager, Schwingenlager und Umlenkhebel, Kette, Vergaser, elektrische Anschlüsse und Zündkerze halten!
■ Dampfstrahl nicht in Bremszangen, auf Bremspumpen und Bremsflüssigkeits-Vorratsbehälter richten!
■ Dampfstrahl nicht in Auspuffende und Luftfilteransaugöffnung blasen!
■ Nach der Dampftrahlwäsche mit viel klarem Wasser sanft nachspülen.

☞ Motorrad immer von oben nach unten waschen, die weniger verschmutzten Teile zuerst. Waschwasser fern halten von allen elektrischen Anschlüssen, elektrischen Schaltern, Steckern der Elektrik und Bowdenzüge.

⚠ Nach dem Waschen besonders die Reifen und Bremsscheiben mit reichlich klarem Wasser abspülen, damit alle glitschigen Rückstände abgespült werden. Rutschige Reifen können in der ersten Kurve für Überraschungen sorgen und wenn die Bremsscheiben mit einem Schmierfilm überzogen sind, ist dies der Bremsleistung nicht förderlich.

☞ Wenn Sie sich eine Motorrad-Abdeckhaube kaufen, um die Maschine darunter überwintern zu lassen, dann nehmen Sie eine, die unten Ösen hat, in welche die Haken von Gepäckgummis eingehängt werden können, damit die Plane gesichert ist.

☞ Wichtiger Tipp für LC4 mit Enduroreifen: Wenn diese einige Monate auf dem Seitenständer abgestellt ist, kann sich der Vorderradreifen verformen, er bekommt einen »schrägen Standplatten« (abgeflachte Stelle). Deswegen über Winter auf Montageständer so abstellen, dass beide Räder frei in der Luft sind und keinen Bodenkontakt haben.

den versuchen, den Schmodder abzukratzen!

■ Wenn mit heißem Wasser, Reiniger und Putzlappen (sowie den sowieso schon angebrochenen Fingernägeln) gar nichts mehr geht, hilft nur noch Glasreiniger. Reichlich davon auf einen Massagewaschlappen gegeben (Handschuh mit unterschiedlich rauen Seiten, zu finden in Mutters Badeutensilien) und feste gerubbelt, leistet auch die hartnäckigste Fliegenleiche auf die Dauer keinen Widerstand.

■ Wenn die Verkleidungsscheibe Flecken hat, die mit Sidolin nicht wegzubekommen sind, hilft die »Polierpaste für Acryl und Plexiglas« vom Hersteller Rot Weiß (Bild 3). Zur Not tut es auch ein »Tiefenreinigungsmittel«, wie es für Kunststoff-Heckscheiben von Cabrioverdecken im Autozubehörhandel angeboten wird.

■ Lack- und Kunststoffteile sowie Metalloberflächen nicht mit Benzin oder anderen Lösungsmitteln bearbeiten! Erstens ist das Zeug giftig und zweitens brennen sich Lösungsmittel in die Oberflächen ein und hinterlassen dort Flecken, die nicht mehr entfernt werden können.

■ Ausnahme: Wenn sich z. B. ein Stück Schuhsohle in den Auspuff eingebrannt hat, kann man seine Oberfläche mit Bremsenreiniger und der rauen Seite eines Haushaltsschwammes bearbeiten. Selbst hartnäckige Teerflecke lassen sich damit vom Auspuffkrümmer entfernen.

Winterbetrieb

Nach jeder Winterfahrt das Motorrad mit kaltem Wasser abspülen, mit weichem Lappen trocknen. Kein heißes Wasser verwenden, dieses verstärkt die korrodierende Wirkung des Streusalzes. Lauwarm darf das Waschwasser im Winter sein. In den Bildern 6 und 7 sind ein korrodierter

Bild 3: Verschiedene Pflege- und Poliermittel der Marke »Rot Weiss« für unterschiedliche Materialien.

Bild 4: Schmier- und Pflegestellen an der LC4 SM 640.

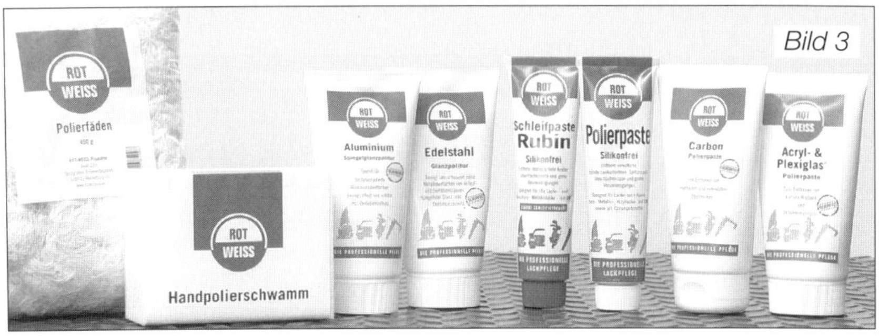

Bild 3

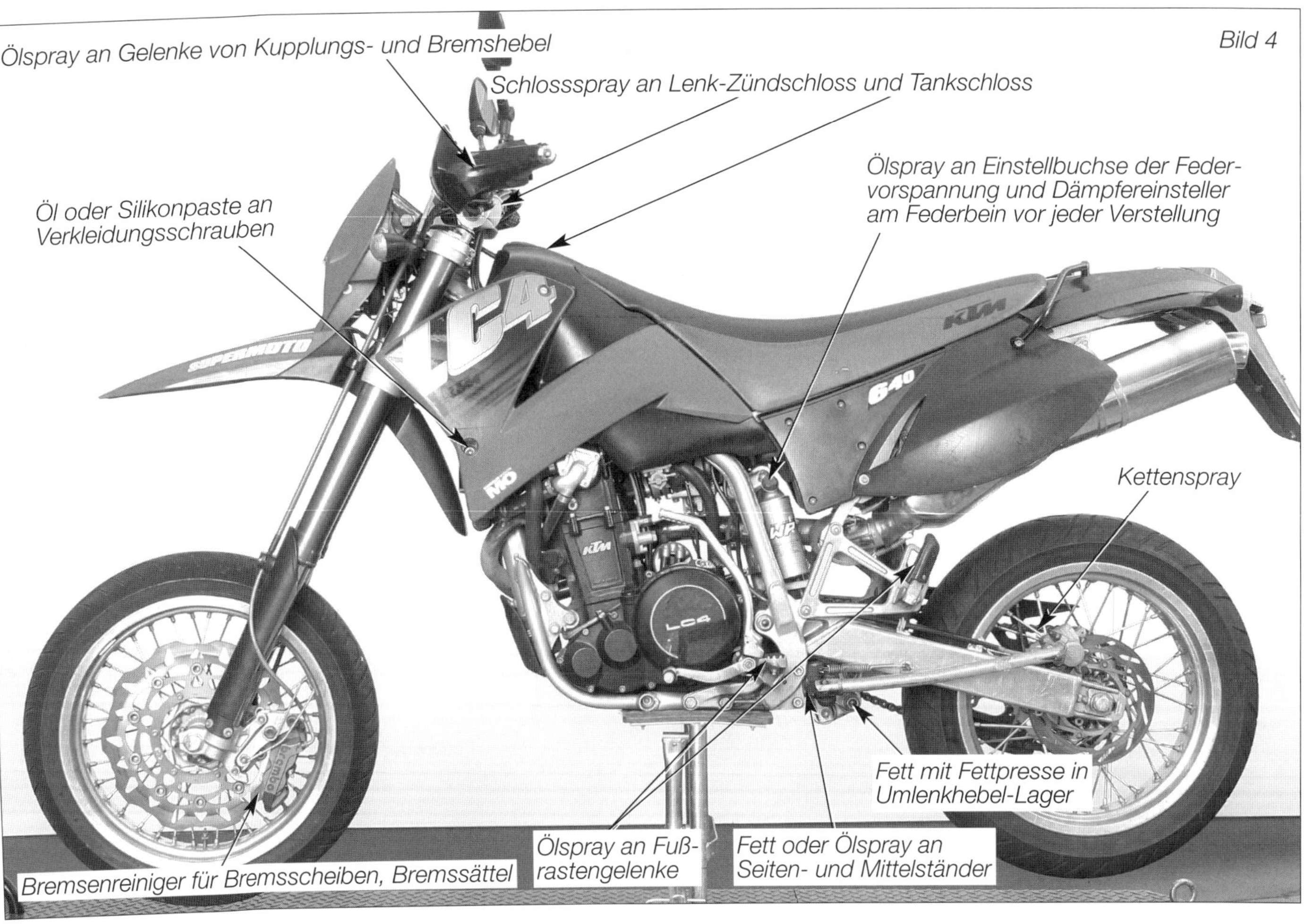

Bild 4

Bild 5: Nach dem Waschen den Gelenkstellen einen guten Schuss Ölspray geben verhindert Korrosion.

Bilder 6 und 7: Korrossion an Bremsleitungsanschluss und Gabeloberseite.

Bremsleitungsanschluss und ein Gabeldeckel einer Maschine zu sehen, die nach einer Winterfahrt auf trockenen Straßen nicht gewaschen, sondern einfach abgestellt wurde. Oberflächenkorrosion dieser Art lässt sich mit Topfreiniger (»Akopads«) einigermaßen entfernen.

Ölspray, Politur

Nach dem Waschen den Gelenkstellen von Fußrasten und Bremshebel einen guten Schuss Allzweck-Ölspray geben. Nach dem Sprühen nicht alle Ölüberschüsse, die neben die eigentlichen Schmierstellen gelangt sind, wieder abwischen, sondern diese einfach dort lassen (sofern sie nicht auf den Reifen oder die Bremsscheiben gelangt sind!). Denn ein dünner Ölfilm bindet Staub und Schmutz, und dieser lässt sich bei der nächsten Fahrzeugwäsche besser abputzen, ohne dass die Oberflächen zerkratzt werden. Vor allem, wenn das Motorrad durch Regen gefahren wird, schützt das Allzweck-Ölspray davor, dass die Nässe in jede Ritze kriecht.

Verwenden Sie bei der regelmäßigen Pflege ein gutes Allzweck-Ölspray wie z. B. Motorex »Intact MX 50« oder WD-40. Nach einer Regenfahrt zu Hause jeder Schmierstelle einen Schuss Öl spendieren; das aufgesprühte Öl wirkt sichtbar wasserverdrängend. Leichter Lauf und Gelenkstellen ohne Korrosionsrückstände werden es Ihnen danken.

Bild 5

Bild 6

Bild 7

Wichtig:

- Schmieren Sie niemals das Zünd-Lenkschloss, das Schloss im Tankdeckel oder das Sitzbankschloss mit Ölspray oder gar Kettenspray, sondern verwenden Sie zum Schmieren der Schlösser spezielles Schlossspray auf Graphitbasis.
- Halten Sie jede Art von Schmiermittel und Ölspray fern von elektrischen Steckverbindungen.

Politur

Beim KTM-Händler gibt es spezielle Politurmittel, die auf die Grundfarben der Maschine abgestimmt sind. Wenn Sie diese verwenden, sind Sie auf der sicheren Seite. Dies gilt auch für Cockpitspray, Teerentferner sowie Lack- und Chromteile-Reiniger. Sehr gute Polier- und Pflegemittel für verschiedene Einsatzzwecke werden von der Marke »Rot Weiss« angeboten (Bild 3).

Schmierstellen

Abschmieren der beweglichen Teile der Fahrzeugbedienung dient in erster Linie dazu, Schmutz und Wasser von ihren Gelenkstellen fern zu halten und Rost vorzubeugen, damit Leichtgängigkeit und lange Lebensdauer gewährleistet werden.

Die zueinander beweglichen Aluminiumteile wie z. B. die Gelenke von Kupplungs- und Bremshebel korrodieren nicht. Wenn diese Gelenk- und Kontaktstellen jedoch nicht regelmäßig gepflegt werden, gibt es im Laufe der Zeit auch dort Korrosion, womit sich Schwergängigkeit einstellt. Denn wenn das Motorrad im Freien abgestellt ist, lagert sich Umgebungsdreck aus der Luft darauf ab und kriecht in die Gelenkstellen hinein.

Bei den Inspektionen sollen geschmiert werden:

- Ständerscharniere und die Lagerstellen der Ständerfedern mit schwerem Lagerfett. Einsprühen mit Ölspray nach der Wäsche beugt Rost vor.
- Gasdrehgriff: Wenn er schwer geht, muss er zum Schmieren mit leichtem Molybdänfett geöffnet werden.

Überwintern

Wer ein Saisonkennzeichen an seiner KTM LC4 hat, braucht die Maschine für die Winterpause nicht abzumelden, darf aber in bestimmten Monaten nicht am öffentlichen Straßenverkehr teilnehmen. Eine Maschine mit Saisonkennzeichen darf ebenso wenig wie ein abgemeldetes

Motorrad während der Stilllegemonate auf der Straße im öffentlichen Verkehrsraum abgestellt werden. Also: Ab mit der Maschine in eine gut gelüftete Garage oder in einen trockenen Hofraum, wo sie abgedeckt überwintern kann.

Zum Einmotten in die Winterpause folgende Vorbereitungen treffen:

1. Maschine ordentlich heiß fahren.

2. Auf die Frage, ob die LC4 mit vollem oder leerem Tank überwintern soll, gibt es zwei verschiedene Antworten:

2.1. Wenn ein Stahlblechtank auf Ihrer Maschine montiert ist: Tank randvoll machen und einen guten Schuss Benzinzusatz (Bild 8) dazugeben. Diese chemische Keule verbindet sich mit dem Benzin und verhindert Oxidation im Tank sowie ein Zusetzen der feinen Kanäle im Vergaser.

2.2. Ist ein Kunststofftank montiert, dann ist es besser, diesen leer laufen zu lassen, abzubauen, auszutrocknen und trocken zu lagern. Sonst besteht die Gefahr, dass das lange darin gelagerte Benzin die innere Oberfläche des Tanks angreift und feine Schlieren ablöst, die im Frühjahr dann das Sieb im Benzinhahn sowie die feinen Düsen im Vergaser verstopfen.

■ Man sollte auch den Vergaser leer laufen lassen: Am tiefsten Punkt der Schwimmerkammer findet man die Ablassschraube, daneben ist ein Stutzen, auf diesen einen langen Schlauch aufschieben und darüber das Benzin in ein geeignetes Gefäß ablassen.

3. An der Tankstelle gleich die Reifen auf vorne 2,5 und hinten 3,0 bar aufpumpen.

4. Zügig zum Winterabstellplatz fahren und Motor abstellen.

5. Batterie ausbauen.

6. Gelenkstellen von Brems- und Kupplungshebel, Fußrasten und Ständer mit Ölspray einsprühen.

7. Blanke und verchromte Teile mit säurefreiem Fett (Vaseline) dünn einreiben.

Wichtig: Auspuff vorher kalt werden lassen!

8. Motorrad sicher auf dem Mittelständer (oder dem Montageständer) abstellen, Lenkschloss sperren.

9. Batterie ausbauen (mehr dazu in Kapitel 16 »Batterie«).

Ganz penible Menschen wechseln vor der Überwinterung das Motoröl. Folgende Vorgehensweise hat sich bewährt: Wenn der Ölwechsel vor der Überwinterung länger als drei Monate oder mehr als 2500 km zurückliegt, machen Sie einen Öl- samt Filterwechsel.

Falls Sie an Ihrer Maschine nichts selbst machen wollen, geben Sie Ihr Motorrad vor der Winterpause zum Ölwechsel in die Werkstatt und lassen gleich eine komplette Inspektion machen. Dann können Sie im Frühjahr gleich durchstarten (zum Saisonstart sind sämtliche Werkstätten grundsätzlich überlastet!).

Was Sie noch tun können: Alle paar Tage Vorder- und Hinterrad einige Male durchdrehen und in eine andere Ruheposition bringen. Das verhindert das Festkleben der Bremsbeläge an den Bremsscheiben bzw. hässliche Flecken an der Bremsscheibe.

Inbetriebnahme nach der Winterpause

1. Motorrad abdecken, Fettschicht von den blanken und den Chromteilen mit weichem Lappen abwischen, kein Benzin oder ähnliche Lösungsmittel verwenden!

2. Betriebsbereite, gut geladene Batterie einbauen, Polanschlüsse mit säurefreiem Fett (»Polfett«) dick einschmieren.

3. Reifenluftdruck prüfen und ggf. korrigieren (Luftdrücke siehe Kapitel 7 »Reifen«).

4. Sicherheitskontrollen: Fern-Abblendlicht, Rücklicht, Bremslicht, Blinker und Hupe prüfen.

5. Motor starten: Motor nicht zu lange im Standgas laufen lassen, sondern nach spätestens drei Minuten losfahren.

6. Motor sanft warm fahren. Darauf achten, dass alle Funktionen in Ordnung sind: Bremsleistung, Federung und Dämpfung.

■ Gute Fahrt in die neue Saison!

Bild 8

Bild 8: Die beiden Benzinzusätze von Motorex sind ideal für die Überwinterung: Motorex »Power Plus« bindet und beseitigt Kondenswasser, reinigt pflegt und schützt das gesamte Kraftstoffsystem; Motorex »Fuel Stabilizer« ist ein Bezinadditiv, das die Oxidation verhindert, wodurch keine lack- oder gummiartigen Ablagerungen entstehen.

Sichtprüfung Messen

Einstellungen

In diesem Kapitel: Einstellung der Hand- und Fußhebel prüfen, einstellen · Einstellung der Rückblickspiegel · Leerlaufdrehzahl und Leerweg am Gasgriff einstellen.

Handhebel

Hand- und Fußhebel sollten auf die persönlichen Bedürfnisse und anatomischen Gegebenheiten des Fahrers angepasst werden, damit auch auf langen Strecken guter Fahrkomfort garantiert ist. Denn je besser Sitzposition und Hebellage zum Fahrer passen, desto wohler fühlt sich der Fahrer auf der Maschine, und desto besser kann er sich auf das Fahren und den Verkehr konzentrieren. Aus diesem Grund ist richtiges Sitzen und perfekter Hebelkontakt zur Maschine ein wichtiger Punkt bei der allgemeinen Fahr- und Verkehrssicherheit.

Bilder 1 bis 4:

- *Brems- und Kupplungshebel müssen so stehen, dass die gedachte Linie durch Unterarm, Lenker und Hebel eine möglichst gerade Linie bildet.*
- *Schrauben der Befestigungshalbschale gleichmäßig anziehen.*

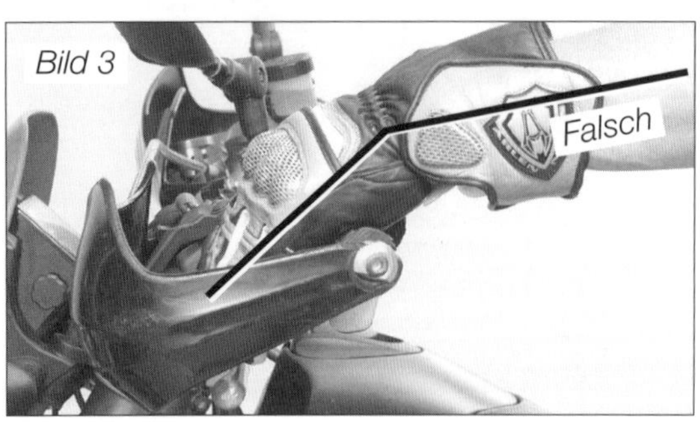

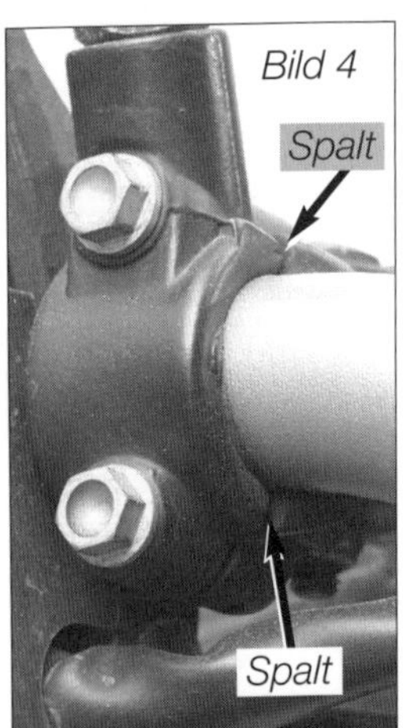

Einstellung der Handhebel prüfen

1. In Fahrposition aufsitzen, die offenen Hände umfassen locker den Lenker. Die Finger liegen auf Kupplungs- bzw. Bremshebel auf.
2. Die gedachte Linie durch Unterarm, Handgelenk, über den Lenker zu den Fingerspitzen soll möglichst gerade sein (Bild 1).
3. Wenn die Hebel so stehen, dass die gedachte Linie im Handgelenk nach oben abgeknickt ist, stehen die Handhebel zu hoch (Bild 2).
4. Ist die Linie nach unten abgebogen, stehen die Handhebel zu tief (Bild 3).
5. »Zu hoch« oder »zu tief« ist zum entspannten Fahren wenig geeignet.

Handbrems- und Kupplungshebel einstellen

- Befestigungsschrauben der Lenkerklemmschelle lockern, Armatur in die richtige Position drehen.
- Schrauben festziehen: Obere und untere Schraube so anziehen, dass der obere und untere Spalt (Bild 4) möglichst gleichmäßig ist.

Rückblickspiegel

Beide Rückspiegel so einstellen, dass man viel sieht, ohne den Kopf stark drehen zu müssen. Einstellpunkte und Werkzeuge siehe Bild 5:
1. Am unteren Sechskant wird der untere Spiegelarm in der Lenkerhalbschale gekontert.
2. Mit der Inbusschraube im Gelenk wird der obere Spiegelarm mehr oder weniger schräg nach oben eingestellt.
3. Am oberen Sechskant wird die Schrägstellung des Spiegels zur Senkrechten eingestellt.

Bild 5: Schraubstellen am Spiegel zur Einstellung.

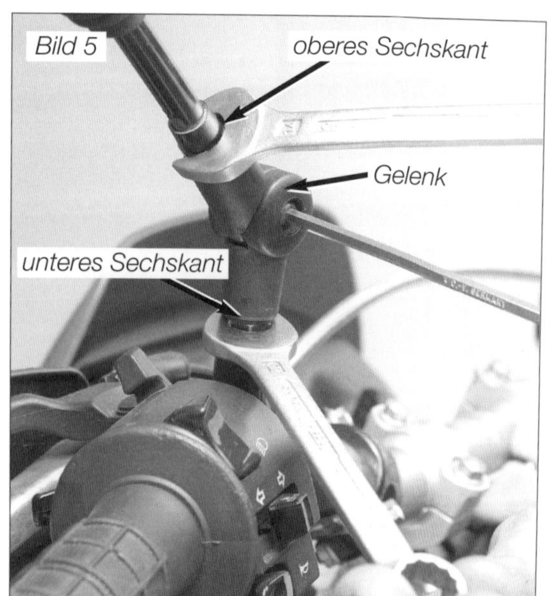

Kupplungsspiel

Am Kupplungshebel muss ein Sicherheitsspiel (Leerweg) eingestellt sein, damit der Kupplungszug nicht dauernd in sich gespannt ist. Das Sicherheitsspiel (»Luft«) wird am Anschlag des Kupplungshebels gemessen und beträgt 1 bis 3 mm (Bild 6). Die Kontrolle ist nicht an Inspektionen gebunden, sondern gehört zu den Arbeiten, die man leicht selbst machen kann; außerdem spürt man die Luft während des Fahrens.

■ Wenn kein Spiel vorhanden ist, also der Kupplungszug unter Spannung steht, besteht die Gefahr, dass die Kupplung keinen hundertprozentigen Kraftschluss hat und durchrutscht.

■ Wenn das Spiel zu groß ist, rückt die Kupplung nicht ganz aus und es kracht beim Schalten.

Kupplungsspiel einstellen

1. Gummimanschette über der Zugeinstellschraube zurückziehen (Bild 6).

2. Einsteller entsprechend drehen, bis das Spiel 1 bis 3 mm beträgt.

2.1. Der Einsteller soll nicht zu weit herausgedreht werden, sondern immer mindestens sechs Gewindegänge eingeschraubt sein.

3. Etwas Silikonpaste in die Gummimanschette geben (Bild 7), das dichtet gut gegen Wasser und Staub ab und hält die Manschette geschmeidig, Manschette über den Bund des Zugeinstellers ziehen, bis sie gut sitzt (Bild 8).

■ Sitzt sie nicht richtig, drückt der Fahrtwind Schmutz und Regenwasser in den Zug, was auf Dauer gesehen der Leichtgängigkeit des Kupplungszuges abträglich ist.

Wenn die obere Einstellmöglichkeit erschöpft und der Zugeinsteller schon weit herausgedreht ist, eine Not-Grundeinstellung an der unteren Kupplungsbetätigung vornehmen (Bild 9):

1. Klemmschraube des unteren Kupplungshebels lösen.

2. Schraubenzieher in den Schlitz der Hebelwelle stecken, nach rechts drehen und gleichzeitig den unteren Kupplungshebel dagegen ziehen.

3. Zug halten und Klemmschraube mit 10 Nm festziehen. (Mehr zur Grundeinstellung in Kapitel 25 »Kupplung«.)

Fußhebel

Der Fußschalthebel sitzt auf der Verzahnung der Schaltwelle und ist mit einer Schraube gesichert.

■ Wenn der Schalthebel um einen Zahn nach oben verdreht wird, steht er viel zu hoch.

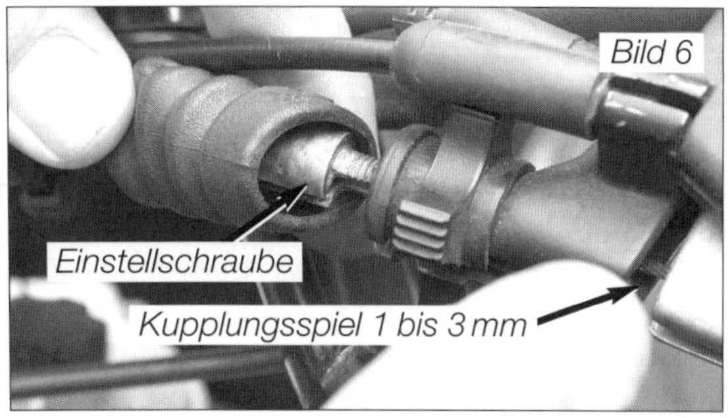

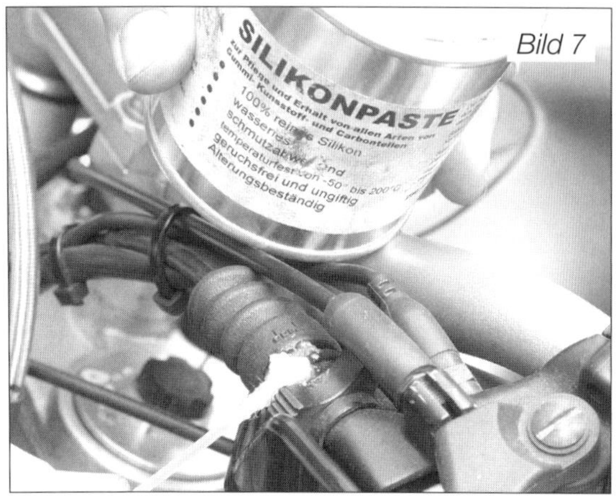

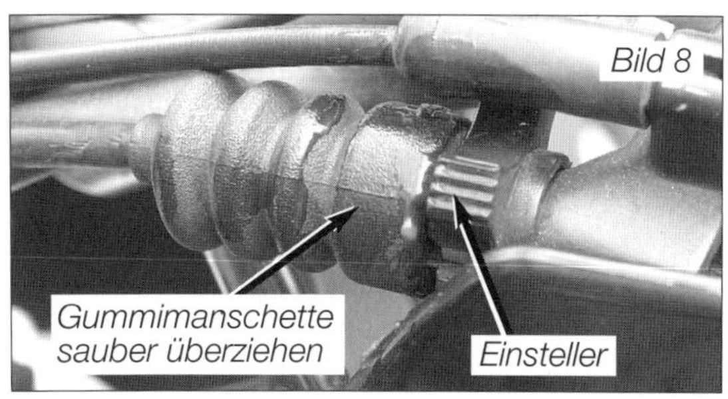

Bilder 6, 7 und 8: Spiel des Kupplungszuges an der Zugeinstellschraube einstellen, Gummimanschette zurückziehen. Spiel am Hebelanschlag auf 1 bis 3 mm einstellen.

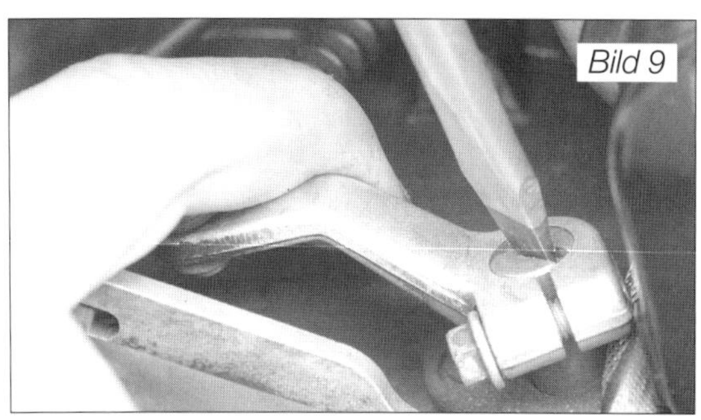

Bild 9: Unten am Kupplungshebel erfolgt die Grundeinstellung.

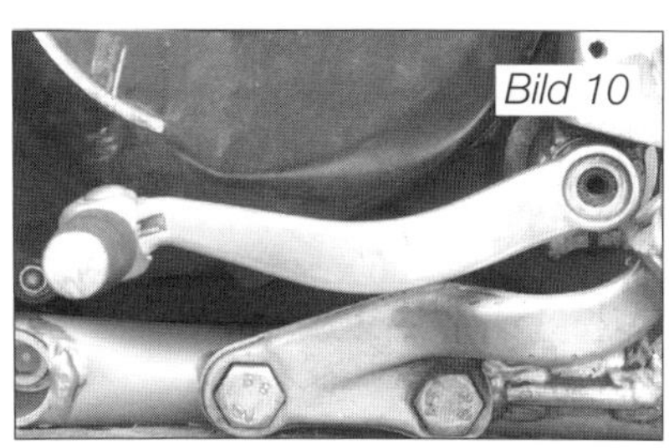

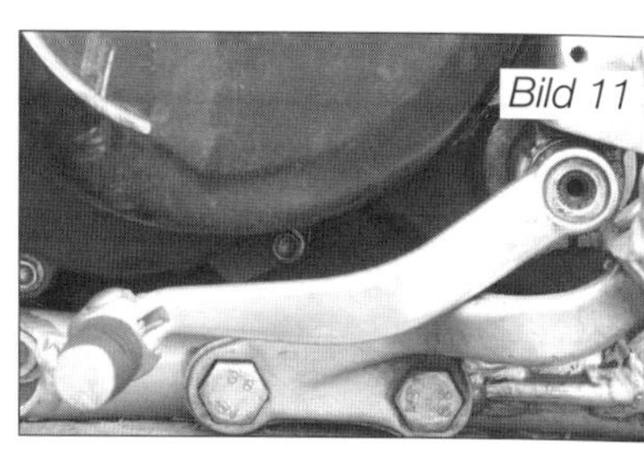

Bilder 10 und 11: Fußschalthebel in zwei verschiedenen Stellungen.

Sichtprüfung Messen

Bild 12: Schraube des Schalthebels mit Loctite 243 »mittelfest« einschrauben. Scheibe nicht vergessen.

Bilder 13, 13a und 14: Wenn der Fußbremshebel in der Höhe verändert wurde, muss auch die Freigängigkeit der Druckstange zum Kolben im Bremszylinder geprüft und ggf. korrigiert werden.

■ Um einen Zahn nach unten versetzt, kann man ihn dann aufbauen, wenn es die Anatomie des Schaltfußes erfordert (Bild 11).

Fußschalthebel ab- und aufbauen

1. Schraube lösen (Bild 12) und ganz ausdrehen.
2. Schalthebel abziehen. Dabei den Schalthebel

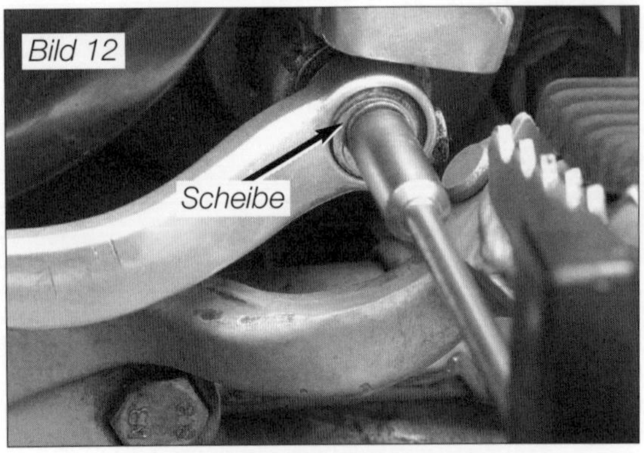

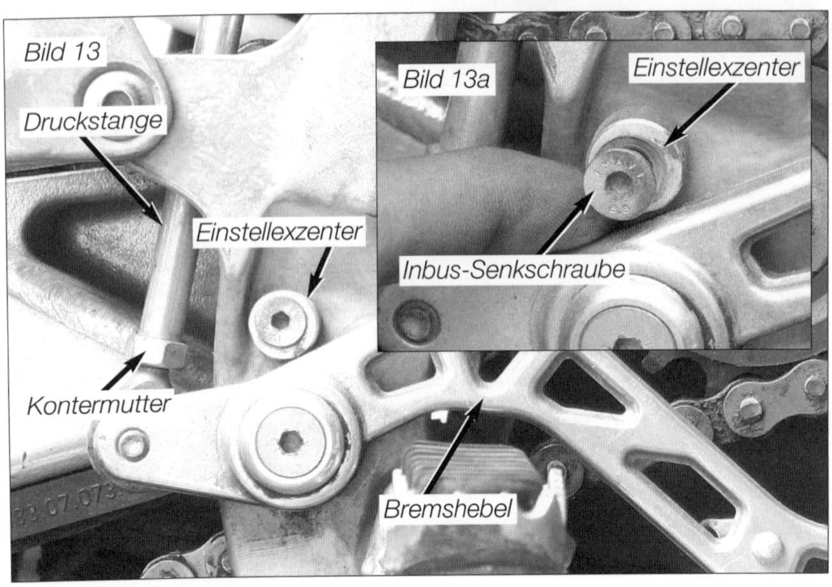

etwas hin und her bewegen, damit sich die Verzahnung zur Schaltwelle löst.
3. Aufbau umgekehrt. Schraube eindrehen und mit 16 Nm festziehen. Scheibe nicht vergessen!
■ Vor dem Eindrehen der Schraube einen Tropfen Loctite »mittelfest« ans Gewinde geben, das sichert die Schraube!

Bremspedal einstellen

Bremspedal und Fußschalthebel sollten sich auf gleicher Höhe befinden. Das Bremspedal wird am Exzenter eingestellt (Bilder 13 und 13a).
1. Inbus-Senkschraube (Bild 13a) lockern.
2. Bremspedal in die gewünschte Position stellen und Exzenter auf Anschlag drehen.
3. Inbus-Senkschraube mit 10 Nm festziehen.

Wichtig: Nun muss geprüft werden, ob die Druckstange zum Bremszylinder hin noch ca. 2 mm Spiel hat. Wenn nicht: Untere Kontermutter der Druckstange lösen (Bild 13), Druckstange verdrehen (ggf. Zange zu Hilfe nehmen, Bild 14), bis sie ca. 2 mm Spiel hat, dann Druckstange festhalten und Kontermutter mit 10 Nm festziehen.

Jetzt auch prüfen, ob das Bremslicht funktioniert: Bei halb bis zwei Drittel gedrücktem Fußbremshebel muss das Bremslicht aufleuchten.

Falls nicht, den Steckanschluss des Kabels prüfen: Auseinander ziehen, ggf. Korrosion mit Kontaktspray und Schmirgelpapier beseitigen, Stecker zusammenstecken.

Wenn der Bremslichtschalter tatsächlich defekt ist, muss er erneuert werden, denn der hydraulische Schalter wird durch den Bremsdruck ausgelöst und kann nicht repariert werden. Der Bremslichtschalter befestigt die Schlauchöse oben am Bremszylinder.

Der Ausbau und Einbau eines neuen Schalters ist gleichzusetzen mit » Bremsschläuche ab- und anbauen«, danach muss die Bremse entlüftet werden. Die Arbeitsschritte sind in Kapitel 9 »Bremsen« beschrieben.

Leerlaufdrehzahl

Die Leerlaufdrehzahl (»Standgas«) soll 1400 bis 1500 Umdrehungen pro Minute betragen. Zum Einstellen des Leerlaufes muss der Motor warm gefahren sein.

Leerlaufdrehzahl einstellen

Die Leerlauf-Einstellschraube findet sich links unten am Mikuni-Vergaser. Sie ist gut erreichbar und kann von Hand verstellt werden.
■ Rechts drehen: Leerlaufdrehzahl wird höher.
■ Links drehen: Leerlaufdrehzahl wird niedriger.

Lässt sich die Leerlaufdrehzahl nicht mehr korrekt einstellen bzw. schwankt sie ungleichmäßig, ist dies meist ein Hinweis auf nicht mehr korrektes Ventilspiel, abgebrannte Zündkerze oder verschmutzten Luftfilter, Zeit für eine Inspektion! Es kann auch ein Defekt vorliegen wie Falschluftansaugung, nicht mehr dicht schließende Ventile, unstimmige Ventilsteuerzeiten, etc.

Leerweg am Gasgriff

Der Leerweg am Gasgriff muss 3 bis 5 mm betragen und wird am Umfang des Gasgriffgummis zum Schaltergehäuse gemessen. Die richtige Einstellung des Leerwegs ist wichtig für die Gasdosierung und bestimmt entscheidend das Gefühl beim Gasgeben. Die Grundeinstellung des Leerwegs wird bei den Inspektionen am Gaszugeinsteller unten an der Drosselklappenbetätigung vorgenommen. Eventuelles Nachstellen zwischen den Inspektionen geschieht am oberen Gaszugeinsteller.

Gasgriff und Gaszüge prüfen

Vor einer Einstellung des Leerwegs am Gaszug bei ausgeschaltetem Motor (!) den Gasgriff einige Male auf Vollgas drehen und loslassen, der Gasgriff muss von alleine in die Nullstellung zurückschnappen. Damit wird geprüft, ob Gasgriff, Öffner- und Schließergaszug leichtgängig sind.

Dann den Motor starten und im Leerlauf laufen lassen. Lenkung einige Male ganz nach links und rechts einschlagen und dabei prüfen, ob der Leerlauf gleich bleibt.

- Falls »JA«, ist die Verlegung der Gaszüge in Ordnung.
- Falls »NEIN«, muss die Verlegung der Gaszüge überprüft und ggf. korrigiert werden: Sie dürfen sich weder an einem anderen Bauteil spannen, noch dürfen sie in sich knicken.
- Wenn sich beim vollen Lenkeinschlag die Leerlaufdrehzahl verändert, ist wahrscheinlich das Leerspiel in den Gaszügen zu gering, muss überprüft und neu eingestellt werden.
- Es kann auch sein, dass die Gaszughülle geknickt oder der innere Zug aufgespleißt ist und »hakt«, also nicht mehr leicht genug läuft. Dann muss ein neuer Gaszug eingebaut werden.
- Beachten Sie auch, dass zwischen dem vibrationshemmenden Gewicht im rechten Lenkerende oder der Befestigung der Handschutzschale und dem Rand des Gasgriffgummis ein Spalt von 1 bis 2 mm vorhanden sein muss, sonst lässt sich der Gasgriff nur schwer bewegen.
- Bewegt sich der Gasgriff schwer, lassen sich sowohl Gaszugspiel als auch Leerlaufdrehzahl nicht korrekt einstellen.

Leerweg am Gasgriff einstellen

Vorbereitende Arbeiten: Tank abbauen. Die Einsteller finden sich in den Gaszügen nahe beim Vergaser (Bild 16).

1. Kontermuttern beider Einsteller lösen, Einsteller mit einem geeigneten Schlüssel gegenhalten.
2. Beide Einsteller einige Umdrehungen von den Gaszügen wegdrehen, damit beide einige Millimeter spürbare Luft haben.
3. Nun zuerst den Schließergaszug einstellen:
3.1. Prüfen, ob die Leerlaufdrehzahl korrekt ist: Gaszugrolle muss an Leerlauf-Einstellschraube sicher anstehen: Motor laufen lassen und die Leerlauf-Einstellschraube aus- oder eindrehen, bis die Leerlaufdrehzahl 1300 bis 1500/min beträgt. Motor abschalten.
4.1. Einsteller im Schließergaszug so verdrehen, bis der Gaszug 1 bis 3 mm Spiel hat.
4.2. Kontermutter gegen den Einsteller handfest anziehen, Einsteller dabei gegenhalten.
5. Danach wird der Öffnergaszug eingestellt:
5.1. Einsteller im Öffnergaszug so verdrehen, bis der Gaszug 1 bis 3 mm Spiel hat.
5.2. Kontermutter gegen den Einsteller handfest anziehen, Einsteller dabei gegenhalten.
6. Jetzt noch einmal prüfen, ob sich der Gasgriff leicht öffnet und selbstständig schließt. Dann den Motor laufen lassen und erneut prüfen, ob bei vollem Lenkeinschlag nach beiden Seiten das Standgas gleich bleibt.

Gute Fahrt mit dem perfekt auf Ihre Anatomie eingestellten Motorrad!

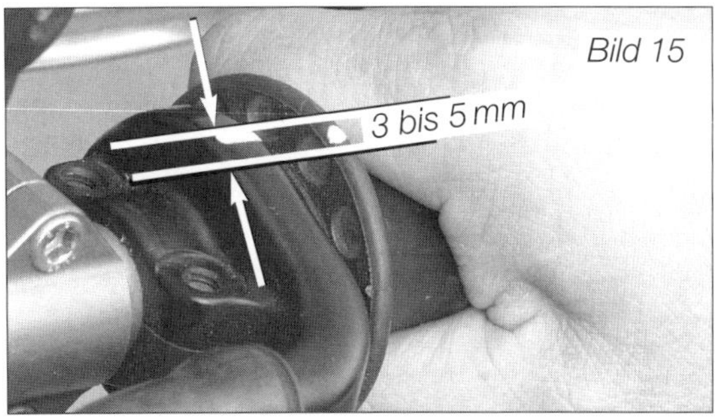

Bild 15: Der Leerweg am Gasgriff muss 3 bis 5 mm betragen, gemessen vom Rand des Gasgriffgummis zum Schaltergehäuse hin.

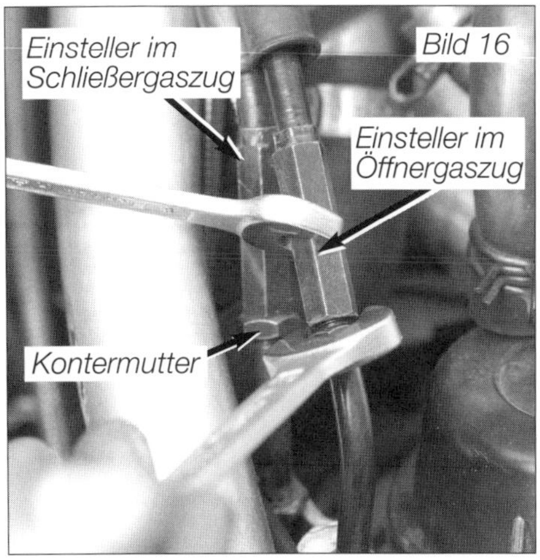

Bilder 16 und 17: Zum Einstellen des Spiels in den Gaszügen und damit des Leerwegs am Gasgriff die Einsteller entsprechend aus- oder eindrehen.

Wartung

In diesem Kapitel: Inspektionen · Inspektionsintervalle · Tabelle Wartungs- und Inspektionsintervalle · Regelmäßige Kontrollen von Beleuchtung, Lenkung, Federung, Bremsen und Ölstand · Kühlflüssigkeit prüfen · Seitenständerschalter prüfen.

Bilder 1 und 2:

■ KTM empfiehlt vollsynthetische Motoröle sowie Schmier- und Pflegemittel des Schweizer Herstellers Motorex.

■ Falls der Motorölstand nahe an die untere Markierung oder gar darunter absinkt und Motoröl nachgefüllt werden muss, achten Sie darauf, dass mit vollsynthetischem Öl aufgefüllt wird.

Bild 1

Inspektionen

Auf der nächsten Seite finden Sie eine Tabelle mit den von KTM vorgeschriebenen Wartungs- und Inspektionsarbeiten für die LC4-Modelle. In der letzten Spalte dieser Tabelle sind Verweise zu Kapiteln dieses Buchs, in denen die entsprechenden Arbeiten beschrieben sind.

Wichtig: Die Inspektionsintervalle sind bei intensiv gefahrenen LC4 nur als Anhaltswerte zu sehen. Bei LC4-Enduros und -Supermotos, mit denen artgerecht und leistungsbezogen umgegangen wird, es ist generell zu empfehlen, eine Inspektion eher vorzuziehen als nach hinten zu schieben. Dies gilt vor allem für die LC4-Modelle ab dem Modelljahr 2005, bei denen die Intervalle von 5000 auf 6000 km gestreckt wurden.

Bei jeder Inspektion werden Motor- und Fahrwerk durchgesehen, verschlissene Teile ersetzt und zu enge oder weite Ventilspiele korrigiert. Zu »verschlissene Teile« gehören bei jeder Inspektion zum Beispiel Motoröl mit Ölfilter und, je nach Abnutzungsgrad, auch Bremsbeläge und Reifen.

Bild 2

■ Bei »Erneuern«, z. B. beim »Ölwechsel«, kommen bei 1000 km und jeder folgenden Inspektion neues Öl und neue Ölfilter in den Motor.
Wichtig: Die regelmäßige Durchführung eines Ölwechsels mit qualitativ hochwertigem Öl ist die erste Voraussetzung, dass der LC4-Motor gut läuft, wenig Verschleiß hat und lange lebt! Mehr zum Ölwechsel in Kapitel 23 »Schmiersystem«.
■ »Prüfen/Einstellen« bedeutet zum Beispiel beim Punkt »Ventilspiel« neben der Prüfung des vorgeschriebenen Ventilspiels auch gegebenenfalls eine Neueinstellung.
■ Wichtige Schraubverbindungen, wie z. B. die Muttern an Vorder- und Hinterachse, Befestigungsschrauben der Bremssättel sowie die Motorhalteschrauben sollen bei jeder Inspektion mit einem Drehmomentschlüssel, der auf das vorgeschriebene Anziehdrehmoment eingestellt ist, »abgeknackt« werden.
■ Das Lenkkopflager sollte alle 20 000 km zerlegt, gereinigt und frisch geschmiert wieder zusammengebaut werden.
■ Die Kette wird erfahrungsgemäß per Auge auf ihren Schmierzustand kontrolliert und dann je nach Bedarf gereinigt und geschmiert. Diese Intervalle sind abhängig von der Fahrbelastung (normale Straße, Staub oder Regenfahrt) und der Qualität des verwendeten Schmiermittels.
■ Unter dem Schmieren der »Dreh- und Gleitteile« sind das Ständergelenk mit seinen Federlagern und die Hand- und Fußhebelgelenke zu verstehen. Im Kapitel 3 »Pflege« sind diese Schmierstellen beschrieben.

Inspektionsintervalle

Die KTM LC4-Modelle müssen zum ersten Mal bei 1000 km, dann alle 5000 km (ab 2005er-Modelle alle 6000 km) oder einmal im Jahr zur Inspektion in die KTM-Vertragswerkstatt. Innerhalb der ersten 24 Monate ab Kauf bzw. Datum der Erstzulassung sollten alle Inspektionen von einer KTM-Vertragswerkstatt durchgeführt und im Wartungsheft abgestempelt werden, damit die Ansprüche auf Garantie und Kulanz gegenüber dem Importeur bzw. Hersteller erhalten bleiben.

Wer nach der zweijährigen Garantiezeit die Wartungs- und Inspektionsarbeiten an seinem Motorrad selbst machen möchte, erhält in diesem Buch die notwendigen Basisinformationen. Es liegt also im Ermessen jedes Fahrzeugbesitzers, wie er damit umgeht.

Zu den Arbeiten im Rahmen einer Inspektion gehören auch die Überprüfung der einwandfreien

Wartungs- und Inspektionsintervalle KTM LC4

Bauteil / Intervall 1)	bei 1000 km	bei 5000 km oder 1 x im Jahr	bei 10 000 km oder 1 x im Jahr	bei 15 000 km oder 1 x im Jahr	bei 20 000 km oder 1 x im Jahr	usw. → siehe Kapitel
Motor						
Motoröl 2) 3)	Erneuern	Erneuern	Erneuern	Erneuern	Erneuern	5, 23
Ölfilter am Rahmenrohr	Erneuern	Erneuern	Erneuern	Erneuern	Erneuern	5, 23
Feinfilter im Motor	Erneuern	Erneuern	Erneuern	Erneuern	Erneuern	23
Ölsieb und Magnet Ablassschraube	Reinigen	Reinigen	Reinigen	Reinigen	Reinigen	23
Ventilspiel	Prüfen, ggf. einstellen	Prüfen, ggf. einstellen	Prüfen, ggf. einstellen	Prüfen, ggf. einstellen	Prüfen, ggf. einstellen	28
Zündkerze		Prüfen, ggf. reinigen	Erneuern	Prüfen, ggf. reinigen	Erneuern	18
Luftfilter, Luftfilterkasten		Reinigen	Reinigen	Reinigen	Reinigen	20
Leerlaufdrehzahl 3)	Prüfen, ggf. einstellen	Prüfen, ggf. einstellen	Prüfen, ggf. einstellen	Prüfen, ggf. einstellen	Prüfen, ggf. einstellen	4, 21
Gaszüge, Gasgriff 3)		Prüfen, ggf. einstellen und schmieren	Prüfen, ggf. einstellen und schmieren	Prüfen, ggf. einstellen und schmieren	Prüfen, ggf. einstellen und schmieren	4, 21
Kühlerschläuche, Kühlmittel 3)		Prüfen, ggf. ergänzen	Prüfen, ggf. ergänzen	Prüfen, ggf. ergänzen	Prüfen, ggf. ergänzen	24
	Stand prüfen, Kühlmittel alle 3 Jahre wechseln					
Kühlerventilator		Prüfen, ggf. einstellen	Prüfen, ggf. einstellen	Prüfen, ggf. einstellen	Prüfen, ggf. einstellen	24
Kraftstoffleitungen und Entlüftungen 3)	Prüfen	Prüfen	Prüfen	Prüfen	Prüfen	21
Auspuffanlage	Prüfen	Prüfen	Prüfen	Prüfen	Prüfen	22
Vergasermanschette		Prüfen	Prüfen	Prüfen	Prüfen	21
Antrieb						
Antriebskette	Alle 500 km Kette reinigen und schmieren, Kettendurchhang (Kettenspannung) prüfen, ggf. einstellen					10
Kupplung 4), Spiel am Hebel	Prüfen, ggf. einstellen	Prüfen, ggf. einstellen	Prüfen, ggf. einstellen	Prüfen, ggf. einstellen	Prüfen, ggf. einstellen	4, 25
Rahmen und Fahrwerk						
Bremshebelspiel	Prüfen, ggf. einstellen	Prüfen, ggf. einstellen	Prüfen, ggf. einstellen	Prüfen, ggf. einstellen	Prüfen, ggf. einstellen	4, 9
Bremsbeläge	Prüfen	Prüfen	Prüfen	Prüfen	Prüfen	9
	Bremsbeläge spätestens dann erneuern, wenn die Verschleißgrenze erreicht ist					
Bremsflüssigkeit 3)	Prüfen, ggf. nachfüllen	Prüfen, ggf. nachfüllen	Prüfen, ggf. nachfüllen	Prüfen, ggf. nachfüllen	Prüfen, ggf. nachfüllen	5, 9
	Stand prüfen, Bremsflüssigkeit spätestens alle 2 Jahre erneuern					
Bremsschläuche 3)		Prüfen	Prüfen	Prüfen	Prüfen	5, 9
	Bremsschläuche aus Gummi alle 4 Jahre erneuern					
Bremslichtschalter 3)	Prüfen	Prüfen	Prüfen	Prüfen	Prüfen	4, 9
Lenkung, Lenkkopflager	Prüfen, ggf. einstellen	Prüfen, ggf. einstellen	Schmieren*	Prüfen, ggf. einstellen	Schmieren*	12
	*Lenkkopflager alle 20 000 km zerlegen, reinigen und frisch mit Lithiumseifenfett (hochwertiges Kfz-Lagerfett) schmieren					
Telegabel (Funktion, Ölaustritt)		Prüfen	Prüfen	Prüfen	Prüfen	11, 13
	Empfehlung: Gabelöl alle 2 Jahre erneuern					
Hinteres Federbein (Funktion, Ölaustritt)		Prüfen	Prüfen	Prüfen	Prüfen	11, 14
Seitenständer und -schalter 3)	Prüfen	Schmieren, prüfen	Schmieren, prüfen	Schmieren, prüfen	Schmieren, prüfen	5
Reifen, Räder, Radlager		Prüfen	Prüfen	Prüfen	Prüfen	7, 8
Schwinge, Schwingenlager, Umlenkhebel		Prüfen, schmieren	Prüfen, schmieren	Prüfen, schmieren	Prüfen, schmieren	14
Scheinwerfereinstellung 3)		Prüfen	Prüfen	Prüfen	Prüfen	15
Fahrgestellschrauben und -muttern 3)	Prüfen, ggf. anziehen	Prüfen, ggf. anziehen	Prüfen, ggf. anziehen	Prüfen, ggf. anziehen	Prüfen, ggf. anziehen	33
Dreh- und Gleitteile 3)		Schmieren	Schmieren	Schmieren	Schmieren	3

Regelmäßige Überprüfung auf Fahr-, Verkehrs- und Funktionssicherheit		
Reifenprofil, Luftdruck	vor jeder Fahrt	siehe Kapitel 7
Hand- und Fußbremse	vor jeder Fahrt	siehe Kapitel 4, 9
Beleuchtungs- und Signalanlage	vor jeder Fahrt	siehe Kapitel 15
Warn- u. Kontrollleuchten, Instrumente	vor/bei jeder Fahrt	
Lenkung, Federung und Dämpfung	wöchentlich/bei der Fahrt	
Batterie warten	wichtig vor Winter	siehe Kapitel 16
Kupplung	vor jeder Fahrt	siehe Kapitel 4, 25
Schaltung	vor jeder Fahrt	siehe Kapitel 26

1) Bei häufigen Fahrten und Extrembedingungen wie Staub, Schmutz, viel Kurzstrecke, Wintereinsatz, etc. ist eine häufigere Wartung ratsam. Die Wartungsintervalle können dann je nach Einsatzbedingungen auf 5000 km sinken.
2) Bei ausschließlichem Kurzstreckenbetrieb oder Außentemperaturen unter 0 °C alle 3 Monate, spätestens alle 5000 km durchführen.
3) Wenn die Kilometerleistung nicht innerhalb eines Jahres erreicht wird, ist der Wechsel bzw. die Prüfung jährlich durchzuführen.
4) Bei hydraulisch betätigter Kupplung Stand der Hydraulikflüssigkeit regelmäßig prüfen, spätestens alle 2 Jahre erneuern.

Sichtprüfung Messen

Bilder 3 und 4: Stand der Bremsflüssigkeit in den Vorratsbehältern regelmäßig prüfen:
■ Wenn sie absinkt, Dicke der Bremsbeläge kontrollieren.
■ Wenn sie sich dunkel färbt, ist es höchste Zeit, sie zu wechseln.

Bilder 5 und 6: Der Deckel des Kühlers ist am Kühler hinter der rechten Tankverkleidung zu finden. Die Kühlflüssigkeit sollte bei kaltem Motor ca. 10 Millimeter über den Kühllamellen stehen.

Funktion aller Lampen und Leuchten. Viele der Pflegedienste erfordern keinen großen Werkzeug- und Zeitaufwand.

Wie weiter vorne in diesem Kapitel schon gesagt sollten die vorgeschriebenen Wartungsintervalle eingehalten werden. Ebenfalls wird empfohlen, eine anstehende Inspektion rechtzeitig vor einer längeren (Urlaubs-)Fahrt durchzuführen.

Für alle kleinen wie großen Wartungsarbeiten gilt: Nur mit gutem Werkzeug in den entsprechenden Größen mit dem Schrauben anfangen. Lesen Sie vor Beginn aller Arbeiten das betreffende Kapitel komplett durch, um die benötigten Werkzeuge und den Zeitaufwand abschätzen zu können.

Für einige Arbeiten werden KTM-Spezialwerkzeuge benötigt; so z. B. beim Zerlegen der Gabelbeine zum Ölwechsel. Spezialwerkzeuge gibt es in der Regel nur in KTM-Fachwerkstätten. Deswegen ist es manchmal günstiger, preiswerter und schneller, entsprechende Arbeiten beim KTM-Händler in Auftrag zu geben, als bei halb auseinander geschraubtem Motorrad hilflos dazustehen, weil das entsprechende Spezialwerkzeug nicht greifbar ist.

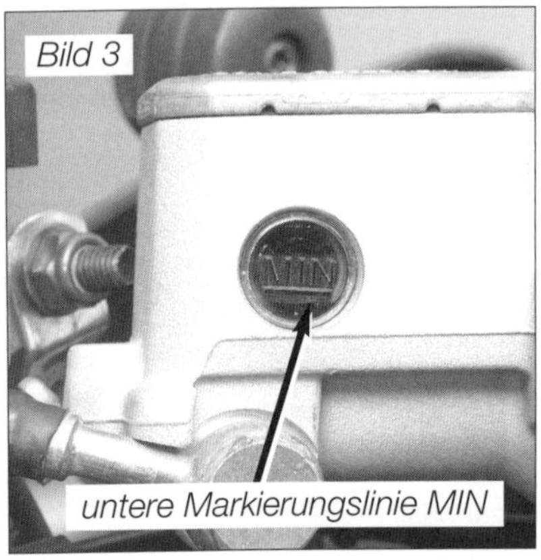

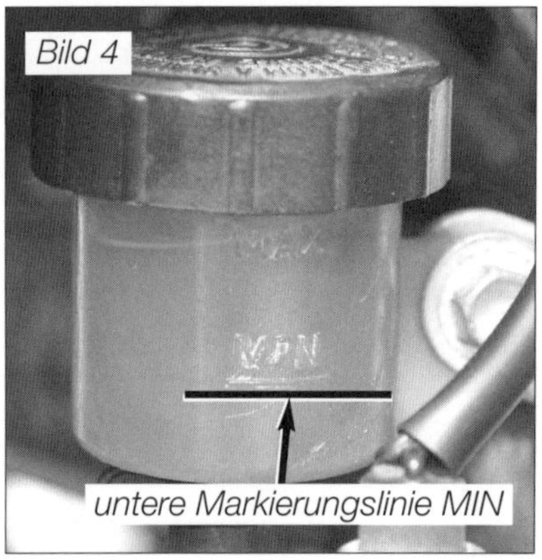

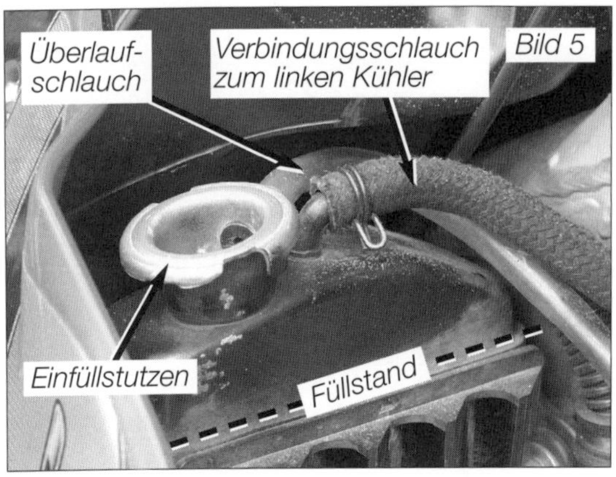

Dies gilt zum Beispiel für schraub- und zeitintensive Arbeiten wie das Zerlegen der Lenkkopflager zur Reinigung und Schmierung mit anschließendem Zusammenbau und genauester Einstellung. Oder auch eine Überprüfung der Motorelektronik, wenn der Verdacht auf ein defektes elektronisches Bauteil fällt. Bei eingeschränktem Elektro-Fachwissen und magerer Werkzeug- und Prüfgeräteausstattung ist es allemal besser, dem Meister in der KTM-Fachwerkstatt das Problem präzise zu schilden und ihm zu vertrauen.

Regelmäßige Kontrollen

Über die Einhaltung der reinen Wartungsintervalle und die ordnungsgemäße Durchführung der Inspektionen hinaus empfehlen wir die regelmäßige Kontrolle aller Baugruppen, die für die Fahr- und Verkehrssicherheit relevant sind. Diese sind im unteren Teil der Tabelle unter »Regelmäßige Überprüfung auf Verkehrs- und Funktionssicherheit« aufgelistet.

Beleuchtung: Checken Sie vor jeder Fahrt die Beleuchtung und betätigen Sie dabei die Bremsen: Leuchtet das Bremslicht auf, brennen alle Kontrolllampen, hupt die Hupe?

Lenkung und Federung: Geht die Lenkung nach beiden Seiten bis zum Anschlag gleichmäßig leicht, federn Vorder- und Hinterrad leicht ein und gedämpft aus?

Bremsen: Den beiden Vorratsbehältern für die Bremsflüssigkeit (Bilder 3 und 4) täglich einen Blick schenken: Sinkt der Pegelstand im Schauglas unter die Mitte in Richtung MIN ab, wird es höchste Zeit, nach der Dicke der Bremsbeläge zu sehen.

■ Verdunkelt sich die Bremsflüssigkeit in den Behältern, ist sie zu alt und muss schleunigst erneuert werden.

Motoröl: Um den Motorölstand bei der LC4 zu prüfen, muss der Motor ca. 4 Minuten im Leerlauf warmlaufen. NICHT fahren! Dann Motor abschalten, Maschine in die Senkrechte bringen: Wenn kein Hauptständer vorhanden ist, zur Ölkontrolle einfach auf der Maschine sitzen bleiben oder die Maschine mit dem rechten Lenkerende gegen eine Hausmauer lehnen.

Modelle mit Ölschauglas: Ölstand ungefähr in der Mitte bis leicht darüber.

Modelle mit Ölmessstab: Ölstand bei halb bis dreiviertel zwischen den Markierungen (Bild 2).

Sehr wichtig: Ölmessstab nach dem Ausschrauben abwischen, wieder ganz einschrauben, ausschrauben, herausziehen und Ölstand ablesen.

Für den Motorölstand gilt: Er darf keinesfalls über der Maximalmarkierung liegen, denn wenn zu viel Öl im Motor ist, wird nicht nur das überschüssige Öl in den Luftfilterkasten gedrückt, sondern auch die Kupplung neigt zum Durchrutschen.
Sehr wichtig: Wenn Sie den Ölstand unterwegs bei der Tankpause kontrollieren, dann tun Sie dies nicht unmittelbar nach dem Abstellen des Motors, sondern lassen dem Motoröl zwei bis drei Minuten Zeit, sich zu beruhigen.

Mehr zum Thema Motoröl und den Ölwechsel finden Sie im Kapitel 23 »Motoröl · Ölwechsel«.

Einmal die Woche, spätestens alle 500 Kilometer, einen Blick auf die Reifen werfen: Profil o.k.? Klemmt irgendwo ein Stein in einer Profilrille? Ist die Ventilkappe noch vorhanden, sitzt sie fest? **Luftdruck bei kalten Reifen prüfen.** Die Pneus dürfen von der Kurzstreckenfahrt zur Tankstelle also maximal handwarm sein (Luftdrücke finden Sie in Kapitel 7 »Reifen«).

Kühlflüssigkeit prüfen

Zur Kontrolle der Kühlflüssigkeit muss der Motor kalt sein.
1. Kühlerdeckel abschrauben: Er ist rechts hinter der Tankverkleidung direkt am Kühler zu finden (Bild 5).
2. Kühlerdeckel nach unten drücken, gleichzeitig nach links drehen und abnehmen.
3. Die Kühlflüssigkeit sollte ca. 10 mm über den Kühllamellen stehen.
Wichtig: Kühler niemals randvoll füllen, sonst hat die bei Wärme sich ausdehnende Kühlflüssigkeit kein Luftpolster und wird dann aus dem Überlauf gedrückt (»Kühler spuckt«)!

Achtung: Deckel des Kühlers nicht bei heißem Motor öffnen! Heißes Kühlmittel steht unter Druck und kann plötzlich herausschießen. Verbrühungen sind die Folge.

Falls Sie unterwegs an Ihrer Maschine Kühlmittelverlust feststellen und deswegen Kühlmittel kaufen und auffüllen müssen, achten Sie darauf, dass dieses für Aluminiummotoren und Alukühler geeignet ist.

Wichtig: Falls nur eine kleine Menge Kühlmittel fehlt, können Sie auch reines Wasser ohne zusätzlichen Frostschutz auffüllen. Füllen Sie aber niemals Leitungswasser ein, denn das ist kalkhaltig. Verwenden Sie ausschließlich destilliertes Wasser. Mehr zum Thema »Kühlkreislauf und Kühlmittel« steht in Kapitel 24 »Kühlsystem«.

Seitenständerschalter prüfen

Der Seitenständerschalter (Bild 7) sollte regelmäßig auf Funktion geprüft werden. Er sitzt unten hinter dem Seitenständergelenk und ist Dreck und Nässe nahezu ungeschützt ausgesetzt. Wenn er nicht mehr richtig funktioniert, wird entweder das Starten des Motors verhindert oder, im anderen Extremfall, ein Wegfahren der Maschine mit ausgeklapptem Seitenständer ermöglicht, was ziemlich gefährlich ist.

Seitenständerschalter auf Funktion prüfen:
- Motor starten mit ausgeklapptem Seitenständer und eingelegtem Leerlauf.
- Kupplung ziehen, Gang einlegen: Motor muss ausgehen.

Umkehrprobe:
- Motor mit eingeklapptem Seitenständer und eingelegtem Leerlauf starten.
- Kupplung ziehen, Gang einlegen.
- Kupplung gezogen halten, Seitenständer ausklappen: Motor muss ausgehen.

Hat der Seitenständerschalter diese Tests bestanden, ist er technisch und elektrisch in Ordnung. Ansonsten, wenn sich also z. B. mit ausgeklapptem Seitenständer der Gang einlegen und womöglich sogar losfahren lässt, muss der Seitenständerschalter unbedingt erneuert werden:
- Nach Ausdrehen der zentralen Befestigungsschraube kann er abgezogen werden.
- Der zugehörige Kabelstecker ist oben beim Luftfilter zu finden (Bild 8).

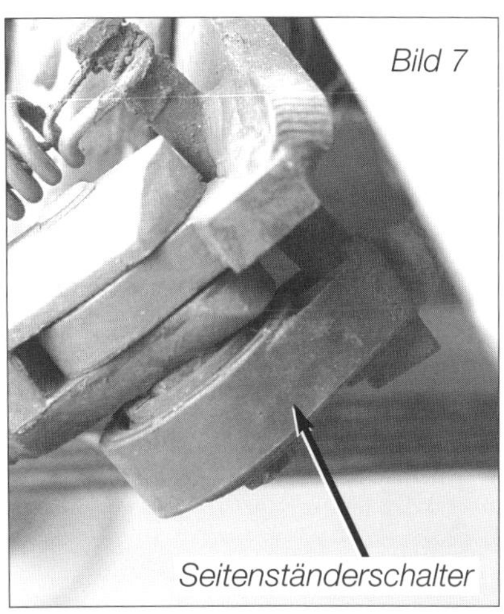

Bild 7

Bild 7: Der Seitenständerschalter sitzt links unten hinter dem Seitenständergelenk.

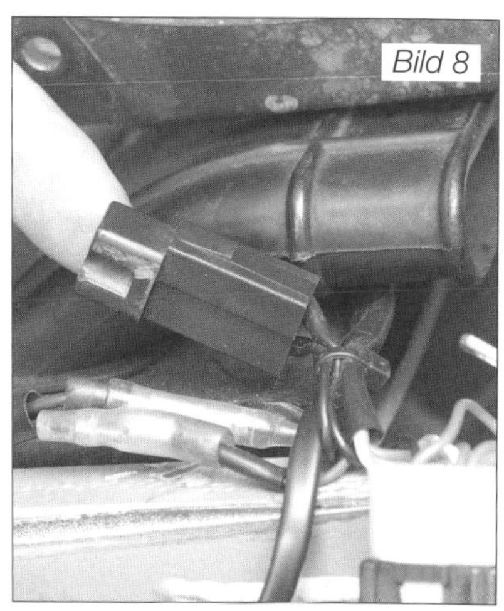
Bild 8

Bild 8: Der Kabelstecker des Seitenständerschalters ist hinter der linken Seitenverkleidung oben neben dem Ansaugstutzen des Luftfilterkastens zu finden.

Verkleidung · Tank · Rahmen

In diesem Kapitel: Tipps für Arbeiten an Verkleidungsteilen · Tank ab- und aufbauen · Benzinhahn aus- und einbauen, Tank reinigen · Rahmen: Lenkanschlag · Seitenständer ab- und anbauen · Nummern · Ersatzteile kaufen · Motor aus- und einbauen.

Verkleidungsteile

Je nach Modell ist eine LC4 mit weniger oder mehr Verkleidungsteilen ausgestattet. Für alle gelten jedoch die gleichen Montagegrundsätze.

- Bei Demontage und Montage von Verkleidungsteilen sind Geduld und Fingerspitzengefühl gefragt.
- Kein Verkleidungsteil mit Gewalt abziehen oder einstecken wollen – vor allem spröde gewordener Kunststoff bei älteren Maschinen kann leicht brechen!
- Beim Abbau einiger Verkleidungsteile, wie z. B. der Kühlerblenden, müssen vor dem Abbau die Kabelbinder aufgezwickt werden, sonst lässt sich das Verkleidungsteil nicht abnehmen.
- Je nach Befestigungsschraube werden Kreuzschlitzschraubenzieher, Inbus- oder Sechskantschlüssel benötigt. Für einige, in tiefen Sacklöchern sitzende Schrauben werden lange Steckschlüssel oder passende Nüsse mit Verlängerung benötigt (Bild 1).
- Abgeschraubte Verkleidungsteile außerhalb jeglicher Fußreichweite platzieren, denn man tritt während des Schraubens an der Maschine rasch auf ein am Boden liegendes Teil. Im Extremfall bricht es, garantiert zerkratzt es.
- Bei der Montage im KTM-Werk werden die Schrauben »trocken« eingeschraubt, also ohne Öl. Wenn die Maschine einige Zeit auf dem Buckel hat, sind die Schrauben korrodiert. Gönnen Sie ihnen beim Wiedereinschrauben einen Tropfen Öl.
- Achten Sie beim Anschrauben aller Verkleidungsteile darauf, dass Sie keine Kabel, Stecker oder Bowdenzüge einklemmen. Wenn doch etwas geklemmt wird, nehmen Sie das Teil wieder ab und verlegen Kabel, Stecker oder Bowdenzüge sauber und klemmfrei.
- Jedes Verkleidungsteil muss ohne Schrauben an allen Kontaktstellen passgenau anliegen, erst dann Schrauben eindrehen.
- An den Verbindungs- und Schraubstellen, wo Gummitüllen, Scheiben und Distanzbuchsen oder Abstandshülsen vorgesehen sind, müssen diese vorhanden sein. Zum Beispiel darf der hoch gesetzte vordere Kotflügel niemals ohne Abstandshülsen (Bild 2) montiert werden.
- Bei der Tankbefestigung sind sogar zwei Scheiben untergelegt (Bilder 3 und 4): Die kleine kommt unter den Kopf der Hülsenmutter, die große liegt auf dem U-Ausschnitt auf.

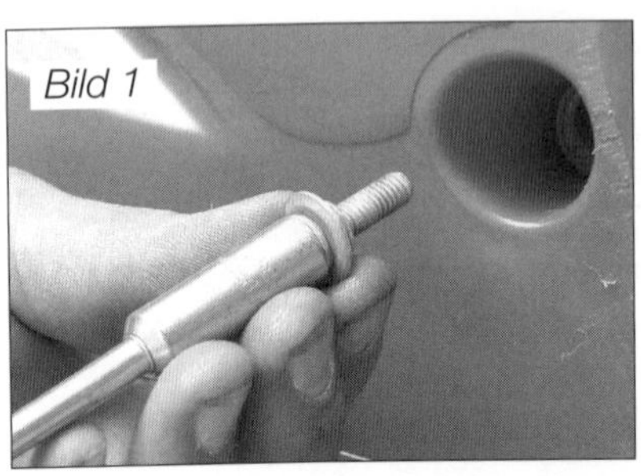
Bild 1

Bild 1: Für tief sitzende Verkleidungsschrauben wird ein langer Steckschlüssel benötigt.

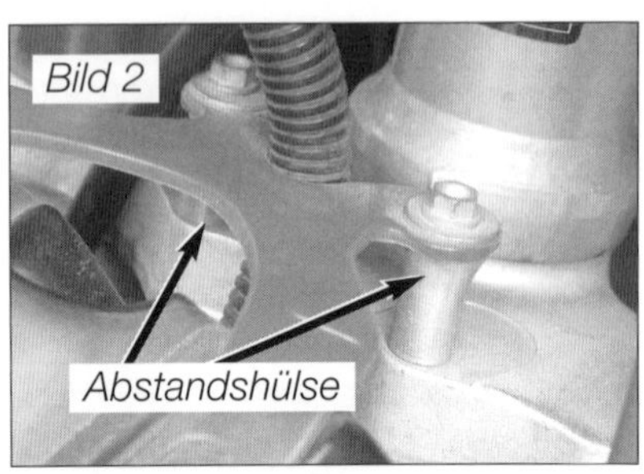

Bild 2

Bild 2: Wenn Abstandshülsen vorgesehen sind, wie z. B. bei der Befestigung des vorderen Kotflügels, müssen diese auch montiert werden.

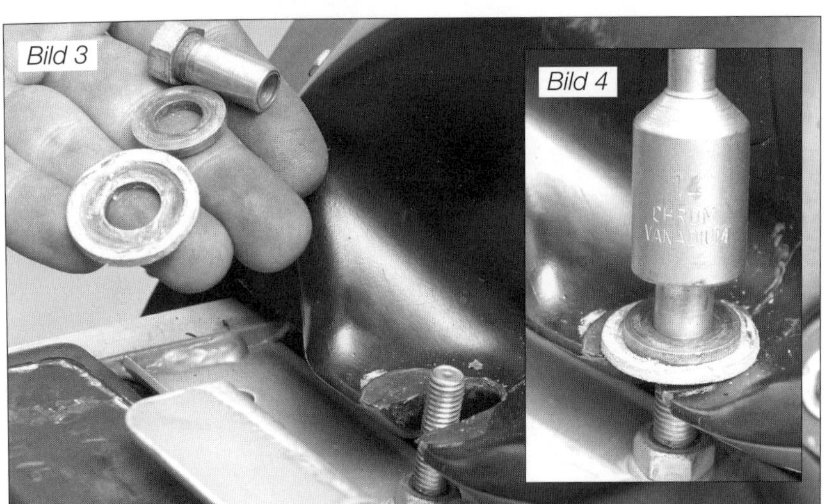
Bild 3
Bild 4

Bilder 3 und 4: Tankbefestigung mit zwei Scheiben.

Tank und Benzinhahn

Tank ab- und aufbauen

Der Tank muss zum Beispiel zu Arbeiten an Vergaser und Zylinderkopf (Ventilspiel einstellen) oder zum Verlegen neuer Bowdenzüge und Elektrokabel abgebaut werden.

1. Motorrad sicher abstellen. Sitzbank abnehmen, entsprechende Verkleidungsteile abbauen.
2. Benzinhahn auf »Zu«-Stellung.
2.1. Benzinschlauch abnehmen: Klemmschelle an beiden offenen Enden mit einer Zange zusammendrücken, von der Klemmstelle am Schlauch entlang wegführen, Schlauch vom Stutzen abziehen bzw. abdrücken (Bild 5).
2.2. Tankbelüftungsschlauch vom Tankstutzen abziehen (Bilder 6 und 7).
3. Befestigungsmutter am Tank hinten abdrehen und mit den Scheiben abnehmen. Tank nach oben und gleichzeitig vorne aus den rahmenfesten Gummihalterungen heben.

Tankaufbau in umgekehrter Reihenfolge:

- Benzinschlauch knickfrei verlegen und so weit wie möglich auf den Stutzen schieben.
- Klemmschelle an den offenen Enden mit einer Zange zusammendrücken und auf die Klemmstelle schieben.

Benzinhahn aus- und einbauen, Tank reinigen

Ein Kunststofftank rostet natürlich nicht, aber es kann Schmutz hineinkommen, der bis zu einer gewissen Menge von den im Benzinhahn eingebauten Filtern aufgefangen wird. Auch ohne aktuelle Verstopfung sollte der Filter im Benzinhahn regelmäßig gereinigt werden; ist der Tank abgebaut, ist der Benzinhahn schnell aus- und wieder eingebaut.

Bei Tanks älterer LC4 wurde beobachtet, dass sich vom Inneren des Tanks dünne Kunststoffschlieren ablösen, die bis in den Vergaser vordringen. KTM-Spezialisten meinen, dass dies vom verwendeten Benzin abhängig ist, genaues weiß man nicht. Sicher ist nur, dass ein Kunststofftank ab und zu abgebaut und gereinigt werden sollte; eine längere Standzeit (z. B. über Winter) mit Benzin im Tank soll vermieden werden (siehe dazu auch Kapitel 3 »Pflege« im Textabsatz »Überwintern«).

Benzinhahn ausbauen:

1. Tank dazu am besten abbauen, denn im aufgebautem Zustand kommt man nicht besonders gut an die Schrauben ran.
2. Tank seitlich auf dicke Lappen legen.
3. Beide Befestigungsschrauben des Benzinhahns lösen und ausdrehen.
4. Benzinhahn vorsichtig herausziehen.
5. Benzinhahn und Filtersieb mit Waschbenzin reinigen, mit weicher Druckluft ausblasen. Dabei den Benzinhahn in verschiedenen Stellungen durchblasen.
5.1. Wenn das Filtersieb löchrig, geknickt oder anderweitig beschädigt ist, unbedingt ein Neuteil einbauen!
6. Tank reinigen:
6.1. Mit etwas Benzin befüllen (ca. 0,5 Liter), Tankdeckel drauf, Öffnung des Benzinhahns mit einem sauberen, nicht saugfähigen Lappen verschließen und den Tank gut schütteln.
6.2. Spüllösung durch ein Sieb ablassen und Rückstände kontrollieren.
6.3. Diese Tankreinigung so oft wiederholen, bis keine Rückstände mehr aus dem Tank kommen!
Wichtig: Waschbenzin sachgemäß entsorgen!

Benzinhahn einbauen:

1. O-Ring in der Nut des Benzinhahnflanschs kontrollieren: Wenn er nicht zu stark gequetscht ist und etwas aus der Nut herausragt, kann er wieder verwendet werden (Bild 8).
- Wenn nicht, einen neuen O-Ring einbauen.

2. Etwas schweres Fett an die Dichtfläche des Benzinhahnflanschs und den O-Ring geben.
3. Benzinhahn in seine Öffnung einführen, Filtersieb dabei nicht beschädigen.
4. Befestigungsschrauben mit neuen Kupferdichtringen bestücken, eindrehen und abwechselnd in mehreren Schritten gleichmäßig gut handfest anziehen.

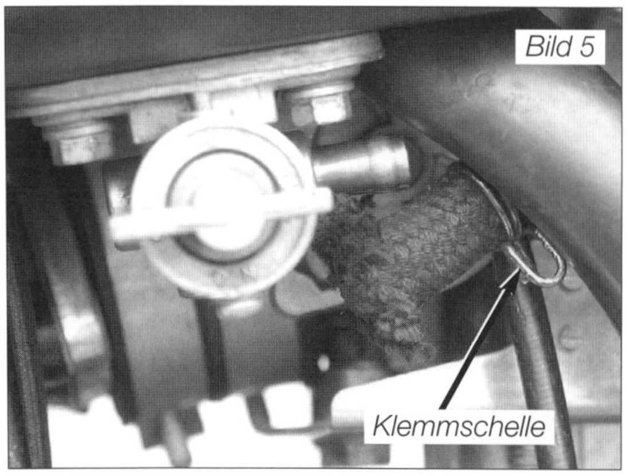

Bilder 5, 6 und 7: Benzin- und Entlüftungsschlauch.

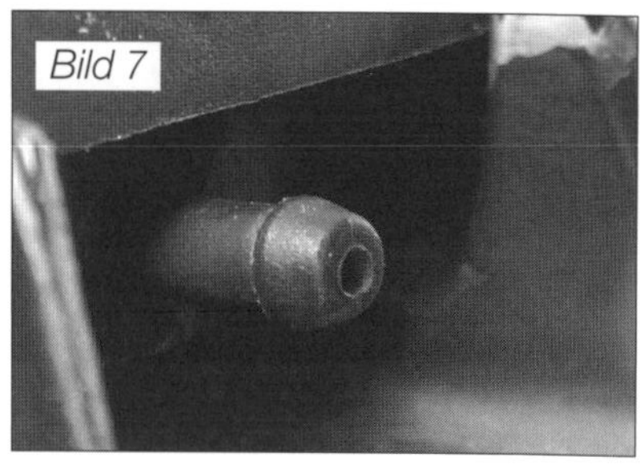

Bild 8: Ausgebauter Benzinhahn mit dem unteren Sieb für Reservestellung.

- *Beim Einbau etwas Fett an den O-Ring geben.*

Stahltank montiert?

Wenn Stahltanks älter werden, oder wenn die Maschine über Winter bzw. lange mit leerem Tank im Freien abgestellt war (wichtig beim Gebrauchtkauf!) oder der Tank in abgebautem Zustand in einem feuchten Raum gelagert wurde, bildet sich innen im Tank Rost.

Ein innen angerosteter oder vergammelter Tank muss nicht unbedingt auf dem Schrottplatz landen. Solange Rost nur an der Oberfläche sitzt, also das Blech noch nicht durchgerostet ist, gibt es verschiedene Methoden zum Entrosten:

- Man kann z. B. den Tank mit der Menge von zwei Fäusten mit Glasscherben oder Bleikugeln füllen und diesen dann kräftig und ausgiebig schütteln. Erspart fünf Stunden Fitness-Studio!
- Man kann auch den mit Glasscherben oder Bleikugeln gefüllten Tank dick in mehrere Decken einwickeln, Schnur drum herum binden, das Paket in eine Betonmischmaschine stecken und diese ein paar Stunden lang laufen lassen.

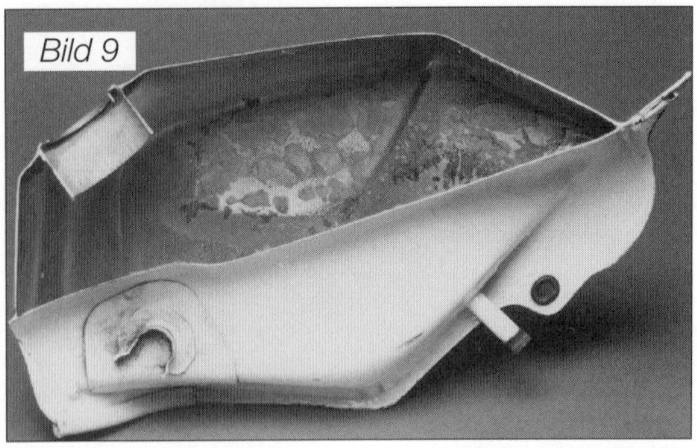

Bild 9

Bild 9: Blick in einen rostigen Tank.

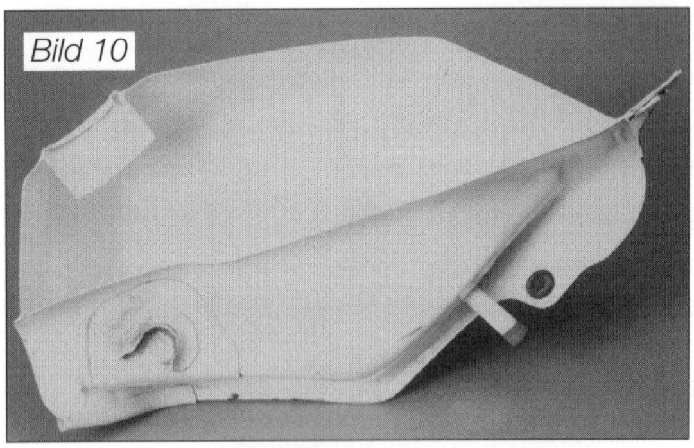

Bild 10

Bild 10: Tank nach Reinigung und Beschichtung, durchgeführt von: Der Tank-Spezialist GmbH Blumenstraße 12, D-72739 Pfullingen www.tank-spezialist.de.

Bild 11

Bild 11: Als Lenkanschlag sind rechts und links Schrauben am Lenkkopf eingedreht.

Kleine Bleikugeln kann man in Waffengeschäften als Bleischrot für Schrotflinten kaufen. Wenn Glasscherben verwendet werden sollen, müssen diese möglichst klein sein. Zu diesem Zweck alte Flaschen fest in ein dickes Tuch einwickeln und so lange mit dem Hammer draufdreschen, bis die Scherben klein genug (»bröselig«) sind.

Allerdings führen diese Methoden meist nicht zum erhofften Erfolg, weil die verwinkelten, kleinen Ecken innerhalb des Tanks von den Bleikugeln oder Glassplittern nicht erreicht werden und deswegen der Rost nicht abgeschliffen wird. Schon der kleinste Rest-Rostfleck reicht zur Bildung eines neuen Rostnestes aus, und alle Mühe war umsonst.

Eine gründliche Reinigung eines Tanks, und sei er noch so verrostet, ist Sache von Spezialbetrieben. Der Preis richtet sich je nach Zustand und Größe des Tanks und liegt meist zwischen 80 und 150 Euro. Je nach Wunsch und Umfang der Arbeiten erhält man (gegen entsprechenden Aufpreis natürlich!) einen perfekt sandgestrahlten Tank mit kompletter Innenversiegelung.

Rahmen

Lenkanschlag

Als Lenkanschlag sind bei der LC4 unterhalb vom Lenkkopf rechts und links je eine M8-Schraube eingedreht, an deren Kopf die untere Gabelbrücke bei vollem Lenkanschlag anschlägt und die Lenkbewegung nach rechts und links begrenzt. Die Schrauben müssen so tief in das Gewinde eingedreht sein, dass bei vollem Lenkeinschlag noch einige Millimeter Luft sind zwischen den Gabelbauteilen und dem Tank.

- Gewinde von Schraube und Kontermutter am besten mit Loctite »mittelfest« bestreichen, eindrehen und einstellen, Mutter gegen das Gewindeteil am Rahmen mit 20 Nm kontern.

Anschlagstellen und Schrauben gelegentlich kontrollieren. Ist auch nur eine davon krumm, hat Risse oder ist gar abgebrochen, ist dies ein sicherer Hinweis auf einen Sturz oder Unfall der Maschine (wichtig bei Gebrauchtkauf).

Seitenständer

Der Seitenständer ist hohen Belastungen ausgesetzt: er hat eine große Last zu tragen, wenn das Motorrad darauf abgestellt wird. Beim Aus- und Einklappen muss er sich leicht bewegen lassen und zuverlässig nach oben an den Anschlag in die Waagerechte schnappen.

Ständer-Rückholfedern gelegentlich kontrollieren, sie dürfen weder gerissen, überdehnt oder an ihren umgebogenen Enden verschlissen sein. Wenn doch, unbedingt ersetzen!

Wenn der Ständer lange Zeit ungeschmiert (»trocken«) betätigt wird, dann verschleißen seine Lagerstellen. Dies ist bei einem schlecht gepflegten Motorrad oft der Fall. Dann müssen neue Schrauben eingebaut werden, denn die alten (eingelaufenen) Teile sind durch Fress- und Kerbstellen stark bruchgefährdet.

Seitenständer ab- und anbauen

Abbau:

1. Motorrad auf Heckständer abstellen, Seitenständer muss unbelastet und eingeklappt sein.
2. Zentralschraube der Seitenständerschalterbefestigung ausdrehen, Seitenständerschalter abnehmen.
3. Seitenständer-Gelenkschraube lösen und ausdrehen.
4. Seitenständer zusammen mit den Federn abnehmen.

Zusammenbau:

1. Seitenständer-Gelenkschraube und Gleitstellen des Seitenständers sowie Enden der Federn mit schwerem Lagerfett dick einfetten.
2. Seitenständerfedern anhängen: Lange Seite an Zapfen am Seitenständer, kurze Seite an rahmenfesten Zapfen.
3. Gewinde der Gelenkschraube mit Loctite »mittelfest« bestreichen.
4. Seitenständer-Gelenkbohrungen zueinander zur Deckung bringen. Gelenkschraube eindrehen, Anziehdrehmoment 40 Nm.

Seitenständerschalter prüfen siehe Kapitel 5 »Wartung«.

Anmerkung: Der Mittelständer wird ebenso ab- und angebaut, er hat zwei Lagerschrauben, keinen Schalter und zwei getrennte Federn (Bild 12).

Nummern

Fahrgestellnummer: Die wichtigste Nummer zur Identifikation der Maschine ist die Fahrgestellnummer. Sie ist in Fahrtrichtung rechts vorne am Lenkkopf eingestanzt und ein zweites Mal im Typenschild (Bild 15) zu finden, das vorne mittig am Rahmenrohr aufgeklebt ist. Beide Nummern müssen gleich sein und mit der Nummer im Fahrzeugbrief und im Fahrzeugschein übereinstimmen.

Motornummer: Die Motornummer ist rechts unten auf dem Motorgehäuse eingestanzt (Bild 14). Sie ist nicht identisch mit der Fahrgestellnummer, hat keine zulassungsrechtliche Bedeutung und ist auch weder im Kraftfahrzeugbrief noch im Fahrzeugschein vermerkt. Dennoch ist zu empfehlen, sie für eigene Zwecke zu notieren. Beim Verkauf des Fahrzeugs oder einem Gebrauchtkauf sollte die Motornummer im Kaufvertrag festgehalten werden.

Ersatzteile kaufen

Bei jedem Ersatzteilkauf immer den Kfz-Schein vorlegen. Wenn die Maschine abgemeldet ist, die Fahrgestellnummer notieren und dem Ersatzteilverkäufer vorlegen.

Bild 12

Bild 12: Die beiden getrennt angebrachten Federn des Mittelständers.

Bild 13

Bild 13: Beim Anbringen der ineinander gesteckten Federn des Seitenständers darauf achten, dass die kurzen Enden zum Rahmen hin zeigen.

Bild 14

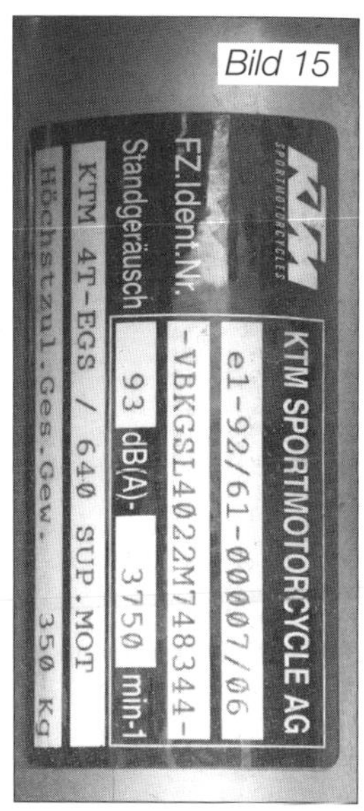

Bild 15

Bilder 14 und 15: Motornummer und Typenschild.

Motor aus- und einbauen

Zum Aus- und Einbau des Motors das Motorrad am besten am Rahmen an einen Werkstattkran aufhängen. Man kann auch einen Cross-Schnellständer unter die Rahmenunterzüge schieben und die Maschine damit hochbocken.

Wenn man alleine arbeitet, zum Abstützen des Motors während des Aus- und Einbaus einen Wagenheber benutzen oder Holzklötze unterschichten. Am besten gehen Aus- und Einbau zu zweit, denn vier Hände werden oft gebraucht!

Vorbereitende Arbeiten

1. Verkleidung, Sitzbank, Tank und untere Motorschutzplatte abbauen.
2. Auspuffanlage komplett abbauen.
3. Vordere Ritzelmutter/Schraube öffnen. Kette abnehmen.
4. Batterie ausbauen, alle elektrischen Zuleitungen zum Motor trennen, Massekabel abschrauben.
5. Motoröl ablassen, Ölablassschraube eindrehen und festziehen, Ölfilter bleibt angebaut. Hohlschrauben der Ölleitungen ausschrauben.
6. Kühlflüssigkeit ablassen: Kühlschläuche von den Anschlüssen abziehen, Kühler kann montiert bleiben.
6.1. Stecker des Kühlerlüfters trennen, Halterung des Kühlerlüfters vom Kühler abschrauben (2 Schrauben), Kühlerlüfter abnehmen.
7. Kupplungszug, Dekompressionszug und Gaszüge aushängen, Vergaser abschrauben.
7.1. Bei hydraulischer Kupplungsbetätigung: Die drei Schrauben ausschrauben, Kolben des Geberzylinders mit einem Kabelbinder sichern.

Motor ausbauen

1. Schwingenbolzen ausbauen.
2. Alle Muttern von den Motorhalteschrauben und den Motorhalteblechen vorne zum Rahmen hin lösen und abdrehen.
3. Vordere Motorhaltebleche abnehmen.
4. Einer der Mechaniker steigt jetzt über das Motorrad, hält den Motor etwas nach oben, der andere zieht die untere Motorhalteschraube aus.
6. Motor etwas nach oben heben, damit er sich hinten aus der Schwingenlagerung löst, und zur Seite hin aus dem Rahmen nehmen.
7. Alle Motoraufhängungspunkte an Rahmen und Motor sowie alle Motoreinbauteile gut reinigen, auf Verschleiß kontrollieren.

Motor einbauen

Achtung: Verwenden Sie ausschließlich originale KTM-Schrauben und Muttern. Keine Bauteile undefinierbarer Herkunft aus einer Werkstatt-Schraubenkiste verwenden! Wenn die Gewinde der Schrauben und Muttern beschädigt sein sollten und Sie keine Chance haben, an originale KTM-Schrauben heranzukommen, verwenden Sie nur hochfeste Schrauben und Muttern der Güteklasse 10.9. Wenn die originalen Bundmuttern nicht vorhanden sind und normale, hochfeste Muttern verwendet werden müssen, Scheiben unterlegen.

1. Motor von der Seite in den Rahmen heben, Bohrungen hinten zum Schwingenlager sorgfältig ausrichten, Schwingenbolzen von rechts ein- und ganz durchschieben.
2. Untere Schraube von links ein- und ganz durchschieben.
3. Vordere Motorhaltebleche anbringen, Muttern lose aufdrehen.
4. Motorhalteschrauben festziehen:
4.1. Mutter auf Schwingenbolzen links aufdrehen und mit 100 Nm festziehen.
4.2. Mutter auf untere Schraube rechts aufdrehen und mit 70 Nm festziehen.
4.3. Mutter M10 auf vordere Motorhalteschraube rechts aufdrehen und mit 70 Nm festziehen.
4.4. Schrauben/Muttern Motorhaltebleche zum Rahmen hin mit 40 Nm festziehen.

Beim Finish Folgendes besonders beachten:

1. Hohlschrauben der Ölschlauch-Anschlüsse mit neuen Kupferdichtscheiben montieren:
■ Hohlschraube links vorne unten auf dem Kupplungsdeckel mit 10 Nm festziehen.
■ Hohlschraube links oben am vorderen Rahmenrohr (Öltank) mit 15 Nm festziehen.
2. Vergaser exakt senkrecht aufbauen, Schlauchschellen gut handfest anziehen.
3. Bowdenzüge und Kabel sauber verlegen.
3.1. Beim Einbau der Nippel etwas Fett in die Nippelbohrung schmieren.
3.2. Elektrische Stecker vor dem Zusammenstecken auf Korrosion prüfen.
3.3. Bei hydraulischer Kupplungsbetätigung die drei Schrauben mit 10 Nm festziehen.
4. Kühlflüssigkeit einfüllen.
5. Motoröl einfüllen, Schmiersystem entlüften.
6. Restliche abmontierte Teile sorgfältig wieder anbringen.

Reifen

In diesem Kapitel: Reifentypen · Anforderungen an Reifen · Luftdruck · Reifenverschleiß · Wichtige Reifenbezeichnungen · Unwucht · Tests von Supermoto- und Enduro-Reifen aus MOTORRAD-Katalog 2005 · Reifenmontage · Reifentabelle und Profilbilder von Metzeler und Pirelli.

Reifentypen

Die verschiedenen LC4-Typen innerhalb der Baugruppen sind je nach Einsatzzweck mit grundsätzlich verschiedenen Reifen bestückt:

- Die Supermotos haben Straßenreifen.
- Die Straßen-Enduros haben Enduroreifen, die auch für Straßenbetrieb geeignet sind.
- Die Wettbewerbsenduros haben grobstollige Enduroreifen, die mehr auf Gelände- als Straßeneinsatz ausgelegt sind.

Am Ende dieses Kapitels finden Sie eine Tabelle mit allen Reifen von Pirelli und Metzeler, die für die KTM LC4-Modelle geeignet sind, denn Pirelli und Metzeler haben das größte Angebot an Reifen für die KTM LC4. Ebenfalls finden Sie Kurztests verschiedener Enduro- und Supermoto-Reifen aus dem MOTORRAD-Katalog des Jahres 2005. Weil sich das Angebot an Reifen der verschiedenen Hersteller in gewissen Zeiträumen ändert und ergänzt, raten wir Ihnen, zum Thema »Reifen« die Motorrad-Fachpresse zu lesen. Besonders gut informiert sind die KTM-Händler, welche Reifen für die LC4-Modelle geeignet und zugelassen sind.

Anforderungen an Reifen

Die Grundanforderungen, welche an Straßen- und Enduroreifen gestellt werden, sind gleich: Sie sollen unauffällig ihren Dienst verrichten, sollen je nach Einsatzgebiet auf der Straße und auch auf losem Untergrund haften, das Fahrzeug sicher führen und eine möglichst lange Lebensdauer haben.

Reifen müssen enorme Kräfte übertragen:

- Der Hinterradreifen muss Antriebs- und Bremskräfte übertragen.
- Der Vorderradreifen muss Brems- und Lenkkräfte überragen.
- Hinter- und Vorderradreifen müssen zusätzlich noch Seitenkräfte übertragen, wie sie bei Kurvenfahrten auftreten.

Die unterschiedlichen Reifen sind dem Einsatzzweck entsprechend angepasst:

- **Straßenreifen** (Bild 1) sind auf den LC4-Supermotos aufgezogen. Bei manchen der speziellen Supermoto-Reifen sind die Profile aus optischen Gründen denen von Straßen-Regenreifen angelehnt, also mit größerem

Bild 1: Straßenprofil für die LC4-Supermoto.

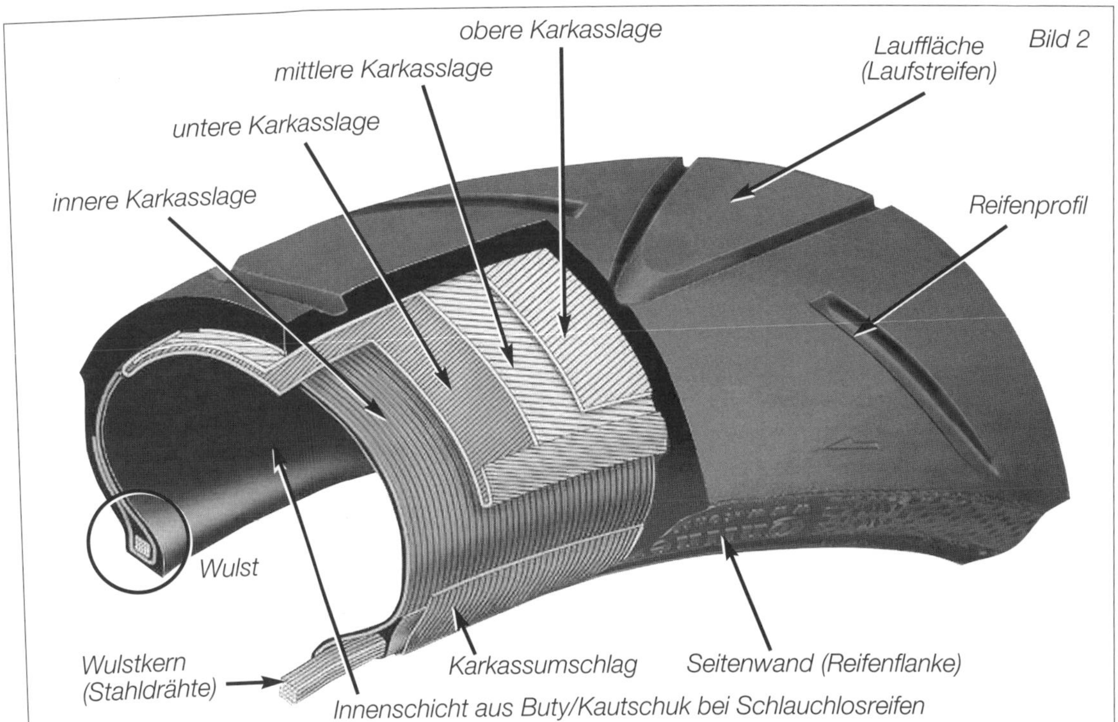

Bild 2: Schnittbild eines straßenorientierten Reifens. Die Karkasslagen sind meist aus Rayon- oder Nylongewebe gefertigt, was den Reifen »geschmeidig« macht. Gummimischung und Qualität des Laufstreifens sowie die Breite der Profilrillen sind hauptverantwortlich dafür, wie gut der Reifen auf trockener und nasser Straße haftet.

Bild 3

Bild 4

Bild 5

Bilder 3 bis 5: Enduro- und Cross-Reifen.

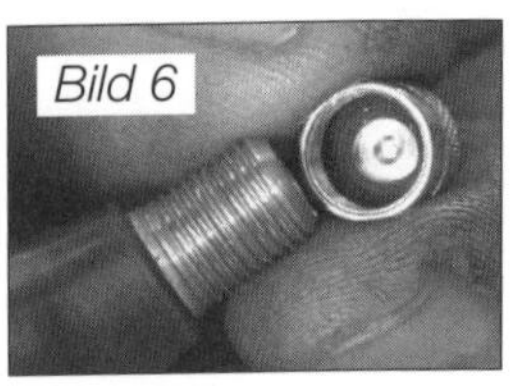
Bild 6

Bild 6: Auf das Ventil gehört eine Stahlkappe mit einwandfreier Gummidichtung.

Bild 7: Luftdruck alle 14 Tage bei kalten Reifen prüfen.

Negativprofilanteil ausgestattet, womit sie auch für staubigen bzw. erdigen Untergrund geeignet sind, z. B. dem »Off-Road Bereich« auf der Supermoto-Rennstrecke.

■ Die **Enduroreifen** (Bild 3) auf den für die Straße zugelassenen LC4 haben ein typisches Stollenprofil und sind zu ca. 75 Prozent für die Straße und 25 Prozent für leichtes Gelände geeignet, wie z. B. Feldwege und feste Off-Road-Oberflächen. Sie haben einen Schlauch (»Tube Type« = Reifen mit Schlauch). Die vorgeschriebenen Luftdrücke schwanken je nach Modell zwischen vorne 1,6 und 2,0 bar, hinten 1,8 bis 2,3 bar

■ **Enduro-Wettbewerbs-Reifen** (Bild 4) sind eine Mischung aus Enduro- und Motocross-Reifen; sie haben guten Grip im Gelände. Weil sie rasch verschleißen sind sie für Enduros, die überwiegend auf der Straße gefahren werden, nur bedingt geeignet.

■ Zusätzlich zum Schlauch kann ein Schaumstoffring (»Mousse«) in den Reifen eingelegt werden. Mousse wird dann verwendet, wenn ein Reifen verschiedenen Belastungen in einem Wettbewerb ausgesetzt ist, z. B. Grip haben muss und hohen Geschwindigkeiten ausgesetzt ist sowie aufgrund der Geländebeschaffenheit die Gefahr von Reifenschäden droht. Bei Wüstenrallyes werden die Reifen mit Mousse montiert.

■ **Motocross-Reifen** (Bild 5) sind für reine Wettbewerbe hergestellte Sportreifen mit hohen Stollen und großem Negativprofilanteil. Sie sind nur für den Betrieb abseits der Straße auf abgesperrtem Gelände gedacht. Der Luftdruck liegt bei 0,8 bis 1,2 bar vorne und hinten, je nach Strecke, also trocken, Sand, Nässe, Schlamm.

Luftdruck

Die Luft in den Reifen »trägt« die Last des Fahrzeugs, das sich aus dem Eigengewicht des Motorrads plus dem Gewicht der Besatzung und dem des Gepäcks zusammensetzt. Achten Sie immer auf korrekten Luftdruck, der bei kaltem Reifen gemessen werden soll.

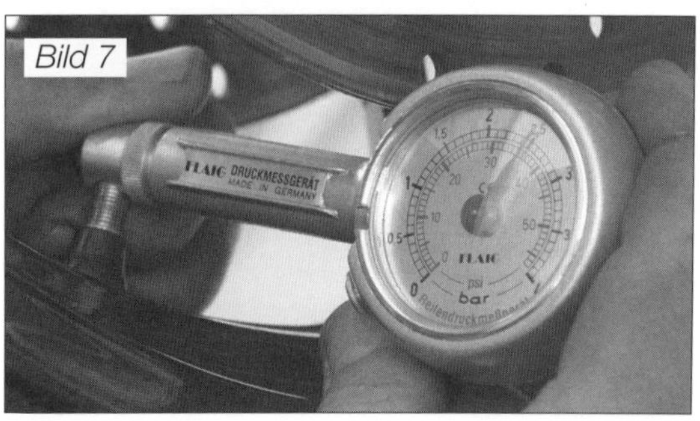

Bild 7

Je nach Fahrzeugtyp und Einsatzbereich sind die vorgeschriebenen Reifenluftdrücke unterschiedlich. Der für Ihr Fahrzeug von KTM vorgeschriebene Luftdruck steht in der zur Maschine gehörenden Betriebsanleitung. Auch in der Pirelli-Metzeler-Tabelle am Ende des Kapitels sind die empfohlenen Luftdrücke vermerkt.

Der Reifenluftdruck darf weder zu hoch noch zu niedrig sein:

■ Ein zu hoher Luftdruck verschlechtert den Komfort und verringert die Haftung.

■ Ein zu niedriger Luftdruck sorgt nicht nur für eine schlechte Straßenlage, sondern ist vor allem bei Sozius- und Gepäckbetrieb sehr bedenklich, da ein Reifen mit zu niedrigem Luftdruck unter großer Last rasch überhitzen kann.

Der Luftdruck sollte mindestens alle zwei Wochen überprüft werden. Immer gut schließende Ventilkappen mit einwandfreier Gummidichtung verwenden! Wenn keine Kappe aufgeschraubt ist, kann Schmutz in das Ventil gelangen; außerdem kann sich aufgrund der auftretenden starken Fliehkräfte bei hohen Geschwindigkeiten der Ventileinsatz öffnen und Luft entweichen.

Wenn mit der LC4-Enduro im Gelände gefahren werden soll, ist zu empfehlen, den Reifenluftdruck entsprechend zu verringern, zum Beispiel auf 1,0 bar vorne und 1,2 bar hinten. Dann haben auch gemäßigte Enduroreifen einigermaßen Grip auf der Geländestrecke!

⚠ **Achtung:** Nicht vergessen, den Luftdruck wieder zu erhöhen, wenn man auf die Straße zurückkehrt!

Reifendruckprüfer

Verlassen Sie sich bei der Kontrolle des Reifendrucks nicht auf das Tankstellengerät, sondern benutzen Sie einen eigenen Luftdruckprüfer, der im Bordwerkzeug immer mitgeführt wird. Verwenden Sie KEIN billiges Plastikteil aus dem Baumarkt, sondern ein Präzisionsmessgerät.

Das beste Druckmessgerät, das wir kennen und in unserer Werkstatt täglich verwenden, stammt vom deutschen Hersteller Flaig (Bild 7). Es hat ein stabiles Alugehäuse, es kostet um die 20 Euro. Erhältlich ist es unter anderem bei mobil-tech (*www.mobil-tech.de*), in gut sortierten Motorradzubehörläden sowie bei Motorradhändlern.

Reifenverschleiß

Reifen sind Verschleißteile, irgendwann sind sie abgefahren: Die Oberfläche (»Lauffläche«) des Reifens wird immer dünner, die Rillen (»Profilrillen«) immer niedriger. Der Gesetzgeber schreibt eine Mindestprofiltiefe von 1,6 mm vor. Wir empfehlen bei Maschinen, die überwiegend auf der Straße gefahren werden, schon bei 2 mm neue Reifen aufzuziehen.

Bei echtem Enduro- oder Crosseinsatz wird ein neuer Reifen schon früher nötig, nämlich dann, wenn die hohen Stollen ungleichmäßig abgefahren sind. Wenn die scharfen Kanten der Profilklötze rund werden, sind die Reifen auf losem Untergrund nicht mehr genügend griffig.

Die Stellen am Reifenprofil, an denen die Profiltiefe gemessen werden sollen, sind seitlich auf dem Reifen mit TWI gekennzeichnet (Bild 8). TWI ist die Abkürzung von Tread Wear Indicator. In Richtung der seitlich aufgebrachten TWI's quer über die Lauffläche hinweg befinden sich in den Profilrillen der Lauffläche kleine, 1,0 mm hohe Erhebungen. Die tatsächliche Profiltiefe wird neben diesen Erhebungen gemessen. Und wenn das Profil so weit abgefahren ist, dass sich die Erhebungen mit der Laufflächenoberfläche decken, beträgt die tatsächliche Profiltiefe nur noch 1,0 mm und es ist überhöchste Zeit, neue Reifen aufzuziehen.

Wichtige Reifenbezeichnungen

Auf der Seitenwand eines Reifens sind verschiedene Bezeichnungen einvulkanisiert.

1. TL = Tubeless = schlauchloser Reifen (Bild 9), muss auf einer Schlauchlosfelge ohne Schlauch montiert werden.

■ Ein Schlauchlosreifen darf unter bestimmten Umständen mit Schlauch auf einer Schlauchfelge gefahren werden (KTM-Händler fragen!).

2. TT = Tube type = Schlauchreifen, darf nur mit Schlauch auf einer Schlauchfelge gefahren werden.

3. reinforced = verstärkter Unterbau (Bild 9), erhöht die Tragfähigkeit des Reifens.

4. Richtungspfeil (Bild 10), bei manchen Reifen mit dem Zusatz **FRONT** oder **REAR**: Wird ein Reifen vorne montiert, muss der FRONT-Pfeil in Drehrichtung zeigen; wird er hinten montiert, muss der REAR-Pfeil in Drehrichtung zeigen.

5. Reifen-Produktionsdatum: An einer Stelle der Seitenwand ist eine mehrstellige Buchstaben- und Zahlenkombination hinter der Bezeichnung DOT einvulkanisiert (Bild 11). Die letzten vier Ziffern nennen die Produktionswoche und das Produktionsjahr. Beispiel: »**3503**« steht für die 35. Kalenderwoche des Jahres 2003. Bei neuen Reifen garantiert jeder Reifenhersteller die von ihm zugesagten Qualitätseigenschaften für den Zeitraum von mindestens fünf Jahren. Wenn Sie also einen neuen Reifen kaufen, der laut Produktionscode vor drei Jahren produziert wurde, gilt dieser Reifen als »frisch«.

6. Anders sieht es bei bereits aufgezogenen, also gebrauchten Reifen aus: Wenn ein angefahrener Reifen, der noch genügend Profil hat, mehr als fünf Jahre alt ist, sollte er sicherheitshalber gewechselt werden. Dies gilt vor allem bei gebrauchten Reifen ungewisser Herkunft.

Unwucht

Ein neu montierter Reifen muss ausgewuchtet werden, damit das Rad auch wirklich rund läuft. Ist es nicht (oder nicht gut) ausgewuchtet, beginnt es ab einer bestimmten Geschwindigkeit (ca. 60

Bild 8: Die TWI-Kennzeichnung auf der Seitenwand (Oval) zeigt die Lage der Verschleißanzeige-Erhebungen in den Profilrillen. Die tatsächliche Profiltiefe wird neben diesen Erhebungen gemessen.

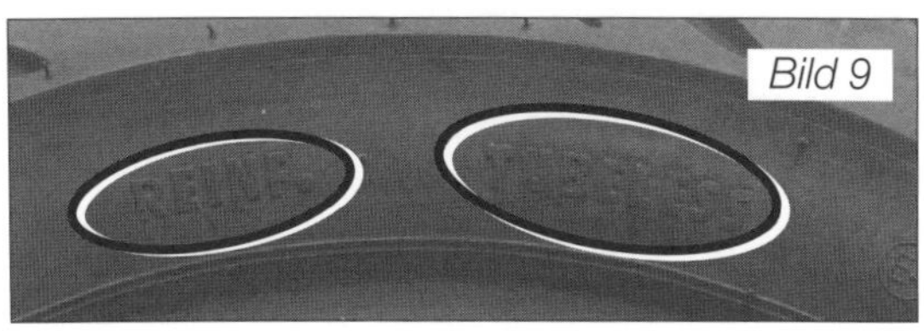

Bild 9: »Reinf.« steht für verstärkte Bauart, »Tubeless« für schlauchloser Reifen.

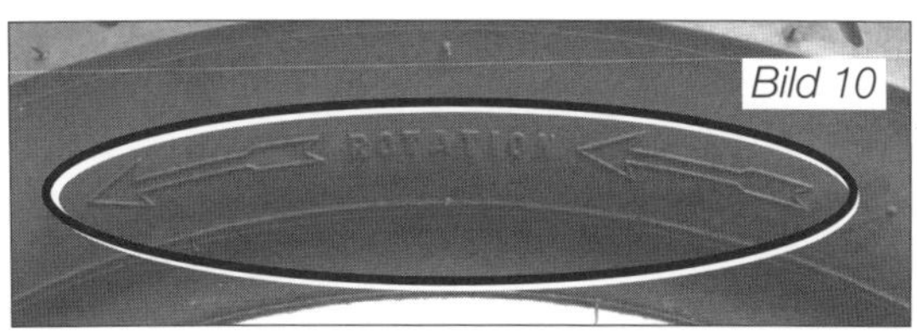

Bild 10: «Rotation« schreibt die Drehrichtung des Reifens vor.

Bild 11: Das Produktionsdatum ist neben der DOT-Nummer ausgeprägt. Dieser Reifen wurde in der 35. Woche 2003 gefertigt.

bis 80 km/h) zu »hüpfen«. Ein unwuchtiges Rad stört das Fahrwerk, verschleißt Federung und Stoßdämpfer rasend schnell und ist überdies einer guten Straßenlage und damit der Fahrsicherheit sehr abträglich. Schlechte Wuchtung kann dazu führen, dass das Rad während der Fahrt den Bodenkontakt verliert!

Die leichteste Stelle des Reifens wurde im Werk mit einem Farbpunkt markiert, dieser muss beim Ventil stehen, was bei der Montage unbedingt beachtet werden muss. Beim Auswuchten werden gegenüber der schwersten Stelle des Reifens entsprechende Gewichte angebracht, entweder auf die Speichennippel aufgesteckt oder auf der Felge aufgeklebt. Pro Rad sind maximal 60 Gramm an Wuchtgewichten zulässig.

Man kann ein Rad statisch auswuchten, indem man das Rad in leichte Drehung bringt und es auspendeln lässt – die schwerste Stelle bleibt unten stehen. Es ist allerdings sehr zu empfehlen, das Rad dynamisch auf einer Auswuchtmaschine wuchten zu lassen. Sowohl Reifenmontage als auch Auswuchtung machen die KTM-Händler und Reifenfachhändler zu moderaten Preisen.

Tipp: Wuchtung des Rades nach dem Reifenwechsel überprüfen. Die leichteste Stelle des Reifens ist mit einem Farbpunkt markiert. Dieser muss beim Ventil stehen.

- Wenn die nötigen Wuchtgewichte 60 Gramm überschreiten, kann der Farbpunkt im Reifenwerk an der falschen Stelle aufgebracht worden sein.
- Bei einem gefahrenen Reifen können sich durch Verschleiß auch die Wuchtverhältnisse geändert haben.
- In einem solchen Fall folgendermaßen vorgehen: Luft ablassen, Reifen ins Tiefbett drücken, auf der Felge um 180 Grad drehen, aufpumpen, Unwucht erneut messen.

In Kapitel 32 »Adressen« haben wir alle Reifenhersteller und -Importeure in Deutschland, Österreich und der Schweiz aufgelistet.

SUPERMOTO-REIFEN

Orginalartikel aus MOTORRAD Katalog 2005

Bridgestone | **BT 090**

Reifentyp (vorn und hinten)
Battlax BT 090
Dimension: 120/70 R 17
160/60 R 17

Kurvenverhalten
Extra für leichtgewichtige Sportler konzipiert, überzeugt der BT 090 selbst in grimmigen Schräglagen mit ordentlichem Grip und einem erstklassigen Handling. Der Grenzbereich fällt leider etwas schmal aus. Außerdem bezahlt der Bridgestone seine Handlichkeit mit spürbarer Aufstellneigung beim Bremsen – Kehrseite fast aller sportlich orientierten Reifen.

Nassfahrverhalten
Während der BT 090 im Trockenen zur Höchstform aufläuft, erfüllt er im Nassen eben nur seine Plicht. Akzeptable Haftung und Grip-Balance zwischen Vorder- und Hinterreifen werden – wie im Trockenen – durch einen schmal geratenen Grenzbereich getrübt.

Fazit
Je schneller, desto besser. Kompromisslose Supermoto-Extremisten werden den BT 090 lieben, moderatere Sportskollegen dagegen sicher mit einem gutmütigeren Reifen glücklicher.

Continental | **ContiForce SM**

Reifentyp (vorn und hinten)
ContiForce SM
Dimension: 120/70 R 17
160/60 R 17

Kurvenverhalten
Dem ContiForce SM ist die klare Ausrichtung auf die Bedürfnisse leichter Supermoto-Maschinen anzumerken. Der Conti liegt satt auf der Straße, liefert hervorragendes Feedback, besitzt auch in extremen Schräglagen außergewöhnlichen Grip und dazu einen angenehm breiten Grenzbereich. Sein Nachteil: Wie die meisten supersportlichen Pneus erzeugt auch der Conti ein spürbares Aufstellmoment beim Bremsen in Schräglage.

Nassfahrverhalten
Wenn es kübelt, bleiben Conti-Fahrer hart am Gas. Haftung, Rückmeldung im Grenzbereich, Lenkpräzision – der Conti stellt derzeit bei käuflichen Supermoto-Pneus die Referenz dar. Besser geht es nur noch mit reinrassigen Regenrennreifen.

Fazit
Mit dem ContiForce SM gelingt den Deutschen auf Anhieb ein großer Wurf. Ein sehr empfehlenswerter Reifen für Supermoto-Extremisten, im Trockenen, aber auch und gerade im Nassen.

Dunlop – Sportmax D 207 RR

Reifentyp (vorn und hinten)
Sportmax D 207 Race Replica
Dimension: 120/70 ZR 17
160/60 ZR 17

Kurvenverhalten
Dunlops Sport-Allzweckwaffe macht auch auf leichten Supermotos eine gute Figur. Der altehrwürdige D 207 RR glänzt mit einem hervorragenden Handling, bezahlt dafür aber mit einer indifferenten Lenkpräzision bei moderater Gangart und spürbarem Aufstellmoment beim Bremsen in Schräglage. Im Extrembereich kann er in Sachen Grip nicht ganz mit dem Conti und dem Michelin Pilot Power mithalten.

Nassfahrverhalten
Bei Nässe bleibt der D 207 RR samt Fahrer lieber daheim. Er kommt nicht auf Betriebstemperatur und findet deshalb nur schwer Traktion.

Fazit
Die Vorstellung des Dunlop hängt stark von seiner Betriebstemperatur ab. Und die erreicht eben nur, wer mächtig am Gas zieht. Zurückhaltende Fahrer, die obendrein auch noch gerne bei Regen ausrücken, gehören deshalb nicht zu seiner Zielgruppe.

Michelin – Pilot Power

Reifentyp (vorn und hinten)
Pilot Power
Dimension: 120/70 ZR 17
160/60 ZR 17

Kurvenverhalten
Sportreifen des Jahres 2004, überragende Vorstellung im MOTORRAD-Sportreifentest. Und auch auf einer leichten Supermoto überzeugt die Neuvorstellung Michelin Pilot Power in allen Disziplinen. Satter Grip bis hinunter in grimmig tiefe Schräglagen, ein gut kontrollierbarer Grenzbereich kombiniert mit einer hervorhebenswerten Charaktereigenschaft: Der Michelin neigt kaum zur Kippligkeit oder zum Aufstellen beim Bremsen in Schräglage – Nachteile, die man bei modernen Sportreifen normalerweise billigend in Kauf nehmen muss.

Nassfahrverhalten
Der Pilot Power liefert auch im Nassen eine hervorragende Vorstellung ab. Grip, Feedback und Gutmütigkeit überzeugen – nur Conti und Maxxis schneiden in letztgenannter Disziplin besser ab.

Fazit
Ein sehr empfehlenswerter Allrounder mit Top-Leistungen in allen Disziplinen.

Maxxis – Goldspeed »Silver Line«

Reifentyp (vorn und hinten)
»Silver Line«
Dimension: 120/70 R 17
160/60 R 17

Kurvenverhalten
Der Goldspeed spielt seine Stärken eher auf schlüpfrigem oder kaltem Untergrund aus. Selbst ohne Warmlaufphase baut er schnell erstaunliche Haftung auf. Unter idealen Streckenbedingungen beginnt er früh zu schmieren – was ihn mit dem Pirelli MT 60 RS verbindet. Zum Glück ist der Grenzbereich bis zum Wegrutschen riesig. Das schafft Vertrauen. Genau wie das fehlende Aufstellmoment beim Bremsen in Schräglage.

Nassfahrverhalten
Der Maxxis sieht nicht nur aus wie ein Regenrennreifen – er ist tatsächlich einer. Bei Nässe zieht er wie am Schnürchen seine Radien, sein extrem breiter Grenzbereich kommt dann noch mehr zur Geltung als im Trockenen.

Fazit
Ein empfehlenswerter Supermoto-Reifen, der seine Stärken ganz eindeutig im Nassen oder bei kalten Bedingungen ausspielen kann. Nicht zuletzt wegen seines gutmütigen Charakters.

Pirelli – Dragon Supercorsa

Reifentyp (vorn und hinten)
Dragon Supercorsa
Dimension: 120/70 ZR 17
160/60 ZR 17

Kurvenverhalten
Weitgehend baugleich mit dem Metzeler Rennsport, verfügt der Pirelli über nahezu identische Fahreigenschaften. Gigantischer Trockengrip geht einher mit einem schmalen, aber kalkulierbaren Grenzbereich und einem Top-Handling. Maluspunkte: Bei niedrigem Kurvenspeed fährt der Supercorsa etwas kipplig, beim Hineinbremsen in Schräglage stellt er sich gerne auf. Nach dem Test brachte Pirelli einen überarbeiteten Vorderreifen auf den Markt, der beide Eigenarten spürbar lindert.

Nassfahrverhalten
Nasse Strecken schmecken dem Vollblut-Racer nicht. Wird es glatt, tut sich auch der Pirelli schwer, um auf die nötige Betriebstemperatur zu kommen. Dann hilft nur eine gemäßigte Gangart, zumal zunächst das Vorderrad an seine eng gesetzten Grenzen kommt.

Fazit
Bei trockenen Bedingungen ist der Supercorsa eine Macht. Bei Regen geht man besser Kaffee trinken.

Metzeler – Rennsport

Reifentyp (vorn und hinten)
Rennsport
Dimension: 120/70 ZR 17
160/60 ZR 17

Kurvenverhalten
Der legendäre straßenzulassungsfähige Rennreifen macht auch beim Supermoto eine prima Figur. Aber nur dann, wenn er auf Betriebstemperatur gebracht wird. Exzellente Trockenhaftung, bestes Handling und ein schmaler, aber kalkulierbarer Grenzbereich heißen seine Vorzüge. Seine Nachteile: Bei moderater Geschwindigkeit fährt sich der Metzeler in Kurven etwas kippelig, eine Aufstellneigung beim Bremsen ist deutlich spürbar.

Nassfahrverhalten
Nicht das Rennsport-Element. Seine Stärken liegen im Trockenen. Bei Nässe verlangt der Metzeler nach einer vorsichtigen Gashand. Er erreicht nämlich vorne wie hinten schon früh seine Haftgrenzen.

Fazit
Mit messerscharfem Handling und tollem Grip präsentiert sich der Metzeler im Trockenen als einer der Top-Reifen des Tests. Bei Kälte oder Nässe ist er aber mit Vorsicht zu genießen.

Pirelli – MT 60 RS

Reifentyp (vorn und hinten)
MT 60 RS
Dimension: 120/70 R 17
160/60 R 17

Kurvenverhalten
Der Oldtimer unter den Supermoto-Reifen, von Beginn an mit dabei. Obwohl der MT 60 RS schon reichlich Jährchen auf dem Buckel hat, schlägt sich der Pirelli überaus achtbar. Das Gripniveau liegt zwar deutlich unter dem der moderneren Konkurrenz, und auch das Handling könnte spritziger ausfallen. Dafür überzeugt der MT 60 RS mit tollen Kaltlaufeigenschaften, er neigt weder zum Aufstellen noch zum Kippeln – und seine frühe Haftgrenze deutet er sehr gutmütig an.

Nassfahrverhalten
Keine negativen Überraschungen. Die Kombination aus einer vorderradorientierten Grip-Balance, satter Haftung und einem breiten Grenzbereich machen den Pirelli zu einem der besten Regenreifen mit Straßenzulassung.

Fazit
Kein Reifen für Rundenrekorde, aber ein gutmütiger und empfehlenswerter Partner für jeden Tag – und alle Witterungsbedingungen.

ENDURO-REIFEN

Orginalartikel aus MOTORRAD Katalog 2005

Continental TKC 80

Reifentyp (vorn und hinten)
TKC 80 M+S Twinduro
Dimension: 110/80 B 19
130/80 S 17

Kurvenverhalten
Der Grobstöller ist der Konkurrenz in Sachen Grip etwas unterlegen. Aber dafür kündigt er seinen Grenzbereich sehr gutmütig an. Das Handling ist wegen des breiteren Vorderreifens (110 statt 100 Millimeter) etwas behäbiger, der TKC fährt aber erstaunlich präzise.

Fahrstabilität
Hut ab. Lediglich bei der erlaubten Höchstgeschwindigkeit von 160 km/h pendelt die BMW F 650 GS leicht.

Nassfahrverhalten
Der Conti und die BMW bilden im Nassen ein tolles Team. Auch hier überzeugt er mit einem breiten Grenzbereich. Rutscher kündigen sich fein kontrollierbar an. Vor allem der tolle Grip am Vorderrad überzeugt.

Wirtschaftlichkeit
Der TKC verschleißt am Hinterrad zwar stark, verfügt aber über das größte Anfangsprofil. Zusammen mit dem langlebigen Vorderreifen landet der Conti deshalb auf dem ersten Rang in Sachen Wirtschaftlichkeit.

Avon Distanzia

Reifentyp (vorn und hinten)
Distanzia AM 43; Distanzia AM 44
Dimension: 100/90 H 19
130/80 HR 17

Kurvenverhalten
Das Testmotorrad, eine BMW F 650 GS, fährt mit den Avon handlich und neutral, lenkt präzise. Der Trockengrip ist überdurchschnittlich, das Aufstellmoment beim Bremsen fällt angenehm gering aus.

Fahrstabilität
Auch hier liefern die englischen Pneus eine solide Vorstellung ab. Selbst auf welligen Pisten bleibt die BMW stabil.

Nassfahrverhalten
Die Avon-Paarung bietet solide Hausmannskost. Nicht mehr, aber auch nicht weniger. Die Haftung ist durchschnittlich, die F 650 GS rutscht gleichmäßig über beide Räder, die Haftgrenze kündigt sich gutmütig an.

Wirtschaftlichkeit
Der Distanzia ist zwar relativ teuer, die gute Laufleistung macht das aber im Vergleichsfeld mehr als wett. Ein echter Langläufer.

Fazit
Tolle Vorstellung im Trockenen, Sieger in der Laufleistung. Dafür nimmt man den durchschnittlichen Auftritt im Nassen gerne in Kauf.

Metzeler Tourance

Reifentyp (vorn und hinten)
Tourance Front; Tourance Steel Radial
Dimension: 100/90 S 19
130/80 R 17

Kurvenverhalten
Harmoniert prächtig mit der BMW F 650 GS. Hervorragender Grip, klar definierter, breiter Grenzbereich. Beim Einlenken verlangt der Tourance nach mehr Kraft, die Stabilität und die gute Lenkpräzision überzeugen.

Fahrstabilität
Ohne Fehl und Tadel. Hervorhebenswert ist der vorbildliche Abrollkomfort.

Nassfahrverhalten
Der Metzeler vermittelt mit gutem Grip, den nur der Michelin Anakee toppt, und toller Rückmeldung – in diesem Punkt ist er dem Franzosen überlegen – ein sehr sicheres Gefühl. Kurzum: Regen verliert seinen Schrecken, Fahrten bei Nässe machen richtig Spaß.

Wirtschaftlichkeit
Der Tourance bietet eine solide Vorstellung, auch wenn die Flanken des Vorderreifens stark verschlissen sind. Dank des ausdauernden Hinterreifens hält der Metzeler den Anschluss und sichert sich einen Platz im vorderen Mittelfeld.

Bridgestone Trailwing 101/152

Reifentyp (vorn und hinten)
Trailwing 101; Trailwing 152 Radial
Dimension: 100/90 H 19
130/80 HR 17

Kurvenverhalten
Wegen seiner relativ groben Profilierung fährt sich der Trailwing etwas träger und nicht besonders zielgenau, die Stabilität und der Grip befriedigen. Seinen Grenzbreich kündigt er sehr gutmütig an.

Fahrstabilität
Tadelloses Verhalten bei Höchstgeschwindigkeit

Nassfahrverhalten
Hinterreifen mit guter Haftung und Rückmeldung, vorne nur befriedigendes Niveau. Der Grip kann in Extremsituationen, zum Beispiel bei einer Vollbremsung, ohne Vorankündigung abreißen.

Wirtschaftlichkeit
Hoher Verschleiß am Hinterrad, im Vergleich bleibt dem Trailwing nur die rote Laterne.

Anmerkung
Mit dem Battlewing (BW 501/502) stellt Bridgestone 2005 den lang ersehnten Trailwing-Nachfolger vor. Er wird in allen gängigen Enduro-Dimensionen kommen und soll vor allem mit überzeugendem Grip bei allen Wetterbedingungen aufwarten.

Michelin Anakee

Reifentyp (vorn und hinten)
Anakee
Dimension: 100/90 H 19
130/80 HR 17

Kurvenverhalten
Der neue Star am Enduro-Reifenhimmel. Der Anakee überzeugt mit sehr gutem Handling und unglaublichem Grip in allen Lebenslagen. Seine Lenkpräzision ist überragend. Der Michelin fühlt sich beinahe wie ein waschechter Sportreifen an.

Fahrstabilität
Sehr solide und stabil, besonders beim Bremsen.

Nassfahrverhalten
Testsieger. Der Michelin zischt in Rekordzeiten um den glitschigen Testparcours und düpiert die versammelte Konkurrenz. Der sehr hoch angesiedelte Grenzbereich kündigt sich zuerst am Vorderrad an, fällt aber leider nicht so breit und transparent aus wie der des Metzelers.

Wirtschaftlichkeit
Der Vorderreifen verschleißt an den Flanken schnell, der hintere Pneu spielt gut mit. Angesichts der überragenden Vorstellung des Anakee geht das in Ordnung. Vor allem deshalb, weil der Testsieger preislich nicht aus dem Rahmen fällt.

Reifenmontage

Unterwegs ein Plattfuß? Ja und? Bei einer Enduro kommt das immer wieder vor, wenn man sich in typischem Endurogelände abseits der Straße bewegt.

Wenn die Maschine mit Schlauchreifen ausgerüstet ist und man das entsprechende Reifenmontierwerkzeug dabei hat, kann man einen neuen Schlauch einziehen (sofern man einen dabei hat!) oder das Loch flicken. Das hat man ja schon beim Fahrrad gelernt.

Die Bilder auf dieser Seite gelten generell für die Reifendemontage und -Montage.

Bild M1: Maschine sicher abstellen, entsprechendes Rad ausbauen.
Bild M2: Endurofahrer sollten eine richtig gute Luftpumpe dabei haben; eine Stabpumpe ähnlich einer Fahrradluftpumpe tut's auch.
■ Es gibt z. B. von BMW sehr gute, kleine Luftpumpen für kleines Geld zu kaufen.
Bilder M3 und M4: Vor der Reifendemontage die Luft ablassen, nach der Reifenmontage die Felgenmutter nicht gegen die Felge, sondern gegen das Ventilkäppchen kontern.
Bild M5: Anstatt ein Felgenband, das bei der Reifenmontage immer gerne verrutscht, kann man auch eine Lage ca. 25 mm breites Klebeband ins Felgenbett einkleben.
Bild M6: Zur Schonung des Felgenhorns vor Beschädigungen durch die Montierhebel einen Felgenschutz aus vorgeformtem Kunststoff verwenden.
■ Bei der Reifenmontage nur ordentliche Montierhebel verwenden, keine Schraubenzieher, Gabelschlüssel oder Flacheisen!
Bild M7: Bei extremen Geländesport-Enduros oder Crossern sind Reifenhalter eingebaut. Sie dürfen den Schlauch nicht zwicken!

Bild M1

Bild M2

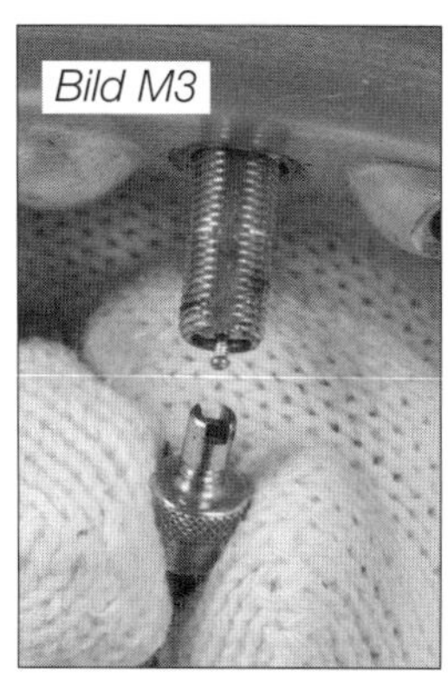
Bild M3

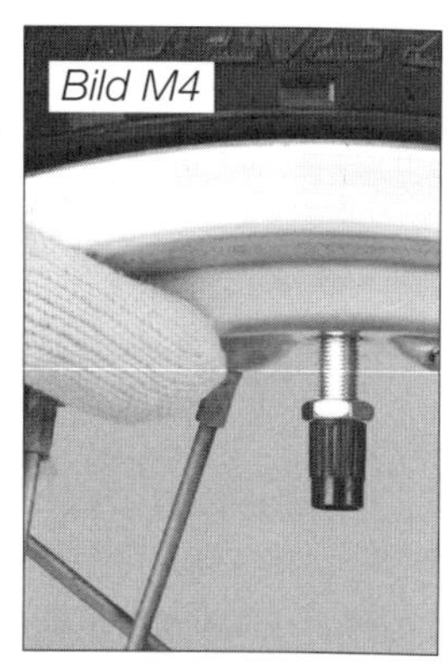
Bild M4

Bild M5

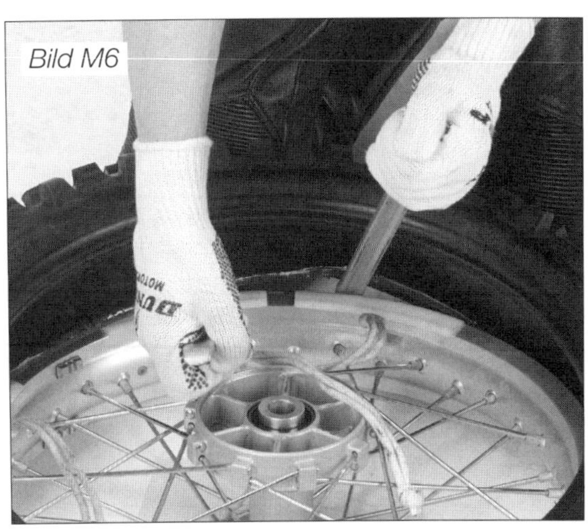
Bild M6

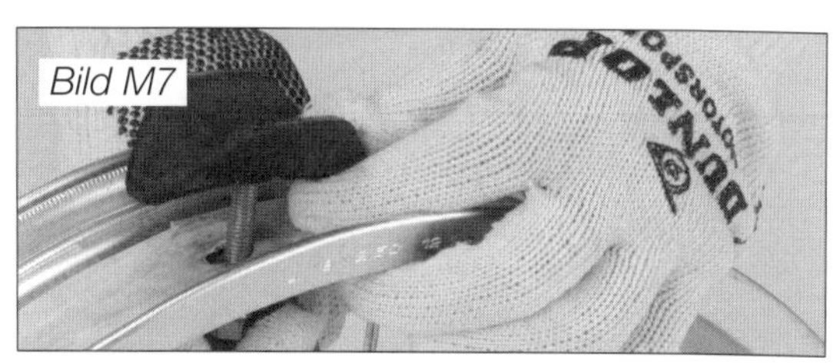
Bild M7

Bild M8

Bild M8: Luft ist abgelassen, Muttern von den Reifenhaltern abgeschraubt, Rad liegt platt auf dem Boden, Lappen ist unter Radnabe gelegt. NICHT auf der Bremsscheibe ablegen!

■ Reifen mit dem Fuß ringsum ins Felgenbett drücken.

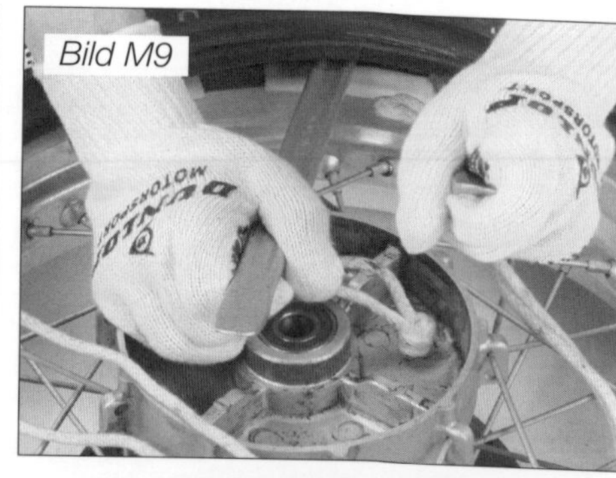
Bild M9

Bild M9: Montierhebel rechts und links neben Ventil ansetzen, einen Reifenwulst über das Felgenhorn hebeln.

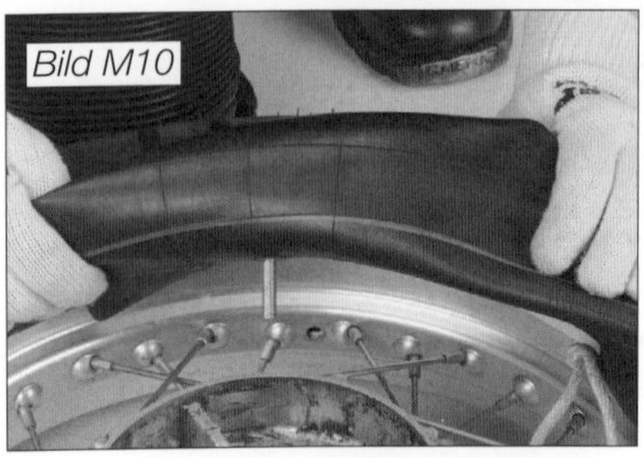
Bild M10

Bild M10: Schlauch herausziehen. Darauf achten, dass das Ventil aus seiner Bohrung gezogen wird, nicht daran ziehen und zerren!

Bild M11

Bild M11: Anderen Reifenwulst über das Felgenhorn heben, Reifen und Felge trennen. Reifenhalter herausnehmen.

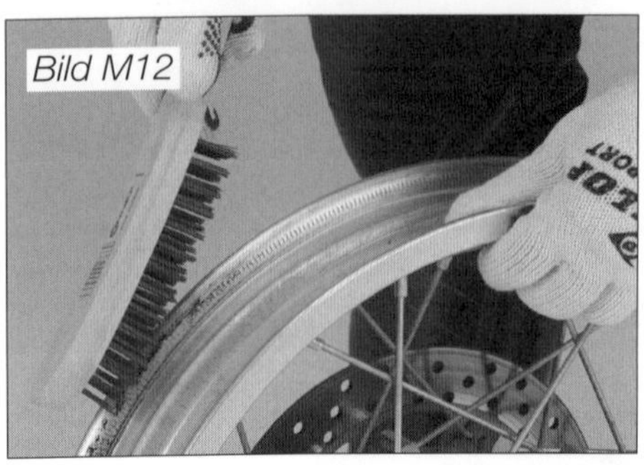
Bild M12

Bild M12: Felgenbett putzen. Dazu eine nicht zu harte Stahlbürste nehmen. Felgenband auf unbeschädigten Zustand und genügend Spannung kontrollieren, eventuell durch Klebeband ersetzen (siehe Bild M5).

Bild M13

Bild M13: Reifenwulst mit Reifenmontagepaste einschmieren. Unterwegs genügt auch Seifenlauge (oder Spucke).

Bild M14

Bild M14: Reifenmontagepaste auch innen in den Reifen geben, damit sich später der neue Schlauch schön an die Innenwand anlegt.

■ Wenn Reifenmousse eingezogen wird: Dafür gibt es spezielle Montagepaste, Beipackzettel beachten!

Bild M15

Bild M15: Reifen mit einer Seite über das Felgenhorn heben, ins Tiefbett eindrücken. Felgenschutz ansetzen.

Bild M16

Bild M16: Rad umdrehen. Schlauch ganz leicht aufpumpen, in den Reifen einlegen, Ventil in Bohrung einführen.

■ Reifenhalter einfummeln.

■ Montierhebel gegenüber vom Ventil ansetzen und den Reifenwulst Stück für Stück über das Felgenhorn heben.

■ Reifen aufpumpen, Reifen und Rad auf Rundlauf prüfen, ggf. korrigieren.

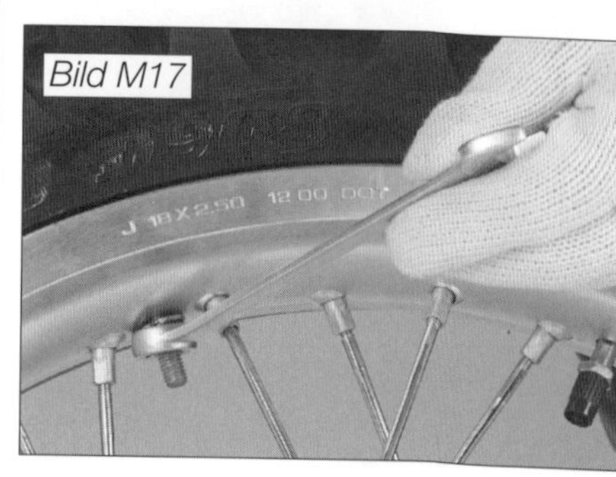
Bild M17

Bild M17: Reifenhalter festschrauben.

Hersteller	Modell	Typ	Fußnote	Vorderrad IP-Code	Vorderrad Dimension	Vorderrad Profil	Hinterrad IP-Code	Hinterrad Dimension	Hinterrad Profil	Luftdruck vorne	Luftdruck hinten	Freigabe-Nr.
						METZELER Straßen-Reifen						
KTM	LC4 640 Supermoto		5	1321800	120/70 ZR 17 (58W) TL	Sportec M-1	1322200	160/60 ZR 17 (69W) TL	Sportec M-1	–	–	
			5	1590500	120/70 ZR 17 M/C (58W) TL	Sportec M3	1590800	160/60 ZR 17 M/C (69W) TL	Sportec M3	–	–	
						METZELER Enduro-Reifen						
KTM	LC4 350 EGS; EXC		1	0144100	90/90 - 21 54S	Enduro 3 Front	0142900	120/80 - 18 62S	Enduro 3	1.70	2.30	
			3	0144100	90/90 - 21 54S	Enduro 3 Front	0801400	140/80 - 18 70R	Enduro 3	1.70	2.30	28004
			3	1203100	90/90 - 21 M/C 54R M&S	MCE Karoo 2 Front	0887300	140/80 - 18 M/C 70R M&S	MCE Karoo	1.70	2.30	28004
			3 13	0537400	90/90 - 21 54S	Enduro 4 Front	0537500	120/80 - 18 62S	Enduro 4 #	1.70	2.30	28004
			12 28	1614300	90/90 - 21 M/C 54Q M&S TL	MCE Karoo 2 (T) Front	1666900	140/80 - 18 M/C 70Q M&S TL	MCE Karoo (T)	1.70	2.30	
KTM	400 EXC Racing		1 3 28	1623700	90/90 - 21 M/C 54M M&S	MCE Six Days Extreme	1623800	120/90 - 18 M/C 65M M&S	MCE Six Days Extreme	–	–	28019
KTM	400 LC4 EGS-E	EGS-E Typ B	3	0144100	90/90 - 21 54S	Enduro 3 Front	0142900	120/80 - 18 62S	Enduro 3	1.70	2.20	28005
			3	0144100	90/90 - 21 54S	Enduro 3 Front	0801400	140/80 - 18 70R	Enduro 3	1.70	2.20	28005
			3 13	0537400	90/90 - 21 54S	Enduro 4 Front	0537500	120/80 - 18 62S	Enduro 4 #	1.70	2.20	28005
			3 28	1203100	90/90 - 21 M/C 54R M&S	MCE Karoo 2 Front	0887300	140/80 - 18 M/C 70R M&S	MCE Karoo	1.70	2.20	28005
			12 28	1614300	90/90 - 21 M/C 54Q M&S TL	MCE Karoo 2 (T) Front	1666900	140/80 - 18 M/C 70Q M&S TL	MCE Karoo (T)	1.70	2.20	
KTM	400 LC4 EXC	EXC Typ A	3	0144100	90/90 - 21 54S	Enduro 3 Front	0142900	120/80 - 18 62S	Enduro 3	1.70	2.20	28005
			3	0144100	90/90 - 21 54S	Enduro 3 Front	0801400	140/80 - 18 70R	Enduro 3	1.70	2.20	28005
			3 13	0537400	90/90 - 21 54S	Enduro 4 Front	0537500	120/80 - 18 62S	Enduro 4 #	1.70	2.20	28005
			3 28	1203100	90/90 - 21 M/C 54R M&S	MCE Karoo 2 Front	0887300	140/80 - 18 M/C 70R M&S	MCE Karoo	1.70	2.20	28005
			12 28	1614300	90/90 - 21 M/C 54Q M&S TL	MCE Karoo 2 (T) Front	1666900	140/80 - 18 M/C 70Q M&S TL	MCE Karoo (T)	1.70	2.20	
KTM	400 LC4 LSE	LSE Typ C	2 13	0144400	100/90 - 19 57H	Enduro 3 #	0143900	130/80 - 17 65S	Enduro 3	–	–	
			10 23	1012300	100/90 - 19 M/C 57S	Tourance Front	1086800	130/80 R 17 M/C 65S TL	Tourance	–	–	
KTM	LC4 400 EXC-E		1 3 13	0809000	90/90 - 21 M/C 54R	MCE 2 Front #	1103700	140/80 - 18 M/C 70M M&S	MCE Six Days 3 #	1.70	2.30	28007
			3	0144100	90/90 - 21 54S	Enduro 3 Front	0142900	120/80 - 18 62S	Enduro 3	1.70	2.30	28007
			3	0144100	90/90 - 21 54S	Enduro 3 Front	0801400	140/80 - 18 70R	Enduro 3	1.70	2.30	28007
			3 13	0537400	90/90 - 21 54S	Enduro 4 Front	0537500	120/80 - 18 62S	Enduro 4 #	1.70	2.30	28007
			12 28	1614300	90/90 - 21 M/C 54Q M&S TL	MCE Karoo 2 (T) Front	1666900	140/80 - 18 M/C 70Q M&S TL	MCE Karoo (T)	1.70	2.30	
KTM	LC4-E 400 Enduro		1	0144100	90/90 - 21 54S	Enduro 3 Front	0801400	140/80 - 18 70R	Enduro 3	1.70	2.30	
			3	0144100	90/90 - 21 54S	Enduro 3 Front	0142900	120/80 - 18 62S	Enduro 3	1.70	2.30	28006
			3 13	0537400	90/90 - 21 54S	Enduro 4 Front	0537500	120/80 - 18 62S	Enduro 4 #	1.70	2.30	28006
			3 28	1203100	90/90 - 21 M/C 54R M&S	MCE Karoo 2 Front	0887300	140/80 - 18 M/C 70R M&S	MCE Karoo	1.70	2.30	28006
			12 28	1614300	90/90 - 21 M/C 54Q M&S TL	MCE Karoo 2 (T) Front	1666900	140/80 - 18 M/C 70Q M&S TL	MCE Karoo (T)	1.70	2.30	
KTM	SC 400		12 28	1203100	90/90 - 21 M/C 54R M&S	MCE Karoo 2 Front	0887300	140/80 - 18 M/C 70R M&S	MCE Karoo	–	–	
			12 28	1614300	90/90 - 21 M/C 54Q M&S TL	MCE Karoo 2 (T) Front	1666900	140/80 - 18 M/C 70Q M&S TL	MCE Karoo (T)	–	–	
KTM	SXC 400 Replika Tiainen		12	0144100	90/90 - 21 54S	Enduro 3 Front	0801400	140/80 - 18 70R	Enduro 3	–	–	
			12 28	1203100	90/90 - 21 M/C 54R M&S	MCE Karoo 2 Front	0887300	140/80 - 18 M/C 70R M&S	MCE Karoo	–	–	
			12 28	1614300	90/90 - 21 M/C 54Q M&S TL	MCE Karoo 2 (T) Front	1666900	140/80 - 18 M/C 70Q M&S TL	MCE Karoo (T)	–	–	
KTM	450 EXC Racing		1 28	1623700	90/90 - 21 M/C 54M M&S	MCE Six Days Extreme	1623900	140/80 - 18 M/C 70M M&S	MCE Six Days Extreme	–	–	
			12 28	1203100	90/90 - 21 M/C 54R M&S	MCE Karoo 2 Front	0887300	140/80 - 18 M/C 70R M&S	MCE Karoo	–	–	
			12 28	1614300	90/90 - 21 M/C 54Q M&S TL	MCE Karoo 2 (T) Front	1666900	140/80 - 18 M/C 70Q M&S TL	MCE Karoo (T)	–	–	
KTM	520 EXC Racing		12 28	1623700	90/90 - 21 M/C 54M M&S	MCE Six Days Extreme	1623800	120/90 - 18 M/C 65M M&S	MCE Six Days Extreme	–	–	
KTM	LC4 520 EXC-E		1 13 28	0809000	90/90 - 21 M/C 54R	MCE 2 Front #	1103700	140/80 - 18 M/C 70M M&S	MCE Six Days 3 #	–	–	
			12 28	1203100	90/90 - 21 M/C 54R M&S	MCE Karoo 2 Front	0887300	140/80 - 18 M/C 70R M&S	MCE Karoo	–	–	
			12 28	1614300	90/90 - 21 M/C 54Q M&S TL	MCE Karoo 2 (T) Front	1666900	140/80 - 18 M/C 70Q M&S TL	MCE Karoo (T)	–	–	
			12 28	1623700	90/90 - 21 M/C 54M M&S	MCE Six Days Extreme	1623900	140/80 - 18 M/C 70M M&S	MCE Six Days Extreme	–	–	
KTM	525 EXC Racing		1 28	1623700	90/90 - 21 M/C 54M M&S	MCE Six Days Extreme	1623900	140/80 - 18 M/C 70M M&S	MCE Six Days Extreme	–	–	
			12	1203100	90/90 - 21 M/C 54R M&S	MCE Karoo 2 Front	0887300	140/80 - 18 M/C 70R M&S	MCE Karoo	–	–	
			12 28	1614300	90/90 - 21 M/C 54Q M&S TL	MCE Karoo 2 (T) Front	1666900	140/80 - 18 M/C 70Q M&S TL	MCE Karoo (T)	–	–	
KTM	525 XC Desert Racing		12	1203100	90/90 - 21 M/C 54R M&S	MCE Karoo 2 Front	0887300	140/80 - 18 M/C 70R M&S	MCE Karoo	–	–	
			12	1614300	90/90 - 21 M/C 54Q M&S TL	MCE Karoo 2 (T) Front	1666900	140/80 - 18 M/C 70Q M&S TL	MCE Karoo (T)	–	–	
			12	1623700	90/90 - 21 M/C 54M M&S	MCE Six Days Extreme	1623900	140/80 - 18 M/C 70M M&S	MCE Six Days Extreme	–	–	
KTM	SXC 540 Replika Tiainen		12	0144100	90/90 - 21 54S	Enduro 3 Front	0801400	140/80 - 18 70R	Enduro 3	–	–	
			12 28	1203100	90/90 - 21 M/C 54R M&S	MCE Karoo 2 Front	0887300	140/80 - 18 M/C 70R M&S	MCE Karoo	–	–	
			12 28	1614300	90/90 - 21 M/C 54Q M&S TL	MCE Karoo 2 (T) Front	1666900	140/80 - 18 M/C 70Q M&S TL	MCE Karoo (T)	–	–	
			12 28	1623700	90/90 - 21 M/C 54M M&S	MCE Six Days Extreme	1623900	140/80 - 18 M/C 70M M&S	MCE Six Days Extreme	–	–	
KTM	LC4 600 EXC		3	0144100	90/90 - 21 54S	Enduro 3 Front	0142900	120/80 - 18 62S	Enduro 3	1.70	2.20	28008
			3 13	0537400	90/90 - 21 54S	Enduro 4 Front	0537500	120/80 - 18 62S	Enduro 4 #	1.70	2.20	28008
			12	0144100	90/90 - 21 54S	Enduro 3 Front	0801400	140/80 - 18 70R	Enduro 3	1.70	2.20	
			12 28	1203100	90/90 - 21 M/C 54R M&S	MCE Karoo 2 Front	0887300	140/80 - 18 M/C 70R M&S	MCE Karoo	1.70	2.20	
			12 28	1614300	90/90 - 21 M/C 54Q M&S TL	MCE Karoo 2 (T) Front	1666900	140/80 - 18 M/C 70Q M&S TL	MCE Karoo (T)	1.70	2.20	
			12 28	1623700	90/90 - 21 M/C 54M M&S	MCE Six Days Extreme	1623900	140/80 - 18 M/C 70M M&S	MCE Six Days Extreme	1.70	2.20	
KTM	620 LC4 EGS-E	EGS-E Typ B	1 13	0538700	90/90 - 21 54R TT	Unicross #	0528200	140/80 - 18 70R	MCE Six Days #	1.70	2.20	
			2 13	0809000	90/90 - 21 M/C 54R	MCE 2 Front #	0528300	120/90 - 18 65R	MCE Six Days #	1.70	2.20	
			3	0144100	90/90 - 21 54S	Enduro 3 Front	0142900	120/80 - 18 62S	Enduro 3	1.70	2.20	28009
			3	0144100	90/90 - 21 54S	Enduro 3 Front	0801400	140/80 - 18 70R	Enduro 3	1.70	2.20	28009
			3	1203100	90/90 - 21 M/C 54R M&S	MCE Karoo 2 Front	0887300	140/80 - 18 M/C 70R M&S	MCE Karoo	1.70	2.20	28009
			3 13	0537400	90/90 - 21 54S	Enduro 4 Front	0537500	120/80 - 18 62S	Enduro 4 #	1.70	2.20	28009
			3 28	1623700	90/90 - 21 M/C 54M M&S	MCE Six Days Extreme	1623900	140/80 - 18 M/C 70M M&S	MCE Six Days Extreme	1.70	2.20	28009
			12 28	1614300	90/90 - 21 M/C 54Q M&S TL	MCE Karoo 2 (T) Front	1666900	140/80 - 18 M/C 70Q M&S TL	MCE Karoo (T)	1.70	2.20	
			12 28	1623700	90/90 - 21 M/C 54M M&S	MCE Six Days Extreme	1623800	120/90 - 18 M/C 65M M&S	MCE Six Days Extreme	1.70	2.20	
KTM	620 LC4 LSE	LSE Typ C	10 23	1012300	100/90 - 19 M/C 57S	Tourance Front	1012000	130/80 R 17 M/C 65H TL	Tourance	2.00	2.20	
KTM	Duke	GS 620 RD	2 23	1321800	120/70 ZR 17 (58W) TL	Sportec M-1	1322200	160/60 ZR 17 (69W) TL	Sportec M-1	2.00	2.20	28012
			2 23	1590500	120/70 ZR 17 M/C (58W) TL	Sportec M3	1590800	160/60 ZR 17 M/C (69W) TL	Sportec M3	2.00	2.20	28012
			3 13 23	0562800	120/70 ZR 17 (58W) TL	ME Z1 Front	0562000	160/60 ZR 17 (69W) TL	ME Z1	2.00	2.20	28012
KTM	LC4 620 Adventure		3	0144100	90/90 - 21 54S	Enduro 3 Front	0142900	120/80 - 18 62S	Enduro 3	1.70	2.30	28002
			3	0144100	90/90 - 21 54S	Enduro 3 Front	0801400	140/80 - 18 70R	Enduro 3	1.70	2.30	28002
			3	1203100	90/90 - 21 M/C 54R M&S	MCE Karoo 2 Front	0887300	140/80 - 18 M/C 70R M&S	MCE Karoo	1.70	2.30	28002
			3 13	0537400	90/90 - 21 54S	Enduro 4 Front	0537500	120/80 - 18 62S	Enduro 4 #	1.70	2.30	28002
			12 28	1614300	90/90 - 21 M/C 54Q M&S TL	MCE Karoo 2 (T) Front	1666900	140/80 - 18 M/C 70Q M&S TL	MCE Karoo (T)	1.70	2.20	
KTM	LC4 620 Competition		12	0144100	90/90 - 21 54S	Enduro 3 Front	0801400	140/80 - 18 70R	Enduro 3	–	–	
			12 28	1203100	90/90 - 21 M/C 54R M&S	MCE Karoo 2 Front	0887300	140/80 - 18 M/C 70R M&S	MCE Karoo	–	–	
			12 28	1614300	90/90 - 21 M/C 54Q M&S TL	MCE Karoo 2 (T) Front	1666900	140/80 - 18 M/C 70Q M&S TL	MCE Karoo (T)	–	–	
KTM	LC4 620 EXC		1 13	0538700	90/90 - 21 54R TT	Unicross #	0528200	140/80 - 18 70R	MCE Six Days #	1.70	2.30	
			3	0144100	90/90 - 21 54S	Enduro 3 Front	0142900	120/80 - 18 62S	Enduro 3	1.70	2.30	28010
			3	0144100	90/90 - 21 54S	Enduro 3 Front	0801400	140/80 - 18 70R	Enduro 3	1.70	2.30	28010

Angaben Pirelli/Metzeler ohne Gewähr, technische Änderungen vorbehalten.

Hersteller	Modell	Typ	Fußnote	Vorderrad IP-Code	Vorderrad Dimension	Vorderrad Profil	Hinterrad IP-Code	Hinterrad Dimension	Hinterrad Profil	Luftdruck vorne	Luftdruck hinten	Freigabe-Nr.
			3	1203100	90/90 - 21 M/C 54R M&S	MCE Karoo 2 Front	0887300	140/80 - 18 M/C 70R M&S	MCE Karoo	1.70	2.30	28010
			3 13	0537400	90/90 - 21 54S	Enduro 4 Front	0537500	120/80 - 18 62S	Enduro 4 #	1.70	2.30	28010
			12 28	1614300	90/90 - 21 M/C 54Q M&S TL	MCE Karoo 2 (T) Front	1666900	140/80 - 18 M/C 70Q M&S TL	MCE Karoo (T)	1.70	2.30	
			12 28	1623700	90/90 - 21 M/C 54M M&S	MCE Six Days Extreme	1623900	140/80 - 18 M/C 70M M&S	MCE Six Days Extreme	1.70	2.30	
KTM	LC4 620 Supercomp.		12 28	1203100	90/90 - 21 M/C 54R M&S	MCE Karoo 2 Front	0887300	140/80 - 18 M/C 70R M&S	MCE Karoo	–	–	
			12 28	1614300	90/90 - 21 M/C 54Q M&S TL	MCE Karoo 2 (T) Front	1666900	140/80 - 18 M/C 70Q M&S TL	MCE Karoo (T)	–	–	
			12 28	1623700	90/90 - 21 M/C 54M M&S	MCE Six Days Extreme	1623900	140/80 - 18 M/C 70M M&S	MCE Six Days Extreme	–	–	
KTM	625 SXC		3	0144100	90/90 - 21 54S	Enduro 3 Front	0142900	120/80 - 18 62S	Enduro 3	–	–	28015
			3	0144100	90/90 - 21 54S	Enduro 3 Front	0801400	140/80 - 18 70R	Enduro 3	–	–	28015
			3	1203100	90/90 - 21 M/C 54R M&S	MCE Karoo 2 Front	0887300	140/80 - 18 M/C 70R M&S	MCE Karoo	–	–	28015
			12	1203100	90/90 - 21 M/C 54R M&S	MCE Karoo 2 Front	0887300	140/80 - 18 M/C 70R M&S	MCE Karoo	–	–	
			12	1614300	90/90 - 21 M/C 54Q M&S TL	MCE Karoo 2 (T) Front	1666900	140/80 - 18 M/C 70Q M&S TL	MCE Karoo (T)	–	–	
			12	1623700	90/90 - 21 M/C 54M M&S	MCE Six Days Extreme	1623900	140/80 - 18 M/C 70M M&S	MCE Six Days Extreme	–	–	
			12 28	1614300	90/90 - 21 M/C 54Q M&S TL	MCE Karoo 2 (T) Front	1666900	140/80 - 18 M/C 70Q M&S TL	MCE Karoo (T)	–	–	
KTM	LC4 625 Supercompetition		3	0144100	90/90 - 21 54S	Enduro 3 Front	0142900	120/80 - 18 62S	Enduro 3	–	–	28016
			3	0144100	90/90 - 21 54S	Enduro 3 Front	0801400	140/80 - 18 70R	Enduro 3	–	–	28016
			3	1203100	90/90 - 21 M/C 54R M&S	MCE Karoo 2 Front	0887300	140/80 - 18 M/C 70R M&S	MCE Karoo	–	–	28016
			12 28	1614300	90/90 - 21 M/C 54Q M&S TL	MCE Karoo 2 (T) Front	1666900	140/80 - 18 M/C 70Q M&S TL	MCE Karoo (T)	–	–	
KTM	640 Duke		1 5 13	0955800	120/70 ZR 17 (58W) TL	ME Z3 Front Racing #	1032200	160/60 ZR 17 (69W) TL	ME Z3 Racing #	–	–	
			1 5 13	1039500	120/70 R 17 58H TL	ME Z1 Front #	1039700	160/60 R 17 69H TL	ME Z1 #	–	–	
			5	1321800	120/70 ZR 17 (58W) TL	Sportec M-1	1322200	160/60 ZR 17 (69W) TL	Sportec M-1	–	–	
			5	1590500	120/70 ZR 17 M/C (58W) TL	Sportec M3	1590800	160/60 ZR 17 M/C (69W) TL	Sportec M3	–	–	
			5 8	1306900	120/70 ZR 17 (58W) TL	RENNSPORT Front #	1307300	160/60 ZR 17 (69W) TL	RENNSPORT	–	–	
KTM	Adventure R 640		1 3	0144100	90/90 - 21 54S	Enduro 3 Front	0801400	140/80 - 18 70R	Enduro 3	1.70	2.30	28003
			3	0144100	90/90 - 21 54S	Enduro 3 Front	0142900	120/80 - 18 62S	Enduro 3	1.70	2.30	28003
			3	1203100	90/90 - 21 M/C 54R M&S	MCE Karoo 2 Front	0887300	140/80 - 18 M/C 70R M&S	MCE Karoo	1.70	2.30	28003
			3 13	0537400	90/90 - 21 54S	Enduro 4 Front	0537500	120/80 - 18 62S	Enduro 4 #	1.70	2.30	28003
			12 28	1614300	90/90 - 21 M/C 54Q M&S TL	MCE Karoo 2 (T) Front	1666900	140/80 - 18 M/C 70Q M&S TL	MCE Karoo (T)	1.70	2.30	
KTM	LC4-E 640 Enduro, Sixdays		1 3	0144100	90/90 - 21 54S	Enduro 3 Front	0801400	140/80 - 18 70R	Enduro 3	1.70	2.30	28001
			3	0144100	90/90 - 21 54S	Enduro 3 Front	0142900	120/80 - 18 62S	Enduro 3	1.70	2.30	28001
			3	1203100	90/90 - 21 M/C 54R M&S	MCE Karoo 2 Front	0887300	140/80 - 18 M/C 70R M&S	MCE Karoo	1.70	2.30	28001
			3 13	0537400	90/90 - 21 54S	Enduro 4 Front	0537500	120/80 - 18 62S	Enduro 4 #	1.70	2.30	28001
			12 28	1614300	90/90 - 21 M/C 54Q M&S TL	MCE Karoo 2 (T) Front	1666900	140/80 - 18 M/C 70Q M&S TL	MCE Karoo (T)	1.70	2.30	
KTM	625, 660 SMC		5	1321800	120/70 ZR 17 (58W) TL	Sportec M-1	1322200	160/60 ZR 17 (69W) TL	Sportec M-1	–	–	
			5	1590500	120/70 ZR 17 M/C (58W) TL	Sportec M3	1590800	160/60 ZR 17 M/C (69W) TL	Sportec M3	–	–	
						PIRELLI Enduro-Reifen						
KTM	LC4 350 EGS; EXC		1 3	0341100	90/90 - 21 M/C 54R TT	MT 21 Front	0341000	140/80 - 18 M/C 70R TT	MT 21	2.50	2.50	28004
			1 3 13	0352000	90/90 - 21 M/C 54R TT	MT 70 Front	0352100	120/80 - 18 62R	MT 70 #	1.70	2.30	
			3	0283400	90/90 - 21 M/C 54T TT	MT 60 Front	0283500	120/80 - 18 M/C 62T TL	MT 60	1.70	2.20	28004
			3	0352000	90/90 - 21 M/C 54R TT	MT 70 Front	0352300	130/80 - 18 M/C 66R TT	MT 70	1.70	2.30	28004
			3	1005200	90/90 - 21 M/C 54S TT	MT 90 Front A/T	1004600	120/80 - 18 M/C 62S TT	MT 90 A/T	1.70	2.20	28004
			3	1005200	90/90 - 21 M/C 54S TT	MT 90 Front A/T	1017100	140/80 - 18 M/C 70S TT	MT 90 A/T	1.70	2.30	28004
KTM	400 EXC Racing		3	0341100	90/90 - 21 M/C 54R TT	MT 21 Front	0342400	120/90 - 18 M/C 65R TT	MT 21	–	–	28019
			3	1526300	90/90 - 21 M/C 54R M&S TT	Scorpion Pro Front	1526500	120/90 - 18 M/C 65M M&S TT	Scorpion Pro	–	–	28019
KTM	400 LC4 EGS-E	EGS-E Typ B	3	0283400	90/90 - 21 M/C 54T TT	MT 60 Front	0283500	120/80 - 18 M/C 62T TL	MT 60	1.70	2.20	28005
			3	0341100	90/90 - 21 M/C 54R TT	MT 21 Front	0341000	140/80 - 18 M/C 70R TT	MT 21	1.70	2.20	28005
			3	0352000	90/90 - 21 M/C 54R TT	MT 70 Front	0352300	130/80 - 18 M/C 66R TT	MT 70	1.70	2.20	28005
			3	1005200	90/90 - 21 M/C 54S TT	MT 90 Front A/T	1004600	120/80 - 18 M/C 62S TT	MT 90 A/T	1.70	2.20	28005
			3	1005200	90/90 - 21 M/C 54S TT	MT 90 Front A/T	1017100	140/80 - 18 M/C 70S TT	MT 90 A/T	1.70	2.20	28005
KTM	400 LC4 EXC	EXC Typ A	3	0283400	90/90 - 21 M/C 54T TT	MT 60 Front	0283500	120/80 - 18 M/C 62T TL	MT 60	1.70	2.20	28005
			3	0341100	90/90 - 21 M/C 54R TT	MT 21 Front	0341000	140/80 - 18 M/C 70R TT	MT 21	1.70	2.20	28005
			3	0352000	90/90 - 21 M/C 54R TT	MT 70 Front	0352300	130/80 - 18 M/C 66R TT	MT 70	1.70	2.20	28005
			3	1005200	90/90 - 21 M/C 54S TT	MT 90 Front A/T	1004600	120/80 - 18 M/C 62S TT	MT 90 A/T	1.70	2.20	28005
			3	1005200	90/90 - 21 M/C 54S TT	MT 90 Front A/T	1017100	140/80 - 18 M/C 70S TT	MT 90 A/T	1.70	2.20	28005
KTM	400 LC4 LSE	LSE Typ C	1 13 23	0761200	100/90 - 19 57S	MT 60 Front #	0284000	130/80 - 17 M/C 65H TL	MT 60	–	–	
KTM	400 SX Racing		6	0698200	80/100 - 21 51R	MT 320 Front	0700000	100/90 - 19 NHS	MT 320	–	–	
			6	1208900	80/100 - 21 51R	MT 450 Front	1209200	100/90 - 19 NHS	MT 450	–	–	
			6	1565800	80/100 - 21 M/C 51R M&S	MT 18 Heavy Duty Front	0700500	100/90 - 19 NHS	MT 18	–	–	
			6	1596100	80/100 - 21 M/C 51R	MT 32 A	0992200	100/90 - 19 NHS	MT 32	–	–	
			6	1661700	80/100 - 21 M/C 51M MST TT	Scorpion MX Hard 486 Front	1661800	100/90 - 19 NHS 57M TT	Scorpion MX Hard 486	–	–	
			6	1662100	80/100 - 21 M/C 51M MST TT	Scorpion MX MidHard 454 Front	1662200	100/90 - 19 NHS 57M TT	Scorpion MX MidHard 454	–	–	
			6	1662500	80/100 - 21 M/C 51M MST TT	Scorpion MX MidSoft 32 Front	1662600	100/90 - 19 NHS 57M TT	Scorpion MX MidSoft 32	–	–	
			6	1662900	80/100 - 21 M/C 51M MST TT	Scorpion MX Soft 410 Front	1663000	100/90 - 19 NHS 57M TT	Scorpion MX Soft 410	–	–	
			6	1663200	80/100 - 21 M/C 51M MST TT	Scorpion MX eXTra Front	1663600	100/90 - 19 NHS 57M TT	Scorpion MX eXTra	–	–	
KTM	LC4 400 EXC-E		3	0283400	90/90 - 21 M/C 54T TT	MT 60 Front	0283500	120/80 - 18 M/C 62T TL	MT 60	1.70	2.30	28007
			3	0341100	90/90 - 21 M/C 54R TT	MT 21 Front	0341000	140/80 - 18 M/C 70R TT	MT 21	1.70	2.30	28007
			3	0352000	90/90 - 21 M/C 54R TT	MT 70 Front	0352300	130/80 - 18 M/C 66R TT	MT 70	1.70	2.30	28007
			3	1005200	90/90 - 21 M/C 54S TT	MT 90 Front A/T	1004600	120/80 - 18 M/C 62S TT	MT 90 A/T	1.70	2.30	28007
			3	1005200	90/90 - 21 M/C 54S TT	MT 90 Front A/T	1017100	140/80 - 18 M/C 70S TT	MT 90 A/T	1.70	2.30	28007
KTM	LC4 400 SXC		6	0698200	80/100 - 21 51R	MT 320 Front	0700100	110/90 - 19 NHS	MT 320	–	–	
			6	1661700	80/100 - 21 M/C 51M MST TT	Scorpion MX Hard 486 Front	1661900	110/90 - 19 NHS 62M TT	Scorpion MX Hard 486	–	–	
			6	1662100	80/100 - 21 M/C 51M MST TT	Scorpion MX MidHard 454 Front	1662300	110/90 - 19 NHS 62M TT	Scorpion MX MidHard 454	–	–	
			6	1662500	80/100 - 21 M/C 51M MST TT	Scorpion MX MidSoft 32 Front	1662700	110/90 - 19 NHS 62M TT	Scorpion MX MidSoft 32	–	–	
			6	1662900	80/100 - 21 M/C 51M MST TT	Scorpion MX Soft 410 Front	1663100	110/90 - 19 NHS 62M TT	Scorpion MX Soft 410	–	–	
			6	1663200	80/100 - 21 M/C 51M MST TT	Scorpion MX eXTra Front	1663700	110/90 - 19 NHS 62M TT	Scorpion MX eXTra	–	–	
KTM	LC4-E 400 Enduro		1 3	0341100	90/90 - 21 M/C 54R TT	MT 21 Front	0341000	140/80 - 18 M/C 70R TT	MT 21	1.70	2.30	28006
			3	0283400	90/90 - 21 M/C 54T TT	MT 60 Front	0283500	120/80 - 18 M/C 62T TL	MT 60	1.70	2.30	28006
			3	0352000	90/90 - 21 M/C 54R TT	MT 70 Front	0352300	130/80 - 18 M/C 66R TT	MT 70	1.70	2.30	28006
			3	1005200	90/90 - 21 M/C 54S TT	MT 90 Front A/T	1004600	120/80 - 18 M/C 62S TT	MT 90 A/T	1.70	2.30	28006
			3	1005200	90/90 - 21 M/C 54S TT	MT 90 Front A/T	1017100	140/80 - 18 M/C 70S TT	MT 90 A/T	1.70	2.30	28006
KTM	440, 500 SX		6	1661700	80/100 - 21 M/C 51M MST TT	Scorpion MX Hard 486 Front	1661800	100/90 - 19 NHS 57M TT	Scorpion MX Hard 486	–	–	
			6	1662100	80/100 - 21 M/C 51M MST TT	Scorpion MX MidHard 454 Front	1662200	100/90 - 19 NHS 57M TT	Scorpion MX MidHard 454	–	–	
			6	1662500	80/100 - 21 M/C 51M MST TT	Scorpion MX MidSoft 32 Front	1662600	100/90 - 19 NHS 57M TT	Scorpion MX MidSoft 32	–	–	
			6	1662900	80/100 - 21 M/C 51M MST TT	Scorpion MX Soft 410 Front	1663000	100/90 - 19 NHS 57M TT	Scorpion MX Soft 410	–	–	
			6	1663200	80/100 - 21 M/C 51M MST TT	Scorpion MX eXTra Front	1663600	100/90 - 19 NHS 57M TT	Scorpion MX eXTra	–	–	

Hersteller	Modell	Typ	Fußnote	Vorderrad			Hinterrad			Luftdruck		Freigabe-Nr.
				IP-Code	Dimension	Profil	IP-Code	Dimension	Profil	vorne	hinten	
KTM	450 EXC Racing		12	0341100	90/90 - 21 M/C 54R TT	MT 21 Front	0341000	140/80 - 18 M/C 70R TT	MT 21	–	–	
KTM	450 SX Racing		6	0698200	80/100 - 21 51R	MT 320 Front	0700100	110/90 - 19 NHS	MT 320	–	–	
			6	0992400	80/100 - 21 M/C 51R	MT 44 Front	0992600	110/90 - 19 NHS	MT 44	–	–	
			6	1030400	80/100 - 21 M/C 51R	MT 480 Front	1030600	110/90 - 19 NHS	MT 480	–	–	
			6	1208900	80/100 - 21 51R	MT 450 Front	1209300	110/90 - 19 NHS	MT 450	–	–	
			6	1305300	80/100 - 21 MST 51R	MT 410	1305200	110/90 - 19 NHS	MT 410	–	–	
			6	1565800	80/100 - 21 M/C 51R M&S	MT 18 Heavy Duty Front	0700600	110/90 - 19 NHS	MT 18	–	–	
			6	1596100	80/100 - 21 M/C 51R	MT 32 A	0992300	110/90 - 19 NHS	MT 32	–	–	
			6	1661700	80/100 - 21 M/C 51M MST TT	Scorpion MX Hard 486 Front	1661900	110/90 - 19 NHS 62M TT	Scorpion MX Hard 486	–	–	
			6	1662100	80/100 - 21 M/C 51M MST TT	Scorpion MX MidHard 454 Front	1662300	110/90 - 19 NHS 62M TT	Scorpion MX MidHard 454	–	–	
			6	1662500	80/100 - 21 M/C 51M MST TT	Scorpion MX MidSoft 32 Front	1662700	110/90 - 19 NHS 62M TT	Scorpion MX MidSoft 32	–	–	
			6	1662900	80/100 - 21 M/C 51M MST TT	Scorpion MX Soft 410 Front	1663100	110/90 - 19 NHS 62M TT	Scorpion MX Soft 410	–	–	
			6	1663200	80/100 - 21 M/C 51M MST TT	Scorpion MX eXTra Front	1663700	110/90 - 19 NHS 62M TT	Scorpion MX eXTra	–	–	
KTM	500 DXC		6	0698200	80/100 - 21 51R	MT 320 Front	0700000	100/90 - 19 NHS	MT 320	–	–	
			6	1030400	80/100 - 21 M/C 51R	MT 480 Front	1030500	100/90 - 19 NHS	MT 480	–	–	
			6	1565800	80/100 - 21 M/C 51R M&S	MT 18 Heavy Duty Front	0700500	100/90 - 19 NHS	MT 18	–	–	
			6	1596100	80/100 - 21 M/C 51R	MT 32 A	0992200	100/90 - 19 NHS	MT 32	–	–	
			6	1661700	80/100 - 21 M/C 51M MST TT	Scorpion MX Hard 486 Front	1661800	100/90 - 19 NHS 57M TT	Scorpion MX Hard 486	–	–	
			6	1662100	80/100 - 21 M/C 51M MST TT	Scorpion MX MidHard 454 Front	1662200	100/90 - 19 NHS 57M TT	Scorpion MX MidHard 454	–	–	
			6	1662500	80/100 - 21 M/C 51M MST TT	Scorpion MX MidSoft 32 Front	1662600	100/90 - 19 NHS 57M TT	Scorpion MX MidSoft 32	–	–	
			6	1662900	80/100 - 21 M/C 51M MST TT	Scorpion MX Soft 410 Front	1663000	100/90 - 19 NHS 57M TT	Scorpion MX Soft 410	–	–	
			6	1663200	80/100 - 21 M/C 51M MST TT	Scorpion MX eXTra Front	1663600	100/90 - 19 NHS 57M TT	Scorpion MX eXTra	–	–	
KTM	520 EXC Racing		12	0341100	90/90 - 21 M/C 54R TT	MT 21 Front	0342400	120/90 - 18 M/C 65R TT	MT 21	–	–	
			12	1526300	90/90 - 21 M/C 54R M&S TT	Scorpion Pro Front	1526500	120/90 - 18 M/C 65M M&S TT	Scorpion Pro	–	–	
KTM	520 SX Racing		6	0698200	80/100 - 21 51R	MT 320 Front	0700000	100/90 - 19 NHS	MT 320	–	–	
			6	1208900	80/100 - 21 51R	MT 450 Front	1209200	100/90 - 19 NHS	MT 450	–	–	
			6	1565800	80/100 - 21 M/C 51R M&S	MT 18 Heavy Duty Front	0700500	100/90 - 19 NHS	MT 18	–	–	
			6	1596100	80/100 - 21 M/C 51R	MT 32 A	0992200	100/90 - 19 NHS	MT 32	–	–	
			6	1661700	80/100 - 21 M/C 51M MST TT	Scorpion MX Hard 486 Front	1661800	100/90 - 19 NHS 57M TT	Scorpion MX Hard 486	–	–	
			6	1662100	80/100 - 21 M/C 51M MST TT	Scorpion MX MidHard 454 Front	1662200	100/90 - 19 NHS 57M TT	Scorpion MX MidHard 454	–	–	
			6	1662500	80/100 - 21 M/C 51M MST TT	Scorpion MX MidSoft 32 Front	1662600	100/90 - 19 NHS 57M TT	Scorpion MX MidSoft 32	–	–	
			6	1662900	80/100 - 21 M/C 51M MST TT	Scorpion MX Soft 410 Front	1663000	100/90 - 19 NHS 57M TT	Scorpion MX Soft 410	–	–	
			6	1663200	80/100 - 21 M/C 51M MST TT	Scorpion MX eXTra Front	1663600	100/90 - 19 NHS 57M TT	Scorpion MX eXTra	–	–	
KTM	LC4 520 SXC		6	0698200	80/100 - 21 51R	MT 320 Front	0700100	110/90 - 19 NHS	MT 320	–	–	
			6	1661700	80/100 - 21 M/C 51M MST TT	Scorpion MX Hard 486 Front	1661900	110/90 - 19 NHS 62M TT	Scorpion MX Hard 486	–	–	
			6	1662100	80/100 - 21 M/C 51M MST TT	Scorpion MX MidHard 454 Front	1662300	110/90 - 19 NHS 62M TT	Scorpion MX MidHard 454	–	–	
			6	1662500	80/100 - 21 M/C 51M MST TT	Scorpion MX MidSoft 32 Front	1662700	110/90 - 19 NHS 62M TT	Scorpion MX MidSoft 32	–	–	
			6	1662900	80/100 - 21 M/C 51M MST TT	Scorpion MX Soft 410 Front	1663100	110/90 - 19 NHS 62M TT	Scorpion MX Soft 410	–	–	
			6	1663200	80/100 - 21 M/C 51M MST TT	Scorpion MX eXTra Front	1663700	110/90 - 19 NHS 62M TT	Scorpion MX eXTra	–	–	
KTM	525 EXC Racing		12	0341100	90/90 - 21 M/C 54R TT	MT 21 Front	0341000	140/80 - 18 M/C 70R TT	MT 21	–	–	
KTM	525 SX Racing		6	0698200	80/100 - 21 51R	MT 320 Front	0700100	110/90 - 19 NHS	MT 320	–	–	
			6	0992400	80/100 - 21 M/C 51R	MT 44 Front	0992600	110/90 - 19 NHS	MT 44	–	–	
			6	1030400	80/100 - 21 M/C 51R	MT 480 Front	1030600	110/90 - 19 NHS	MT 480	–	–	
			6	1208900	80/100 - 21 51R	MT 450 Front	1209300	110/90 - 19 NHS	MT 450	–	–	
			6	1305300	80/100 - 21 MST 51R	MT 410	1305200	110/90 - 19 NHS	MT 410	–	–	
			6	1565800	80/100 - 21 M/C 51R M&S	MT 18 Heavy Duty Front	0700600	110/90 - 19 NHS	MT 18	–	–	
			6	1596100	80/100 - 21 M/C 51R	MT 32 A	0992300	110/90 - 19 NHS	MT 32	–	–	
			6	1661700	80/100 - 21 M/C 51M MST TT	Scorpion MX Hard 486 Front	1661900	110/90 - 19 NHS 62M TT	Scorpion MX Hard 486	–	–	
			6	1662100	80/100 - 21 M/C 51M MST TT	Scorpion MX MidHard 454 Front	1662300	110/90 - 19 NHS 62M TT	Scorpion MX MidHard 454	–	–	
			6	1662500	80/100 - 21 M/C 51M MST TT	Scorpion MX MidSoft 32 Front	1662700	110/90 - 19 NHS 62M TT	Scorpion MX MidSoft 32	–	–	
			6	1662900	80/100 - 21 M/C 51M MST TT	Scorpion MX Soft 410 Front	1663100	110/90 - 19 NHS 62M TT	Scorpion MX Soft 410	–	–	
			6	1663200	80/100 - 21 M/C 51M MST TT	Scorpion MX eXTra Front	1663700	110/90 - 19 NHS 62M TT	Scorpion MX eXTra	–	–	
KTM	525 XC Desert Racing		12	0341100	90/90 - 21 M/C 54R TT	MT 21 Front	0341000	140/80 - 18 M/C 70R TT	MT 21	–	–	
KTM	LC4 600 EXC		3	0283400	90/90 - 21 M/C 54T TT	MT 60 Front	0283500	120/80 - 18 M/C 62T TL	MT 60	1.70	2.20	28008
			3	0341100	90/90 - 21 M/C 54R TT	MT 21 Front	0341000	140/80 - 18 M/C 70R TT	MT 21	1.70	2.30	28008
			3	0352000	90/90 - 21 M/C 54R TT	MT 70 Front	0352300	130/80 - 18 M/C 66R TT	MT 70	1.70	2.20	28008
			3	1005200	90/90 - 21 M/C 54S TT	MT 90 Front A/T	1004600	120/80 - 18 M/C 62S TT	MT 90 A/T	1.70	2.20	28008
			3	1005200	90/90 - 21 M/C 54S TT	MT 90 Front A/T	1017100	140/80 - 18 M/C 70S TT	MT 90 A/T	1.70	2.20	28008
			5 13	1112700	90/90 - 21 M/C 54R	MT 83 Scorpion Front #	1088700	140/80 - 18 M/C 70M	MT 83 Scorpion #	1.70	2.20	
			12 28	1526300	90/90 - 21 M/C 54R M&S TT	Scorpion Pro Front	1526400	140/80 - 18 M/C 70M M&S TT	Scorpion Pro	1.70	2.20	
KTM	620 LC4 EGS-E	EGS-E Typ B	1 3	0352000	90/90 - 21 M/C 54R TT	MT 70 Front	0352300	130/80 - 18 M/C 66R TT	MT 70	1.70	2.20	28009
			3	0283400	90/90 - 21 M/C 54T TT	MT 60 Front	0283500	120/80 - 18 M/C 62T TL	MT 60	1.70	2.20	28009
			3	0341100	90/90 - 21 M/C 54R TT	MT 21 Front	0341000	140/80 - 18 M/C 70R TT	MT 21	1.70	2.20	28009
			3	1005200	90/90 - 21 M/C 54S TT	MT 90 Front A/T	1004600	120/80 - 18 M/C 62S TT	MT 90 A/T	1.70	2.20	28009
			3	1005200	90/90 - 21 M/C 54S TT	MT 90 Front A/T	1017100	140/80 - 18 M/C 70S TT	MT 90 A/T	1.70	2.20	28009
KTM	620 LC4 LSE	LSE Typ C	1 13 23	0761200	100/90 - 19 57S	MT 60 Front #	0284000	130/80 - 17 M/C 65H TL	MT 60	2.00	2.20	
			10	1114100	100/90 - 19 M/C 57S	MT 90 Front S/T	1114000	130/80 - 17 M/C 65S	MT 90 S/T	2.00	2.20	
KTM	Duke	GS 620 RD	2 13 23	1068200	120/70 ZR 17 (58W) TL	MTR 21	1068800	160/60 ZR 17 (69W) TL	MTR 22 #	2.00	2.20	28012
			2 23	1430700	120/70 ZR 17 M/C (58W) TL	Diablo	1430400	160/60 ZR 17 M/C (69W) TL	Diablo	2.00	2.20	28012
			3 8 23	1605000	120/70 ZR 17 M/C (58W) TL	Supercorsa Pro	1596500	160/60 ZR 17 M/C (69W) TL	Supercorsa Pro	2.00	2.20	28012
			3 13 23	0564500	120/70 ZR 17 (58W) TL	MTR 01 Corsa #	0565400	160/60 ZR 17 (69W) TL	MTR 02 Corsa #	2.00	2.20	
			3 13 23	0567000	120/70 ZR 17 (58W) TL	MTR 01 #	0564900	160/60 ZR 17 (69W) TL	MTR 02 #	2.00	2.20	28012
			3 23	0802800	120/70 R 17 58V TL	MT 60 R Corsa	0802700	160/60 R 17 69V TL	MT 60 RS Corsa	2.00	2.20	28012
			3 23	1448000	120/70 ZR 17 M/C (58W) TL	Scorpion Sync Front	1518600	160/60 ZR 17 M/C (69W) TL	Scorpion Sync #	2.00	2.20	28012
			3 23	1565000	120/70 R 17 M/C 58H TL	Diablo	1565200	160/60 R 17 M/C 69H TL	Diablo	2.00	2.20	28012
KTM	LC4 620 Adventure		3	0283400	90/90 - 21 M/C 54T TT	MT 60 Front	0283500	120/80 - 18 M/C 62T TL	MT 60	1.70	2.30	28002
			3	0341100	90/90 - 21 M/C 54R TT	MT 21 Front	0341000	140/80 - 18 M/C 70R TT	MT 21	1.70	2.30	28002
			3	0352000	90/90 - 21 M/C 54R TT	MT 70 Front	0352300	130/80 - 18 M/C 66R TT	MT 70	1.70	2.30	28002
			3	1005200	90/90 - 21 M/C 54S TT	MT 90 Front A/T	1004600	120/80 - 18 M/C 62S TT	MT 90 A/T	1.70	2.30	28002
			3	1005200	90/90 - 21 M/C 54S TT	MT 90 Front A/T	1017100	140/80 - 18 M/C 70S TT	MT 90 A/T	1.70	2.30	28002
KTM	LC4 620 EXC		1 3	0341100	90/90 - 21 M/C 54R TT	MT 21 Front	0341000	140/80 - 18 M/C 70R TT	MT 21	1.70	2.30	28010
			3	0283400	90/90 - 21 M/C 54T TT	MT 60 Front	0283500	120/80 - 18 M/C 62T TL	MT 60	1.70	2.30	28010
			3	0352000	90/90 - 21 M/C 54R TT	MT 70 Front	0352300	130/80 - 18 M/C 66R TT	MT 70	1.70	2.30	28010
			3	1005200	90/90 - 21 M/C 54S TT	MT 90 Front A/T	1004600	120/80 - 18 M/C 62S TT	MT 90 A/T	1.70	2.30	28010
			3	1005200	90/90 - 21 M/C 54S TT	MT 90 Front A/T	1017100	140/80 - 18 M/C 70S TT	MT 90 A/T	1.70	2.30	28010

Hersteller	Modell	Typ	Fußnote	Vorderrad			Hinterrad			Luftdruck		Freigabe-Nr.
				IP-Code	Dimension	Profil	IP-Code	Dimension	Profil	vorne	hinten	
KTM	LC4 620 Supercomp.		1	0341100	90/90 - 21 M/C 54R TT	MT 21 Front	0341000	140/80 - 18 M/C 70R TT	MT 21	–	–	
KTM	LC4 620 SX		6	0698200	80/100 - 21 51R	MT 320 Front	0700100	110/90 - 19 NHS	MT 320	–	–	
			6	0992400	80/100 - 21 M/C 51R	MT 44 Front	0992600	110/90 - 19 NHS	MT 44	–	–	
			6	1030400	80/100 - 21 M/C 51R	MT 480 Front	1030600	110/90 - 19 NHS	MT 480	–	–	
			6	1565800	80/100 - 21 M/C 51R M&S	MT 18 Heavy Duty Front	0700600	110/90 - 19 NHS	MT 18	–	–	
			6	1596100	80/100 - 21 M/C 51R	MT 32 A	0992300	110/90 - 19 NHS	MT 32	–	–	
			6	1661700	80/100 - 21 M/C 51M MST TT	Scorpion MX Hard 486 Front	1661900	110/90 - 19 NHS 62M TT	Scorpion MX Hard 486	–	–	
			6	1662100	80/100 - 21 M/C 51M MST TT	Scorpion MX MidHard 454 Front	1662300	110/90 - 19 NHS 62M TT	Scorpion MX MidHard 454	–	–	
			6	1662500	80/100 - 21 M/C 51M MST TT	Scorpion MX MidSoft 32 Front	1662700	110/90 - 19 NHS 62M TT	Scorpion MX MidSoft 32	–	–	
			6	1662900	80/100 - 21 M/C 51M MST TT	Scorpion MX Soft 410 Front	1663100	110/90 - 19 NHS 62M TT	Scorpion MX Soft 410	–	–	
			6	1663200	80/100 - 21 M/C 51M MST TT	Scorpion MX eXTra Front	1663700	110/90 - 19 NHS 62M TT	Scorpion MX eXTra	–	–	
KTM	625 SXC		1 3	0341100	90/90 - 21 M/C 54R TT	MT 21 Front	0341000	140/80 - 18 M/C 70R TT	MT 21	–	–	28015
			3	0283400	90/90 - 21 M/C 54T TT	MT 60 Front	0283500	120/80 - 18 M/C 62T TL	MT 60	–	–	28015
			3	0352000	90/90 - 21 M/C 54R TT	MT 70 Front	0352300	130/80 - 18 M/C 66R TT	MT 70	–	–	28015
			3	1005200	90/90 - 21 M/C 54S TT	MT 90 Front A/T	1004600	120/80 - 18 M/C 62S TT	MT 90 A/T	–	–	28015
			3	1005200	90/90 - 21 M/C 54S TT	MT 90 Front A/T	1017100	140/80 - 18 M/C 70S TT	MT 90 A/T	–	–	28015
			12	0341100	90/90 - 21 M/C 54R TT	MT 21 Front	0341000	140/80 - 18 M/C 70R TT	MT 21	–	–	
KTM	LC4 625 Supercompetition		3	0283400	90/90 - 21 M/C 54T TT	MT 60 Front	0283500	120/80 - 18 M/C 62T TL	MT 60	–	–	28016
			3	0341100	90/90 - 21 M/C 54R TT	MT 21 Front	0341000	140/80 - 18 M/C 70R TT	MT 21	–	–	28016
			3	0352000	90/90 - 21 M/C 54R TT	MT 70 Front	0352300	130/80 - 18 M/C 66R TT	MT 70	–	–	28016
			3	1005200	90/90 - 21 M/C 54S TT	MT 90 Front A/T	1004600	120/80 - 18 M/C 62S TT	MT 90 A/T	–	–	28016
			3	1005200	90/90 - 21 M/C 54S TT	MT 90 Front A/T	1017100	140/80 - 18 M/C 70S TT	MT 90 A/T	–	–	28016
KTM	640 Duke		1 5 13	0564500	120/70 ZR 17 (58W) TL	MTR 01 Corsa #	0565400	160/60 ZR 17 (69W) TL	MTR 02 Corsa #	–	–	
			1 5 13	1028100	120/70 R 17 58H TL	MTR 01	1028300	160/60 R 17 69H TL	MTR 02	–	–	
			1 5 13	1067700	120/70 ZR 17 (58W) TL	MTR 21 Corsa #	1078500	160/60 ZR 17 (69W) TL	MTR 22 Corsa #	–	–	
			5	1430700	120/70 ZR 17 M/C (58W) TL	Diablo	1430400	160/60 ZR 17 M/C (69W) TL	Diablo	–	–	
			5	1448000	120/70 ZR 17 M/C (58W) TL	Scorpion Sync Front	1518600	160/60 ZR 17 M/C (69W) TL	Scorpion Sync #	–	–	
			5	1565000	120/70 R 17 M/C 58H TL	Diablo	1565200	160/60 R 17 M/C 69H TL	Diablo	–	–	
			5	1601400	120/70 R 17 M/C 58H TL	Scorpion Sync Front	1601500	160/60 R 17 M/C 69H TL	Scorpion Sync	–	–	
			5 8	1605000	120/70 ZR 17 M/C (58W) TL	Supercorsa Pro	1596500	160/60 ZR 17 M/C (69W) TL	Supercorsa Pro	–	–	
KTM	Adventure R 640		3	0283400	90/90 - 21 M/C 54T TT	MT 60 Front	0283500	120/80 - 18 M/C 62T TL	MT 60	1.70	2.30	28003
			3	0341100	90/90 - 21 M/C 54R TT	MT 21 Front	0341000	140/80 - 18 M/C 70R TT	MT 21	1.70	2.30	28003
			3	0352000	90/90 - 21 M/C 54R TT	MT 70 Front	0352300	130/80 - 18 M/C 66R TT	MT 70	1.70	2.30	28003
			3	1005200	90/90 - 21 M/C 54S TT	MT 90 Front A/T	1004600	120/80 - 18 M/C 62S TT	MT 90 A/T	1.70	2.30	28003
			3	1005200	90/90 - 21 M/C 54S TT	MT 90 Front A/T	1017100	140/80 - 18 M/C 70S TT	MT 90 A/T	1.70	2.30	28003
KTM	LC4 640 Supermoto		1	0802800	120/70 R 17 58V TL	MT 60 R Corsa	0802700	160/60 R 17 69V TL	MT 60 RS Corsa	–	–	
			5	1430700	120/70 ZR 17 M/C (58W) TL	Diablo	1430400	160/60 ZR 17 M/C (69W) TL	Diablo	–	–	
			5	1448000	120/70 ZR 17 M/C (58W) TL	Scorpion Sync Front	1518600	160/60 ZR 17 M/C (69W) TL	Scorpion Sync #	–	–	
			5	1565000	120/70 R 17 M/C 58H TL	Diablo	1565200	160/60 R 17 M/C 69H TL	Diablo	–	–	
			5	1601400	120/70 R 17 M/C 58H TL	Scorpion Sync Front	1601500	160/60 R 17 M/C 69H TL	Scorpion Sync	–	–	
			5 8	1605000	120/70 ZR 17 M/C (58W) TL	Supercorsa Pro	1596500	160/60 ZR 17 M/C (69W) TL	Supercorsa Pro	–	–	
KTM	LC4-E 640 Enduro, Sixdays		3	0283400	90/90 - 21 M/C 54T TT	MT 60 Front	0283500	120/80 - 18 M/C 62T TL	MT 60	1.70	2.30	28001
			3	0341100	90/90 - 21 M/C 54R TT	MT 21 Front	0341000	140/80 - 18 M/C 70R TT	MT 21	1.70	2.30	28001
			3	0352000	90/90 - 21 M/C 54R TT	MT 70 Front	0352300	130/80 - 18 M/C 66R TT	MT 70	1.70	2.30	28001
			3	1005200	90/90 - 21 M/C 54S TT	MT 90 Front A/T	1004600	120/80 - 18 M/C 62S TT	MT 90 A/T	1.70	2.30	28001
			3	1005200	90/90 - 21 M/C 54S TT	MT 90 Front A/T	1017100	140/80 - 18 M/C 70S TT	MT 90 A/T	1.70	2.30	28001
KTM	625, 660 SMC		1	0802800	120/70 R 17 58V TL	MT 60 R Corsa	0802700	160/60 R 17 69V TL	MT 60 RS Corsa	–	–	
			5	1430700	120/70 ZR 17 M/C (58W) TL	Diablo	1430400	160/60 ZR 17 M/C (69W) TL	Diablo	–	–	
			5	1448000	120/70 ZR 17 M/C (58W) TL	Scorpion Sync Front	1518600	160/60 ZR 17 M/C (69W) TL	Scorpion Sync #	–	–	
			5	1565000	120/70 R 17 M/C 58H TL	Diablo	1565200	160/60 R 17 M/C 69H TL	Diablo	–	–	
			5	1601400	120/70 R 17 M/C 58H TL	Scorpion Sync Front	1601500	160/60 R 17 M/C 69H TL	Scorpion Sync	–	–	
			5 8	1605000	120/70 ZR 17 M/C (58W) TL	Supercorsa Pro	1596500	160/60 ZR 17 M/C (69W) TL	Supercorsa Pro	–	–	

Fußnoten:

\# Auslauf
1 Bereits in den Fahrzeugpapieren eingetragen.
2 Freigabe liegt vor. Reifen müssen in die Papiere eingetragen werden.
3 Freigabe liegt vor. Eintrag nicht notwendig. Zertifikat muss mitgeführt werden.
5 Ohne Fabrikatsbindung in dieser Reifenausführung.
6 Wettbewerbsmotorrad ohne Straßenzulassung. (NHS = Not for Highway Service).
8 Betrifft nicht die Rennstreckenvarianten RS, bzw SC 1, 2, 3.
10 Freigabeverfahren noch nicht abgeschlossen.
12 Bereifung nicht getestet. Möglichkeiten der Einzelabnahme bitte beim technischen Kundendienst erfragen.
13 Freigabe besteht, Reifen jedoch nicht mehr im Lieferprogramm.
23 Schlauchverwendung notwendig.
28 M&S-Geschwindigkeitsaufkleber kann vorgeschrieben sein.
■ Der IP-Code ist die Bestellnummer.
■ Jedes Freigabedokument hat eine eigene Nummer. Mit Hilfe dieser Nummern können Freigabedokumente per Fax-Abruf oder Fax-Polling abgerufen werden. Faxnummern siehe Webseiten Pirelli und Metzeler.

Metzeler und Pirelli in Deutschland, Österreich und der Schweiz:

Deutschland:
Pirelli Deutschland GmbH
Pirelli und Metzeler
Motorradreifen
Gneisenaustraße 15
D-80992 München
Tel. (0 89) 1 49 08-0
www.pirellimoto.de
www.metzelermoto.de

Österreich:
Pirelli Ges. m.b.h.
Pirelli und Metzeler Motorradreifen
Salzburgerstraße 196
A-4600 Wels
Tel. (0043) (0)72 42-5 00 72

Schweiz:
HOSTETTLER Pneuservice AG
Haldenmattstrasse 3, CH-6210 Sursee
Tel. (00 41) 41 92 66-0
www.hostettler.com

Metzeler
Enduro 3 Sahara

Metzeler
Enduro 4

Metzeler
MCE Karoo 2/ MCE Karoo

Metzeler
MCE Karoo 2 (T)/ MCE Karoo (T)

Metzeler
MCE Six Days Extreme

Metzeler
MCE Six Days

Metzeler
MCE 2 Front MCE Six Days 3

Metzeler
ME Z1

Metzeler
ME Z3 Racing

Metzeler
Rennsport

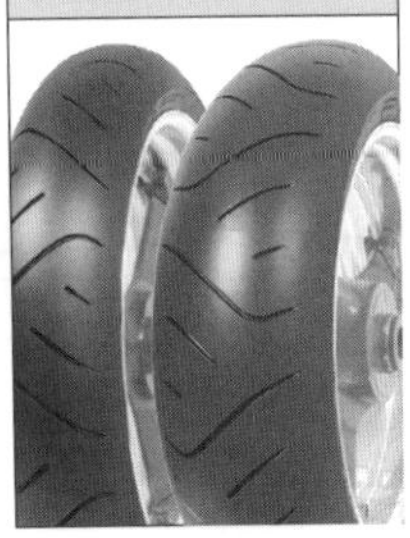

Metzeler
Sportec M-1

Metzeler
Sportec M3

Metzeler
Tourance

Metzeler
Unicross

Pirelli
Diablo

Pirelli
MT18 Heavy Duty/
MT 18

Pirelli
MT 21
Rallycross

Pirelli
MT 32 A/MT 32
Sandcross

Pirelli
MT 44
Lagunacross

Pirelli
MT 60

Pirelli
MT 60 R Corsa/
MT 60 RS Corsa

Pirelli
MT 70

Pirelli
MT 83 Scorpion
F.I.M.

Pirelli
MT 320

Pirelli
MT 410

Pirelli
MT 450

Pirelli
MT 480

Pirelli
MTR 01/
MTR 02

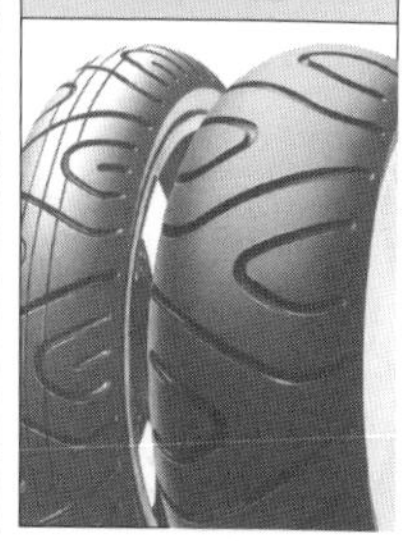

Pirelli
MTR 01 Corsa/
MTR 02 Corsa

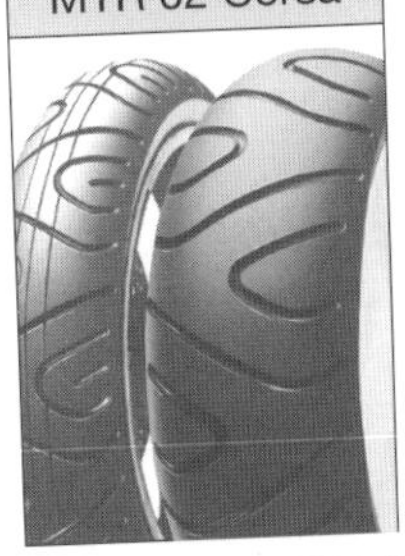

Pirelli
MTR 21/
MTR 22

Pirelli
MTR 21 Corsa/
MTR 22 Corsa

Pirelli
Scorpion
MT 90 A/T

Pirelli
Scorpion
MT 90 S/T

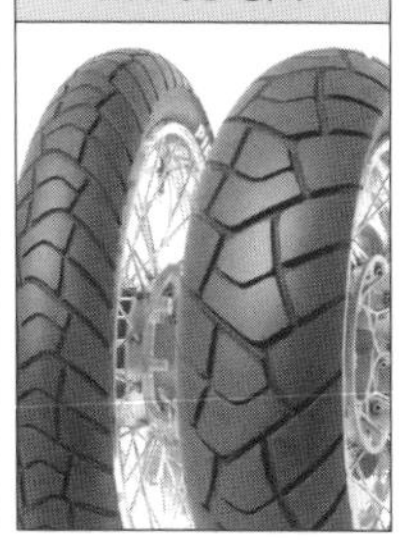

Pirelli
Scorpion
MX eXTra

Pirelli
Scorpion
MX Hard 486

Pirelli
Scorpion
MX MidHard 454

Pirelli
Scorpion
MX MidSoft 32

Pirelli
Scorpion
MX Soft 410

Pirelli
Scorpion Pro

Pirelli
Scorpion Sync.

Pirelli
Supercorsa Pro

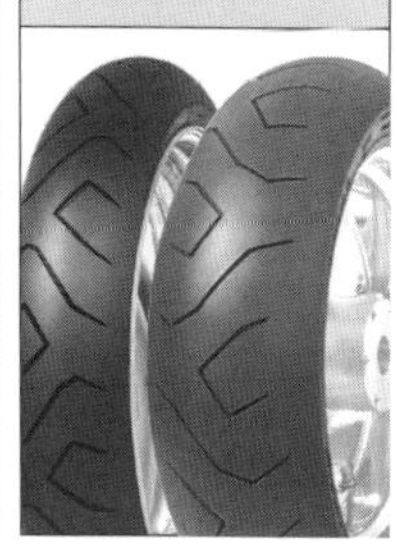

Angaben und Profil-Abbildungen von Pirelli/Metzeler ohne Gewähr, technische Änderungen vorbehalten.

Bild 1: Zum Aus- und Einbau der Räder muss die LC4 so aufgebockt werden, dass die Räder frei sind.

Bilder 2 und 3: Zum Aus- und Einbau von Vorderrad (Bild 3) und Hinterrad (Bild 2) benötigte Werkzeuge.

Bild 4: Gummipuffer mit Silikonfett einreiben.

Räder

In diesem Kapitel: Räder aus- und einbauen · Rad auf Rundlauf prüfen · Speichen spannen · Gerissene Speiche ersetzen · Radlager prüfen und wechseln.

Räder aus- und einbauen

Zum Ausbau des Vorder- oder Hinterrads muss das jeweilige Rad gut eine Handbreit vom Boden frei kommen. Maschine auf Mittelständer, Motorunterstellbock (Bild 1) oder Vorder- und Heckmontageständer aufbocken.

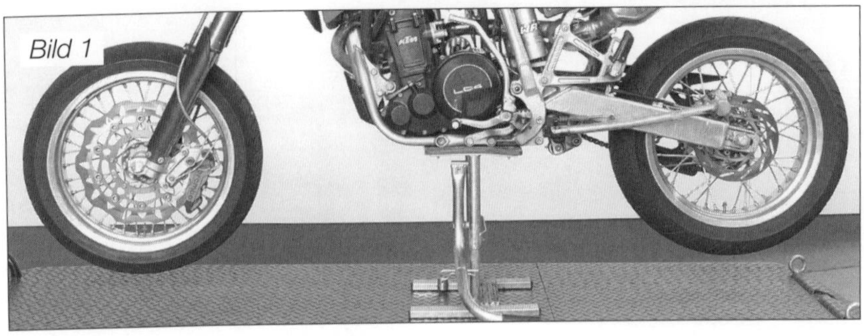
Bild 1

Werkzeuge zum Rad-Aus- und Einbau
Das Bordwerkzeug genügt zum Aus- und Einbau der Räder in einer Notsituation unterwegs. In der Hobbywerkstatt zuhause sollte man einen Drehmomentschlüssel und ordentliche Nussaufsätze haben (Bilder 2 und 3).

Werkzeuge fürs Vorderrad:
Vorderachsmutter .... Nuss SW 27
Achsklemmschrauben .... Nuss SW 8
Bremssattelschrauben .... SW 10, 12 oder 14
(je nach Modell unterschiedlich)
Bremsscheibenschrauben .... Nuss SW 8

Werkzeuge fürs Hinterrad:
Hinterachsmutter .... Nuss SW 27
Kettenspannschrauben und Kontermuttern zwei Gabelschlüssel......... SW 10 und 12
Kettenblatt-Senkschrauben .... Inbus SW 6
Muttern auf Kettenblattschrauben.... Nuss SW 13

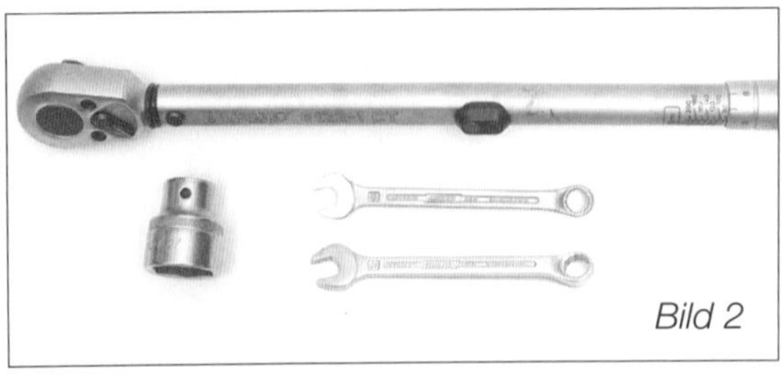
Bild 2

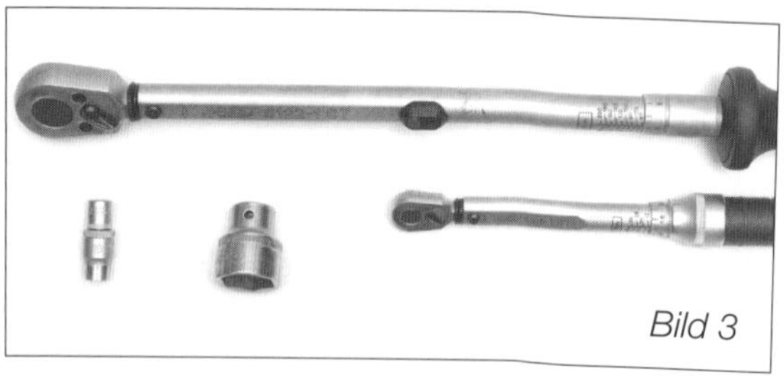
Bild 3

Sicherheitshinweise ⚠ Achtung und ☞ Tipps für dieses Kapitel

⚠ Nie beide Räder gleichzeitig ausbauen, wenn das Motorrad auf Seitenständer und Holzklötzen abgestellt ist!

⚠ Hand- bzw. Fußbremshebel nicht betätigen, wenn die Räder ausgebaut und/oder die Bremssättel abgebaut sind! Sonst rutschen die Klötze in den Sattel und man kann ihn nicht mehr montieren.

☞ Lappen so dick um den Gasgriff wickeln, dass er den Handbremshebel blockiert.

⚠ Wenn die Vorder- bzw. Hinterradachse wegen Korrosion fest sitzt, NICHT mit einem Eisenhammer oder einem Rohrstück auf das Achsgewinde klopfen, um die Achse auszutreiben! Falls die Achse festsitzen sollte, was bei einem älteren Motorrad schon mal vorkommen kann, Kriechöl (»Rostlöser«) satt auf die Stellen sprühen, wo die Achse durch die Aufnahmen der Gabel, Schwinge und Radlager führt. Einige Minuten einwirken lassen und erneut versuchen. Nur Gummi- oder Kunststoffhammer verwenden

⚠ Nach jeder Radmontage alle Schrauben und Muttern nochmals auf Festsitz kontrollieren! Ganz penible Menschen machen sich Farbmarkierungen an die Schraubenköpfe und Muttern, die mit dem richtigen Drehmomentwert angezogen sind.

⚠ Bei Zusammenbau nur originale Schrauben und Muttern verwenden! Nie Schrauben/Muttern undefinierbarer Herkunft aus einer typischen Schraubenkiste verwenden!

⚠ Niemals versuchen, krumme Räder oder krumme Achsen gerade zu richten, sondern Neuteile verwenden.

☞ Die Gummipuffer im Hinterrad mit Silikonfett einreiben, das hält sie geschmeidig. Kein Kettenfett verwenden, dieses klebt und behindert spätestens beim nächsten Radausbau!

⚠ Nach der Radmontage alles überschüssige Fett von den Radlagersimmerringen sauber abwischen, damit es nicht auf die Bremsscheiben gelangt!

Bild 4

⚠ Vor der ersten Fahrt die Bremsklötze durch Pumpen am Bremshebel in Position bringen.

Bremssattel abbauen zum Radausbau?
Bei den meisten LC4-Modellen kann zum Ausbau des Vorderrads der Bremssattel angebaut bleiben. So beschreiben wir es nachstehend in den Arbeitspunkten »Vorderrad aus- und einbauen«.

Ist jedoch ein 17-Zoll-Vorderrad mit breitem Reifen und möglicherweise noch ein anderer Hochleistungs-Bremssattel aus dem Zubehörhandel eingebaut, kann es sein, dass der Bremssattel abgeschraubt werden muss. Die nötigen Arbeitsschritte sind im Kapitel 9 »Bremsen« beschrieben.

Vorderrad aus- und einbauen

Vorderrad ausbauen

1. Achsklemmschrauben links zwei Umdrehungen öffnen. Vorderachsmutter lösen und abdrehen (Bilder 5 und 6).
2. Achsklemmschrauben an rechter Achsfaust zwei Umdrehungen öffnen (Bild 7).
3. Mit einem Gummihammer leicht auf die Achse klopfen und sie damit ein Stück aus den Achsklemmungen treiben, bis man auf der rechten Seite den Achskopf packen und die Achse daran ausziehen kann (Bild 8).
■ Rad dabei mit einer Hand etwas hochhalten.
4. Rad ablassen, Tachoantrieb (Bild 9) abnehmen, Distanzbuchse links herausnehmen (Bild 10), Rad nach vorne herausziehen (Bild 11).

Vorderrad einbauen

1. Radlager mit dem Finger drehen: Knarzt ein Lager? Wenn »JA«, Lager erneuern (siehe weiter hinten in diesem Kapitel).
2. Ist alles in Ordnung, Simmerringe mit Ölspray und Lappen reinigen (Bild 12), einen Finger voll leichtem Lagerfett in und hinter die Simmerringe vor die Radlager schmieren.
3. Achse vor dem Einbau säubern und mit leichtem Lagerfett einfetten.
4. Bremssattel mit Bremsenreiniger säubern. Dicke der Bremsbeläge kontrollieren (siehe dazu Kapitel 9 »Bremsen«).
5. Rad von vorne in die Gabel einführen:
■ Bremsscheibe zwischen die Bremsklötze in den Bremssattel einfädeln.
■ Distanzbuchse links in Simmerring einsetzen.
■ Tachoantrieb rechts einsetzen: Mitnehmernasen müssen in die Schlitze eingreifen!
■ Schon beim Ansetzen des Tachoantriebs beachten, dass die Tachowelle außen am Gabelschutz vorbei läuft.
6. Rad etwas anheben, Vorderachse von rechts einführen, ganz durchschieben.
7. Achsmutter aufdrehen und handfest anziehen.
8. Beide Achsklemmschrauben in der rechten Achsfaust mit 10 Nm festziehen.
9. Achsmutter mit 40 Nm festziehen (Bild 13).
10. Beide Achsklemmschrauben in der rechten Achsfaust wieder lösen, Maschine vom Ständer nehmen und die Telegabel einige Male kräftig einfedern.

Bild 5

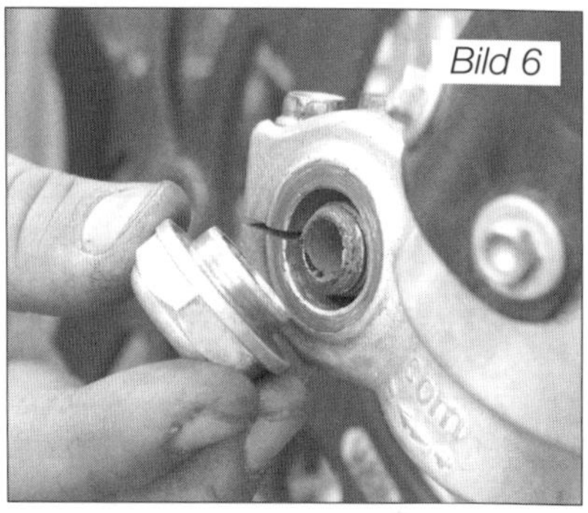
Bild 6

Bild 7

Bild 8

Bild 9

Bild 10

Bild 11

Bilder 5 bis 12: Im Lauftext sind die zu den Bildern gehörenden Arbeitsschritte nummeriert beschrieben.

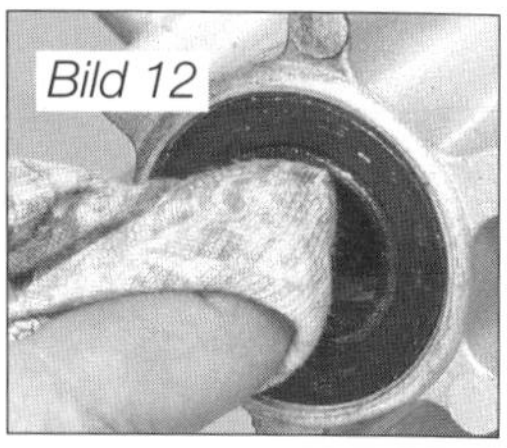
Bild 12

Sichtprüfung Messen

■ Dadurch »setzt« sich das rechte Gabelbein auf die Vorderachse und die Gabelbeine sind danach nicht zueinander verspannt.
10.1. Maschine wieder aufbocken.
11. Bremsscheibe mit Bremsenreiniger säubern.
12. Bremse einige Male betätigen. Bremse lösen, Rad durchdrehen und prüfen, ob es frei läuft.

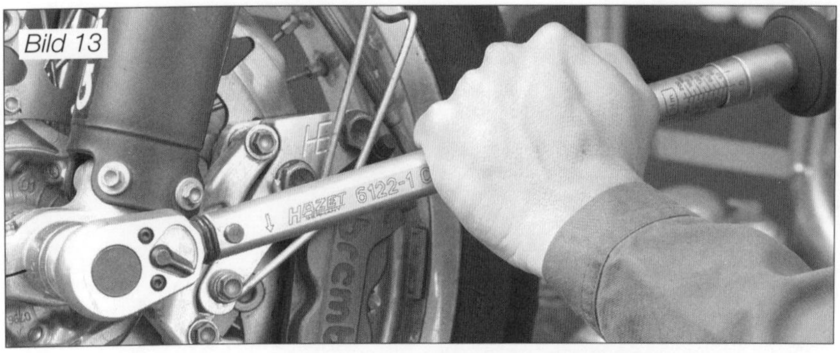

Bild 13

Bilder 13 bis 18: Im Lauftext sind die zu den Bildern gehörenden Arbeitsschritte nummeriert beschrieben.

Bild 14

Bild 15

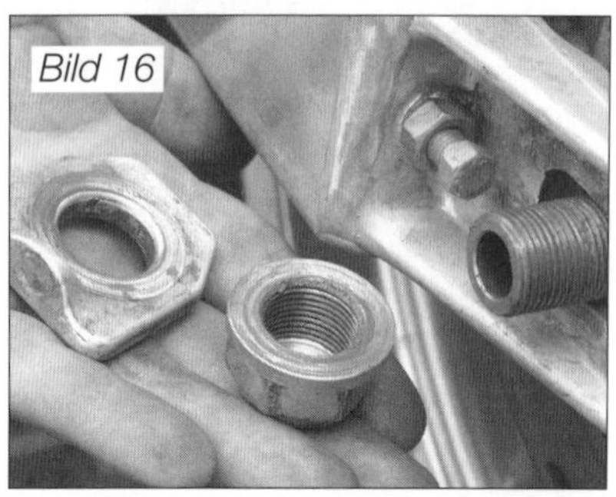
Bild 16

Bild 17

Bild 18

13. Überschüssiges Fett von Simmerringen und Achse gut abwischen.

Hinterrad aus- und einbauen

Wenn man das Hinterrad alleine aus- und einbaut, kann das zu einer ziemlichen Frickelei ausarten, bis die Distanzbuchsen eingebaut sind und der Bremssattelträger richtig sitzt. Man kann sich helfen, indem man entweder einen Fuß zum Abstützen des Rades zu Hilfe nimmt oder das Rad mit einem passenden Holz unterlegt.

Hinterrad ausbauen

1. Hintere Kettenschutz-Befestigungsschraube lösen und ausdrehen.
1.1. Kettenführung vor dem hinteren Kettenrad abschrauben (Bild 14). Das ist zwar nicht zwingend nötig zum Radausbau, aber man tut sich dann leichter.
2. Achsmutter lösen, abdrehen, Achsaufnahme abnehmen (Bilder 15 und 16).
3. Rad etwas anheben, mit einem Gummihammer auf das Gewindeende der Achse klopfen und sie ein Stück weit austreiben.
3.1. Achse weiter nach rechts herausziehen, aber noch nicht ganz.
4. Bremssattel so weit es geht nach vorne schieben. Achse ganz herausziehen (Bild 17), rechte Achsaufnahme herausnehmen.
5. Kettenschutz vorsichtig etwas zur Seite biegen. Kette nach rechts herunternehmen und auf dem Ende der Schwinge ablegen (Bild 18), Lappen zwischen Kette und Schwingarm legen!
6. Rad etwas nach rechts schwenken und nach hinten herausnehmen.
6.1. Distanzbuchsen rechts und links herausnehmen.
7. Rad mit der Bremsscheibenseite nach unten auf den Boden legen, auf den Köpfen der Bremsscheibenschrauben auflegen, NICHT auf der Bremsscheibe!
7.1. Kettenblattträger abziehen (Bild 19), Dämpfergummis kontrollieren: Sie müssen formstabil und dürfen nicht ausgerissen sein.
■ Wenn auch nur ein Dämpfergummi beschädigt ist, alle erneuern!
■ Wenn die Dämpfergummis in Ordnung sind, herausnehmen, reinigen und mit etwas Silikonfett einreiben, das hält sie geschmeidig.

Hinterrad einbauen

1. Distanzbuchsen, Achse, Scheiben und Achsmutter vor dem Einbau säubern und mit leichtem Lagerfett einschmieren.

2. Lager des Hinterrads und das des Kettenradträgers mit dem Finger drehen: Knarzt ein Lager? Wenn »JA«, muss das Lager erneuert werden (siehe Text weiter hinten in diesem Kapitel).
3. Kettenblattträger zwischen die Dämpfergummis auf das Hinterrad schieben. Die innere Distanzbuchse sitzt normalerweise fest im Lager des Kettenblattträgers.
4. Bremssattel mit Bremsenreiniger säubern, Dicke der Bremsbeläge kontrollieren (siehe dazu Kapitel 9 »Bremsen«)!
5. Wenn alles in Ordnung ist, Simmerringe reinigen, leicht einfetten. Bundbuchse links in Simmerring einsetzen.
6. Rad in die Schwinge einfädeln, Bremsscheibe zwischen die Bremsklötze in die Bremszange einfädeln, Rad ganz nach vorne schieben, Kette auf Kettenrad auflegen, Bundbuchse rechts in Simmerring einsetzen.
7. Rad anheben, Schlitz im Bremsanker muss auf dem Zapfen in der Schwinge sitzen.
7.1. Achsaufnahme auf die Achse schieben (Bild 20), Achse von rechts ansetzen und möglichst weit durchschieben.
8. Achsaufnahme links aufsetzen, Achsmutter aufdrehen und handfest anziehen.
9. Rad nach vorne drücken, Kettenspannung kontrollieren und ggf. einstellen (siehe Kapitel 10 »Kette«), Achsmutter mit 80 Nm festziehen.
10. Schraube in hintere Halterung der Kettenabdeckung eindrehen und mit 10 Nm festziehen.
11. Bremse einige Male betätigen, damit sich die Bremsbacken an der Bremsscheibe anlegen.
12. Bremse lösen, Rad durchdrehen und prüfen, ob es leicht und frei läuft. Überschüssiges Fett von der Außenseite der Simmerringe und Achse gut abwischen.

Rundlauf, Speichen spannen

Rad auf Rundlauf prüfen

1. Rad in Zentrierständer einhängen. Wenn keiner zur Verfügung steht, eingebaut prüfen:
■ Messuhr an Gabelholm (Vorderrad) oder Hinterradschwinge (Hinterrad) befestigen.
■ Radachse in einen Schraubstock spannen und Messuhrenhalter auf der Werkbank befestigen.
2. Felgenrand putzen, mit Allzweckspray einsprühen, Messuhr ansetzen (Bild 21):
2.1. Zum Messen des Höhenschlags innen am Felgenhorn.
2.2. Zum Messen des Seitenschlags außen am Felgenhorn.
3. Verschleißgrenze für Seiten- und Höhenschlag jeweils 2,0 mm.

Speichen »abklingeln«

Durch Anschlagen der Speichen kann man hören, ob diese richtig gespannt oder zu lose ist: Dazu die Speiche ungefähr in der Mitte mit

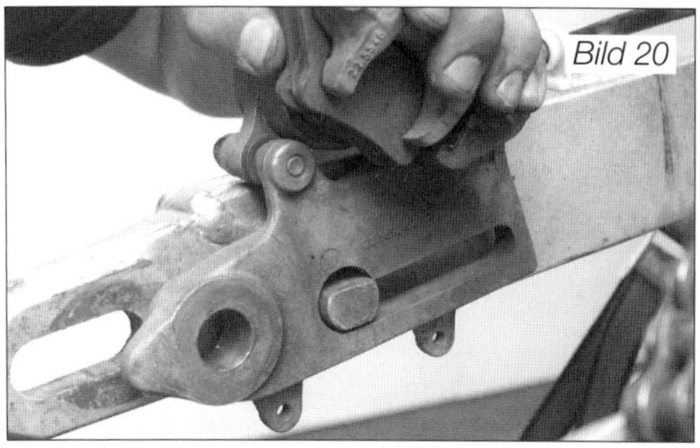

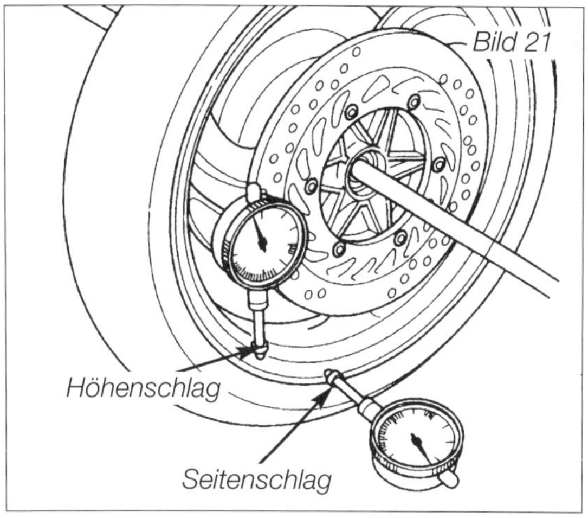

Bilder 19 bis 21: Im Lauftext sind die zu den Bildern gehörenden Arbeitsschritte nummeriert beschrieben.

Bild 22: Speiche abklingeln.

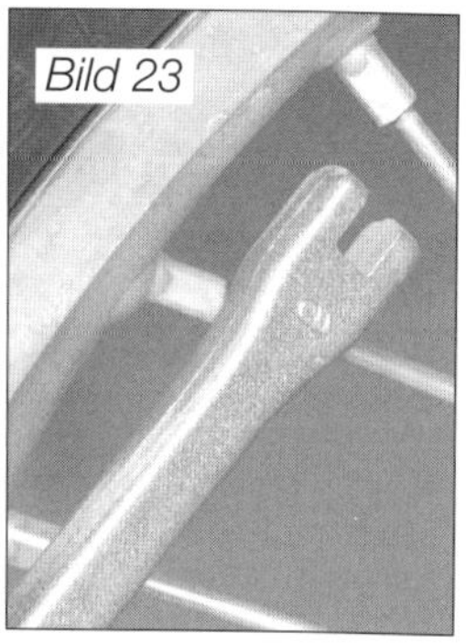

Bild 23: Spezieller Nippelschlüssel.

Bilder 24 bis 28: Im Lauftext sind die zu den Bildern gehörenden Arbeitsschritte nummeriert beschrieben.

einem Schlüssel leicht anschlagen (Bild 22).
- Eine richtig gespannte Speiche klingt hell.
- Eine zu lasch gespannte, »lose« Speiche klingt dumpf, matt und träge.

Zu lose gespannte Speichen müssen nachgespannt werden. Zum Spannen der Speichen wird ein spezieller Nippelschlüssel (»Speichenspanner«) benötigt, das ist ein extra breiter Gabelschlüssel, den es bei jedem KTM-Händler zu kaufen gibt (Bild 23).

Wichtig: Nicht mit einem normalen, schmalen Gabelschlüssel an die Nippel gehen, denn das Vierkant der Messingnippel wird durch einen normalen Gabelschlüssel rasch »rund« gedreht.

Speichen nachspannen

1. Zuerst in den Speichennippel einen Tropfen Öl geben (Bild 24) und etwas einwirken lassen.
2. Dann den Speichennippel vorsichtig nachziehen (Bild 25).
- Meist genügt eine halbe bis eine Umdrehung, um die Speiche wieder straff zu spannen.

Wichtig: Nach jedem Spann-Arbeitsgang der Speiche(n) den Rundlauf des Rads prüfen!

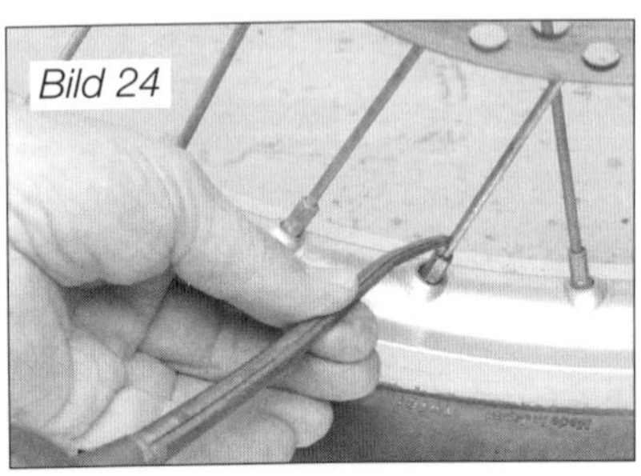

Bild 24

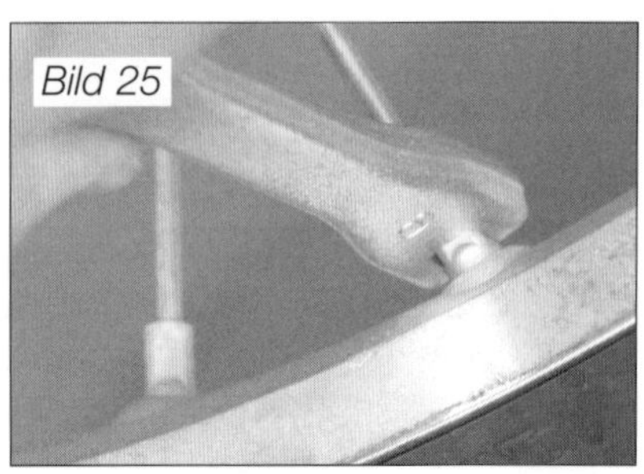

Bild 25

Speichenrad zentrieren

Wenn ein Speichenrad nicht mehr sauber rund läuft (einen »Schlag« hat), kann es bis zu einem gewissen Grad wieder einzentriert werden. Der Reifen sollte dazu abgezogen werden, damit die Felge und die inneren Köpfe der Speichennippel entlastet sind. Zur Not kann man auch nur die Luft aus dem Schlauch ablassen und den Reifen ins Felgentiefbett drücken.

1. Alle Speichennippel ringsum putzen und einen Tropfen Öl in das Gewinde und den Sitz des Nippels in der Felge geben (Bilder 24 und 26). Einige Minuten warten, bis das Öl eingezogen ist.
2. Rad langsam drehen und Seiten- und Höhenschlag feststellen.
2.1. Schlagstelle(n) mit bunter Kreide markieren.
3. Seitenschlag zentrieren (Bild 27):
3.1. Auf der Seite des Ausschlags zwei bis drei Speichennippel etwas lösen.
3.2. Auf der anderen Seite zwei bis drei Speichennippel um den Lösebetrag fester ziehen.
4. Höhenschlag zentrieren (Bild 28):
4.1. Auf der Radseite des Höhenausschlags die drei bis vier Speichen im Bereich des Höhenschlags etwas fester ziehen.
- Eventuell auf der anderen Seite Speichen lösen.

5. Nach jeder bearbeiteten Seite den Rundlauf bzw. Felgenschlag erneut messen.

Gerissene Speiche ersetzen

Wenn eine Speiche abreißt (Bild 29), sollte sie umgehend durch eine neue ersetzt werden, sonst reißen weitere Speichen, das Rad wird weich und bricht irgendwann zusammen.

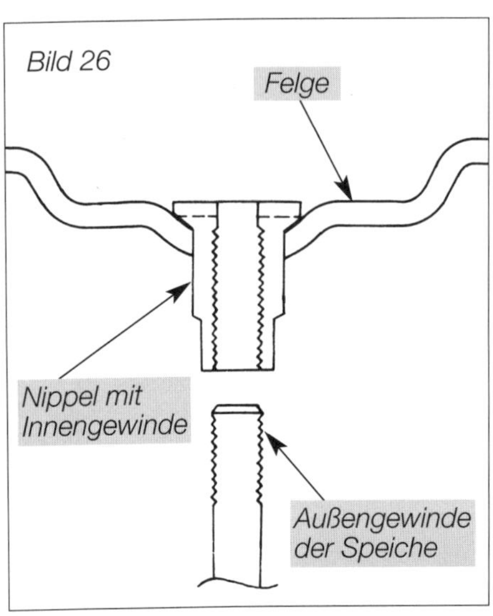

Bild 26

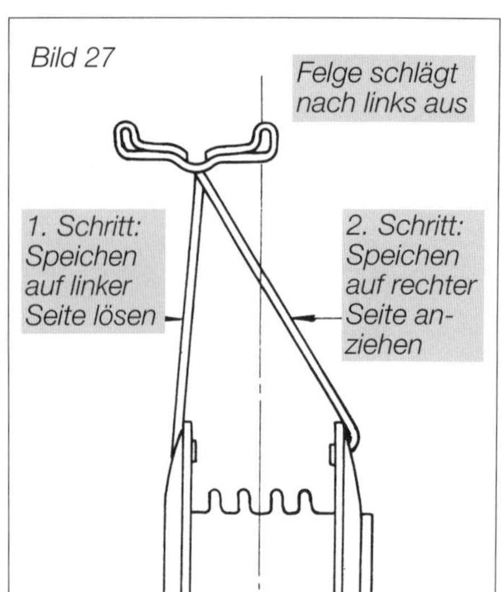

Bild 27

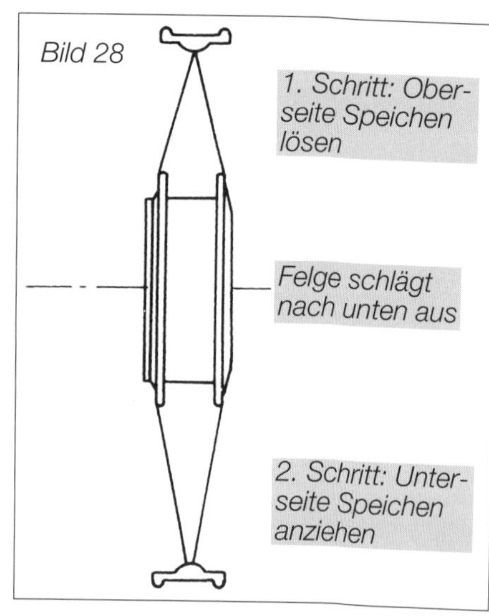

Bild 28

Je nachdem, welche Speiche gerissen ist, kann es sein, dass das Rad zum Ausbau der alten Speiche und Einbau der neuen ausgebaut werden muss!

1. Speichennippel der gerissenen Speiche putzen und einen Tropfen Öl in das Gewinde und den Sitz des Nippels in der Felge geben (Bild 24). Einige Minuten warten, bis das Öl eingezogen ist.

2. Gerissene Speiche ausdrehen.

■ Wenn sie im Nippelgewinde fest sitzt, Speiche mit einer Wasserpumpenzange festhalten und mit dem Nippelschlüssel den Nippel drehen.

3. Neue Speiche einfädeln, in den Nippel einführen, Nippel festziehen.

4. Rad auf Höhen- und Seitenschlag kontrollieren, ggf. zentrieren.

Der Trick mit den Kabelbindern (Bild 30): Damit eine gerissene Speiche sich nicht auf- oder querstellt, alle Speichenkreuzungen mit Kabelbindern sichern. Dieser Trick enthebt den Fahrer jedoch nicht von seiner Sorgfaltspflicht, ab und zu die Speichen per Auge zu kontrollieren, ob sie noch alle in Ordnung sind!

Radlager prüfen und wechseln

1. Zeigefinger in den Innenring des Lagers stecken und drehen. Man spürt im Finger, wie das Lager läuft, deshalb auch »Fingerprobe« genannt.

2. Wenn die Lager spielfrei ohne fühlbares Knacken/Rubbeln laufen, sind sie in Ordnung.

3. Wenn die Lager beschädigt sind, also Luft haben oder laut und knackend laufen, müssen sie durch Neuteile ersetzt werden.

Der Aus- und Einbau von Radlagern mit Heizplatte, Hammer und Dorn erfordert ein gewisses Maß an fachlichem Können und Fingerspitzengefühl. Man kann dazu allerdings auch den von KTM als Spezialwerkzeug angebotenen Lagerausbausatz oder einen handelsüblichen Lagerausbau-/Einbausatzzieher verwenden. Dann ist die Gefahr, dass sich die Lagersitze durch falschen Lagerausbau aufweiten, nicht so groß.

Wichtig: Kaufen Sie unbedingt serienmäßige, beidseitig abgedeckte Lager!

■ Lager mit der Aufschrift nach außen einbauen.

■ Werden Nachrüstlager mit nur einer Abdeckscheibe verwendet, Lager durch die offene Seite gut mit Wälzlagerfett füllen.

■ Beim Einbau von einseitig geschlossenen Lagern muss die offene Lagerseite nach innen weisen.

Radlager ausbauen

1. Kettenblattträger des Hinterrads abnehmen.

■ Die weiteren Arbeitsschritte gelten für Vorder- und Hinterrad.

2. Bremsscheibe abmontieren:

2.1. Drehrichtung und Anbaulage der Bremsscheibe mit dickem Filzstift zeichnen.

2.2. Die Bremsscheibenschrauben lassen sich nur schwer lösen und ausdrehen, denn sie sind eingeklebt. Exakt passenden Schlüssel verwenden, sonst werden die Schraubenköpfe vermurkst! Vorher das Rad im Bereich der Schraubverbindungen mit einem Heißluftöhn etwas anwärmen, das löst die Verklebung.

2.3. Schrauben über Kreuz in mehreren Schritten lösen und ausdrehen.

3. Simmerringe mit einem Reifenmontierhebel oder einem breiten Schraubenzieher aushebeln (Bild 32). Seegerring ausbauen (Bilder 33 und 34).

4. Rad auf eine feste Unterlage legen, die unten so weit offen ist, dass das auszutreibende Lager Platz hat und beim Herausschlagen nach unten herausfallen kann.

■ Am besten die Backen eines Schraubstocks weit genug öffnen und das Rad unter Zwischenlegen von Hölzern ablegen.

5. Radlager mit einem mindestens 1 cm dicken und mindestens 20 cm langen Dorn schrittweise mit trockenen, bedachten Hammerschlägen am Innenring über Kreuz austreiben (Bild 31).

■ Schrittweise und über Kreuz deswegen, weil dadurch das Lager immer ein kleines Stück weiter ausgetrieben und ein Aufweiten der Lagersitze vermieden wird.

6. Nach dem Austreiben der Lager die Lagersitzbohrungen gut reinigen. Beim Austreiben eventuell entstandene Grate mit sehr feinem Schmirgelleinen (»Läpppapier« oder »Polierleinen«) vorsichtig und punktgenau entfernen. Grate NICHT mit einer Feile, Dreikantschaber oder einem Maschinenschleifstein entfernen!

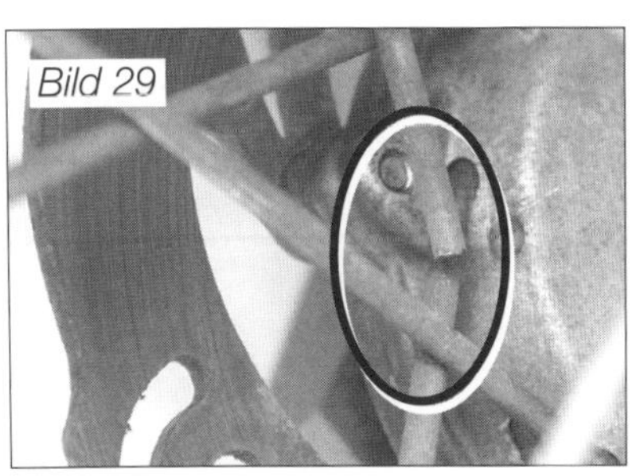

Bild 29: Gerissene Speiche (Oval).

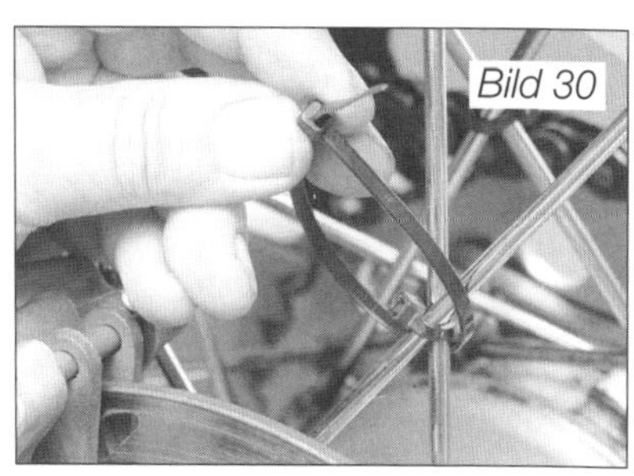

Bild 30: Kabelbinder an alle Kreuzungen anbringen.

Sichtprüfung Messen

Bilder 31 bis 36: Siehe Lauftext.

Radlager einbauen

1. Neue Radlager mindestens eine Stunde lang ins Tiefkühlfach legen. Sie ziehen sich durch die Kälte zusammen.

2. Kurz bevor sie aus dem Kühlfach geholt werden, die Lagersitze des Rades mit einem Heißluftföhn kurz und heftig erwärmen.

■ Oder das Rad zentral mit der Nabe auf eine Heizplatte legen und langsam aufheizen.

■ Auf maximal 120 °C erwärmen!

3. Zuerst das Lager auf der Seite, wo der Seegerring sitzt, einbauen: Kaltes Lager in seinen erwärmten Lagersitz einschieben und mit einer Nuss, deren Außendurchmesser etwas kleiner ist als der Durchmesser des Lagers, einklopfen, bis das Lager im Grund der Passbohrung aufsitzt (Bild 35).

■ Man kann auch das Lager vorsichtig mit einem Dorn und einem 100-Gramm-Hammer am Lageraußenring Schritt für Schritt sanft nachklopfen.

3.1. Seegerring einsetzen.

4. Rad umdrehen. Distanzhülse einsetzen. Lager einschieben und mit einer Nuss einklopfen.

4.1. Jetzt mit dem Finger prüfen, ob die Distanzbuchse zwischen den Lagerinnenringen fluchtet, zu viel Spiel hat bzw. zu fest sitzt. Sie muss satt zwischen den Lagerinnenringen sitzen und darf sich nur ganz leicht seitlich bewegen!

5. Neuen Simmerring auf der Seite des Seegerrings mit einer Nuss einschlagen.

■ Simmerring so tief in die Passbohrung einschlagen, bis seine Oberseite bündig ist mit der Bundoberfläche der Radnabe.

5.1. Auf der Seite des Tachoantriebs die Tachoantrieb-Scheibe und die Scheibe einsetzen (Bild 33) und dann erst den Simmerring einklopfen.

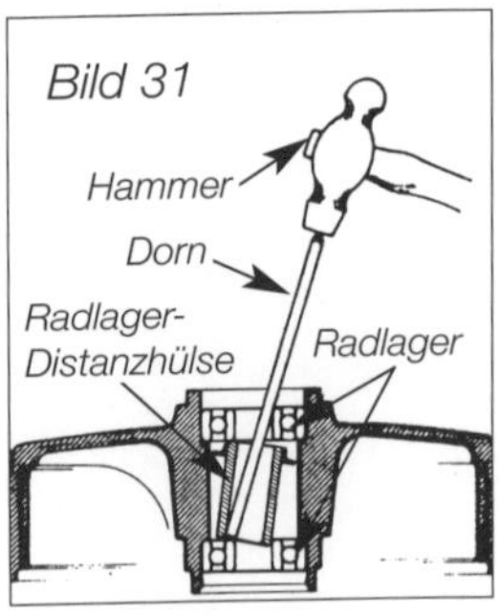

Bild 31

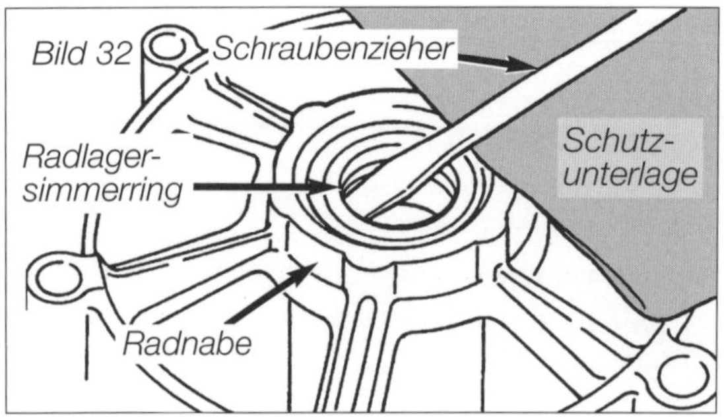

Bild 32

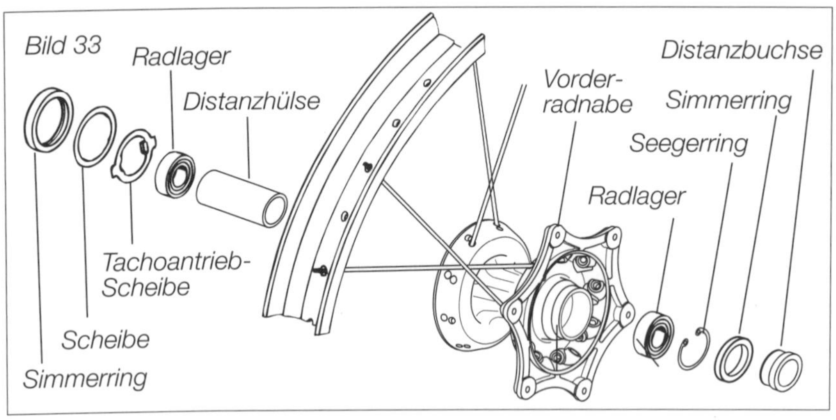

Bild 33

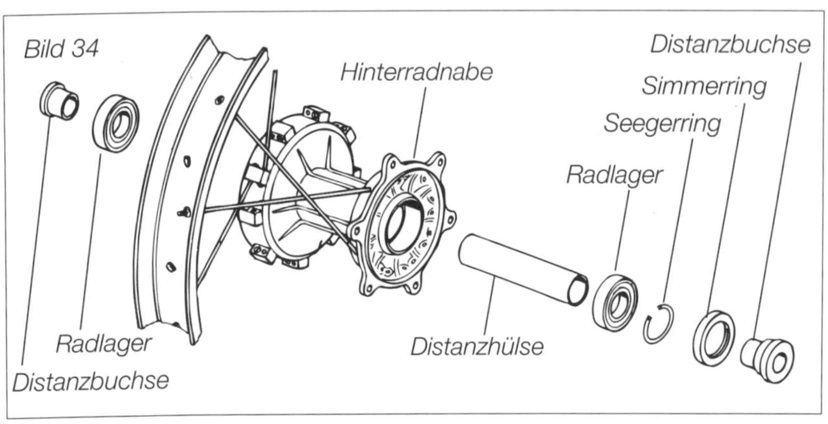

Bild 34

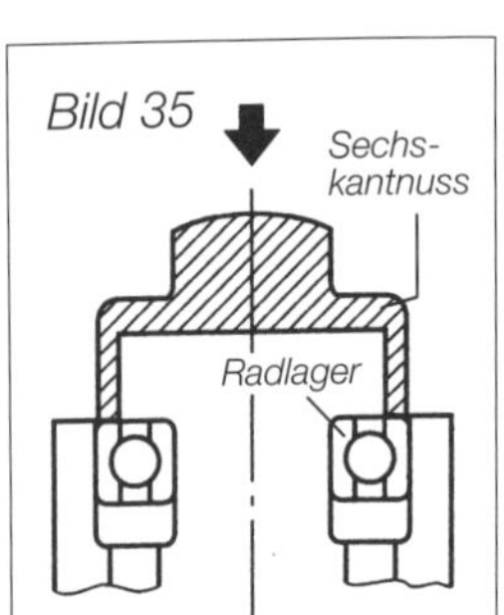

Bild 35

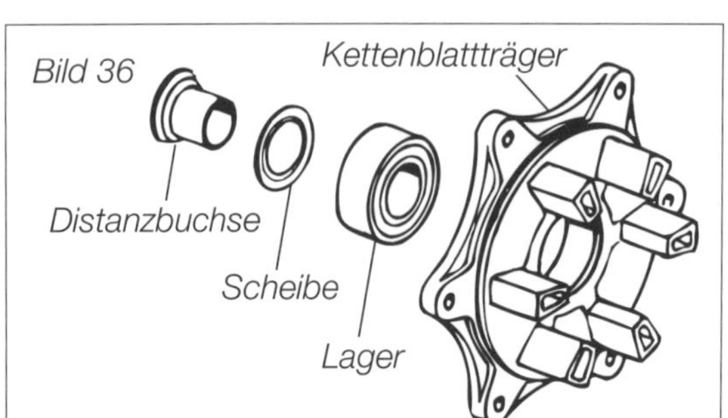

Bild 36

Bremsscheiben montieren

1. Anlageflächen der Bremsscheiben und Gewinde der Befestigungsschrauben mit einer Messingbürste reinigen. Bremsscheibe auf Bund ansetzen.

2. Flüssige Schraubensicherung Loctite »hochfest« auf die Gewinde auftragen.

3. Befestigungsschrauben eindrehen und über Kreuz Schritt für Schritt bis auf das vorgeschriebene Drehmoment von 10 Nm festziehen.

4. Vor dem Radeinbau die Bremsscheiben mit Bremsenreiniger reinigen.

Radachse auf Schlag prüfen: Radachse in Prismenblöcke legen, drehen und Achsschlag mit Messuhr feststellen. Die Verschleißgrenze liegt bei 0,2 mm. Eine krumme Achse ersetzen, nicht versuchen sie zu richten!

Beachten: Der tatsächliche Schlag ist nur halb so groß wie der von der Messuhr angezeigte Wert.

Bremsen

In diesem Kapitel: Bremsanlage · Anziehdrehmomente · Bremsbeläge prüfen · Bremsflüssigkeitsstand · Bremsbeläge wechseln · Führungsstifte gängig machen · Bremsflüssigkeit wechseln · Bremse entlüften · Bremssättel und Bremspumpen zerlegen und zusammenbauen · Anbau von Stahlflexleitungen.

Bremsanlage

Bei der Bremsanlage gibt es keine Kompromisse: Ihre hundertprozentige Leistungsfähigkeit muss auf jedem Meter Fahrstrecke zur Verfügung stehen! Dementsprechend sorgsam muss an ihr gearbeitet werden.

Arbeiten an der Bremsanlage erfordern hochwertige Werkzeuge und qualifizierte Kenntnisse. Sie sollten deswegen nur von ausgebildeten Mechanikern ausgeführt werden. Einfache Arbeiten dagegen, wie z. B. die Kontrolle des Bremsflüssigkeitsstandes (Bild 7), Nachfüllen von Bremsflüssigkeit sowie die Prüfung der Bremsanlage auf Dichtheit, können leicht selbst ausgeführt werden.

Höhere Qualifikation wird beim Ab- und Anbau der Bremssättel, ihrer Reinigung und dem Wechsel der Bremsbeläge verlangt, wozu ebenfalls ordentliches Werkzeug notwendig ist, wie z. B. passende Schlüssel (Nüsse) und ein Drehmomentschlüssel.

Beim Entlüften einer Bremse sowie dem Wechsel der Bremsflüssigkeit muss äußerst sorgfältig gearbeitet werden. Zerlegung und Zusammenbau der Bremssättel sollten nur von einem ausgebildeten Mechaniker vorgenommen werden.

Bild 1: Farbmarkierung an einer mit dem vorgeschriebenen Anziehdrehmoment festgezogenen Schraubverbindung.

Sicherheitshinweise Achtung und Tipps für dieses Kapitel

Gebirgstouren mit Passabfahrten oder Fahrten durch besonders staubige Gebiete bedeuten extreme Belastungen für die Bremsen. Der Verschleiß der Bremsbeläge ist dabei außergewöhnlich hoch. Bevor Sie mit der KTM LC4 in Urlaub, zu einer Passtour oder an einem Wettbewerb starten, machen Sie rechtzeitig vorher einen umfangreichen Check der Bremsanlage.

Im Motorrad-Zubehörhandel sowie im Kfz-Werkzeughandel gibt es Bremsentlüftungs- und Bremsflüssigkeits-Vakuumpumpen, mit denen man ohne Kontakt zur Bremsflüssigkeit und ohne Gefahr des Verschüttens die Bremsen entlüften bzw. Bremsflüssigkeit wechseln kann.

Bremsflüssigkeit ist giftig. Hautkontakt vermeiden. Nicht in die Augen, nicht in die Atemwege, nicht auf die Schleimhäute kommen lassen. Nicht trinken! Immer nur geeignete Gefäße verwenden. Bremsflüssigkeit umweltgerecht beseitigen (bei einer Entsorgungsstelle abgeben).

Wenn ein Bremsflüssigkeitsbehälter offen ist, immer darauf achten, dass kein Schmutz in den Behälter und in die Bremsflüssigkeit gelangt.

Bei abgebautem Bremssattel bzw. entfernten Belägen den Bremshebel nicht betätigen! Sonst fahren die Kolben ungehindert aus und müssen mühsam wieder in den Sattel gc drückt werden. Wenn sie ganz aus ihren Zylindern im Sattel herausrutschen, verursacht das eine üble Bremsflüssigkeitssauerei!

Nach jeder Bremssattelmontage Schrauben und Muttern nochmals auf Festsitz kontrollieren! Ganz penible Menschen setzen Farbmarkierungen an die Schraubenköpfe und Muttern (Bild 1), die sie mit dem richtigen Drehmomentwert angezogen haben.

Bild 1

Niemals unterschiedlich dicke Bremsbeläge oder solche von verschiedenen Herstellern in einem Bremssallel verwenden! Niemals einen neuen und einen alten Belag in einen Sattel einsetzen!

Bremsenreiniger ist meist in Spraydosen erhältlich und ziemlich aggressiv. Nur im Freien oder in gut gelüfteten Werkstatträumen verwenden. Nicht rauchen! Nicht auf die Haut, in die Augen oder Atemwege sprühen! Einatmen vermeiden!
- Bei Benutzung von Bremsenreiniger alle Teile im Umkreis des einzusprühenden Bremssattels mit Lappen großflächig abdecken.
- Bremsenreiniger sparsam und ganz gezielt einsetzen, Sprühkopf direkt auf die zu reinigende Stelle richten und nicht länger als zwei Sekunden betätigen.
- Teile nach Besprühen mit Bremsenreiniger sofort mit weichem, nicht fusselndem Lappen durchputzen.
- Druckluft bei Reinigung und anderen Arbeiten am Bremssattel nur sehr sparsam und gezielt einsetzen.

Nicht mit scharfkantigen Gegenständen wie Schraubenzieher oder Schraubenschlüssel im Bremssattel herumwerken, sonst können die Gleitflächen der Bremskolben zerkratzt werden!

Beim Zerlegen des Bremssattels bzw. Ausblasen der Bremskolben: Luftdruck vorsichtig dosieren, damit die Bremskolben nicht unkontrolliert herausschießen! Finger aus dem Bremssattel nehmen, um Verletzungen zu vermeiden.

Riefige Bremsscheiben, die noch nicht ihre Minimaldicke erreicht haben, können nachgeschliffen werden. Solche Arbeiten erledigen Spezialbetriebe zum Preis von etwa 30 bis 50 Euro pro Bremsscheibe. Eine neue Originalbremsscheibe kostet etwa 150 bis 200 Euro.

Anziehdrehmomente

Vorderradbremse

Bremssattel-Befestigungsschrauben M8 ... 25 Nm
■ *Loctite »mittelfest« auf Gewinde auftragen*
Bremssattel-Befestigungsschrauben M10 (Modell LC4 Supermoto) .... 40 Nm
■ *Loctite »mittelfest« auf Gewinde auftragen*
Bremssattel-Befestigungsschrauben Inbus M10x1,25 (Modell DUKE) .... 45 Nm
■ *Loctite »mittelfest« auf Gewinde auftragen*
Bremssattel -Befestigungsschrauben Inbus M10 (Modell 660 SMC) .... 60 Nm
Bremsscheiben-Befestigungs-Bundschrauben M6 (M10.9) .... 10 Nm
■ *Loctite »mittelfest« auf Gewinde auftragen*

Hinterradbremse

Bremssattelträger Innensechskant-schraube M10 (Modell DUKE) .... 40 Nm
Bremsscheiben-Befestigungs-Bundschrauben M6 (M10.9) .... 10 Nm
■ *Loctite »mittelfest« auf Gewinde auftragen*

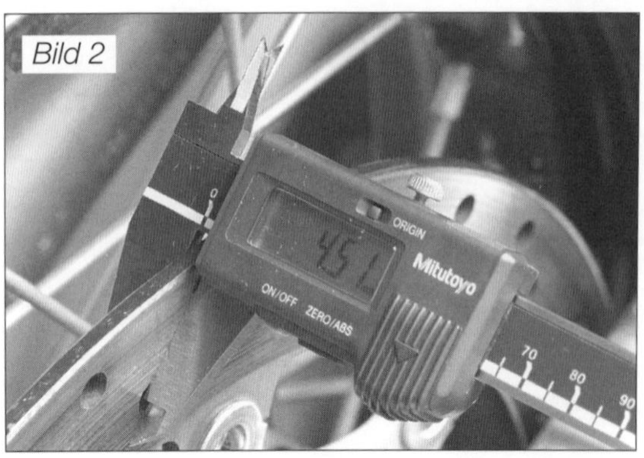

Bild 2: Dicke der Bremsscheiben an mehreren Stellen messen. Verschleißgrenzen: vorne 4,5 mm, hinten 5,0 mm.

Bild 3: Im Bild vorne eine nachgeschliffene Bremsscheibe, dahinter zwei mit deutlichen Gebrauchsspuren.

Gewindekleber und Schmiermittel

KTM schreibt vor, dass an die Bremssattel-Befestigungsschrauben etwas Schraubensicherung Loctite »mittelfest« gegeben wird. Wenn Sie unterwegs den Bremssattel ab- und anbauen müssen und kein Loctite dabei haben, können Sie auch einen Tropfen Öl ans Gewinde geben. Wichtig ist in jedem Fall, dass die Gewinde der Bremssattel-Befestigungsschrauben sowie die Innengewinde in der Bremssattelhalterung an den Gabelbeinen in Ordnung sind, die Gewinde der Schrauben vor dem Eindrehen gesäubert und sie mit dem vorgeschriebenen Drehmoment festgezogen werden.

Bremsanlage prüfen

1. Alle Bremsschläuche und Bremsleitungen auf Risse, Knicke und Scheuerstellen überprüfen.

2. Alle Hydraulikanschlüsse der Bremsleitungen sowie die Dichtmanschetten an den Bremspumpen und Bremssätteln müssen in einwandfreiem Zustand sein, also staubtrocken.

3. Verglaste, riefige und abgenutzte Bremsbeläge reduzieren die Bremswirkung, deshalb entsorgen und durch Neuteile ersetzen.

4. Verschmierte Bremsscheiben ausschließlich mit Bremsenreiniger oder Aceton reinigen.

5. Ältere Bremsscheiben haben Riefen, die man beim Drüberfahren mit dem Fingernagel spürt. Bis zu einer gewissen Tiefe ist das ganz normal. Wenn der Nagel von Riefe zu Riefe stolpert, ist die Bremsscheibe verschlissen (Bild 3).

6. Weisen die Bremsscheiben im Übergang zur Fläche, die nicht vom Bremsbelag berührt wird (außen am Rand und innen zu den Befestigungsbohrungen hin), tiefe Riefen oder Absätze auf, müssen neue Bremsscheiben montiert werden.

7. Dicke der Bremsscheiben an mehreren Punkten messen (Bild 2). Die Bremsscheibe darf maximal 0,4 mm dünner sein als das Maß im Neuzustand. Die Dicke der Bremsscheibe ist von Modell zu Modell verschieden (zwischen 4,5 und 5,5 mm je nach Modell) und ist an einer Stelle der Bremsscheibe eingestanzt.
■ Wenn die Scheibe zwar Riefen hat, aber noch dick genug ist, kann sie nachgeschliffen werden (Bild 3).

8. Verzug (Schlag) der Bremsscheiben mit Messuhr ermitteln. Er sollte möglichst nicht messbar sein, darf jedoch bis zu 0,15 mm betragen.

Bremsbeläge prüfen

Zur Prüfung der Dicke der Bremsbeläge einfach parallel an der Bremsscheibe entlang in den Bremssattel reinschauen: Beim hinteren Bremssattel ist es sehr einfach, beim vorderen muss man sich ein wenig bücken und eine Taschenlampe zu Hilfe nehmen!

Die Beläge der Vorder- und Hinterradbremse dürfen bis auf eine Restdicke von 1,0 mm abgefahren werden (Bild 5). Wir empfehlen jedoch, schon bei einer Restdicke von 2,0 mm neue Beläge einzubauen.

Sicherheits-Ratschläge für Vorder- und Hinterradbremsbeläge:

- Wenn einer der beiden Bremsbeläge in einem Bremssattel stärker verschlissen ist als der andere, müssen beide Bremsklötze erneuert werden. Also nicht einen neuen und einen gebrauchten Bremsklotz einsetzen.
- Wenn ein Bremsbelag viel stärker verschlissen ist als der andere, liegt es wahrscheinlich daran, dass die Bremskolben nicht mehr leicht genug gleiten oder die Führungsstifte der Bremse fest sitzen. Zur Behebung eines solchen Fehlers muss der Bremssattel zerlegt und in Ordnung gebracht werden. Wie das geht, steht weiter hinten in diesem Kapitel.

Bremsflüssigkeit

Bei Betätigung des Bremshebels wird vom Kolben im Hauptbremszylinder ein Druck auf die Bremsflüssigkeit aufgebaut, der von dieser auf die Kolben in den Bremssätteln weitergegeben wird. Diese Kolben fahren aus ihren Bohrungen aus und pressen die Beläge gegen die sich drehenden Bremsscheiben. Dadurch wird eine Reibkraft aufgebaut, das Rad bremst ab.

Um den Betrag, den die Bremsbeläge verschleißen, wandern die Kolben immer weiter aus ihren Bohrungen hinaus. Dementsprechend läuft Bremsflüssigkeit nach, der Pegelstand im Flüssigkeitsbehälter sinkt ab. Deswegen muss der Bremsflüssigkeitsstand regelmäßig überprüft und ggf. ergänzt werden.

KTM schreibt Bremsflüssigkeit in der Qualität DOT 5.1 vor (Bild 6). Notfalls kann auch eine Bremsflüssigkeit in der niedrigeren Qualität DOT 4 verwendet werden. Wenn eine Renn-Bremsflüssigkeit auf Silikonbasis in der Qualität 5.0 verwendet werden soll, muss die Bremsanlage vorher komplett von DOT 5.1 oder DOT 4 entleert und gereinigt werden. Auch wird dringend empfohlen, neue Kolbenmanschetten und Dichtringe in Bremspumpen und Bremssättel einzubauen, denn Manschetten, die einmal mit DOT 5.1 oder DOT 4 betrieben wurden, können aufquellen, wenn Bremsflüssigkeit DOT 5.0 eingefüllt wird, was bis zum Festgehen der Bremskolben führen kann.

Wichtige Punkte:

1. In die Bremshydraulik und Bremsflüssigkeiten DOT 5.1 oder DOT 4 dürfen keine Flüssigkeiten anderer Art eingefüllt oder dazugemischt werden.
2. Nie ältere Bremsflüssigkeitsreste einfüllen.
3. Möglichst immer neue Bremsflüssigkeit aus einer neuen, ungeöffneten Dose benutzen, denn Bremsflüssigkeit verhält sich hygroskopisch, zieht also Wasser aus der Luft an. Damit sinkt der Siedepunkt.
4. Keinesfalls dürfen Verunreinigungen, Schmutz oder Wasser in den Behälter gelangen.
5. Bremsflüssigkeit gibt es in kleinen, preiswerten Gebinden (Bild 6). Zu einem Wechsel der Bremsflüssigkeit vorne und hinten wird ungefähr ein halber Liter benötigt.

Bild 4

Bild 5
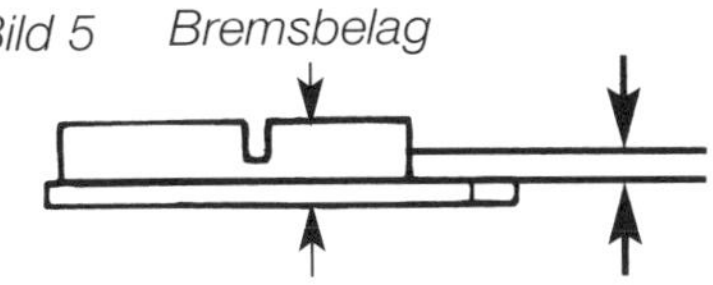

Bild 4: Bremsenpaste wird zum Einschmieren der Kanten und Bremsbelag-Trägerplatte empfohlen, sie vermeidet Korrosion und Quietschen.

Bild 5: Mindestdicke des Bremsbelags.

Bild 6

Bild 6: Auf die DOT-Angabe achten. Vorgeschrieben ist Bremsflüssigkeit der Qualität DOT 5.1 oder DOT 4.

Sichtprüfung Messen

Bremsflüssigkeitsstand

Der Stand der Bremsflüssigkeit soll sich immer über MIN befinden (Bild 7). Je nach angebautem Behälter können auch zwei Füllstandsmarkierungen angebracht sein: Die untere ist MIN oder LOWER und bezeichnet den Minimalstand, die obere ist MAX und bezeichnet den Maximalstand. Sinkt der Bremsflüssigkeitsstand unter MIN (oder LOWER) ab, deutet dies auf eine undichte Bremshydraulik oder total abgenutzte Bremsbeläge hin – es muss umgehend nach der Ursache gesucht und diese behoben werden.

Bild 7: Stand der Bremsflüssigkeit am Schauglas soll über MIN stehen.

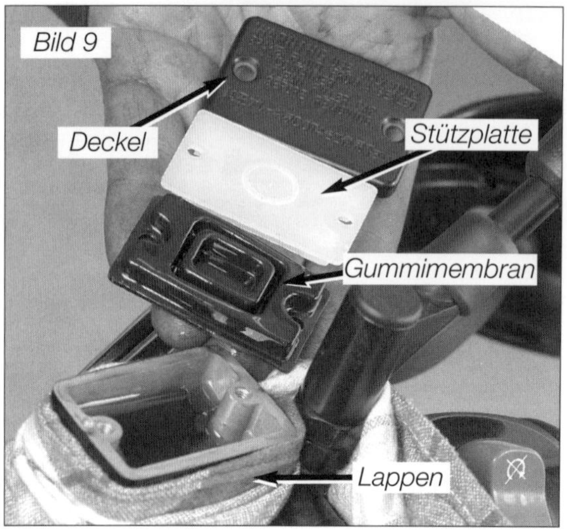

Bilder 8 und 9: Zum Auffüllen von Bremsflüssigkeit den Deckel abnehmen. Vorher den Behälter mit einem Lappen umwickeln. Gummimembran langsam herausziehen, damit keine Bremsflüssigkeit herausspritzt.

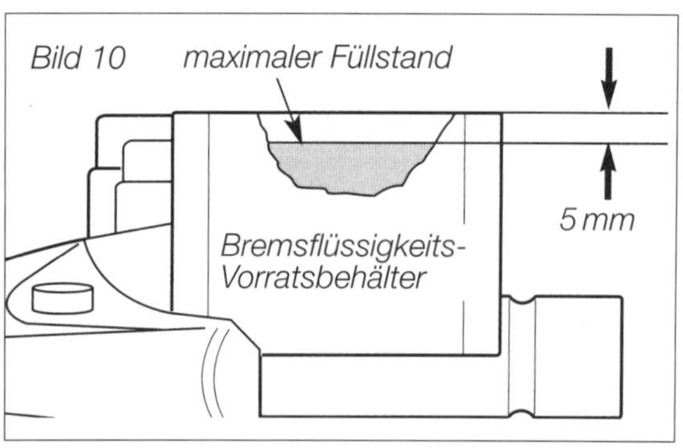

Bilder 10 und 11: Bremsflüssigkeit bis maximal 5 mm unter die Oberkante auffüllen, sonst läuft der Behälter beim Einsetzen der Membran über.

Bild 12: Stützplatte auf Membran gesetzt.

Bremsflüssigkeitsstand Vorderradbremse

1. Motorrad steht auf ebenem Untergrund, Lenker so einschlagen, dass der Bremsflüssigkeitsbehälter waagerecht steht (Bild 7).
2. An einer Seite des Bremsflüssigkeitsbehälters ist ein rundes Schauglas angebracht (Bild 7): Die Bremsflüssigkeit sollte nicht unter der unteren Markierung stehen, sondern darüber.
3. Wenn Bremsflüssigkeit aufgefüllt werden muss:
■ Vor dem Abschrauben des Deckels den Behälter mit einem weichen, saugfähigen Lappen umwickeln, damit eventuell ausschwappende Hydraulikflüssigkeit aufgesaugt wird und nicht an Lackteile kommen kann (Bilder 8 und 9).
3.1. Dann die Kreuzschlitzschrauben des Deckels herausdrehen (Bild 8), Deckel abnehmen, innenliegende Stützplatte und Membran vorsichtig herausnehmen (Bild 9).
4. Bremsflüssigkeit auffüllen (Bild 11) bis maximal 5 mm unter dem oberen Rand des Behälters (Bild 10).
5. Rand des Behälters, Deckel und Membran mit einem nicht fusselnden Lappen reinigen.
6. Membran vorsichtig einsetzen, Stützplatte aufsetzen (Bild 12), Deckel aufsetzen, Schrauben eindrehen und abwechselnd rechts-links-rechts handfest anziehen.
■ Eventuell übergelaufene Bremsflüssigkeit mit reichlich klarem Wasser abspülen, abtrocknen.

Bremsflüssigkeitsstand Hinterradbremse

Zur oberflächlichen Kontrolle kann das Motorrad auf dem Seitenständer abgestellt sein; zur genauen Kontrolle sollte die Maschine senkrecht stehen.
1. Der Bremsflüssigkeitsbehälter befindet sich auf der rechten Maschinenseite am Rahmenrohr über der Bremspumpe (Bilder 13 und 14).
2. Der Bremsflüssigkeitsstand lässt sich leicht am transparenten Behälter ablesen. Er sollte zwischen der oberen Markierung MAX und der unteren MIN stehen (Bild 13).
3. Wenn der Flüssigkeitsspiegel nahe bei MIN oder gar darunter steht, muss aufgefüllt werden.
■ Behälter mit einem Lappen umwickeln.
4. Deckel abdrehen, innenliegende Stützplatte und Membran vorsichtig herausnehmen (Bild 14), Bremsflüssigkeit bis MAX auffüllen.

5. Membran vorsichtig einsetzen, Stützplatte aufsetzen, Deckel aufschrauben und handfest anziehen.

Bremsbeläge

Zum Wechseln der Bremsbeläge sollte der entsprechende Bremssattel abgeschraubt werden, damit er mit Bremsenreiniger und Lappen ordentlich durchgeputzt werden kann. Bei ausgebautem Rad kann der Bremssattel angeschraubt bleiben.

Wichtig: Bremssattel innen wie außen nur mit Bremsenreiniger reinigen, keinesfalls mit Ölspray (siehe dazu auch die Warnhinweise zu Bremsenreiniger am Anfang dieses Kapitels).

Wichtig: Wenn neue Bremsbeläge eingesetzt und dazu die Bremskolben zurückgedrückt werden, steigt der Flüssigkeitsstand im Bremsflüssigkeits-Vorratsbehälter. Deswegen den Deckel des Bremsflüssigkeits-Vorratsbehälters abnehmen und den Stand im Behälter im Auge behalten! Nach jedem zurückgedrückten Bremskolben den Pegelstand prüfen. Steigt dieser bis zur Oberkante, mit einer kleinen Spritze etwas Bremsflüssigkeit absaugen. Nach der Montage der neuen Bremsbeläge den Stand der Bremsflüssigkeit kontrollieren und ggf. ergänzen.

Wichtig: Neue Bremsbeläge müssen eingefahren werden. Deswegen die neuen Bremsbeläge auf den ersten 100 bis 150 Kilometern sanft einfahren und der Bremse nicht die maximale Leistung abfordern.

Hinterradbremsklötze wechseln

1. Sicherungssplint ausziehen (Bild 15).
2. Bremsklotz-Haltestift nach innen zum Rad hin mit einem 3-mm-Dorn ausklopfen (Bild 16, ausgeklopfter Stift siehe Bild 17).
3. Bremsklötze herausnehmen, Bremssattel innen und außen reinigen.
4. Prüfen, ob der Bremssattel auf den Führungsstiften leicht gleitet (siehe dazu entsprechenden Text Seite 77 oben unter »Führungsstifte gängig machen«).
5. Wenn alles in Ordnung ist, die Bremskolben zurückdrücken: Alten Bremsklotz auf der Kolbenseite einsetzen, mit Handkraft zurückdrücken.
■ Falls die Führungsstifte nicht leicht gleiten, müssen sie gängig gemacht werden, siehe Kapitelabsatz »Führungsstifte gängig machen«.
5. Neue Bremsklötze einsetzen:
5.1. Rückseite und Kanten leicht mit Bremsenpaste einschmieren (Bild 4).
5.2. Prüfen, ob das Federblech innen oben und das Anlageblech vorne richtig sitzen, ggf. korrigieren (Bilder 20, 21 und 22, 23).
5.3. Neue Bremsklötze in den Bremssattel ein-

Bilder 13 und 14: Der hintere Bremsflüssigkeitsbehälter sitzt rechts am Rahmenrohr.

Bild 15: Sicherungssplint ausziehen.

Bilder 16 und 17: Bremsklotz-Haltestift austreiben, vor dem Einbau reinigen.

Bild 18: Bremsbeläge ausziehen.

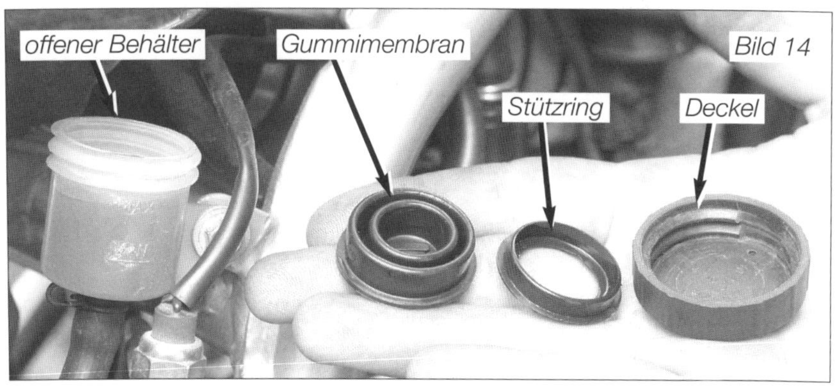

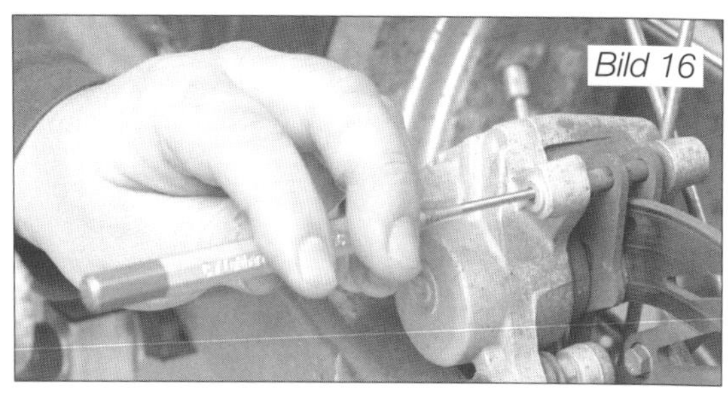

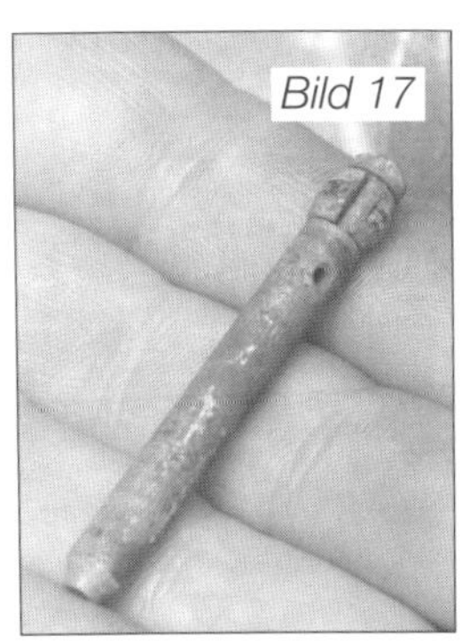

Sichtprüfung Messen

Bild 19: Vorderer Schwimmsattel.

Bilder 20 und 21: Federblech innen-oben mit Pfeil in Raddrehrichtung.

Bilder 22 und 23: Vorderes Anlageblech im Ausschnitt.

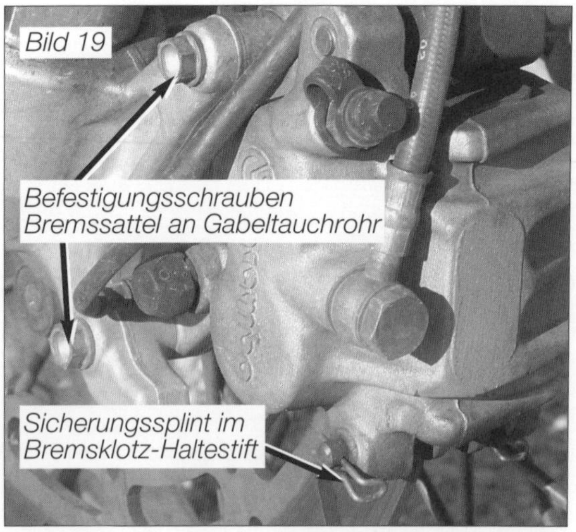

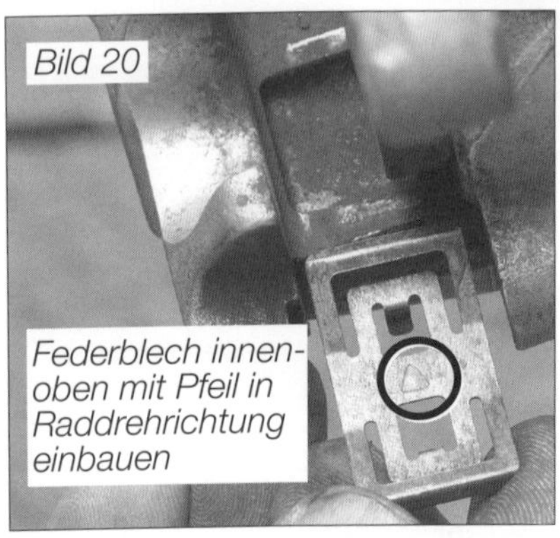

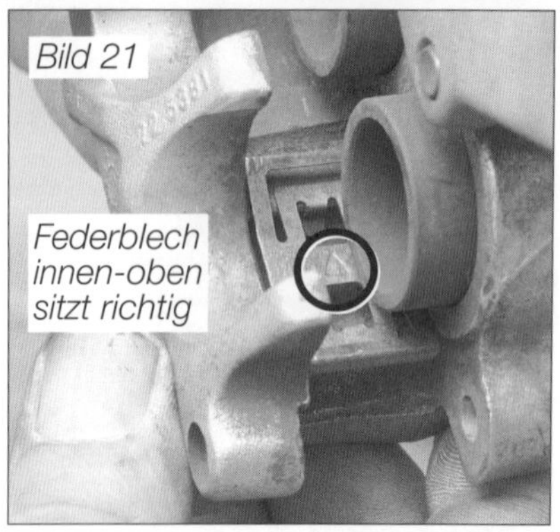

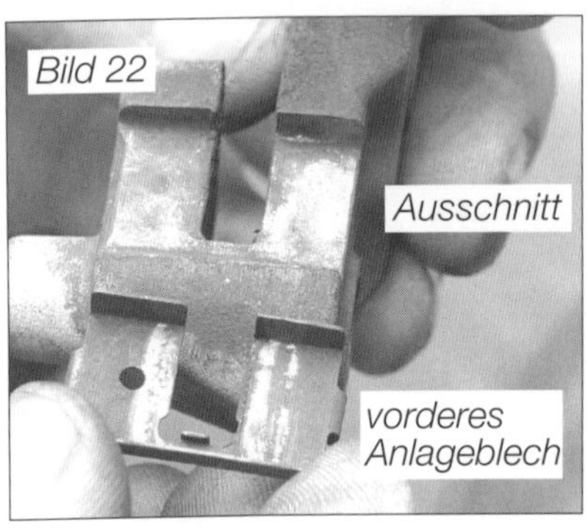

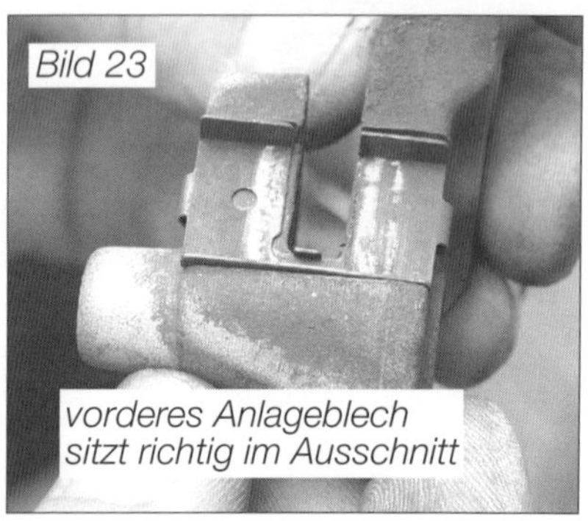

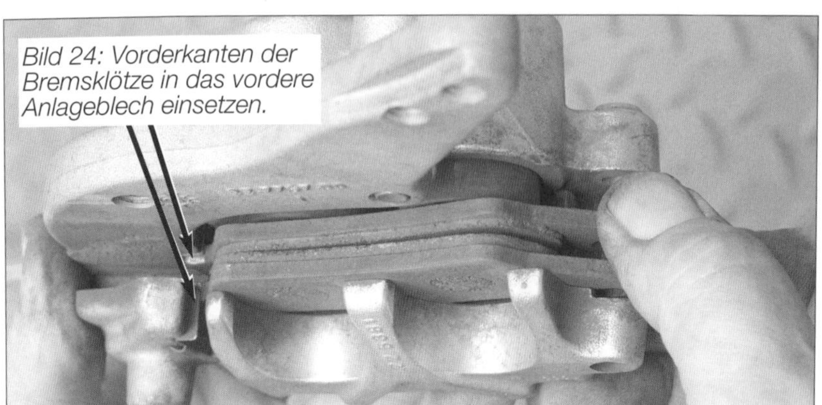
Bild 24: Vorderkanten der Bremsklötze in das vordere Anlageblech einsetzen.

schieben: Ihre Vorderkanten werden in das vordere Anlageblech eingesetzt.

■ Siehe dazu Bild 24, hier ist der Bremssattel abgebaut und umgedreht, damit man die entsprechenden Stellen besser sieht!

5.4. Beide Bremsklötze mit einer Hand gegen den Widerstand des oberen inneren Federblechs nach oben in den Bremssattel drücken.

5.5. Bremsklotz-Haltestift von hinten einschieben, mit kleinem Hammer ganz einklopfen.

5.6. Sicherungssplint ganz einschieben, es muss fühlbar klicken.

6. Rad einbauen.

7. Bremspedal betätigen, damit sich die Beläge an die Scheibe anlegen.

Wichtig: Stand der Bremsflüssigkeit im Vorratsbehälter kontrollieren, ggf. korrigieren.

Vorderradbremsklötze beim Schwimmbremssattel wechseln

Die meisten LC4 haben vorne einen Schwimmsattel mit zwei betätigten Kolben (Bild 19). Die Arbeitsschritte zum Wechseln der vorderen Bremsklötze sind vergleichbar mit den der hinteren.

Vorderradbremsbeläge wechseln bei Festbremssattel

Bei manchen LC4-Modellen ist vorne ein Vierkolben-Festbremssattel angebaut.

1. Sicherungssplinte aus dem Bremsklotz-Haltestift ziehen (Bild 25).

2. Bremsklotz-Haltestift mit einem Durchschlag von der Radseite aus durchschlagen.

2.1. Wenn auch ein Federblech zwischen den Oberkanten der Bremsklötze und Bremsklotz-Haltestift montiert ist: Während des Austreibens des Bremsklotz-Haltestifts das Federblech mit einem Finger etwas nach unten drücken.

3. Bremsklötze herausziehen (Bild 26). Bremssattel innen und außen mit Bremsenreiniger reinigen.

4. Bremskolben zurückdrücken:

4.1. Bremsflüssigkeitsbehälter oben am Lenker öffnen.

4.2. Alte Bremsklötze lose einsetzen und damit die Bremskolben mit der Hand zurückdrücken.

Wichtig: Stand der Bremsflüssigkeit im Behälter oben am Lenker im Auge behalten!

5. Bremsbelag-Trägerplatte der neuen Bremsklötze an der Anlagefläche zu den Bremskolben und an den Kanten dünn mit Bremsenpaste einschmieren.

5.1. Die so vorbereiteten Bremsklötze in die Bremszange einschieben.

6. Bremsklotz-Haltestift mit einer Messingbürste reinigen.

6.1. Wenn ein Federblech montiert ist: Dieses mit dem Pfeil nach vorne ansetzen, mit dem Finger etwas nach unten drücken und den Bremsklotz-Haltestift einschieben.
6.2. Bremsklotz-Haltestift mit einem kleinen Hammer ganz in seine Bohrung einklöpfeln.
7. Sicherungssplinte in Bremsklotz-Haltestift einsetzen: Ganz eindrücken, es muss klicken!
8. Bremsbeläge durch mehrmaliges Pumpen am Handbremshebel an die Scheiben anlegen. Stand der Bremsflüssigkeit im Behälter oben am Lenker kontrollieren, ggf. korrigieren. Behälter verschließen.

Führungsstifte gängig machen

Bei einem Schwimmbremssattel, wie er an den meisten LC4 vorne und hinten verbaut ist, gleitet das mit den Bremskolben bestückte Bauteil des Bremssattels auf zwei Stiften. Je ein Stift ist im Kolbengehäuse und im Bremssattelhalter verschraubt (siehe dazu Bilder 27 und 28).

Zum Schutz vor Nässe und Schmutz sind ziehharmonikaartige Faltenbälge über den Führungsstift angebracht. Diese sitzen auf beiden Seiten über einem Bund; innen ist Silikonfett eingefüllt.

Wenn nun durch eine mechanische Einwirkung die Faltenbälge löchrig geworden sind oder durch entsprechendes Alter porös, dann tritt das Silikonfett aus und es gerät Schmutz hinein. Es bildet sich rasch Korrosion, der Bremssattel kann nicht mehr frei gleiten und wird fest. Dieses passiert nicht plötzlich, sondern es ist ein eher »schleichender Prozess«.

Festgegangene Führungsstifte können folgendermaßen aufgespürt werden:
1. Sensible Fahrer spüren am veränderten Druckpunkt der Bremse, dass etwas nicht stimmt.
2. Außerdem wird die Bremse heißer als üblich, weil die Bremsbeläge beim Loslassen des Bremshebels nicht mehr freigängig zur Scheibenoberfläche hin werden, sondern andauernd an ihr schleifen.
3. Die Bremse quietscht, auch wenn der Bremshebel nicht betätigt wird.
4. Deswegen wichtig:
■ Beim Waschen der Maschine sollte man die Faltenbälge über den Führungsstiften auf Sicht ebenso kontrollieren wie beim Wechsel der Bremsbeläge sowie bei jedem Radausbau zwecks Reifenwechsel, ob sie noch ihre einwandfreie Ziehharmonikaform haben, ringsum dicht sind und an beiden Enden exakt auf jedem Bund sitzen!
■ Bei ausgebautem Rad (oder ausgebauten Bremsklötzen) den Bremssattel mit der Hand hin und her drücken (Bild 28). Das geht zwar etwas schwer, aber man spürt dabei, ob die Führungsstifte gleichmäßig gleiten, sehr schwer gehen oder schon fest sind. Wenn die Führungsstifte wegen Fettmangel schwer gehen oder schon in ihren Bohrungen korrodiert sind, müssen sie ausgebaut, gangbar gemacht und neu gefettet eingebaut werden.

Bilder 25 und 26: Bremsklotz-Ausbau beim Festbremssattel.

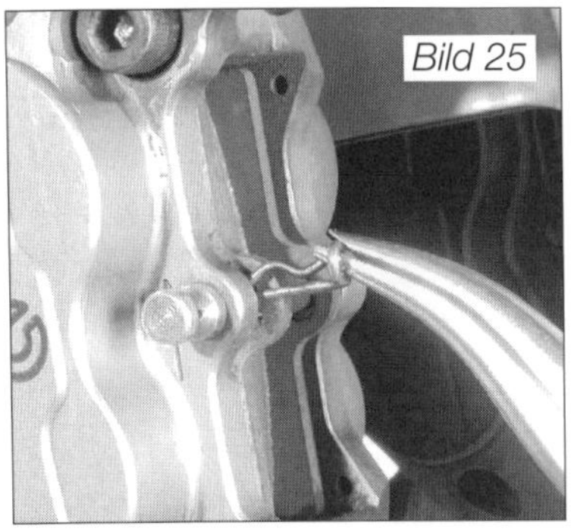

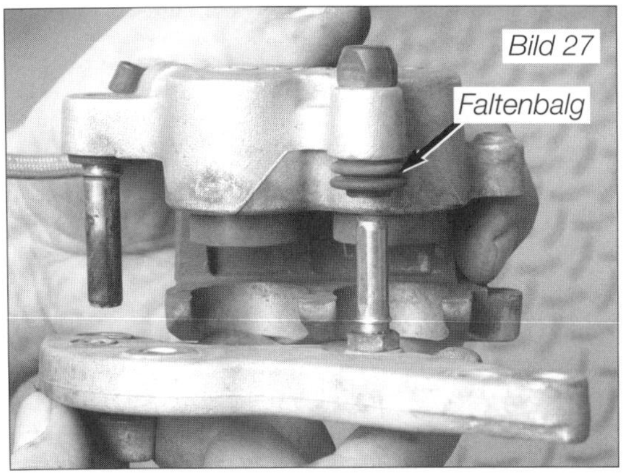

Bild 27: Auseinandergezogener Schwimmbremssattel.

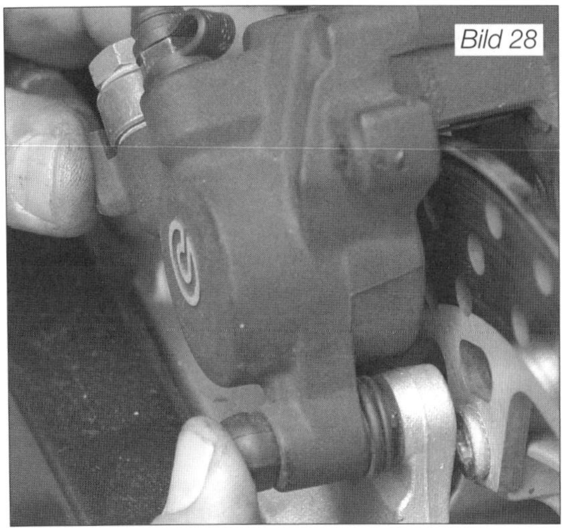

Bild 28: Prüfen, ob die Bauteile des Bremssattels leicht auf den Führungsstiften zueinander gleiten:

■ Bei ausgebauten Bremsklötzen (oder ausgebautem Rad) den Bremssattel mit der Hand hin und her drücken.

■ Man spürt dabei ganz deutlich, ob die Führungsstifte leicht oder schwer gehen oder sogar schon fest sind.

Wichtig: Beim Zusammenbau unbedingt neue Faltenbälge einbauen, diese also rechtzeitig vor Beginn der Arbeiten beim KTM-Händler kaufen!

Dabei beachten:

1. Festsitzende Stifte im hinteren Bremssattel in noch zusammengebautem Zustand des Bremssattels aus den Gewinden schrauben (Bild 29).

Bilder 29 und 30: Wenn die Führungsstifte des hinteren Bremssattels fest sind, kann der Bremssattel in angebautem Zustand zerlegt werden. Dazu den hinteren Führungsstift aus dem Gewinde drehen und die Gehäuseseite, in der der Bremskolben sitzt, von der Trägerplatte abziehen.

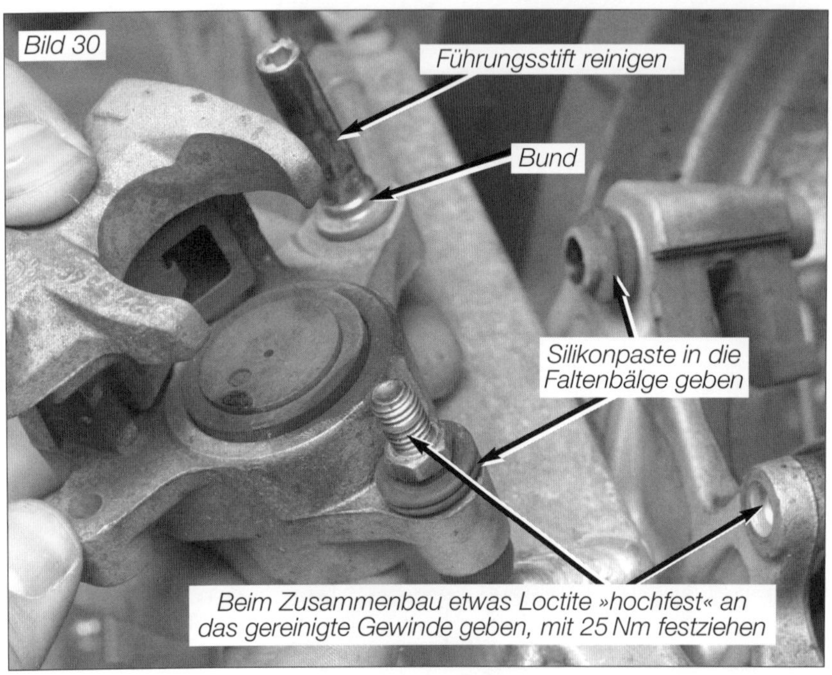

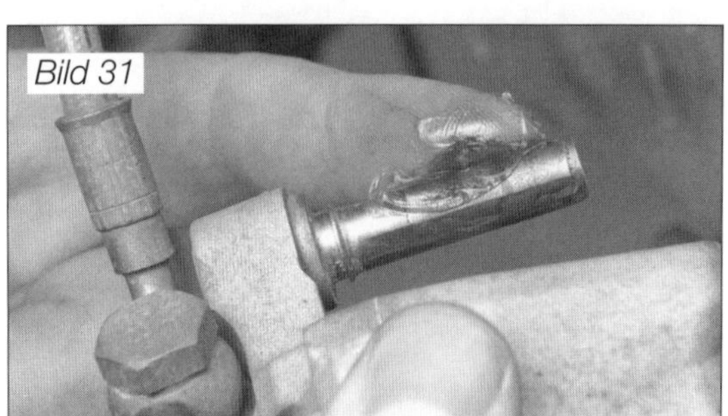

Bild 31: Beim Zusammenbau reichlich Silikonpaste an die gereinigten Führungsstifte und in die Faltenbälge geben.

1.1. Beim vorderen Bremssattel muss dieser komplett abgebaut werden.

2. Jegliche Korrosion von den Stiften und aus den Bohrungen im Bremssattel bzw. der Halteplatte mit entsprechend feinkörnigem Schleifpapier entfernen.

2.1. Wenn die Korrosion so stark ist, dass die Bohrungen im Aluminium des Bremssattels übermäßig gelitten haben und z. B. unrund sind oder die Führungsstifte mehr als 0,2 mm Spiel haben, ist der Bremssattel komplett Schrott und muss erneuert werden.

3. Gewinde der Führungsstifte reinigen, einen Tropfen Loctite 2701 »hochfest« daran geben, einschrauben und mit 25 Nm festziehen.

4. Beim Zusammensetzen des Bremssattels reichlich Silikonfett an die Führungsstifte und in ihre Bohrungen und Faltenbälge geben.

5. Enden der Faltenbälge vorsichtig über die Bünde der Stifte schieben.

Bremsflüssigkeit wechseln

Alle 20 000 Kilometer (spätestens alle zwei Jahre!) sollte die Bremsflüssigkeit erneuert werden. Sie zieht im Laufe ihres Lebens Wasser und wird dadurch anfällig für »Kochen«. In mit Wasser versetzter Bremsflüssigkeit können sich bei Hitze regelrechte Dampfblasen bilden. Schnelle oder pässebegeisterte Fahrer wechseln die Bremsflüssigkeit alle 12 Monate, denn durch den ständigen Wechsel von Erhitzen und Abkühlen wird die Bremsflüssigkeit besonders stark belastet.

Je älter Bremsflüssigkeit wird, desto mehr Wasser nimmt sie aus der Luft auf. Ihre Temperaturstabilität sinkt, sie beginnt schon früh zu kochen. Es besteht die Gefahr, dass die Bremsen bei extremem Einsatz, etwa bei Passabfahrten oder Rennstreckenbetrieb, durch Dampfblasen versagen, der Bremshebel fällt regelrecht durch.

Bremsflüssigkeit wechseln, Bremsen entlüften

Der nachfolgende Text gilt für die vordere und hintere Bremse.

1. Behälterdeckel, Stützscheibe und Membran entfernen.

Wichtig: Wenn der Deckel des Vorratsbehälters der Bremsflüssigkeit abgenommen und der Behälter offen ist, immer darauf achten, dass kein Schmutz in den Behälter und damit in die Bremsflüssigkeit gelangt.

2. Alte Bremsflüssigkeit aus dem Behälter absaugen, z. B. mit einer Einwegspritze.

3. Frische Bremsflüssigkeit einfüllen.
4. Gummikappe am Entlüftungsnippel des Bremssattels entfernen, einen exakt passenden Ringschlüssel auf das Sechskant des Entlüftungsnippels aufstecken und danach einen passenden durchsichtigen Schlauch, der in einem Auffanggefäß endet, über den Entlüftungsnippel stülpen (Bild 33).
5. Etwas Bremsflüssigkeit in das Auffanggefäß geben, Schlauchende muss in die Bremsflüssigkeit eintauchen (Bild 33).
■ Niveau der Bremsflüssigkeit im Auffanggefäß muss etwas höher stehen als der Entlüftungsnippel (Bild 33).
6. Bremshebel bzw. Bremspedal ein paar Mal anziehen/runterdrücken, bis Widerstand spürbar ist. Schön langsam pumpen und den Hebel/das Pedal zwischendurch immer einige Sekunden in Ruhestellung lassen, um zu gewährleisten, dass Bremsflüssigkeit luftfrei nachläuft.
7. Hebel/Pedal betätigen und am Widerstandspunkt gezogen/gedrückt halten.
8. Entlüftungsnippel 1/4 bis 1/3 Umdrehung öffnen, Hebel/Pedal ganz durchziehen/durchdrücken, Nippel sofort wieder schließen.
9. Hebel/Pedal langsam wieder loslassen. Einige Male pumpen, Hebel/Pedal in Druckposition halten, das Ventil aufdrehen und wieder schließen.
■ Diese Vorgänge so lange wiederholen, bis aus dem Schlauch nur noch saubere Bremsflüssigkeit kommt.
■ Dazwischen immer wieder nachsehen, ob noch genügend Bremsflüssigkeit im Vorratsbehälter ist. Der Pegelstand sollte nicht unter LOWER fallen. Rechtzeitig nachfüllen, damit keine Luft ins System gelangt.
10. Tritt am Entlüftungsschlauch nur noch frische Bremsflüssigkeit ohne Luftbläschen aus, Hebel/Pedal nochmals durchziehen/durchdrücken, gleichzeitig den Entlüftungsnippel zudrehen (14 Nm).
10.1. Hebel/Pedal einige Male durchziehen/durchdrücken und damit prüfen, ob die Bremse einen gleichmäßigen Druckpunkt hat.
11. Abschließend Bremsflüssigkeitsstand nochmals prüfen und ggf. bis zur Markierung auffüllen, Behälter schließen.

Bremssättel und Bremspumpen

Wir wiederholen uns: Arbeiten an Bremssätteln und Bremspumpen setzen meisterliche Fähigkeiten und reichlich Motorraderfahrung voraus. Wenn Sie Probleme mit der Bremsanlage haben, gehen Sie als Erstes zum KTM-Händler.

Es gibt allerdings auch spezielle Bremsenfachbetriebe, bei denen man Bremspumpen und Bremssättel überholen lassen kann. Zur fachgerechten Überholung von Bremspumpen und Bremssätteln gibt es Dichtungskits als Orginalersatzteil beim KTM-Händler. Im Zweifelsfall sind neue Bremspumpen oder Bremssättel die bessere Empfehlung als zweifelhaft überholte oder gebrauchte Teile!

Bei einem alten oder schlecht gewarteten Motorrad kann es vorkommen, dass die Bremskolben durch starke Verschmutzung oder langes Stillstehen der Maschine festsitzen, die Kolbendichtungen undicht sind, Dreck in der Bremsleitung steckt und dadurch die Bremse nicht mehr einwandfrei funktioniert. Falls Dreck in die Bremsanlage gekommen ist, zum Beispiel bei einem Sturz, bei dem Teile der Bremsanlage zerstört wurden, muss die komplette Bremse zerlegt und gereinigt werden.

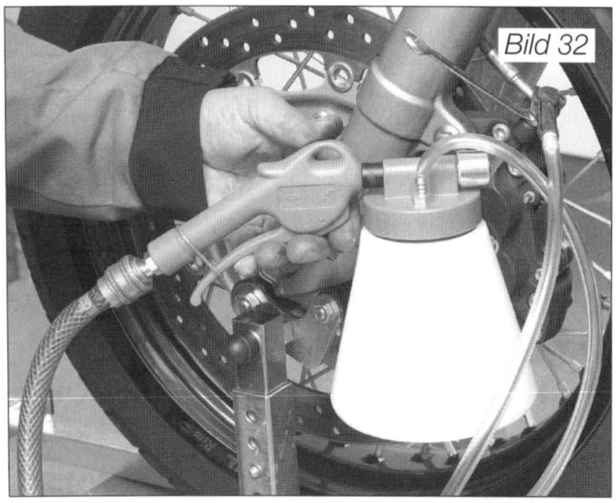

Bild 32: Professionelles Entlüftungsgerät (Lucas/Schüller). Es arbeitet mit Druckluft, die im Behälter einen Unterdruck erzeugt und die Bremsflüssigkeit absaugt.

Bild 33: Systemanordnung mit Glas, durchsichtigem Schlauch und Ringschlüssel über dem Entlüftungsnippel für eine Bremsentlüftung per Hand.

Sichtprüfung   Messen

Generelle Tipps zuvor:
■ Beim Lösen der Bremsschlauchanschlüsse und Zerlegen der Bremssättel und Bremspumpen reichlich frische Lappen bereithalten und unterlegen.

Bild 34: Schlunzige Bremsflüssigkeit im Hauptbremszylinder, Bremse muss komplett zerlegt und gereinigt werden.

Bild 35: Ausdrücken der Bremskolben mit Druckluft.

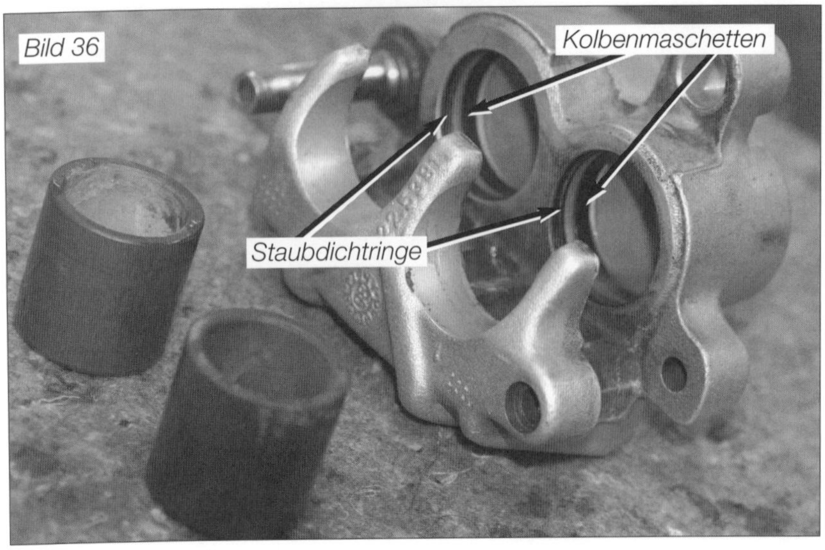

Bild 36: Sitz der Staubdichtringe und Kolbenmanschetten.

■ Wenn die Hohlschraube, mit der der Bremsschlauch am Bremssattel befestigt ist, zwecks kompletter Abnahme des Bremssattels abgeschraubt werden soll, öffnet man diese am besten schon dann, wenn der Bremssattel noch an seiner Halterung festgeschraubt ist.
■ Wenn ein Vierkolben-Festbremssattel am Vorderrad zerlegt werden soll, die Verbindungsschrauben der Bremssattelhälften auch schon dann öffnen, wenn der Bremssattel noch an der Telegabel angeschraubt ist.
■ Später beim Zusammenbau und beim Anbringen der Bremsschläuche unbedingt neue Dichtringe verwenden, diese also rechtzeitig vorher kaufen.
■ Die Bremsschläuche so anbringen, dass sie ohne irgendwo anzustehen und ohne Knicke verdrehfrei von ihrer Anschlussstelle wegführen.

Bremssattel zerlegen

Vorbereitende Arbeiten: Bremsklötze ausbauen, Anschlüsse der Bremsschläuche lösen und abnehmen, Halteschrauben der Bremssattelhälften lösen, Bremssattel abbauen.

1. Festsattel: Verbindungsschrauben ausdrehen und die beiden Hälften voneinander trennen. Wenn sie verklebt sind, helfen leichte (leichte!) Schläge mit einem Plastikhammer auf die Gehäusehälften.

2. Schwimmsattel: Kolbengehäuse von der Halteplatte abziehen.

3. Bremskolben herausdrücken:

3.1. Lappen über die Bremskolben legen, Bremssattelhälfte umdrehen und auf eine feste Holzunterlage legen (Bild 35).

4. Druckluft durch die Bremsflüssigkeitsbohrung in den Bremssattel blasen, die Bremskolben werden dadurch herausgestoßen (Bild 35).

Wichtig: Vorsicht beim Umgang mit Druckluft! Luftdruck vorsichtig dosieren, damit die Bremskolben nicht herausschießen! Finger aus dem Bremssattel nehmen, um Verletzungen zu vermeiden.

5. Staubdichtringe und Bremsmanschetten (Bild 36) mit einem Zahnarzthaken (Bild 37) oder kleinem, stumpfen Schraubenzieher heraushebeln. Die Teile werden dabei meistens zerstört.
■ Ausgebaute Kolben, Zylinderbohrungen und Dichtringnuten nicht beschädigen!
■ Gebrauchte Staubdichtringe und Kolbenmanschetten nicht wieder verwenden, Neuteile rechtzeitig vor Beginn der Arbeiten besorgen!

Extra-Schraubertipp: Falls Sie sich an einem unwirtlichen Ort dieser Welt aufhalten und dort

-mspumpe oder Bremssattel zerlegen müssen, l z. B. der Bremskolben nicht mehr gängig ist, d Sie feststellen, dass die Bremskolben riefig d, aber keine Chance haben, an Neuteile zu mmen, ziehen Sie die beschädigte Kolben-erfläche mit feinstem Läppleinen unter Zugabe n reichlich Schleiföl (dünnes Motoröl geht auch) rgfältig ab. Wenn Sie keine Ersatzteile haben d deswegen auch die Kolbendicht- und Staub-ge ein weiteres Mal verbauen müssen, gehen e beim Zerlegen sehr sorgsam damit um. Wie esagt: **Diese Tipps gelten nur im Notfall!**

auteile des Bremssattels prüfen, vermessen

Bremskolben und ihre zugehörigen Bohrungen den Bremssattelhälften dürfen keine Riefen, ratzer, Rostnarben oder sonstige Beschädi-ungen aufweisen. Wenn doch, müssen sie er-euert werden.

- Festsitzenden Dreck mit reichlich Bremsen-einiger und rauem Lappen abrubbeln.
- Weder Bremskolben noch Kolbenbohrungen nit Schmirgelpapier bearbeiten!
- Es gibt keine festen Verschleißmaße für die Bohrungen in den Bremssätteln und Brems-zylindern sowie deren Bremskolben. Wenn Prä-zisionsmessgeräte zur Verfügung stehen, kann man das Spiel zwischen Bremskolben (Außen-durchmesser) und Gehäusebohrung (Innen-durchmesser) messen. Anhaltswert: Das Spiel darf ca. 1/10 mm betragen!
- Staubdichtringe und Kolbenmanschetten müssen in einwandfreiem Zustand sein, also »wie neu«. Im Zweifelsfalle erneuern.

Bremssattel zusammenbauen

Umgekehrt zur Zerlegung. Speziell beachten:

1. Einmal ausgebaut, müssen neue Staubdicht-ringe und Kolbenmanschetten eingebaut werden.

2. Beim geringsten Zweifel am einwandfreien Zustand der Kolben müssen diese erneuert werden.

3. Sauberkeit der Dichtringnuten kontrollieren, bevor die neuen Dichtringe eingesetzt werden!

4. Staubdichtringe und Kolbenmanschetten vor dem Einsetzen mit reinem Silikonfett oder frischer Bremsflüssigkeit satt einschmieren.

- Staubdichtringe und Kolbenmanschetten sorgfältig in ihre Nuten einsetzen (Bild 38).

5. Bremskolben einbauen: Exakt ansetzen und nicht verkanten. Ganz tief in ihre Sackbohrungen eindrücken (Bild 39).

- Offene Seite der Bremskolben muss nach außen zu den Bremsbelägen gerichtet sein (Bild 39).
- Dichtlippen des Staubdichtrings und der Kolbenmanschetten dürfen sich beim Einführen der Kolben nicht umwenden (Bilder 38 und 39)!

Bremspumpe zerlegen

Wenn eine Bremse so heftig defekt ist, dass der Bremssattel zerlegt werden muss, dann müssen auch die Bremspumpe zerlegt und die Bremsschläuche gereinigt werden. Denn wenn Schmutz in die Bremsanlage gelangt ist, sitzt

Bild 37: Ausziehen der Kolbenmanschette mit einem Zahnarzthaken.

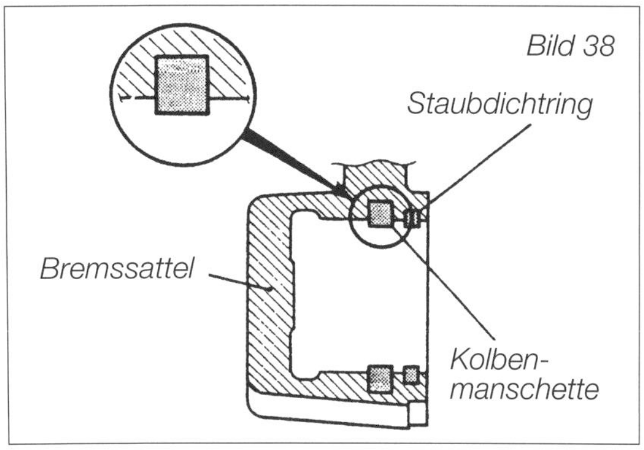

Bild 38: Beim Einsetzen neuer Kolbenmanschetten und Staubdichtringe darauf achten, dass sie sich möglichst wenig verformen und formstabil in ihre Nuten eingesetzt werden.

Bild 39: Oberfläche des Bremskolbens darf nicht beschädigt sein und keine Riefen oder Kratzer haben! Mit Silikonpaste einschmieren. Kolben mit der offenen Seite nach außen weisend einsetzen und ganz eindrücken.

Bild 40: Silikonpaste an Bremskolben vor Einbau.

Bild 41: Ausgebauter Seegerring.

dieser auch in den Bremspumpen und den Schläuchen.

1. Bremspumpe vorne: Bremsflüssigkeit absaugen, Hohlschraube am Bremsleitungsanschluss ausschrauben, Bremshebel abschrauben, Bremspumpe vom Lenker abschrauben.

1.1. Bremspumpe hinten: Stecker vom Bremslichtkabel abziehen, Hohlschraube (ist gleichzeitig Bremslichtschalter) am Bremsleitungsanschluss ausschrauben. Bremspumpe abschrauben, nach oben von der Druckstange abziehen.

2. Staubschutzbalg aus Bremszylinder vorsichtig herausziehen.

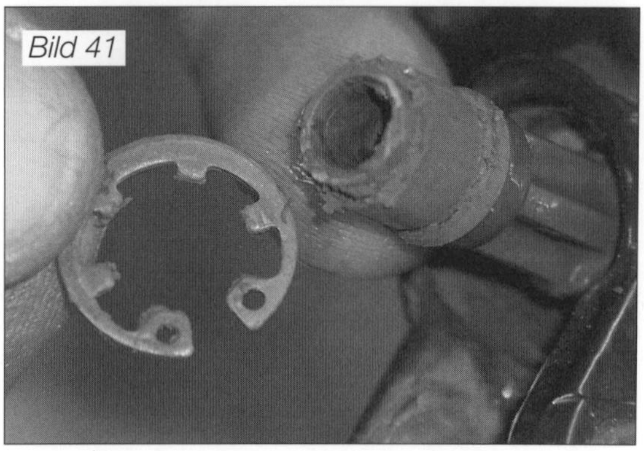

3. Seegerring mit einer langen Seegerringzange ausbauen (Bild 41): Dabei mit dem Daumen den Kolben gegen die Feder eindrücken, damit der Seegerring entlastet ist.

4. Kolben und Feder entnehmen.

Bremspumpe kontrollieren

Hierfür gelten die gleichen Punkte wie im Text weiter vorne unter »Bauteile des Bremssattels prüfen und vermessen«.

Bremspumpe zusammenbauen

1. Konische Feder mit dem großen Durchmesser nach innen weisend einsetzen.

2. Kolbensatz in Pumpe eindrücken, Seegerring einsetzen, Staubbalg einschieben.

3. Pumpe am Lenker anbringen, Schrauben gleichmäßig mit 10 Nm festziehen.

4. Beim Anbringen des Handbremshebels die Lagerstelle gut mit schwerem Fett einfetten.

5. Bremsschlauchverbindungen (neue Dichtringe!) installieren: Neue Kupferdichtscheiben verwenden, Hohlschrauben mit viel Gefühl bis auf maximal 15 Nm festziehen.

■ Befüllen des Hydrauliksystems und Bremse entlüften siehe Text weiter vorne in diesem Kapitel.

Stahlflexleitungen

Wenn eine ältere LC4 noch mit Gummibremsleitungen bestückt ist, sollen diese laut Hersteller nach spätestens 4 Jahre erneuert werden, weil sie durch den ständigen Kontakt mit Bremsflüssigkeit porös und dadurch »weich« werden, was unter Druck bis zum Platzen führen kann! Man spürt eine weiche Bremsleitung in der Bremshand, denn der Druckpunkt wird immer weniger exakt definierbar.

Sollen die Gummibremsleitungen erneuert werden, ist das mit Arbeits- und Materialkosten verbunden, sodass sich ein Umbau auf Stahlflexleitungen anbietet. Diese altern nicht, denn im Gegensatz zu Gummi ist Teflon nicht atmungsfähig und verhindert so eine Luftaufnahme der Bremsflüssigkeit.

Eine Stahlflexleitung besteht aus einem inneren Teflonschlauch, der mit einem flexiblen Geflecht aus Edelstahl ummantelt ist. Der Teflonschlauch übernimmt den Flüssigkeitstransport, während die Drahtumflechtung die Druckkräfte aufnimmt. Beide Komponenten zusammen bilden die Schlauchleitung.

Qualitativ hochwertige Stahlflexleitungen sind

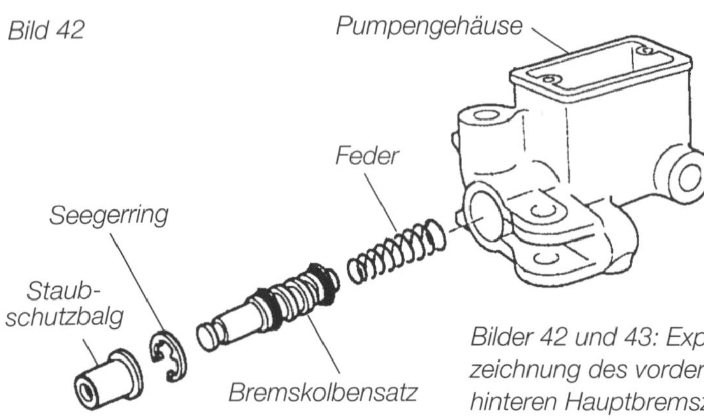

Bilder 42 und 43: Explosionszeichnung des vorderen und hinteren Hauptbremszylinders.

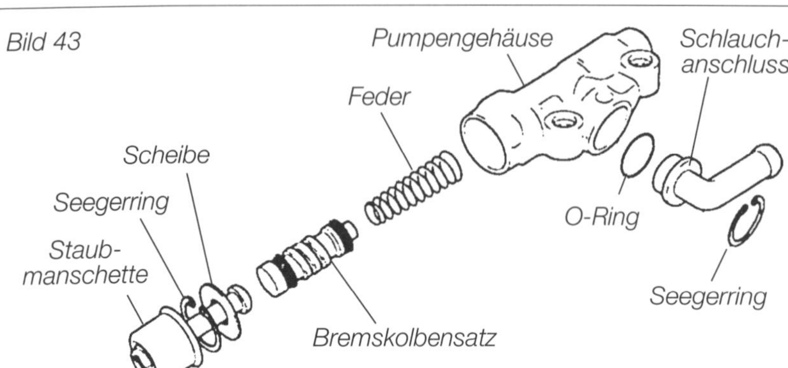

zusätzlich mit einem Kunststoffüberzug versehen, der andere Teile des Motorrads (z. B. Gabel- und Verkleidungsbauteile) vor Beschädigung schützt. Denn das äußere, sehr harte Edelstahlgewebe neigt im Laufe der Zeit durch die Bewegungen des Fahrzeugs dazu, sich in weichere Teile, an denen es auf- oder anliegt, einzuarbeiten wie ein Sägeblatt; es kann auch der Stahlflexschlauch selbst beschädigt werden. Der Kunststoffüberzug wird in verschiedenen Farben angeboten, so dass man seinem Motorrad über die Bremsleitungen einen zusätzlichen individuellen Farbtouch geben kann.

Neben dem Vorteil der Alterungsbeständigkeit ist ein weiterer Vorteil der Stahlflexleitung, dass sie sich unter dem Bremsdruck nicht ausdehnt und somit die Bremse direkter anspricht. Sportlich ambitionierte Motorradfahrer schwören auf den Einsatz der Stahlflexleitungen.

Stahlflexleitungen sind beim KTM-Händler sowie im Motorrad- und Zubehörhandel erhältlich. Sie müssen fachgerecht angebaut werden:

- Die Leitungen dürfen nirgends scheuern oder gar geknickt werden.
- Oftmals empfiehlt es sich, die Stahlflexleitungen mit Kabelbindern zu fixieren, wenn sie nicht schon serienmäßig angebunden sind. Dabei dürfen die Kabelbinder nicht zu fest angezogen werden.
- Im Bereich der Gabel ist es besonders wichtig, den Einfederweg und den Negativfederweg zu berücksichtigen: Die Bremsleitungen müssen beim vollen Eintauchen der Gabel und beim vollständigen Ausfedern genügend Spiel haben, sie dürfen dabei keinesfalls spannen, also auf Zug belastet werden. Sonst können Beschädigungen an der Leitung auftreten, der Schlauch kann an der Anschlussstelle abknicken; im schlimmsten Fall bricht der Fitting (Ringanschluss) ab.

Bremsleitungen abbauen

1. Bremsflüssigkeit aus dem Bremsflüssigkeitsbehälter absaugen.
2. Schlauch auf den Entlüftungsnippel am Bremssattel schieben, Ende in einen geeigneten Behälter stecken, Entlüftungsnippel öffnen und die restliche Flüssigkeit abpumpen oder durch die Schwerkraft ablaufen lassen (Aufbau siehe Text/Bilder »Bremse entlüften« weiter vorne in diesem Kapitel).
3. Hohlschraube der Bremsleitung am Bremssattel abschrauben, restliche Flüssigkeit in einen geeigneten Behälter abfließen lassen. Reichlich Lappen bereithalten!
4. Obere Hohlschraube der Bremsleitung lösen und herausdrehen, Bremsleitungen abnehmen.
5. Alle Anschlüsse sauber putzen, dazu Bremsenreiniger verwenden und nicht fusselnde Lappen.

- Falls Bremsflüssigkeit auf Bauteile gelangt ist, diese mit Bremsenreiniger und lauwarmem Wasser mit einem Schuss Spüli oder Pril abspülen und trocken putzen.

Bremsleitungen anbauen

Bei neuen Stahlflex-Bremsleitungen sind meist auch neue Anschluss-Hohlschrauben und neue Alu- oder Kupferdichtringe dabei. Sollten diese nicht dabei sein, kaufen Sie in jedem Fall neue Dichtringe und vergleichen Sie die Dicke der Stahlflex-Anschlüsse mit denen der alten Leitun-

Bild 44

Bild 44: Anlageflächen der Bremsleitungs-Hohlschrauben reinigen, neue Dichtscheiben verwenden.

Bild 45

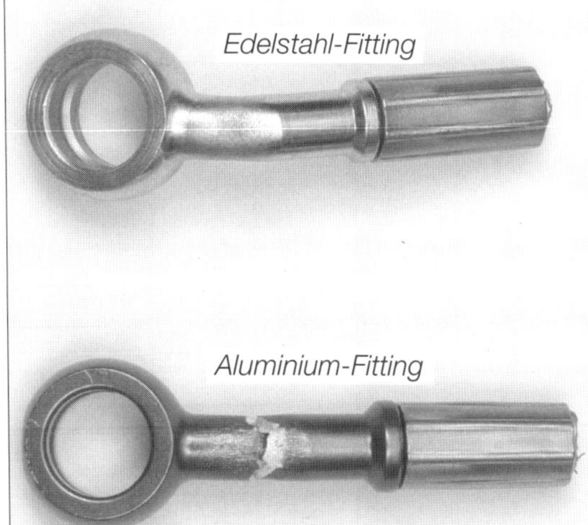

Bild 45: Der Edelstahl-Fitting ist aufgrund seiner höheren Elastizität widerstandsfähiger gegen Verbiegung. Im Gegensatz dazu bricht der Aluminium-Fitting schon bei geringer Biegung, wie es z. B. bei einem Sturz vorkommen kann, spröde ab.

- *Vor dem Abbau der alten Bremsleitungen die Bremsflüssigkeit ablassen.*
- *Vor dem Anbau kontrollieren, ob die Stahlflexleitung in der Länge und den Winkeln der Anschlussstücke den Gummileitungen entspricht.*
- *Wenn der Ringanschluss verdreht werden muss, damit er sauber anliegt, den Ringanschluss vorsichtig in einen Schraubstock spannen und die Quetschhülse mit einer Wasserpumpenzange vorsichtig verdrehen.*
- *Hohlschrauben mit vorgeschriebenem Drehmoment festziehen.*

Sichtprüfung Messen

Bilder 46 und 47: Unser Fotomotorrad hat eine wave-Bremsscheibe von ABM und eine Brembo-Monoblock angebaut, eine Hochleistungsbremse erste Güte! ABM liefert auch eigene Bremssättel mit Einzelbelägen und Adapter zum Anbau.

gen, damit die Anschluss-Hohlschraube weder zu kurz noch zu lang ist.

1. Halterungslaschen von den alten Bremsleitungen abbauen und an die neuen Bremsleitungen anbringen.
2. Neue Stahlflex-Bremsleitungen mit den alten Gummileitungen auf Länge, Anschlüsse und Winkel der Ringanschlüsse vergleichen, dazu beide Leitungen auf einer (sauberen!) Werkbank gestreckt parallel zueinander auslegen.
3. Die Stahlflexleitungen zuerst ohne Schrauben von Hand an den oberen Anschluss der Handbremspumpe und den unteren am Bremssattel anlegen. Die Anschlüsse müssen wie von selbst anliegen! Falls nicht: Ringanschluss in einen Schraubstock mit glatten Backen spannen, das Anschlussrohrstück mit einer Wasserpumpenzange vorsichtig (!) etwas verdrehen.
4. Leitungen über die Hohlschrauben mit neuen Dichtringen provisorisch befestigen.
■ Hohlschrauben noch nicht festziehen!
5. Halterungen der Bremsleitungen anschrauben und kontrollieren, ob die Leitungen an jeder Stelle spannungsfrei verlegt sind.
6. Gabel und Schwinge einfedern und dabei die Leitungen beobachten: Leitungen an jeder Stelle scheuerfrei, knickfrei und nicht verdreht? Ansonsten korrigieren.
7. Hohlschrauben langsam handfest anziehen, dabei die Ringanschlüsse auf Position festhalten.
8. Hohlschrauben mit dem vom Hersteller vorgeschriebenen Anziehdrehmoment festziehen.
■ Danach die Verlegung der Bremsleitung nochmals kontrollieren.
9. Bremsflüssigkeitsbehälter mit frischer Bremsflüssigkeit befüllen, langsam durchpumpen oder durch die Schwerkraft nach unten durchlaufen lassen.
■ Entlüftungsnippel unten am Bremssattel muss offen sein, Schlauchende muss in ein geeignetes Gefäß eingesteckt sein.
10. Ist die Bremsanlage mit genügend Bremsflüssigkeit befüllt, muss sie entlüftet werden (siehe dazu Text weiter vorne in diesem Kapitel »Bremsanlage entlüften«).
■ Umbau der hinteren Bremsanlage analog zur vorderen.

Stahlflex-Bremsleitungen werden meist mit einem Teilegutachten ausgeliefert. Der Anbau muss von einem Gutachter abgenommen und in die Kfz-Papiere eingetragen werden (Dekra, KÜS, TÜV). Eine Eintragung entfällt, wenn den Bremsleitungen eine ABE beiliegt.

Dieser musterhafte Umbau wurde mit Goodridge-Stahlflexleitungen durchgeführt. Außer Bremsleitungen bietet Goodridge auch hydraulische Leitungen für Kupplungen, Benzin, Wasser- und Ölversorgung an (Goodridge Deutschland, Talstr. 227, D-67434 Neustadt, *www.goodridge.net).*

Ein Wort zum Schluss: Mit einer auf Stahlflexleitungen umgebauten Bremsanlage muss man sich einige Zeit vertraut machen, denn die Bremse spricht schneller an und packt voll zu. Bei einer Schreckbremsung blockiert das Vorderrad schneller als bei einer Gummileitung, was bei ungeübten Fahrern zum Sturz führen kann.

Bild 46

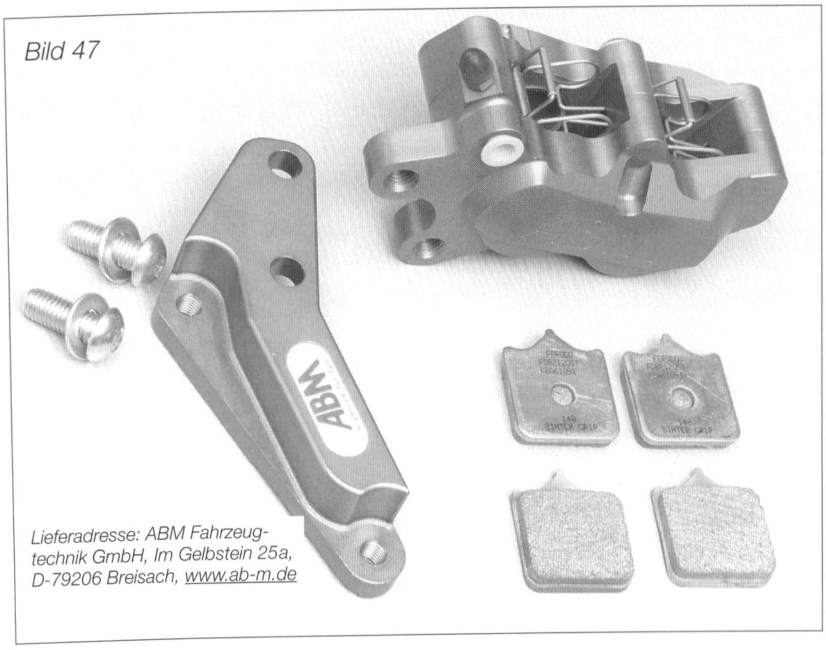

Bild 47

Lieferadresse: ABM Fahrzeugtechnik GmbH, Im Gelbstein 25a, D-79206 Breisach, www.ab-m.de

Kette

In diesem Kapitel: Hinterrad-Antriebskette · Kette und Kettenräder reinigen, schmieren, kontrollieren · Kettenspannung prüfen und einstellen · Kette wechseln · Neues Kettenschloss.

Hinterrad-Antriebskette

Auf der LC4 ist serienmäßig eine Rollenkette der italienischen Marke Regina in der Abmessung 5/8 x 1/4 Zoll mit O- oder X-Ringen zwischen den Laschen montiert. Die Kette ist je nach Modell (bzw. Größe der montierten Kettenräder) 110 bis 114 Rollen lang. Ihre Lebensdauer kann bei normaler Belastung und guter Pflege 15 000 bis 25 000 km betragen. Entscheidend für eine lange Lebensdauer von Kette, Kettenritzel und Kettenrad ist, dass sie immer gut und richtig gepflegt werden. Laut Wartungsplan soll die Kette alle 500 km geprüft, geschmiert und, falls es notwendig sein sollte, gespannt werden. 500 km ist ein sehr kurzes Wartungsintervall, das für extremen Einsatz unter großer Motorbelastung und schlechtem Wetter gelten mag. Bei normaler Belastung muss die Kette alle 1000 bis 1500 km geschmiert und alle 1500 bis 2000 km gespannt werden; bei Einsatz einer LC4 in Enduro- oder Supermoto-Wettbewerben natürlich öfter.

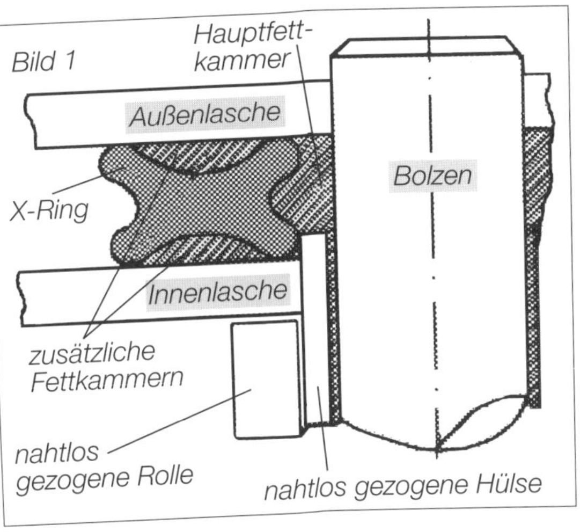

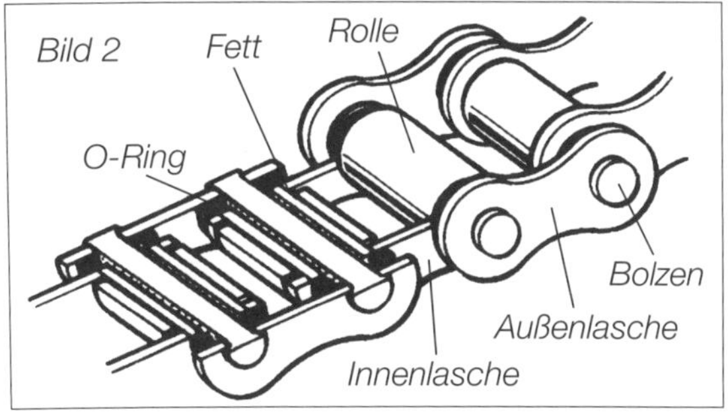

Bilder 1, 2 und 3: Aufbau einer Hinterrad-Antriebskette mit O- oder X-Ringen zwischen den Laschen. Eine Kette mit X-Ringen ist teurer als eine mit O-Ringen, hält aber auch länger und bewegt sich leichter, frisst also nicht so viel Leistung.

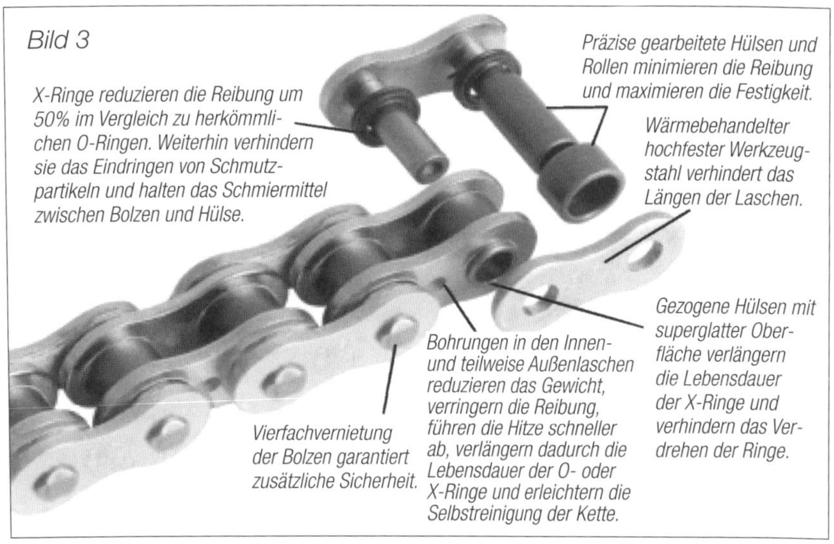

Sicherheitshinweise Achtung und Tipps für dieses Kapitel

Achtung: Bei allen Arbeiten an der Hinterrad-antriebskette gilt: Motor aus, Zündschlüssel abgezogen, Leerlauf eingelegt, Maschine ist sicher auf einem Enduro-Schnellständer aufgebockt.

Tipp: Damit nach dem Kettenspannen das Hinterrad exakt in der Spur des Vorderrades läuft, empfehlen wir das Spezialwerkzeug »Laser CAT« (Bild 9, *www.profiproducts.de*). Damit kann die Kettenflucht exakt überprüft und eingestellt werden. »Laser CAT« ist klein, leicht und handlich und passt prima ins Bordwerkzeug.

Tipp: Im vorderen Bereich der Kette unter der Kettenritzelabdeckung sammelt sich im Laufe der Zeit abgeschleuderte Kettenschmiere vermischt mit Straßendreck und backt zu festen Klumpen zusammen. Es ist bei jeder größeren Reinigung der Maschine mit anschließender Kettenpflege zu empfehlen, die vordere Kettenritzelabdeckung und den Kettenschutz komplett abzuschrauben, um den darin sitzenden Dreck herauszuputzen und alles gut zu reinigen.

Tipp: Von der Kettenmarke Enuma (Importeur Fa. Schüller in Groß-Rohrheim, *www.enuma.de*) gibt es Ketten mit Clipschloss oder Nietschloss für die KTM LC4 sowie Alu-Kettenräder und Stahlritzel in Erstausrüstungsqualität. Sehr empfehlenswert sind die Enuma-Rennketten. Bei geringerem Gewicht haben sie eine höhere Zugfestigkeit als die Erstausrüstungs-Kette. Ebenfalls bei Enuma-Importeur Schüller gibt es ein qualitativ hochwertiges Spezialwerkzeug zum Trennen und Vernieten von Ketten, es nennt sich »Roller Chain Cutter/Reviter«. Alle Enuma-Produkte sind ausschließlich im Motorrad-Fachhandel (und damit auch bei sehr vielen KTM-Händlern) erhältlich.

Sichtprüfung Messen

Kettenverschleiß prüfen

Das Lebensende der Kette deutet sich an, wenn die Zähne der Kettenräder stark verschlissen sind und übermäßig »spitz« werden (Bild 4) und sich die Kette am hintersten Punkt des hinteren Kettenrads mit den Fingern um mehr als eine halbe Zahnhöhe vom Kettenrad abheben lässt. Ein weiteres Indiz für das Ende der Kettenlebensdauer ist auch, wenn die Hinterradachse schon sehr weit hinten steht und die Kettenspann-Möglichkeit damit fast erschöpft ist.

Kettenverschleiß messen

1. Hinterachsmutter lösen, Kette straff spannen.
2. An mehreren Stellen die Länge zwischen der Mitte der Bolzen der ersten Rolle und 18. Rolle mit einem Messschieber messen (Bild 5).
■ Beträgt dieses Maß an einer Stelle mehr als 272 mm, ist die Kette endgültig verschlissen und muss erneuert werden.

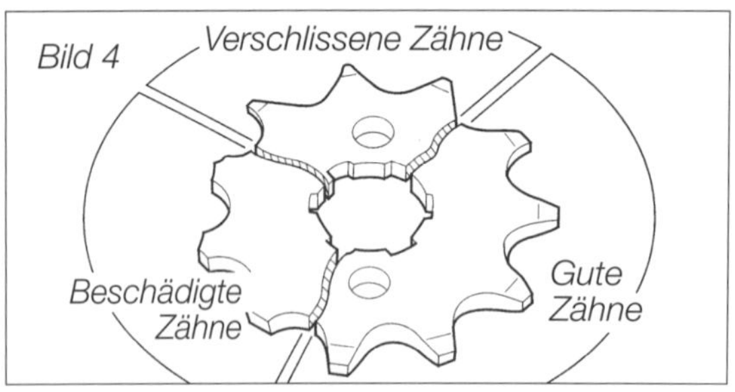

Bild 4: Verschleißbild des Kettenritzels.

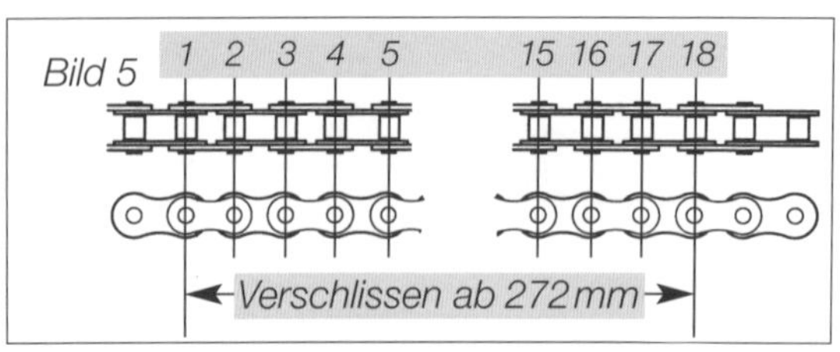

Bild 5: Verschleißgrenze der Kette zwischen Rolle 1 und 18 messen.

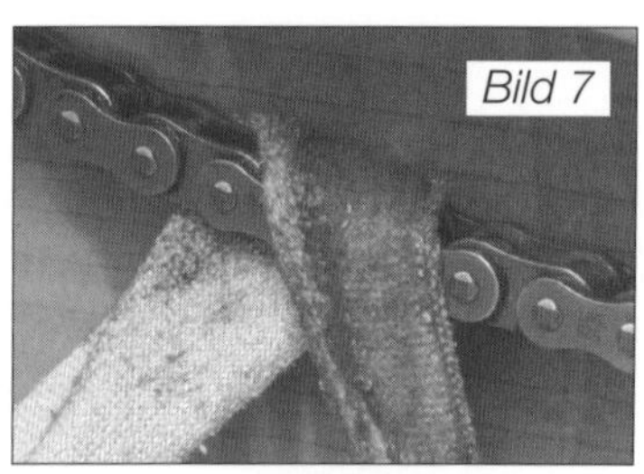

Bilder 6 und 7: ■ Beim Reinigen der Kette den Reifen mit einem Stück Pappe abdecken.

Kettenschleifschutz auf dem rechten Schwingenarm und zum Rahmen hin

Bild 8: Der Kettenschleifschutz auf dem rechten Schwingenarm muss formstabil vorhanden sein.

Bilder 10 bis 13: Im Lauftext sind die zu den Bildern gehörenden Arbeitsschritte nummeriert beschrieben.

Kette und Kettenräder reinigen, kontrollieren

Vor dem Einstellen der Kettenspannung die Kette reinigen und schmieren.
1. Kette mit speziellem Kettenreiniger oder Petroleum (Dieselöl geht auch) und hartem Pinsel reinigen, gut mit nicht fusselndem Lappen abputzen und trocknen lassen (Bilder 6 und 7).
■ Kein zu scharfes Reinigungsmittel verwenden, dieses kann die O-Ringe in der Kette zerstören.
■ Ausdrücklich geeignet zur Kettenreinigung ist der Metall-Schnellreiniger von Schüller, er greift O- und X-Ringe nicht an *(www.enuma.de)*.
2. Bei einer intensiven Reinigung sollte auch die Kettenritzelabdeckung abgenommen und der Dreck sauber herausgeputzt werden.
3. Kette sorgfältig Glied für Glied auf lockere Nieten, beschädigte Rollen, trockene, verrostete, geknickte, verklemmte Glieder, übermäßige Abnutzung und fehlende O- oder X-Ringe überprüfen.
4. Kettenräder auf übermäßig abgenutzte, also spitz zulaufende, abgebrochene oder beschädigte Zähne kontrollieren (Bild 4).
5. Befestigung des hinteren Kettenrads und vorderen Kettenritzels auf festen Sitz prüfen. Im Normalfall lösen sich diese Schraubverbindungen nicht.
■ »Normalfall« bedeutet: Kettenritzel und Kettenrad sind noch serienmäßig (Erstausrüstung) oder beim letzten Wechsel der Kette und Kettenräder wurde sorgfältig gearbeitet.
6. Prüfen, ob die Kettenschleif-Führungsteile (werden auch »Kettengleitstück« oder »Kettenschleifschutz« genannt) vorne auf dem rechten Schwingenarm und unten zum Rahmen hin (Bild 8) genügend dick und an keiner Stelle durchgeschliffen sind.
■ Wenn sie beschädigt ist, unbedingt erneuern, sonst besteht die Gefahr, dass die Kette die Schwinge durchschleift und am Rahmen schleift und diesen beschädigt!

Kettenspannung

Bei der Prüfung der Kettenspannung (das ist der Durchhang der Kette an der straffsten Stelle) soll das Hinterrad möglichst ganz ausgefedert sein, die Maschine also auf dem Mittelständer abgestellt sein. Zur Not kann man die Kettenspannung auch auf dem Seitenständer abgestellt prüfen. Die Kettenspannung wird am unteren Kettentrum zum Schwingenholm gemessen, ungefähr 30 mm hinter dem Ende des unteren Kettenschleifschutzes.

> **Tipp:** Zum Einstellen der Kettenspannung empfehlen wir das Prüfgerät Laser Cat« (Bild 9). Damit kann man sehr einfach prüfen, ob die Kettenflucht stimmt bzw. diese exakt einstellen, womit dann auch Vorder- und Hinterrad in einer Spur laufen.

Kettenspannung prüfen

1. Motor ist abgeschaltet, Leerlauf eingelegt. Maschine so auf Mittelständer (oder Montageständer) aufbocken, dass das Hinterrad voll ausgefedert ist und der Reifen keinen Bodenkontakt hat.
2. Hinterrad mit der einen Hand drehen und gleichzeitig mit der anderen Hand die Kette am unteren Kettentrum wippend leicht nach oben drücken. Damit wird die straffste Stelle gesucht, denn eine Kette verzieht sich im Laufe ihres Lebens unregelmäßig.
2.1. Die straffste Stelle ist die Messstelle.
3. Kettenspannung prüfen, siehe dazu Bild 10:
3.1. Prüfschritt 1: Drei Glieder des unteren Kettentrums nach oben bis dicht an die Schwinge drücken und festhalten.
3.2. Prüfschritt 2: Das obere Kettentrum muss nun sehr straff sein.
4. Ergebnis werten:
4.1. Lässt sich das untere Kettentrum nicht dicht an den unteren Schwingenholm anlegen, ist die Kette zu straff gespannt.
4.2. Lässt sich das untere Kettentrum an den unteren Schwingenholm anlegen und lässt sich dann das obere Kettentrum nach oben und unten bewegen, ist die Kette zu lose gespannt.

Kettenspannung einstellen

1. Etwas Allzwecköl in das Achslangloch der Schwinge und auf die Gewinde der Kettenspannschrauben geben. Hinterachsmutter zwei Umdrehungen lösen, damit sich die Hinterachse leicht verschieben lässt (Bild 11).
2. Kontermuttern beider Einstellschrauben lösen, Einstellschrauben dabei mit einem zweiten Schlüssel gegenhalten (Bild 12).
3. Einstellschrauben gegen die Achsaufnahmen drehen: Die Hinterachse wird nach hinten verschoben und die Kette gespannt.
■ In Vierteldrehungen rechte Schraube – linke Schraube – rechte Schraube – linke Schraube vorgehen, bis die Kette den korrekten Durchhang erreicht hat.
■ Dabei kann man sich grob an den Einstellmarkierungen orientieren, die hinten auf der

Bild 9: Lasermessgerät »Laser CAT« zur Überprüfung und Einstellung der Kettenflucht (www.profiproducts.de).

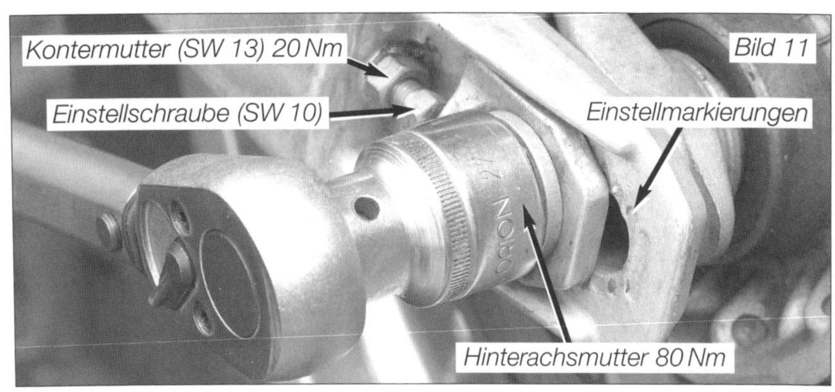

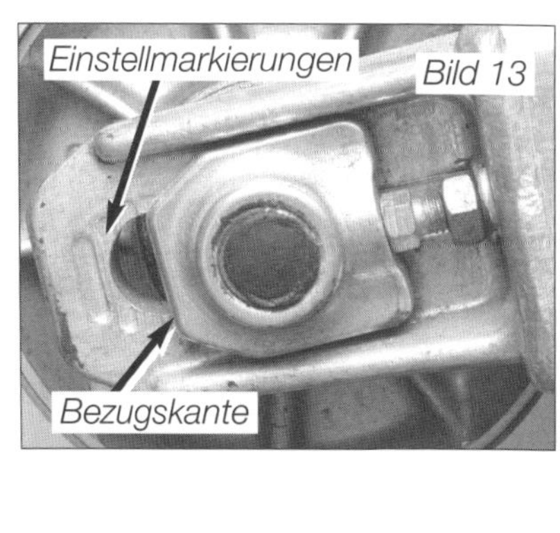

Sichtprüfung

Messen

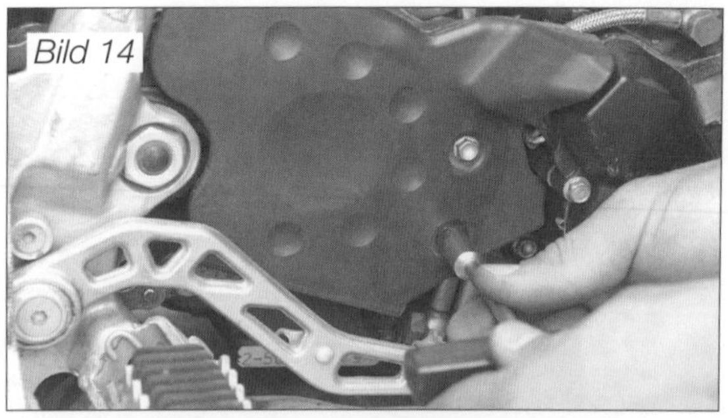

Bild 14: Zum Wechseln der Kette Kettenschutz und Ritzelabdeckung abschrauben.

Bild 15: Kettenclip abschieben.

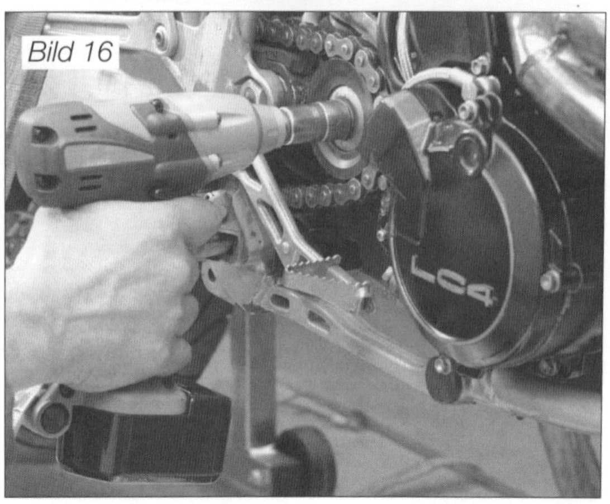

Bild 16: Ritzelschraube mit Akkuschrauber öffnen.

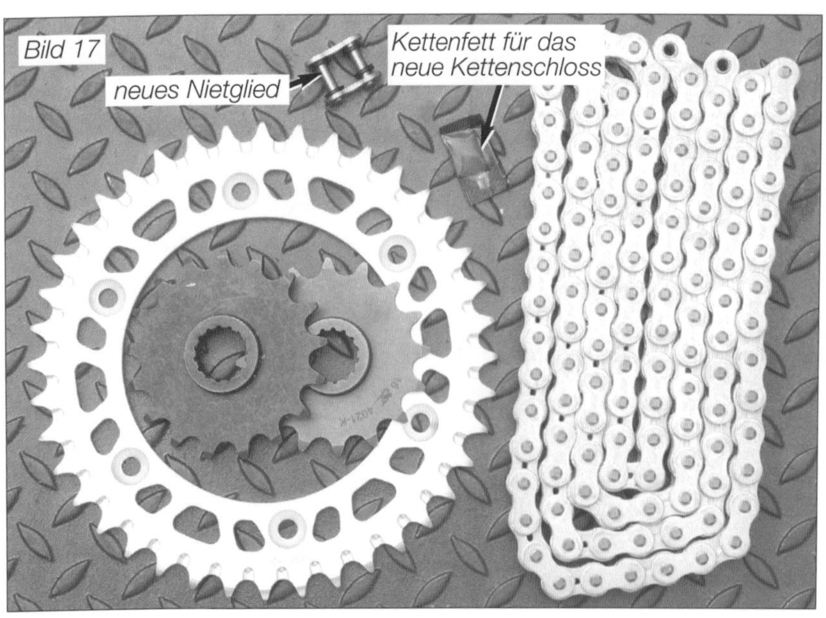

Bild 17: Neue Enuma-Rennkette mit Alu-Kettenrad und zwei vorderen Stahlritzeln.

Schwinge am Achslangloch angebracht sind. Zugehörige Bezugskanten sind die hinteren Kanten der Achsaufnahmen (Bilder 11 und 13).
4. Hintere Achsmutter mit 80 Nm festziehen.
5. Kontermuttern mit 20 Nm gegen die Schwinge kontern (entspricht etwa »gut handfest«), Einstellschrauben dabei auf Zug gegenhalten (Bild 12).
■ Kettendurchhang erneut prüfen.

Kette wechseln

Falls wegen übermäßiger Längung oder anderer Beschädigung eine neue Kette erforderlich ist, müssen auch die Kettenräder erneuert werden. Bei normalem Verschleiß sind Kettenräder und Kette zugleich verschlissen. Wenn man einen extrem billigen Kettensatz montiert, verschleißen die Kettenräder schneller als die Kette. Deswegen raten wir dazu, einen originalen bzw. qualitativ hochwertigen Kettensatz zu montieren.
■ Generell gilt: Nie Neu- und Altteile kombinieren, sie nutzen sich gegenseitig extrem schnell ab.

Neue Kette kaufen

Wenn eine neue Kette notwendig wird und Sie sich keine Originalkette kaufen können (oder möchten), haben Sie im Zubehörhandel die Wahl zwischen verschiedenen Ketten: endlos vernietete, offene Ketten mit Nietschloss oder mit Federclipschloss. Wichtig ist in jedem Fall: **Kaufen Sie in keinem Fall eine Billigkette!**

■ Wenn Sie eine **endlos vernietete Kette** kaufen, müssen Sie zur Montage die Schwinge ausbauen. Das ist ziemlich viel Arbeit.
■ Wenn Sie eine **offene Kette mit Nietschloss** kaufen, ist zum Vernieten ein Spezialwerkzeug erforderlich. Allerdings hält eine sorgfältig montierte Kette mit Nietschloss mit Sicherheit besser und länger als eine Kette mit Federclipschloss.
■ Wenn Sie eine **offene Kette mit Federclipschloss** kaufen, lässt sich diese am leichtesten montieren. Es bleibt aber bei einem Federclipschloss immer die Gefahr, dass dieses aufgeht, wenn es entweder nachlässig montiert wird oder in einem unglücklichen Moment irgendwo schleift und der Federclip abspringt.

In einem neuen Kettensatz ist entweder ein neues Nietglied oder Federclipschloss enthalten. Nie alte O-Ringe oder gar gebrauchte Laschen bei der Montage einer neuen Kette verwenden!

Zum Erneuern einer Kette muss die alte getrennt werden. Beim Federclipschloss ist das eher kein

Problem, bei einer vernieteten Kette kann es eines werden, wenn man keines der Kombiwerkzeuge »Kettentrenner-Vernietwerkzeug« hat. Dann kann man die Kette auch an den Gliederplatten oder den Nietköpfen mit einer Flex durch- bzw. aufschleifen (»aufflexen«).

Alte Kette abnehmen

Vorbereitende Arbeiten:

1. Motorrad sicher aufbocken, Hinterrad darf keinen Bodenkontakt haben.
2. Kettenschutz abnehmen.
3. Deckel über dem vorderen Kettenritzel und Kettenführungsblech abschrauben (Bild 14).

Kette trennen:

1. Wenn Clipschloss montiert ist: Federclip mit einer Zange von hinten abschieben (Bild 15). Verbindungslasche noch nicht abnehmen, Kette noch aufgezogen lassen. Dann weiter mit Arbeitspunkt 3.
2. Vernietete Kette: Wenn die alte Kette mit dem Kettentrenner getrennt oder mit einer Schleifmaschine aufgeflext werden soll: Kette straff spannen, damit sie später beim Durchtrennen mit der Schleifscheibe oder dem Kettentrennwerkzeug nicht herumschlabbert.
3. Vorderes Kettenritzel: Kettenritzel-Befestigungsschraube öffnen (Bild 16).
■ Mit exakt passender Sechskantnuss und kurzer Verlängerung arbeiten. NICHT versuchen, die Ritzelschraube mit einem Gabelschlüssel zu öffnen, das geht garantiert schief und ist sehr gefährlich, was Verletzungen der Hände angeht!
3.1. Dabei das Hinterrad durch Druck auf den Fußbremshebel blockieren. KEINEN Gang einlegen und die Ritzelschraube über dem stehenden Motor öffnen!
■ Falls sich das Hinterrad mitdreht, weil die Schraube extrem fest sitzt und die Bremskraft zum Gegenhalten beim Öffnen der Schraube nicht ausreicht, können Sie es auch mit einem Schlagschrauber versuchen (Bild 16).
Wichtig: Bitte KEINEN Hammerstiel durch das Rad schieben und das Rad damit gegen eine Hinterradspeiche und die Schwingenholme blockieren, es verbiegt garantiert die Speiche!
4. Die sechs Bundmuttern der Befestigungsschrauben des hinteren Kettenrads zwei Umdrehungen öffnen.
5. Kette mit Federclipschloss: Verbindungslasche abziehen, Kettenverbindungsglied ausziehen, Kette abnehmen.
6. Vernietete Kette: Mit dem Kettentrennwerkzeug durchtrennen.
■ Oder die Kettenlaschen mit einem Winkelschleifer durchflexen, Kette abziehen.

Kettenräder wechseln

1. Altes Kettenritzel vorne abziehen. Getriebeabtriebswelle gut reinigen.
2. Buchse von Getriebewelle abziehen. Buchse und Lippen des Getriebeabtriebs-Simmerrings mit Ölspray und Lappen reinigen. Etwas leichtes Wälzlagerfett in den Simmerring geben. Buchse mit dem Bund nach innen (Bild 18) wieder auf die Getriebeabtriebswelle schieben.
3. Keilnuten der Getriebabtriebswelle etwas einfetten.
4. Neues Ritzel mit der Gummischeibe nach außen aufschieben. Ritzelschraube provisorisch

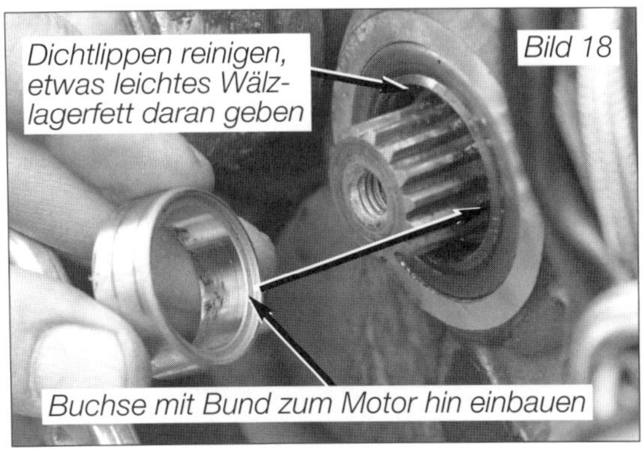

Bild 18: Getriebeabtriebswelle mit Buchse und Simmerring.

Bild 19: Ritzel richtig herum aufschieben.

Bild 20: Große Scheibe außen, kleine Scheibe innen auf Ritzelschraube.

Bilder 21 bis 28: Im Lauftext sind die zu den Bildern gehörenden Arbeitsschritte nummeriert beschrieben.

Bild 21

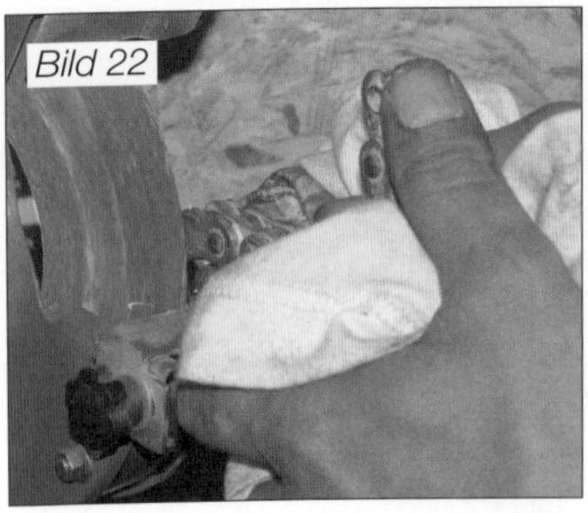
Bild 22

Bild 23

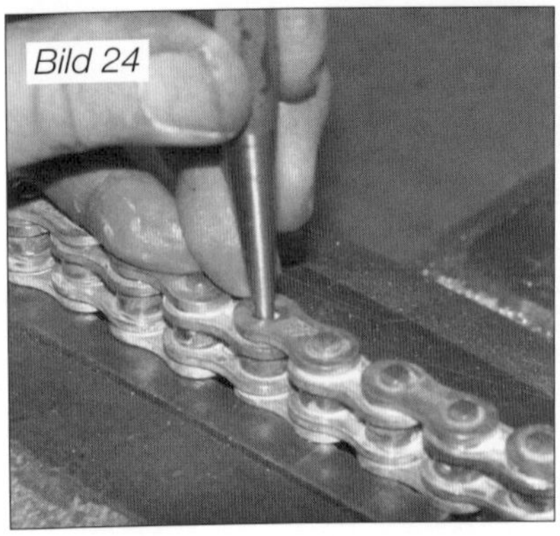
Bild 24

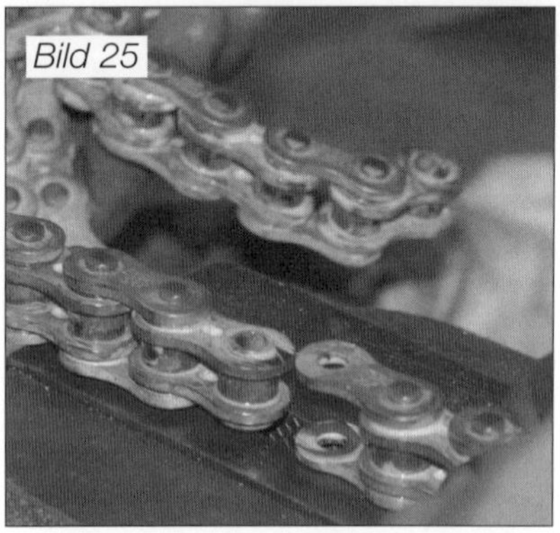
Bild 25

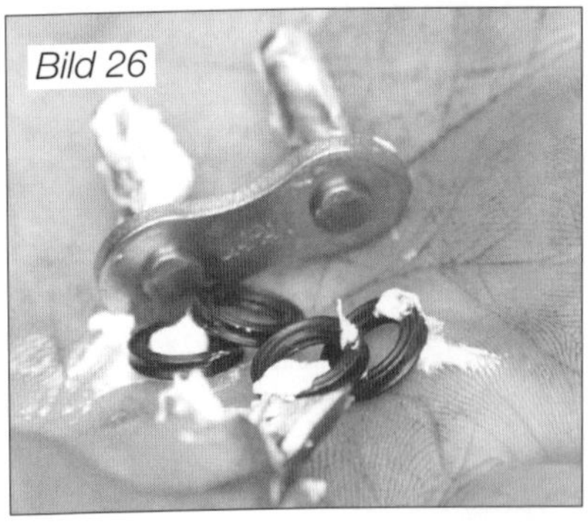
Bild 26

Bild 27

Bild 28

eindrehen, leicht handfest anziehen.

4.1. Wenn ein Nachrüst-Kettenritzel ohne die außen fest aufgebrachte Gummischeibe montiert wird: Darauf achten, dass es mit dem Bund zum Motor hin montiert wird (Bild 19), sonst stimmt die Kettenflucht nicht!

5. Kettenrad hinten wechseln:

5.1. Hinterrad ausbauen. Kettenrad-Bundmuttern abdrehen, Schrauben ausziehen, altes Kettenrad abnehmen.

5.2. Anlageflächen des Kettenrads am Kettenradträger, Schrauben, Muttern und Bolzen gut mit Bremsenreiniger und Messingbürste reinigen.

5.3. Neues Kettenrad mit den Senklöchern nach außen aufsetzen, Schrauben einschieben, in die Bundmuttern einen Tropfen Loctite 243 »mittelfest« geben, aufdrehen und mit 35 Nm festziehen.

6. Hinterrad einbauen, Achsmutter lose aufdrehen. Kettenspannschrauben möglichst weit in die Schwinge eindrehen, Hinterrad nach vorne schieben.

Neue Kette zum Aufziehen vorbereiten

1. Anzahl der Rollen der alten Kette abzählen (in unserem Beispiel 110 Rollen).

2. Eine neue Kette hat meistens 120 Rollen, muss also abgelängt werden: 110 Rollen auf der neuen Kette abzählen. Nietbolzen der 110. Rolle mit einem fetten Filzstift markieren. Kette an eben dieser Rolle scharf abknicken (Bild 21).

3. Kopf des markierten Nietbolzens an der Schleifmaschine abschleifen (Bilder 22 und 23).

4. Kette auf einen leicht geöffneten Schraubstock legen und den angeschliffenen Nietbolzen mit einem Dorn austreiben (Bilder 24 und 25).

5. Neue Kette auf die Kettenräder so weit aufziehen, bis sich die beiden Enden hinten auf dem neuen Kettenrad treffen.

Neues Kettenschloss montieren

1. Nietschloss montieren:

1.1. Neues Kettenverbindungsglied gut mit dem im Kettenkit mitgelieferten Kettenfett einfetten (Bild 26), auf jeden Bolzen einen neuen O-Ring aufschieben und in beide Enden der Kette einstecken.

1.2. Neue O-Ringe aufschieben und so positionieren, dass sie dicht an den Kettenlaschen anliegen (mit dem Kettenfett »ankleben«).

1.3. Neue Kettenlasche aufschieben und mit Kettenwerkzeug etwas aufpressen (Bild 27).

1.4. Abstandslehren auf beiden Seite der Kette einstecken (Bild 28): Damit werden die O- oder X-Ringe fixiert und es wird verhindert, dass die Kettenlasche zu weit aufgepresst wird.

Wichtig: Bei Nachrüstketten ohne beigelegte Abstandslehren ist das exakte Maß für den Überstand der Nietbolzen im Beipackzettel vermerkt, es beträgt meist zwischen 1,15 und 1,55 mm.

1.5. Kettenlasche mit dem Kettenwerkzeug so weit aufpressen, bis die Abstandslehren fest sind (Bild 29).

Wichtig: Bei Nachrüstketten ohne Abstandslehren die Kettenlasche so weit aufpressen, bis die Bolzenüberstände dem vom Kettenhersteller vorgeschriebenen Maß entsprechen!

1.6. Bolzenüberstände mit dem Kettenwerkzeug vernieten (Bild 30 und 31). Abstandslehren herausziehen.

■ Noch einmal der gute Rat: Gebrauchsanweisung des Kettenwerkzeuges *VORHER* lesen!

2. Clipschloss montieren:

2.1. Neues Kettenverbindungsglied gut mit Kettenfett einfetten, zwei neue O-Ringe aufschieben und in beide Enden der Kette einstecken.

2.2. Neue O-Ringe aufschieben, neue Kettenlasche aufschieben – beim Clipschloss lässt sich diese meist mit einer Wasserpumpenzange aufpressen, man braucht also kein Kettenwerkzeug!

2.3. Federclip mit der geschlossenen Seite in Drehrichtung der Kette und mit der gewölbten Seite (bzw. scharfen Kante) nach außen (Bilder 32 und 33) auf beide Bolzen des Kettenschlosses aufschieben.

2.4. Federclip mit einer Zange auf beide Bolzen gleichzeitig aufschieben (Bild 34), es muss fühl- und hörbar klicken.

2.5. Einen Tropfen Silikondichtmittel zur Sicherung des Federclips auf Federclip und Bolzen des Kettenschlosses geben (Bild 35). Wenn der Tropfen Silikon abgelüftet und fest ist, sichert er den Federclip.

8. Provisorisch eingedrehte Ritzelschraube ausdrehen, reinigen, einen Tropfen Loctite 243 »mittelfest« an ihr Gewinde geben, große und kleinere Scheibe aufstecken, eindrehen und festziehen (Bild 36):

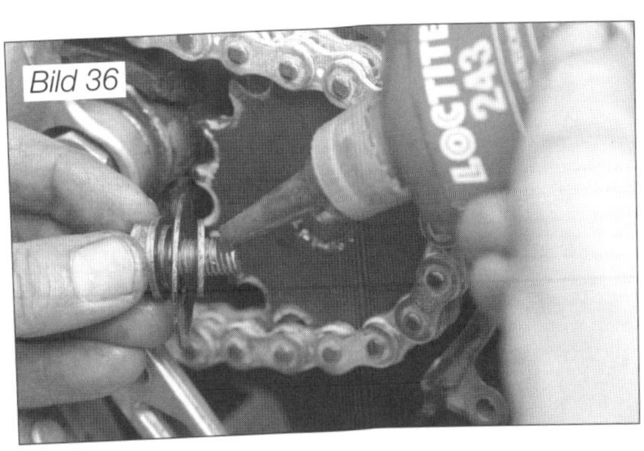

Bild 36

■ Schraube mit Aufdruck »8.8« mit 40 Nm.

■ Schraube mit Aufdruck »10.9« mit 60 Nm.

9. Kette spannen (siehe Text weiter vorne), Ritzelabdeckung und Kettenschutz montieren.

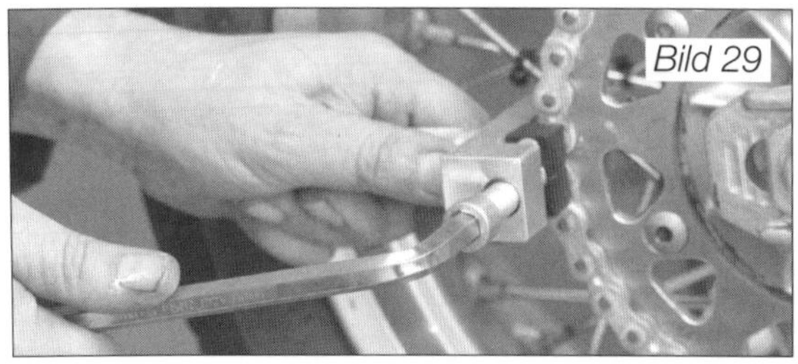
Bild 29

Bild 30

Bild 31

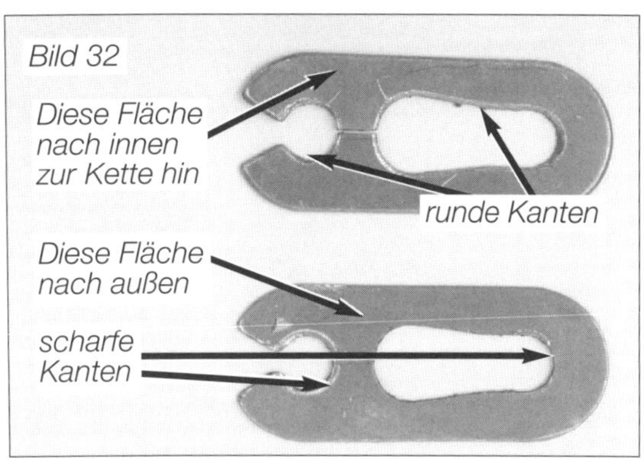

Bild 32

Bild 33

Bilder 29 bis 36: Im Lauftext sind die zu den Bildern gehörenden Arbeitsschritte nummeriert beschrieben.

Bild 34

Bild 35

Federung prüfen und einstellen

In diesem Kapitel: Federelemente · Dämpferöl · Hinterradfederung-Umlenkung · Federung und Dämpfung vorne und hinten prüfen und einstellen · Zug- und Druckstufendämpfung · Federung schmieren · Einstelltabellen.

Federelemente

Je wettbewerbstauglicher eine LC4 schon serienmäßig ist, desto hochwertiger sind ihre Federelemente: Federvorspannung, Dämpfer-Zug- und -Druckstufe lassen sich getrennt voneinander einstellen.

Am Ende dieses Kapitels haben wir je eine Tabelle für Telegabel und Federbein aufbereitet, nach denen sich die Federelemente abhängig von der Fahrstrecke und den Fahreindrücken einstellen lassen.

Dämpferöl

Die Ölfüllung der Telegabel soll nach Wartungsvorschrift von KTM spätestens alle 2 Jahre gewechselt werden. Bei sportlich bewegten Enduros und Supermotos ist ein Dämpferölwechsel rechtzeitig vor Beginn der neuen Saison nötig; bei Crossern je nach Belastung sogar noch öfter. Dazu muss die Telegabel ausgebaut und teilweise zerlegt werden (siehe Kapitel 13 »Telegabel«).

Auch das hintere Federbein braucht regelmäßig einen Ölwechsel. Dieser muss jedoch einem Federbeinspezialisten überlassen werden, weil schon die Teilzerlegung des Federbeins eine sehr diffizile Angelegenheit ist und beim Zusammenbau neuer Gasdruck (Stickstofffüllung) eingebracht werden muss. Bei einem Ölwechsel des hinteren Federbeins werden auch die inneren Bauteile wie Dämpferventile und Dichtringe kontrolliert und ggf. gewechselt, denn sie sind starkem Verschleiß unterworfen.

Solche Arbeiten erledigen Spezialisten wie beispielsweise Hubert Hoffmann, Öhlins/Zupin oder Benny Wilders (Adressen siehe Kapitel 32).

Diese Spezialisten können auch die Dämpferwirkung durch entsprechende Dämpferscheiben und Ventile verändern und dem Gewicht des Fahrers und dessen Fahrstil anpassen.

Hinterradfederung, Umlenkung

Alle LC4 sind mit einem Federbein ausgestattet, das oben im Rahmen verschraubt ist und unten über einen Umlenkhebel und zwei Zugstreben betätigt wird. Wenn das Hinterrad und die Schwinge einfedern, werden die zu übertragenden Kräfte über die Zugstreben in den Umlenkhebel und von dort in das Federbein eingeleitet.

Dadurch wird für Federung und Dämpfung eine Progression erreicht: Je weiter das Hinterrad einfedert, desto stärker wird die Feder überproportional zusammengedrückt und die Dämpfung entsprechend wirksam.

Federung prüfen

Dichtringe und Staubkappen der Gabeltauchrohre und des hinteren Federbeins müssen trocken sein, sie dürfen also weder ölfeucht sein noch darf Öl auslaufen (Bild 1).

Die Außenflächen der Standrohre bzw. Tauchrohre sowie die Dämpferstange des Federbeins dürfen keine Riefen, Kratzer oder Steinschlagnarben haben, sondern müssen glatt und frei von Druckstellen sein und dürfen keine Laufspuren haben.

Die Einsteller der Zug- und Druckstufendämpfung müssen staubtrocken sein, es darf sich nicht der geringste Ölnebel an ihnen zeigen.

Feder und Federeinstellring am Federbein hinten dürfen weder verformt noch gebrochen sein. Der Gummipuffer auf der Dämpfer-

Bild 1

Bild 1: Gabeltauchrohre müssen auf der ganzen Länge glatt sein und dürfen keine Riefen haben. Wenn Öl am Gabeltauchrohr herunterläuft, ist dies ein Zeichen für defekte Gabelsimmerringe.

11 Federung prüfen und einstellen

Sichtprüfung Messen

stange muss komplett formstabil vorhanden und darf an keiner Stelle ausgebrochen oder zerbröselt sein. Beim WP-Federbein muss die Spaltbreite zwischen beiden Scheiben und Gummiring mindestens 2,5 mm betragen. Wenn sie geringer ist, beim KTM-Händler tauschen lassen!

■ Schwingenlager dürfen kein Spiel haben, Umlenkhebel und Zugstreben müssen formstabil und alle Schraubverbindungen fest sein.

■ Defekte Teile erneuern!

Telegabel prüfen

1. Maschine steht frei (also nicht auf dem Seiten- oder Montageständer), Leerlauf ist eingelegt, Mechaniker steht über der Sitzbank mit beiden Füßen platt auf der Erde, drückt seinen Unterleib gegen den Tank, umfasst fest die Lenkerenden und betätigt die Vorderradbremse. Mit stoßenden Bewegungen den Vorderbau nach unten drücken und wieder frei ausfedern lassen.

2. Einfedern muss schneller gehen als Ausfedern. Der Vorderbau muss über den gesamten Einfederweg »saugend« wieder ausfedern. Erst ganz zum Schluss darf die Telegabel wieder etwas zurück auf den Tragenullpunkt federn.

3. Dabei zeigt sich, ob die Telegabel leicht und frei einfedert und die Dämpfung auch dämpft, der Vorderbau also langsamer zurückfedert als er einfedert. Man kann dabei auch feststellen, ob die Tauchrohre in ihrer Beweglichkeit gehindert sind, etwa durch verspannten Einbau.

Bilder 2 und 3: Messen des Negativfederwegs mit aufsitzendem Fahrer (Bild 2) und entlastetem, ganz ausgezogenem Heck (Bild 3).

Bild 2

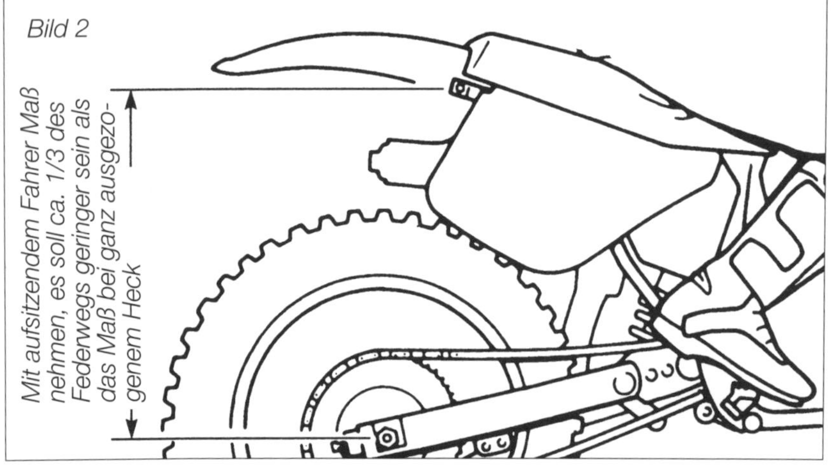

Bild 3

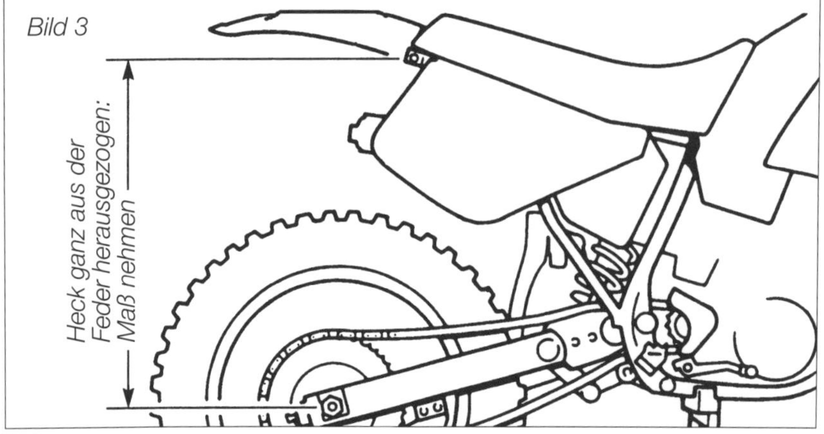

Hinterradfederung prüfen

1. Motorrad muss senkrecht frei stehen. Fahrer steht mit gespreizten Beinen über der Maschine und lässt sein Körpergewicht einige Male in den Sitz fallen.

■ Wer fit ist im Umgang mit seinem Motorrad, stellt sich dahinter, nimmt das Motorrad vom Seitenständer frei senkrecht und drückt mit beiden Händen wippend auf das Ende der Sitzbank oder des Gepäckträgers.

2. Dabei zeigt sich, ob sich die Schwinge frei bewegen kann oder in ihrer Beweglichkeit behindert ist, etwa durch schwergängige, weil defekte (korrodierte) Schwingen- oder Lagerstellen in der Federbeinanlenkung.

3. Einfedern geht bei einwandfreiem Dämpfer und damit korrekter Dämpferwirkung schneller als Ausfedern. Heck darf nicht nachschwingen.

Hinterradfederung einstellen

Die Einstellung der Federvorspannung erfolgt durch Verdrehen der Nut-Einstellmutter (Bild 4). Eine Umdrehung der Einstellmutter spannt die Feder um die Gewindesteigung von 1,75 mm mehr bzw. weniger vor:

■ Einstellmutter gegen die Feder drehen: Feder wird stärker vorgespannt.

■ Einstellmutter von der Feder weg drehen: Feder wird weniger vorgespannt.

Damit die Einstellmutter verdreht werden kann, muss die obere Kontermutter gelöst und etwas von der Einstellmutter weggedreht werden, dazu braucht man einen Hakenschlüssel. Der Schlüssel aus dem Bordwerkzeug taugt nicht viel; also beim KTM-Händler einen gescheiten Hakenschlüssel kaufen.

Tipp 1: Wenn keine Hakenschlüssel zur Hand sind, kann man sich mit einem langen Aluminium- oder Messingdorn behelfen, mit dem man »sanft«, mit Hilfe eines Hammers die Kontermutter löst und mit leichten Schlägen die Einstellmutter in die gewünschte Richtung bewegt.

Tipp 2: Gewinde auf dem Stoßdämpfer (und damit auch die Gewinde der Einstell- und Kontermutter) regelmäßig mit Kriechöl einsprühen, damit wird Korrosion vermieden).

Federvorspannung einstellen
Für jedes LC4-Modell gibt es ein bestimmtes »Vorspannmaß« für die Feder: Es ist das Maß, um wie viel die Feder vorgespannt wird, woraus sich die Federlänge zwischen Einstellmutter und unterer Federauflage (Bild 4) ergibt (»vorgespannte Federlänge«). Zum Messen der vorgespannten Federlänge muss das Heck frei sein: Maschine mit Motorunterbock aufstellen, das Hinterrad darf keinen Bodenkontakt haben.

Das für Ihr Modell vorgeschriebene Vorspannmaß steht entweder im Fahrzeughandbuch oder Sie können es beim KTM-Händler erfragen, er hat entsprechende technische Werksunterlagen.

Die Grundeinstellung für einen 75 kg schweren Fahrer wurde im Werk vorgenommen und passt für alle möglichen Fahr- und Beladungszustände. Sie ist Ausgang für Einstellungsveränderungen, wenn der Fahrer den Wunsch danach hat.

Vor einer Veränderung der Federvorspannung soll die Heckhöhe und damit der Negativfederweg gemessen und notiert werden.

Negativfederweg
Der Negativfederweg ist das Maß, um das die Hinterradfederung einsinkt, wenn die Maschine abgebockt ist, der Fahrer auf dem Sitz sitzt und sich leicht mit den Füßen am Boden abstützt (Bilder 2 und 3).

Der Negativfederweg ist maßgeblich für die Balance der Maschine und die Bremsstabilität verantwortlich. Weiterhin ist ein gutes Abstimmen der Vorderradfederung nur über einen korrekt eingestellten Negativfederweg der Hinterradfederung möglich.

Generell gilt als Faustformel:
■ ca. 1/3 des gesamten Federwegs ist der Negativfederweg.
■ ca. 2/3 des gesamten Federwegs ist der Einfederweg.

Umgekehrt: Um den Negativfederweg kann man das ausgefederte Heck noch weiter aus der Feder nach oben bis zum Anschlag ziehen.

Negativfederweg messen
1. Fahrer sitzt auf, lässt sich einige Male in den Sitz fallen, lässt das Heck ausfedern, bleibt dann sitzen und stützt sich leicht mit den Füßen am Boden ab (Bild 2).
2. Maß nehmen z. B. von der Oberkante der Hinterachsmutter bis zu einem auf der Sitzbank mit Filzstift angezeichneten Punkt.
3. Fahrer steht aus der Sitzposition auf, Maschine ist unbelastet, Helfer zieht das Heck bis zum spürbaren Anschlag nach oben, hält fest.
■ Jetzt das Maß von der Oberkante der Hinterachsmutter bis zum angezeichneten Messpunkt nehmen (Bild 3).
■ Die Differenz zwischen erster und zweiter Messung soll ca. 1/3 des gesamten Radfederwegs betragen.

Tipp: Für genaues Messen ein Stück Kreppband auf Schwinge und Heckteil ankleben, Messpunkte anzeichnen, zwischen denen anschließend exakt gemessen wird. Auf dem Kreppband die gemessenen Maße eintragen: Einfedermaß, Ausfedermaß, Nullpunkt.

Bild 4
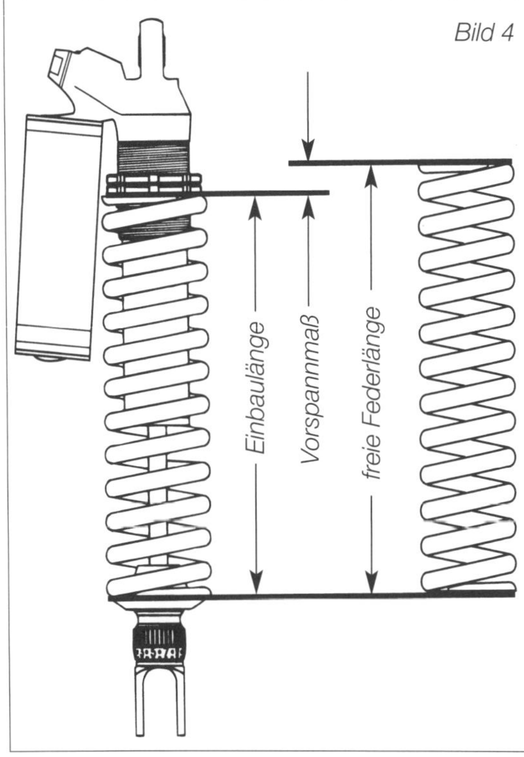

Bild 4: Die Federvorspannung (und damit der Negativfederweg) wird über die beiden Nutmuttern am Federbein eingestellt.
■ *Zum Einstellen sollte man einen ordentlichen Hakenschlüssel haben, der Hakenschlüssel aus dem Bordwerkzeug (Bild 4a) ist nur ein Notbehelf.*

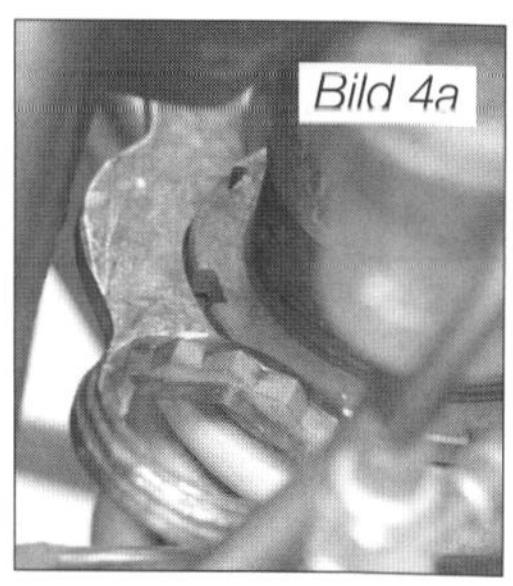
Bild 4a

Zug- und Druckstufendämpfung

Anmerkung 1: Je nach LC4-Modell und/oder je nach eingebauter Telegabel bzw. Federbein sind die Einstellschrauben für die Dämpfer-Zug- und Druckstufe an Telegabel und Federbein als Schrauben oder als Drehknopf bzw. drehbare Einstellbuchse auf der Dämpferstange (Bilder 5 bis 10 angebracht). An welcher Schraube, Drehknopf oder Rädchen welche Dämpferfunktion verstellt wird, geht aus den Bildern hervor. Wenn Sie keine Facts zur eingebauten Telegabel und Federbein haben, z. B. beim Kauf einer gebrauchten Maschine, zeigen Sie diese dem KTM-Händler, er kann die Typen identifizieren.

Anmerkung 2: Je nach LC4-Modell und eingebauten Federelementen sind die Einsteller für die Dämpfer-Zug- und Druckstufe sowohl an Telegabel wie auch am Federbein mit mehr oder weniger Klicks versehen, die Bandbreite reicht von 12 bis 50 Klicks. Deswegen sind die Angaben in unseren Tabellen am Ende dieses Kapitels als Anhaltswerte zu sehen: »Einsteller um 4 Klicks drehen« kann bei einem Gesamtverstellbereich von 50 Klicks auch »6 Klicks« bedeuten.

Wichtig 1: Bevor an einer Dämpfkraft-Einstellschraube gedreht wird, diese mit einem guten Schuss Allzwecköl einsprühen und das Sprühöl einige Minuten einwirken lassen. Damit wird die im Dichtgummi wahrscheinlich trocken sitzende Einstellschraube gelöst. Wenn die Einstellschraube trocken gedreht wird, kann das Dichtgummi zerreißen und Dämpferöl läuft aus.
Wichtig 2: Zur Verstellung der Dämpfkraft-Einstellschrauben an Telegabel und Federbein einen passenden Schraubenzieher verwenden, der satt in den Schlitz der Einstellschraube passt, er darf nicht breiter sein als der Innendurchmesser des Gewindes.
Wichtig 3: Einsteller weder zu stark auf- oder zudrehen und nie versuchen herauszuschrauben, sonst wird der Sitz des Einstellers zerstört und Dämpferöl läuft aus!

Wirkung von Zug- und Druckstufe

Zugstufe: Die Zugstufe ist die wichtigste Dämpfkraft, denn sie dämpft die Federkraft der Federn beim Ausfedern. Ohne Zugstufendämpfung würde die Maschine wie wild springen.

Zugstufe verstellen:

- »Zugstufe härter machen« bedeutet, dass die Ausfeder-Dämpfkraft zunimmt und das Rad langsamer ausfedert.
- »Zugstufe weicher machen« bedeutet, dass die Ausfeder-Dämpfkraft abnimmt und das Rad schneller ausfedert.

Druckstufe: Die Druckstufe unterstützt die Federn in Telegabel bzw. Federbein und beeinflusst die Einfedergeschwindigkeit.

Bild 5

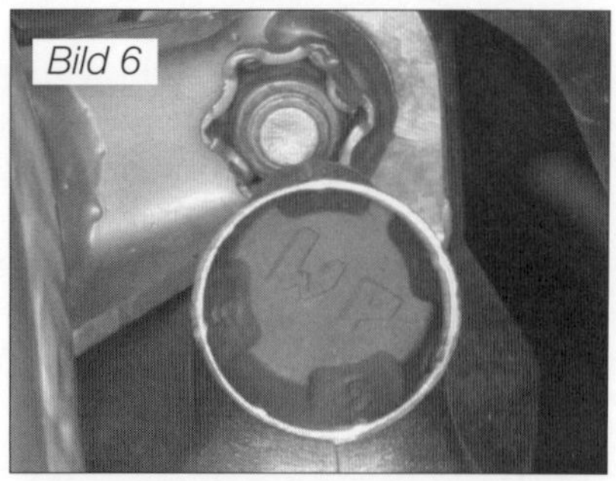
Bild 6

Bilder 5 und 6: Einstellung der Druckstufe oben am Federbein über Schlitzeinsteller oder Drehknopf.

Bild 7

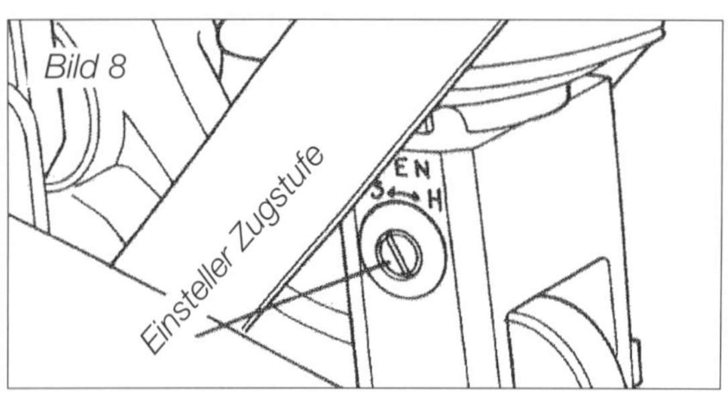

Bild 8

Bilder 7 und 8: Einstellung der Zugstufe unten am Federbein über Einstellhülse oder Schlitzeinsteller.

Bild 9: Einstellung der Druckstufe unten an der Gabel mit Schlitzeinsteller.

Bild 10: Einstellung der Zugstufe oben an der Gabel mit Drehknopf.

Bild 9

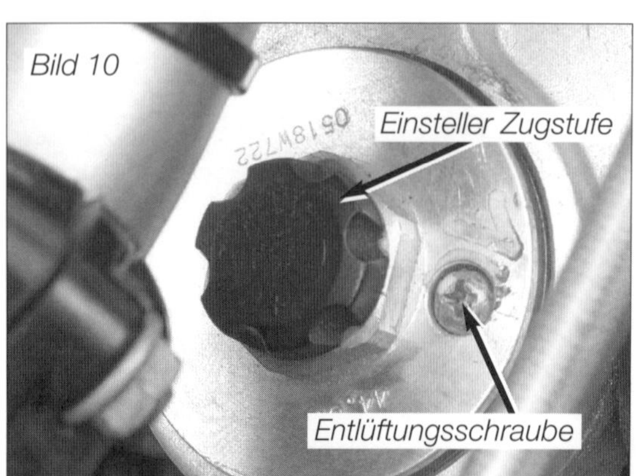

Bild 10

Druckstufe verstellen:
■ Eine »harte Druckstufe« bringt geringeren Komfort auf schlechten Strecken, aber auch präziseres Einlenken in engere Kurven wie z. B. Passabfahrten oder auf Rennstrecken mit engen Kurvenkombinationen, vor denen stark abgebremst werden muss.
■ «Druckstufe härter machen« bedeutet, dass die Einfeder-Dämpfkraft zunimmt und das Rad langsamer einfedert.
■ «Druckstufe weicher machen« bedeutet, dass die Einfeder-Dämpfkraft abnimmt und das Rad schneller einfedert. Dies bringt mehr Komfort auf schlechten Strecken, aber auch weniger Stabilität bei sportlichem Fahren.

Zug- und Druckstufe einstellen
Wichtig ist vor allen Ein- und Verstellübungen allemal, dass die Feder- und Dämpferelemente auf korrekte Serien-Basiswerte eingestellt sind, also die Werkseinstellung. Falls diese für Ihr Motorrad und die eingebauten Federelemente nicht bekannt ist, beim KTM-Händler nachfragen, er hat die Einstellwerte in seinen technischen Werksunterlagen.

Nachdem die Federung auf die Werkseinstellung eingestellt ist, erfolgt die individuelle Einstellung durch Probefahrt auf einer (möglichst bekannten) Strecke. Schritt für Schritt vorgehen und für jeden Bereich bei Federung und Dämpfung seine persönliche Einstellung suchen. Nach jeder Veränderung der Einstellung eine Probefahrt auf der Teststrecke vornehmen und sich auf die Veränderung des Fahrverhaltens konzentrieren.

Jedes Motorradfahrwerk wird von hinten nach vorne eingestellt. Folgende Schritt-für-Schritt-Vorgehensweise wird empfohlen:

Hinterradfederung:
1. Hinterradfederung (Negativfederweg) auf das Fahrergewicht einstellen; Zug- und Druckstufe stehen auf der vom Werk empfohlenen Standardeinstellung.
■ Probefahrt, ggf. Negativfederweg korrigieren.
2. Zugstufe der Hinterradfederung individuell einstellen; die Druckstufe steht immer noch auf der vom Werk empfohlenen Einstellung.
■ Probefahrt, ggf. Zugstufe korrigieren.

Vorderradfederung:
3. Vorderradfederung auf das Fahrergewicht einstellen; Zug- und Druckstufe stehen auf der vom Werk empfohlenen Standardeinstellung.
■ Probefahrt, ggf. Federvorspannung ändern (aus- oder eindrehen), ggf. auch Luftpolster in der Gabel verändern durch weniger oder mehr Dämpferöl.
4. Zugstufe der Vorderradfederung einstellen, Druckstufe steht auf der vom Werk empfohlenen Standardeinstellung.
■ Probefahrt, ggf. Zugstufe ändern.

Druckstufen:
■ Die Druckstufen von Hinter- und Vorderradfederung sind die letzten Abstimmungspunkte.
5. Probefahrt, ggf. Druckstufe der Hinterradfederung fein einstellen.
6. Probefahrt, ggf. Druckstufe der Vorderradfederung fein einstellen.

Eine neue Einstellung soll immer von der härtesten Position aus geschehen, also immer bei »ganz eingedreht«: Beim Eindrehen die Klicks zählen, um ein Basismaß für die neue Einstellung zu haben. Jede Veränderung der Einstellung notieren!

Federung schmieren

Um langfristig ein gutes Ansprechverhalten und zuverlässige Funktion der Hinterradfederung zu gewährleisten, müssen die Lagerstellen von Umlenkhebel und Schwinge regelmäßig abgeschmiert werden. Am Umlenkhebel der LC4 ist ein Schmiernippel angebracht, durch diesen mit einer Fetthandpresse so lange Fett einpressen, bis das frisch eingepresste Fett am Rand der Lager austritt. Überschüssiges Fett abwischen, fertig! Als Fett empfehlen wir Shell Retinax HDX2, das ist ein leichtes, hochdruckfestes Wälzlagerfett mit MoS2.

Am Schwingenlager sind keine Schmiernippel angebracht. Deswegen sollte es alle ca. 6000 km oder einmal im Jahr auseinandergebaut, gereinigt, frisch eingefettet und wieder sauber zusammengebaut werden. Die Arbeitsschritte sind in Kapitel 14 »Federbein · Schwinge« beschrieben.

Bilder 11 und 12: Schmiernippel am Umlenkhebel zum Abschmieren der Lager mit einer Fettpresse. Regelmäßig schmieren, vor allem nach einer Fahrzeugwäsche!

Bild 11

Bild 12

11 Federung prüfen und einstellen

Sichtprüfung Messen

Telegabel einstellen						
Symptom	Streckenprofil				Prüfen	Einstellen/Ändern
	Sprung	Große Bodenwelle	Mittlere Bodenwelle	Kleinere Bodenwelle		
Zu hart über den gesamten Federweg	■	■	■		■ Druckstufendämpfung ■ Ölstand (Ölmenge) ■ Feder	■ Einsteller um 4 Klicks links herum drehen: Druckstufe weicher einstellen ■ Ölstand um 5 bis 10 mm absenken ■ Weichere Feder einbauen
Rau und hakelig über den gesamten Federweg	■	■	■	■	■ Gleitrohr ■ Standrohr ■ Anziehdrehmoment zu hoch ■ Achse auf Verspannung überprüfen	■ Bauteile auf Verbiegung, Steinschlagnarben, sichtbare Beschädigungen prüfen. Defekte Teile erneuern ■ Gabel-Klemmschrauben in den Gabelbrücken lösen und vorschriftsmäßig festziehen ■ Achse und Achsklemmschrauben lösen und vorschriftsmäßig festziehen
Zäh und bockig am Anfang des Federwegs				■	■ Zugstufendämpfung ■ Gabelsimmerringe ■ Gabelbuchsen ■ Klemmung untere Gabelbrücke zu stark	■ Einsteller um 4 Klicks links herum drehen: Zugstufe weicher einstellen ■ Gabelsimmerringe klemmen: Versuchsweise mit Silikonspray von außen einsprühen. Wenn keine Verbesserung, Gabel zerlegen und neue Gabelsimmerringe einbauen ■ Neue Buchsen einbauen ■ Gabel-Klemmschrauben in den Gabelbrücken lösen und vorschriftsmäßig festziehen
Zu weich über den gesamten Federweg	■	■			■ Druckstufendämpfung ■ Ölstand (Ölmenge) ■ Feder	■ Einsteller um 4 Klicks rechts herum drehen: Druckstufe härter einstellen ■ Ölstand um 5 bis 10 mm erhöhen ■ Härtere Feder einbauen
Zu hart gegen Ende des Federwegs	■				■ Ölstand (Ölmenge)	■ Ölstand um 5 mm absenken
Zu weich gegen Ende des Federwegs, schlägt durch	■				■ Ölstand (Ölmenge)	■ Ölstand um 10 mm erhöhen
Zu hart am Anfang des Federwegs	■	■	■	■	■ Druckstufendämpfung	■ Einsteller um 4 Klicks links herum drehen: Druckstufe weicher einstellen
Front zu niedrig: Gabel sinkt zu weit ein			■	■	■ Druckstufendämpfung ■ Zugstufendämpfung ■ Ölstand (Ölmenge) ■ Heckabstimmung ■ Federvorspannung	■ Einsteller um 4 Klicks rechts herum drehen: Druckstufe härter einstellen ■ Einsteller um 4 Klicks links herum drehen: Zugstufe weicher einstellen ■ Ölstand um 5 mm erhöhen ■ Negativfederweg mit aufsitzendem Fahrer zu gering (Heck steht zu hoch), auf 1/3 des Federwegs einstellen ■ Federspannung erhöhen
Front zu hoch: Gabel federt zu weit heraus, Neigung zum Wheelie (Aufbäumen beim Gas geben)			■	■	■ Druckstufendämpfung ■ Zugstufendämpfung ■ Feder ■ Ölstand (Ölmenge) ■ Heckabstimmung ■ Federvorspannung	■ Einsteller um 4 Klicks links herum drehen: Druckstufe weicher einstellen ■ Einsteller um 4 Klicks rechts herum drehen: Zugstufe härter einstellen ■ Weichere Feder einbauen ■ Ölstand um 5 bis 10 mm absenken ■ Negativfederweg mit aufsitzendem Fahrer zu groß (Heck steht zu tief), auf 1/3 des Federwegs einstellen ■ Federspannung reduzieren

Federbein einstellen

Symptom	Streckenprofil: Sprung	Streckenprofil: Große Boden-welle	Streckenprofil: Mittlere Boden-welle	Streckenprofil: Kleinere Boden-welle	Prüfen	Einstellen/Ändern
Zu hart über den gesamten Federweg, Federung kommt nur langsam wieder heraus			■	■	■ Zugstufendämpfung ■ Federvorspannung ■ Federbein (Umlenkung)	■ Einsteller um 4 Klicks links herum drehen: Zugstufe weicher einstellen ■ Negativfederweg mit aufsitzendem Fahrer zu groß (Heck steht zu tief), auf 1/3 des Federwegs einstellen ■ Umlenkung am Federbein fest: Umlenkung zerlegen, gangbar machen
Federung schwammig, Heck instabil			■	■	■ Zugstufendämpfung ■ Druckstufendämpfung ■ Feder ■ Federbein	■ Einsteller um 4 Klicks rechts herum drehen: Zugstufe härter einstellen ■ Einsteller um 1 Klick rechts herum drehen: Druckstufe härter einstellen ■ Härtere Feder einbauen ■ Gasdruck und/oder Dämpferöl verschlissen, Federbein reparieren oder erneuern
Federung zäh und bockig			■	■	■ Zugstufendämpfung ■ Feder	■ Einsteller um 4 Klicks links herum drehen: Zugstufe weicher einstellen ■ Weichere Feder einbauen
Heck springt, Hinterrad verliert Bodenkontakt				■	■ Zugstufendämpfung ■ Druckstufendämpfung ■ Heckabstimmung ■ Feder ■ Federbein (Umlenkung)	■ Einsteller um 4 Klicks links herum drehen: Zugstufe weicher einstellen ■ Einsteller um 4 Klicks rechts herum drehen: Druckstufe härter einstellen ■ Negativfederweg mit aufsitzendem Fahrer zu gering (Heck steht zu hoch), auf 1/3 des Federwegs einstellen ■ Weichere Feder einbauen ■ Umlenkung am Federbein festgefressen: Umlenkung zerlegen, gangbar machen
Federung schlägt durch, Heck instabil	■	■			■ Druckstufendämpfung ■ Heckabstimmung ■ Feder ■ Federbein	■ Einsteller um 4 Klicks rechts herum drehen: Druckstufe härter einstellen ■ Negativfederweg mit aufsitzendem Fahrer zu groß (Heck steht zu tief), auf 1/3 des Federwegs einstellen ■ Härtere Feder einbauen ■ Gasdruck und/oder Dämpferöl verschlissen, Federbein reparieren oder erneuern
Federung zu hart, Hinterrad springt, Heck instabil	■	■			■ Zugstufendämpfung ■ Druckstufendämpfung ■ Feder (weniger Vorspannung) ■ Federbein	■ Einsteller um 1 Klicks rechts herum drehen: Zugstufe weicher einstellen ■ Einsteller um 2 Klick links herum drehen: Druckstufe weicher einstellen ■ Weichere Feder einbauen ■ Umlenkung am Federbein festgefressen: Umlenkung zerlegen, gangbar machen
Federung spricht schlecht an, Hinterrad dreht beim Gasgeben durch	■	■			■ Druckstufendämpfung ■ Heckabstimmung ■ Feder ■ Zugstufen zu langsam	■ Einsteller um 4 Klicks links herum drehen: Druckstufe weicher einstellen ■ Negativfederweg mit aufsitzendem Fahrer zu gering (Heck steht zu hoch), auf 1/3 des Federwegs einstellen ■ Weichere Feder einbauen ■ Zugstufe 4 Klicks zudrehen

Lenkung

In diesem Kapitel: Lenkkopflager prüfen und einstellen · Untere Gabelbrücke und Lenkkopflager ausbauen · Lagerschalen und Innenringe prüfen · Lenkkopflager einbauen.

Bilder 1 und 2: Prüfen der Lenklagerung.

■ Motorrad muss so aufgebockt sein, dass die Lenkung frei ist, das Vorderrad darf keinen Bodenkontakt haben.

■ Lenkung hin- und herbewegen, sie muss in allen Stellungen leicht gehen und darf nirgends hakeln.

■ Telegabel hin- und herrütteln, man spürt so eventuelles Spiel der Lenklager im Lenkkopf.

Bild 3: Untere Gabelbrücke mit Lenkschaftrohr, Lagern und obere Gabelbrücke.

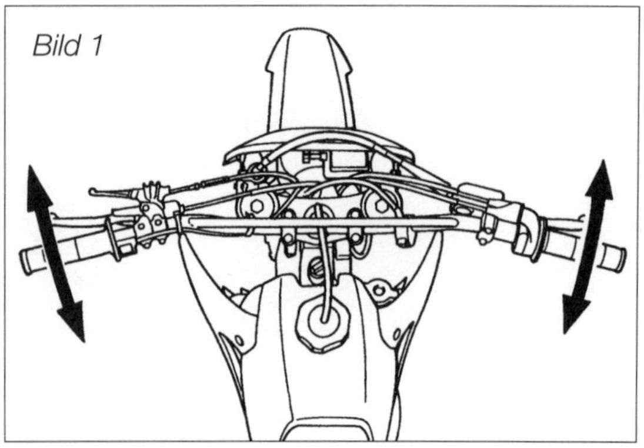

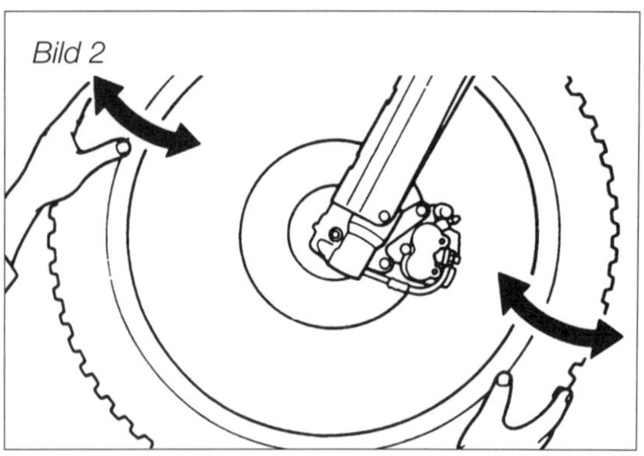

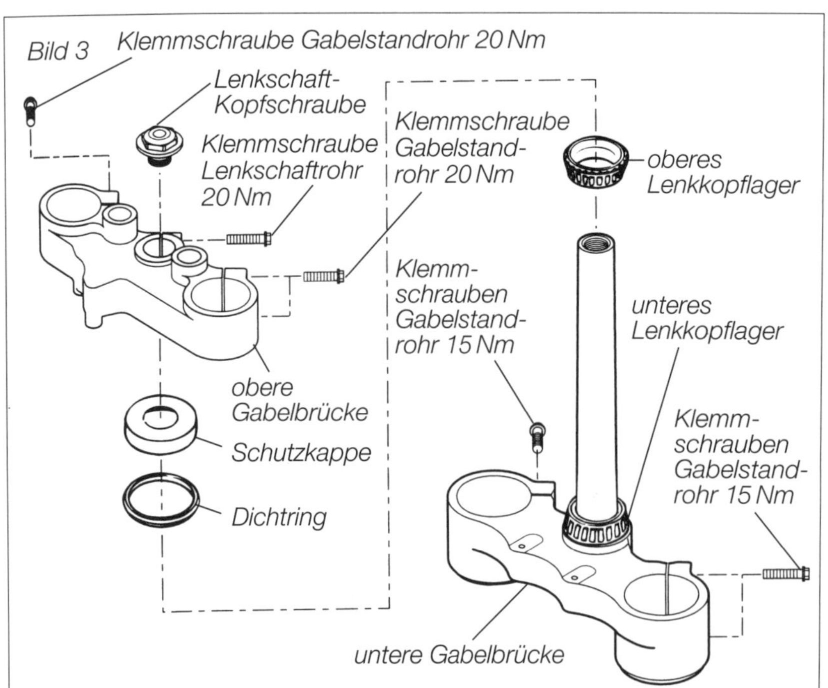

Lenkkopflager

Die Lenklagerung wird bei jeder Inspektion überprüft. Bei im Wettbewerb gefahrenen LC4 ist der Wartungspunkt »Lenkkopflager prüfen« Bestandteil der Routineprüfungen zwischen den Rennen.

Die Lenkung muss so eingestellt sein, dass leichtes Schwenken und sicheres Fahren gewährleistet sind. Wenn die Maschine in lang gezogenen Kurven nicht mehr die gewohnt saubere Linie halten will und es beim kurzen Anziehen der Vorderradbremse verdächtig in der Lenkung knackt, haben meist beide Lenkkopflager zu viel Spiel.

■ Eine zu straffe Einstellung der Lenkung verursacht Pendeln und erschwert Lenkbewegungen.

■ Eine zu lockere Einstellung der Lenkung führt bei niedrigen Geschwindigkeiten zu instabilem Fahrverhalten und kann bei höheren Geschwindigkeiten zu Flattern des Vorderrads führen.

Lenkkopflager prüfen

Zur Überprüfung der Lenkkopflager muss die Lenkung komplett frei sein, das Vorderrad darf keinen Bodenkontakt haben. Motorrad auf dem Schnellständer abstellen.

1. Lenkung von Anschlag zu Anschlag schwenken (Bild 1). Auf ungleichmäßige Bewegung, Rastung oder Haken im Bereich des oberen und unteren Lenkkopflagers achten. Seilzüge und Kabel dürfen den Lenkeinschlag nicht behindern.

2. Falls die Schwenkbewegungen ungleichmäßig verlaufen, die Lenkkopflager hörbar schleifen oder die Lenkung Spiel hat, müssen die Lenkkopflager nachgestellt werden.

3. Rastet die Lenkung in Mittelstellung ein, ist ein oder sind beide Lenkkopflager defekt und müssen beide ausgewechselt werden.

4. Mechaniker kniet vor dem Vorderrad, packt bei gerader Radstellung beide Gabelholme unten in Achsnähe an und bewegt die ganze Telegabel ruckartig nach vorne und hinten (Bild 2).

■ Wenn das Lenkkopflager Luft hat, spürt man dieses ganz deutlich.

Lenkkopflager einstellen

Benötigte Werkzeuge: Zum Einstellen der Lenkkopflager werden folgende Werkzeuge für folgende Schraubstellen benötigt:

■ 27er-Ring- oder exakt passender Gabelschlüssel für die obere Lenkschaft-Kopfschraube.

■ 10er-Sechskantnuss für die Klemmschrauben der Gabelbeine und des Lenkschaftrohres in der oberen Gabelbrücke.

Bitte nehmen Sie zu nachfolgendem Text die Zeichnung in Bild 3 zu Hilfe.

1. Motorrad so aufbocken, dass der Vorderbau frei ist.
2. Alle 5 Klemmschrauben in der oberen Gabelbrücke lösen:
■ Je 2 Stück rechts und links »Klemmschrauben Gabelstandrohr«.
■ 1 Stück in der Mitte »Klemmschraube Lenkschaftrohr«
3. Etwas Allzwecköl in die Klemmverbindungen sprühen, eine Minute einwirken lassen.
4. Lenkschaft-Kopfschraube geringfügig lösen und wieder mit Gefühl anziehen.
■ NICHT zu fest anziehen!
■ Es genügen meist wenige Winkelgrade, bis man das Gefühl hat, dass die »Luft« in den Lenkkopflagern verschwunden ist.
4.1. Danach die Lenkung einige Male nach rechts und links schwenken.
5. Klemmschrauben in der oberen Gabelbrücke festziehen:
5.1. Zuerst die Lenkschaftrohr-Klemmschraube mit 20 Nm.
5.2. Dann die Gabelstandrohr-Klemmschrauben rechts und links mit 20 Nm nach folgender Reihenfolge: Untere – obere – untere.
6. Jetzt eine Prüfung des Lenkkopflagers vornehmen wie im Text weiter vorne beschrieben. Alles in Ordnung?
6.1. Wenn sich die Lenkung nicht frei bewegt, sind die Lenklager zu stramm angezogen.
6.2. Wenn die Lenkung immer noch Luft hat, hat die Lenklagerung noch zu viel Spiel.
■ In beiden Fällen Einstellung wiederholen!

Lenkkopflager wechseln

Gabelbrücken ausbauen

1. Lenker abbauen: Schrauben aus den oberen Halbschalen lösen und ausdrehen, Lenker abnehmen und sicher nach hinten ablegen.
2. Rad ausbauen. Bremssattel und Halterung des Bremsschlauchs abschrauben.
3. Lenkschaft-Kopfschraube lösen, aber noch nicht ausschrauben.
4. Gabelbeine ausbauen:
4.1. Obere Gabelbrücke: Rechts und links die je zwei Standrohr-Klemmschrauben lösen.
4.2. Untere Gabelbrücke: Auf einer Seite die zwei Standrohr-Klemmschrauben lösen.
■ Gabelbein dabei mit einer Hand festhalten, damit es nicht plötzlich nach unten herausrutscht.
■ Wenn die Schrauben gelöst sind, das Gabelbein unter leichtem Hin- und Herdrehen nach unten herausziehen.
■ Das andere Gabelbein ebenso ausbauen.
5. Obere Gabelbrücke abnehmen:
5.1. Lenkschaft-Kopfschraube ausdrehen, Gabelbrücke abnehmen.
■ Dabei die untere Gabelbrücke nach oben hin halten, damit sie nicht plötzlich herausrutscht.
5.2. Wenn die obere Gabelbrücke später wieder montiert wird, sie mit angeschlossener Zündschlossleitung auf der Maschine ablegen.
Hinweis: Wenn eine andere Gabelbrücke montiert wird und das serienmäßige Zünd-Lenkschloss daran angebaut werden soll, müssen die Abreißschrauben, mit denen das Zünd-Lenkschloss an der oberen Gabelbrücke befestigt ist, beim KTM-Händler ausgebaut und mit neuen Abreißschrauben an die neue Gabelbrücke wieder angebaut werden.
6. Untere Gabelbrücke nach unten herausziehen, ggf. mit dem Handballen einen leichten Schlag auf das Lenkschaftrohr geben.
7. Obere Schutzkappe und Dichtring abnehmen, oberes Kegelrollenlager herausnehmen.
8. Alle Teile gut reinigen und trocknen.

Lagerschalen und Innenringe prüfen

Lagerschalen im Rahmen und Innenringe auf Sicht prüfen: Sie dürfen nicht beschädigt, eingelaufen, punktuell eingedrückt, korrodiert sein.

Wenn die Lagerlaufbahn in den Lagerschalen matt ist, Lager auswechseln. Lagerschalen und Lagerinnenringe müssen fest und spielfrei in ihren Passbohrungen im Rahmen bzw. auf dem Lenkschaftrohr sitzen.

Alle Lagerrollen müssen rund sein, sie dürfen keine flachen Stellen, Vertiefungen (»Krater«), Materialausbrüche, eingelaufene oder eingeschlagene Stellen haben.

Lenkkopflager ausbauen

Nur komplett neue KTM-Lagersätze verwenden. Zum Aus- und Einbau von Lagern gibt es von KTM Spezialwerkzeuge. Wenn diese nicht zur Verfügung stehen, arbeiten Sie nach der nachstehend geschilderten Handwerkermethode.

1. Innenring des unteren Lagers auf dem Lenkschaftrohr fettfrei reinigen, mit einem Heißluftföhn kurz und heftig anwärmen, das ganze Teil auf einer stabilen Holzunterlage ablegen und den Innenring mit Hammer und Meißel ringsum von seinem Sitz treiben.
2. Lagerschalen oben und unten im Lenkkopf mit

Bild 4: Explosionszeichnung der Lenklagerung mit allen Teilen in Einbaulage.

Bild 5: Austreiben der Lagerschalen des Lenkkopfs über Kreuz mit Hilfe eines langen Schlagdornes.

Bild 6: Lagerinnenring mit einem Föhn ringsum erwärmen und mit einem Meißel vorsichtig vom Lenkschaftrohr abtreiben.

Bild 5

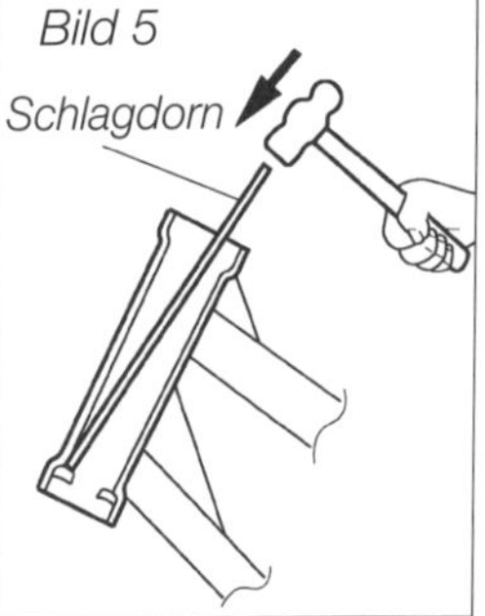

Bild 6

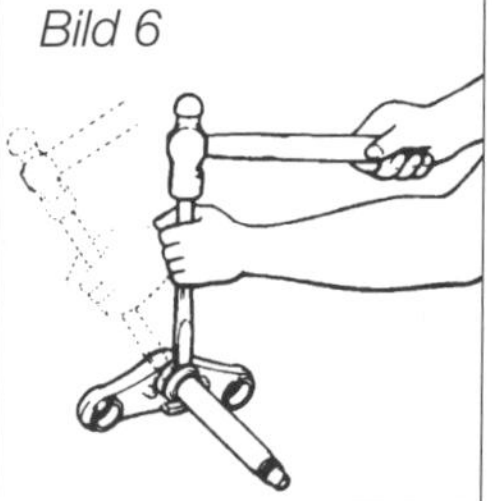

einem langen Dorn unter leichten Schlägen eines Stahlhammers schritt- und kreuzweise austreiben.

> **Tipp:** Vorher mit einem Heißluftföhn den Rahmen an den Außenseiten der Lagersitze kurz und heftig erwärmen, die Lagerschalen lassen sich leichter austreiben.

Lenkkopflager einbauen

Ausgangslage: Alle Lagerstellen sind penibel gereinigt und haben keine mechanischen oder korrosionsbedingten Schäden oder Verformungen. Die Lagerringe sind Neuteile.

Bild 4

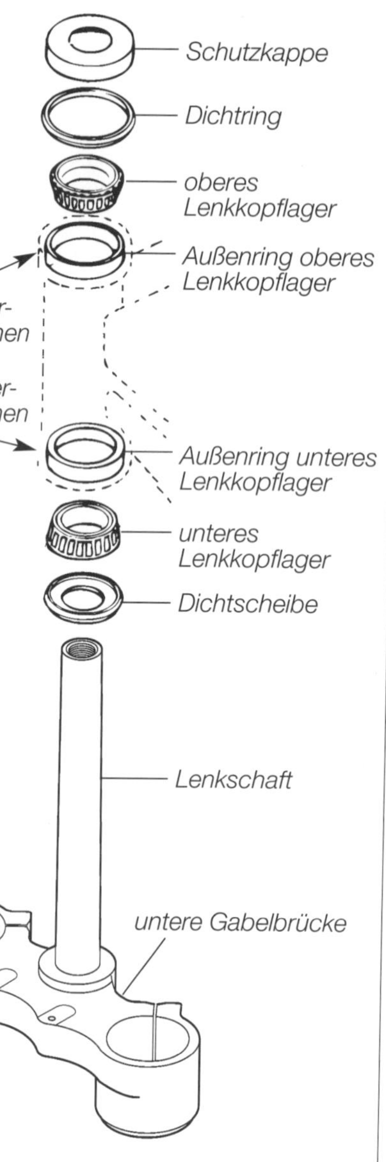

1. Untere Dichtscheibe auf Lenkschaftrohr schieben und ganz nach unten drücken.
2. Mit dem Heißluftföhn (oder auf der Heizplatte oder im Ölbad) das untere Lenkkopflager so weit erwärmen, dass man es gerade eben nicht mehr in die Hand nehmen kann (ca. 90 bis 100 °C). Nur mit geeigneten Leder- oder Hitzeschutz-Handschuhen anfassen!
2.1. Erwärmtes Lager auf das kalte Lenkschaftrohr auffädeln, nach unten auf den Sitz schieben, mit passendem Rohrstück und kurzen Hammerschlägen satt in den Sitz drücken.
3. Die beiden äußeren Lagerschalen für oberes und unteres Lager mindestens eine Stunde lang ins Tiefkühlfach des Kühlschranks legen, sie ziehen sich durch die Kälte zusammen.
4. Kurz bevor die Lagerschalen aus dem Kühlschrank geholt werden, oberen und unteren Lagersitz im Rahmen mit dem Heißluftföhn kurz und heftig erwärmen.
5. Jetzt die eiskalten Lagerschalen oben in die Lagerstelle des Lenkkopfs einsetzen bzw. von unten her einschieben. Ganz nach unten bzw. oben drücken! Ein Helfer hält die Ringe so lange, bis die Lagerschalen und die Lagerstellen des Lenkkopfs gleiche Temperatur haben und fest in ihren Passbohrungen sitzen.
6. Reichlich Lagerfett in die Lagerschalen und an die Kegelrollenlager geben.
7. Lenkschaft von unten in Rahmenkopf einführen und nach oben drücken.
8. Oberes Kegelrollenlager einsetzen, Dichtring und Schutzkappe aufschieben, obere Gabelbrücke aufstecken und zur unteren Gabelbrücke nach Augenmaß ausrichten.
8.1. Lenkschaft-Kopfschraube eindrehen, handfest anziehen.
9. Lenkschaft-Kopfschraube mit 25 Nm festziehen. Gabelbrücke mehrmals (mindestens fünfmal) von Anschlag zu Anschlag schwenken, damit sich die Lager richtig setzen.
9.1. Lenkschaft-Kopfschraube wieder um 1/4 bis 1/2 Umdrehung lösen. Prüfen, ob der Lenkschaft leichtgängig ist und spielfrei läuft.
10. Gabelbeine einbauen: Darauf achten, dass sie soweit durch die obere Gabelbrücke geschoben werden, bis die Oberseite des Gabeltauchrohrs bündig ist und der Gabeldeckel übersteht.
10.1. Standrohr-Klemmschrauben in der unteren Gabelbrücke mit 15 Nm festziehen.
11. Lenkkopflager einstellen und obere Gabelbrücke festschrauben siehe weiter vorne in diesem Kapitel unter »Lenkkopflager einstellen«.
11.1. Restliche Teile anbauen.

Telegabel

In diesem Kapitel: Grunsätzliches zur Telegabel · Gabelölsorte und Menge · Gabelöl wechseln · Gabelbein aus- und einbauen · Neue Simmerringe einbauen · Gabelbein zerlegen, prüfen und zusammenbauen.

Grundsätzliches zur Telegabel

Gabelmarken: In den den meisten Maschinen der LC4-Serie sind Gabeln von White Power (bzw. »WP Suspension«, wie die Firma seit einiger Zeit heißt), eingebaut. Einige wenige LC4 der älteren Generation sind mit Marzocchi-Gabeln bestückt. In selbst umgebauten LC4 sind auch Öhlins-Gabeln zu finden. Im technischen Aufbau sind die USD-Gabeln der verschiedenen Marken vergleichbar, die hier in diesem Kapitel gezeigten Arbeitsschritte sind also auch auf USD-Gabeln anderer Marken anwendbar.

In diesem Kapitel zeigen wir den Wechsel des Gabelöls sowie den Einbau neuer Gabelsimmerringe und Gabelgleitbuchsen beispielhaft an der White-Powe-Gabel, die in die 640 LC4 Supermoto eingebaut ist.

Spezialwerkzeug: Zum Wechsel des Gabelöls wird kein Spezialwerkzeug benötigt; zum Erneuern der Simmerringe und Führungsbuchsen jedoch schon. Das von KTM (bzw. White Power) für diese Arbeiten vorgeschriebene Spezialwerkzeug »Führungsbüchse« ist eine in der Mitte axial geteilte Buchse mit zwei verschiedenen Bünden, womit die untere Gabelgleitbuchse und der Simmerring in das Standrohr eingeschlagen werden. Man kann Gabelbuchse und Gabelsimmerring natürlich auch ohne ein solches reindrücken, etwa ringsum mit einem kleinen Dorn und vorsichtigen Hammerschlägen, aber dabei besteht die große Gefahr, dass sie entweder nicht richtig sitzen oder schon beim Einbau beschädigt werden.

Wir haben uns ein solches Spezialwerkzeug selbst gebaut aus Alu- und Stahl-Rundmaterial. Man braucht dazu Drehbank, Säge und eine Feile. In Bild 1 ist das Werkzeug gezeigt, in den Bildern 51, 52 und 53 arbeiten wir damit. Falls Sie weder das Originale KTM-Spezialwerkzeug haben und auch keines selbst machen können,

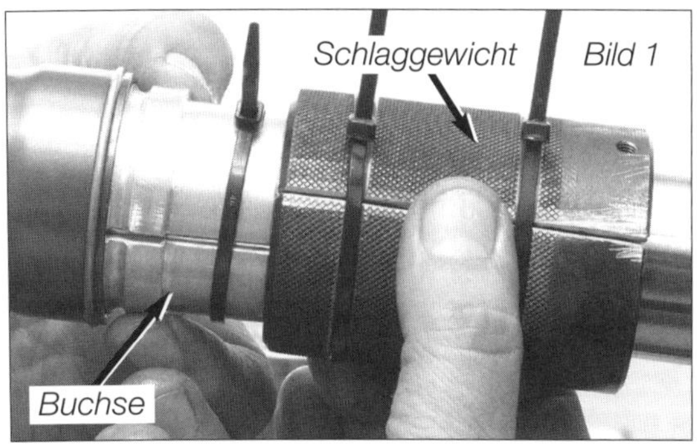

Bild 1: Unser Eigenbau-Gabelwerkzeug besteht aus einer Buchse und einem Schlaggewicht: beide sind der Länge nach geteilt.

Bild 2: Zerlegtes Gabelbein mit Teilebezeichnung.

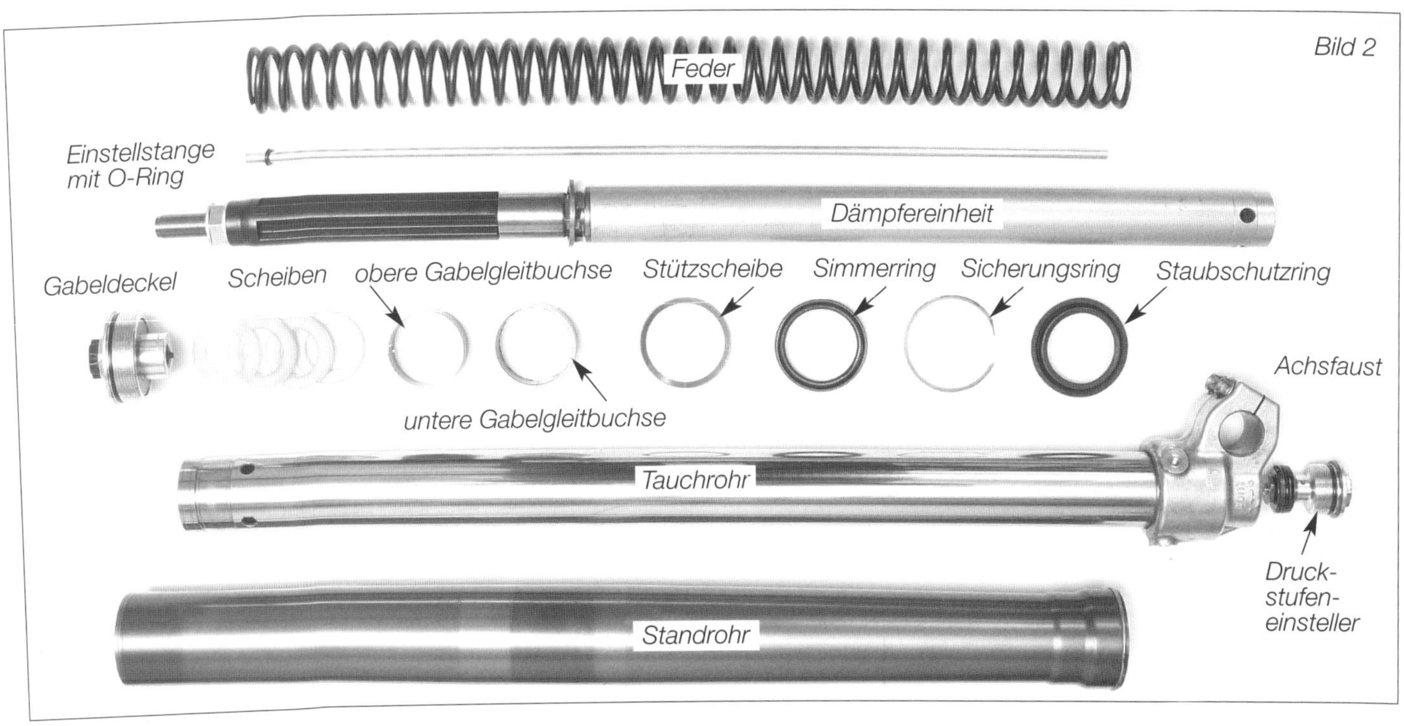

empfehlen wir ihnen, neue Gabelbuchsen und Gabelsimmerringe beim KTM-Händler einbauen zu lassen oder in einer Spezialwerkstatt für Federung und Dämpfung (z. B. Hubert Hoffmann, Benny Wilbers, White Power oder Öhlins (Zupin); Adressen siehe Kapitel 32 »Adressen«.

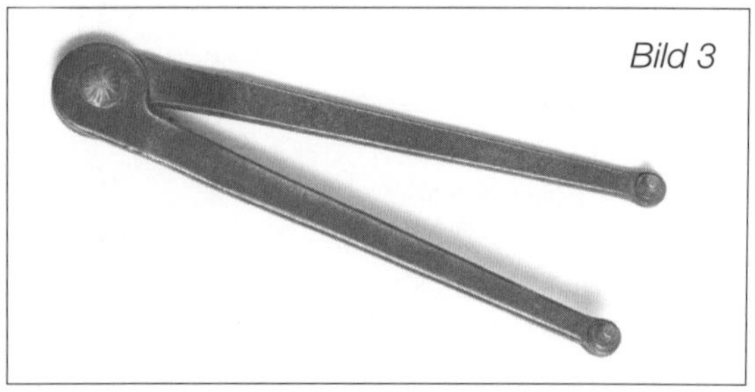
Bild 3

Bild 3: Spezialwerkzeug Zapfenschlüssel.

Bild 4

Bild 4: Gabelöl »Racing Fork Oil« von Motorex wird von KTM empfohlen.

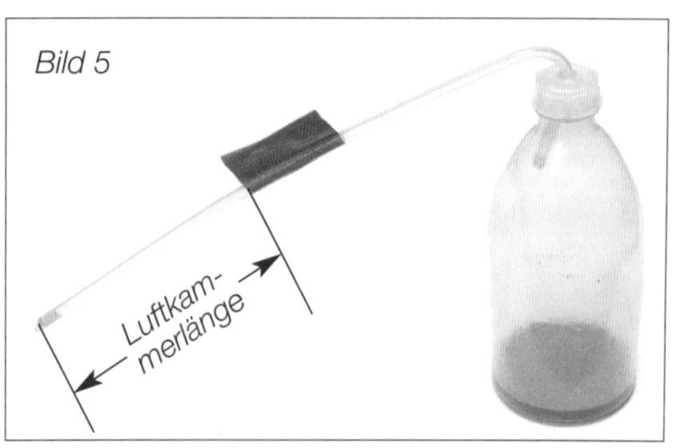

Bild 5

Bild 5: Spritzflasche zum Absaugen von überschüssigem Gabelöl.

Bilder 6 bis 20: Im Lauftext sind die zu den Bildern gehörenden Arbeitsschritte nummeriert beschrieben.

> **Tipp:** Pfiffige Selbstschrauber, die kein Spezialwerkzeug haben, bauen die Gabelbeine aus und bringen sie ausgebaut zum Service – das spart Geld!

Verschiedene Werkzeuge: Je nach Gabeltyp in Ihrer Maschine kann es sein, dass der Gabeldeckel zwar mit einem Sechskant bestückt ist, aber zusätzlich mit zwei Bohrungen versehen ist. Ein solcher Deckel soll laut KTM nicht über das Sechskant montiert werden, sondern ausschließlich mit einem Zapfenschlüssel (Bild 3).

Inbusschraube unten: Es kann auch sein, dass Ihre Gabel keine Dämpfereinstellung (»Druckstufe«) unten hat, wie die hier in diesem Kapitel gezeigte Gabel, sondern eine Inbusschraube. Dann beachten: Beim Einbau der Inbusschraube muss ein neuer Kupferdichtring eingebaut, das Anziehdrehmoment der Inbusschraube beträgt 22 Nm.

Gabelöl: Gabelöl verschleißt ebenso wie Motoröl und sollte deswegen regelmäßig gewechselt werden. Unter einer schlechten Gabeldämpfung leidet das Fahrverhalten. Mit dem Maße, wie das Dämpferöl altert bzw. verschleißt, leidet die Dämpfkraft der Gabel, weil das Dämpferöl im Laufe der Zeit dünnflüssiger wird und damit seine spezifischen Eigenschaften verliert.

Auch verliert dünnflüssiges, weil alt gewordenes Dämpferöl einen Gutteil seiner Schmierfähigkeit, was erhöhten Verschleiß der ineinander gleitenden Gabelbauteile mit sich bringt. Allerdings richtet verschlissenes Gabelöl keine so große mechanische Schäden an wie altes Motoröl.

Gabelölsorte, Gabelölmenge

Die meisten WP-Gabeln werden mit Dämpferöl SAE 5 befüllt. Bei heißer Witterung kann auch SAE 10 verwendet werden. KTM empfiehlt Gabelöl der Marke »Motorex«, Spitzenprodukt von Motorex ist das »Racing Fork Oil« (Bild 4).

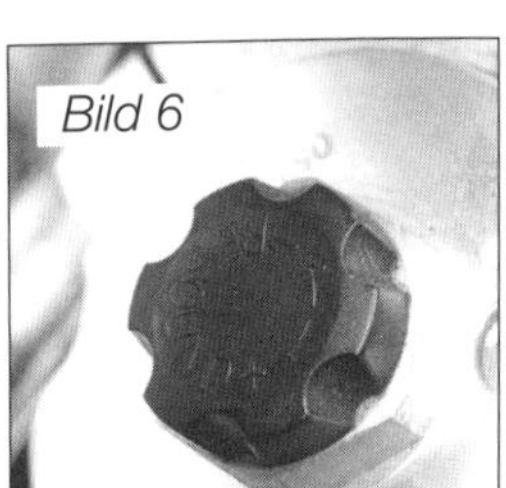
Bild 6

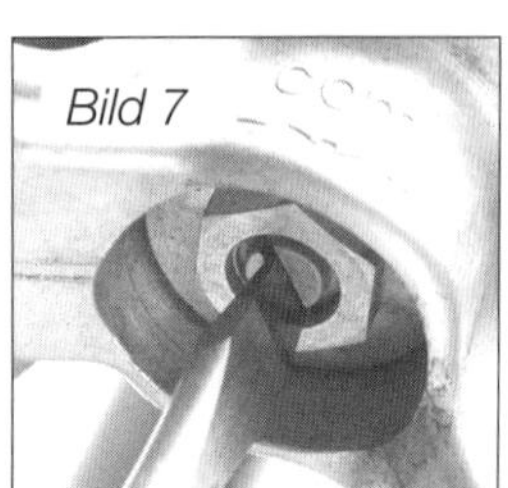
Bild 7

Bild 8

Bild 9

Bild 10

KTM-Spezialisten empfehlen 5er-Gabelöl für die Enduros und 10er für die Supermotos.

Die Menge des Gabelöls pro Gabelbein ist bei KTM nicht angegeben, dafür aber die »Luftkammerlänge«, sie beträgt bei unserer Mustergabel 130 mm. Wenn ein Wechsel des Gabelöls geplant ist, genügt ein Liter für beide Gabelholme.

Luftkammerlänge bei teilzerlegter Gabel während des Einfüllens des Dämpferöls messen:
1. Gabelstandrohr ist ganz auf Gabeltauchrohr aufgeschoben.
2. Gabeltragfeder ist nicht eingesetzt.
3. Das Gabelbein wird mit Gabelöl ganz voll gefüllt und dann mit einer Spritzflasche (Bild 5) bis auf das vorgeschriebene Luftkammermaß abgesaugt.

Gabelbeine ausbauen
1. Motorrad so aufbocken, dass der Vorderbau frei ist.
2. Rad ausbauen, Bremse abbauen, Halterung der Bremsleitung und Gabelschutz abschrauben.
3. Dämpfereinstellung feststellen:
3.1. Gabelbein oben: Zugstufen-Einsteller Klick für Klick bis zum Anschlag rechts herum drehen (Bild 6) und die Klicks zählen (notieren!).
3.2. Gabelbein unten: Gummikappe aushebeln. Druckstufen-Einsteller Klick für Klick bis zum Anschlag rechts herum drehen (Bild 7) und die Klicks zählen (notieren!).
4. Gabelbein ausbauen:
4.1. Obere Gabelbrücke: Rechts und links die je zwei Standrohr-Klemmschrauben lösen (Bild 8).
4.2. Gabeldeckel mit 24er-Schlüssel lösen, zwei bis drei Umdrehungen aufdrehen (Bild 9).
4.3. Untere Gabelbrücke: Beide Standrohr-Klemmschrauben lösen und zwei bis drei Umdrehungen aufdrehen (Bild 10).
■ Gabelbein dabei mit einer Hand festhalten, damit es nicht plötzlich nach unten herausrutscht.
■ Wenn die Schrauben gelöst sind, das Gabelbein unter leichtem Hin- und Herdrehen nach unten herausziehen (Bild 11).
■ Das andere Gabelbein ebenso ausbauen.

Gabelbein zum Ölwechsel zerlegen
1. Gabelbein an der Gabelfaust senkrecht in Schraubstock einspannen, Alubacken zum Schutz dazwischen legen.
2. Gabeldeckel ausdrehen (Bilder 12 und 13).
3. Standrohr auf dem Tauchrohr ganz nach unten schieben (Bild 13).
4. Mit der einen Hand die Feder nach unten drücken (Bild 14) und auf das jetzt sichtbar gewordene Sechskant einen 22er-Gabelschlüssel aufschieben (Bild 15). Feder loslassen, sie klemmt den Schlüssel am Sechskant.
5. Am Sechskant des Gabeldeckels einen 24er-Schlüssel aufsetzen (Bild 16) und die Verschraubung lösen.
5.1. Gabeldeckel ganz abschrauben, Scheiben abnehmen (Bild 17).
5.2. Gabelschlüssel vom Sechskant ziehen.
5.3. Scheibe abnehmen, Feder herausziehen (Bild 18).
6. Einstellstange mit O-Ring aus dem Dämpferkolbenrohr ziehen (Bild 19).
7. Gabelbein aus dem Schraubstock nehmen und kopfüber in eine Schüssel kippen (Bild 20): Dämpferöl auslaufen lassen.

Bild 11

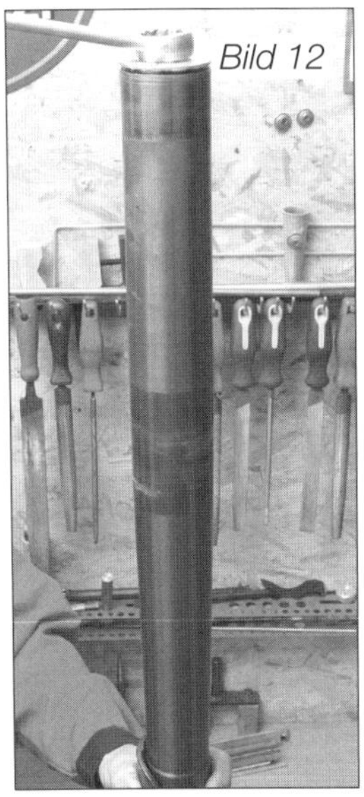
Bild 12

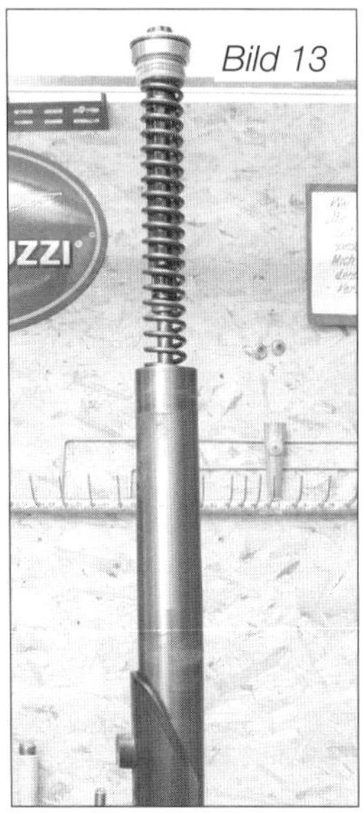
Bild 13

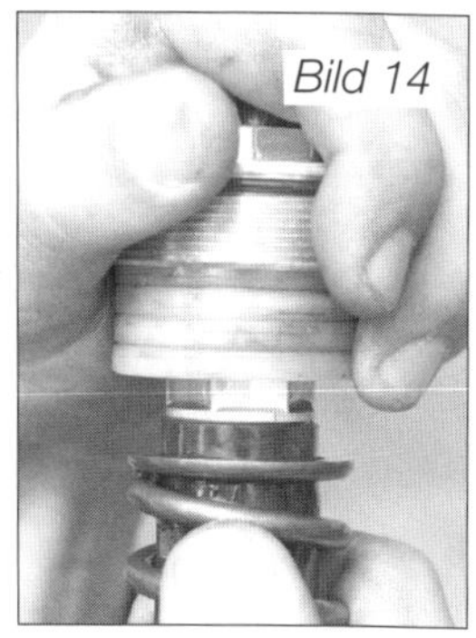
Bild 14

Bild 15

Bild 16

Bild 17

Bild 18

Bild 19

Bild 20

Sichtprüfung Messen

8. Standrohr auf Tauchrohr und Dämpfereinheit einige Male hin und her bewegen, damit das Gabelöl herausgepumpt wird und ausläuft. Austropfen lassen.
9. In das Gabelbein einen Schuss (ca. 100 cm³) Benzin oder Waschbenzin einfüllen und damit gründlich ausspülen. So werden das Gabelbein innen und die Dämpferinnereien von altem Dämpferöl und Schmutz gereinigt.

Das Gabelbein braucht zum Wechsel des Dämpferöls nicht weiter zerlegt werden. Wenn neue Gabelsimmerringe und/oder Gabelbuchsen eingebaut werden müssen, lesen Sie bitte weiter im übernächsten Absatz »Gabelbein zerlegen«.

Gabelöl einfüllen
1. Gabelbein an der Achsfaust in einen Schraubstock spannen. Alubacken zum Schutz zwischenlegen.
2. Einstellstange mit O-Ring in die Dämpfereinheit einschieben (Bild 21).
Wichtig: Die Einstellstange muss unten genau über der Nadel sitzen. Zur Kontrolle auf den oberen Rand der Einstellstange drücken, man muss die Federbewegung der Nadel spüren!
3. Frisches Gabelöl einfüllen (Bild 22):
3.1. Standrohr ganz nach unten auf das Tauchrohr schieben. Dämpfereinheit etwas nach oben halten.
3.2. Gabelöl bis zum Gewinde im Standrohr einfüllen (Bild 23). Öl beruhigen lassen. Warten, bis Luftblasen aufsteigen.
4. Dämpfereinheit einige Male hin und her bewegen, das Gabelöl verteilt sich gleichmäßig in der Gabel, eventuell eingeschlossene Luft wird herausgedrückt.
4.1. Wenn sich die Dämpfung geschmeidig anfühlt, ist die Dämpfereinheit mit Dämpferöl gefüllt. Ggf. etwas Dämpferöl nachfüllen.
5. Luftkammerlänge einstellen:
5.1. Gabelstandrohr ist ganz auf das Gabeltauchrohr aufgeschoben.
5.2. Vorgeschriebenes Maß der Luftkammerlänge (in unserem Falle 130 mm) am Saugrüssel einer Spritzflasche mit O-Ring oder Klebeband markieren (Bilder 5 und 24).
5.3. Mit dem Saugrüssel in das Gabelbein einfahren, Flasche zusammendrücken, loslassen und das überschüssige Öl absaugen (Bild 24).
5.4. Saugrüssel bis zur Markierung in das Gabelbein einstecken, alles überschüssige Öl absaugen: Jetzt stimmt die Luftkammerlänge (Bild 24).
5.5. Jetzt die Dämpfereinheit wieder einige Male herausziehen und wieder einschieben sowie das Gabelstandrohr auf dem Gabeltauchrohr nach oben ziehen und nach unten bewegen.
■ Mit dem Saugrüssel an der Spritzfasche noch einmal kontrollieren, ob die Luftkammerlänge korrekt ist. Ölstand eventuell korrigieren.

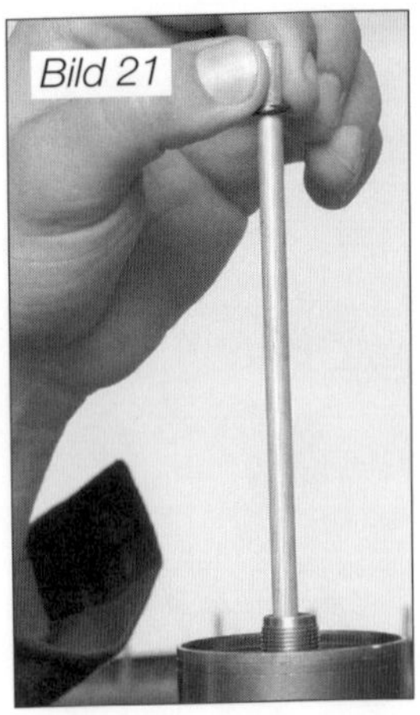
Bild 21

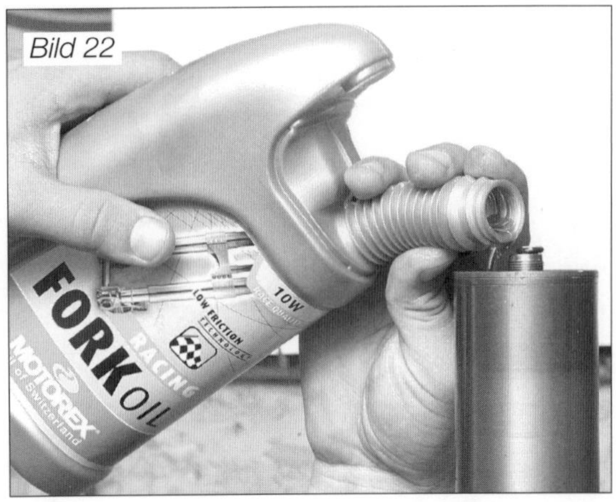

Bild 22

Bild 23

Bild 24

Bild 25

Bild 26

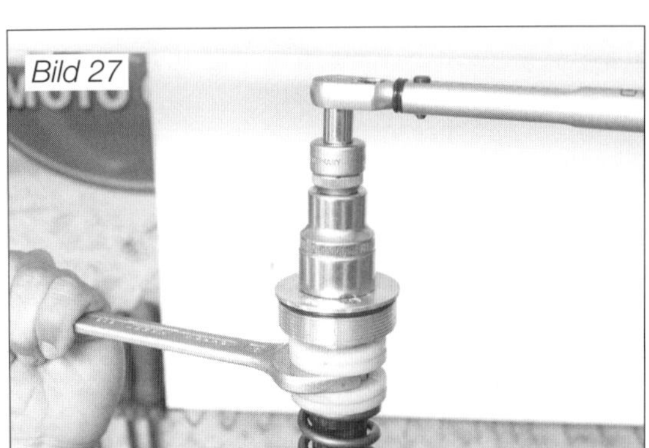
Bild 27

Bilder 21 bis 27: Im Lauftext sind die zu den Bildern gehörenden Arbeitsschritte nummeriert beschrieben.

Gabelbein zusammenbauen

1. Gabelbein ganz auseinander ziehen, Dämpfereinheit ganz nach oben ziehen, Feder in das Gabelbein einführen.

■ Wenn eine Feder mit einseitig engen Windungen eingebaut wird, diese nach unten einsetzen.

2. Scheibe aufsetzen, Feder nach unten drücken und 22er-Gabelschlüssel am Sechskant ansetzen (Bild 25).

3. O-Ring auf dem Gabeldeckel (Bild 26) kontrollieren: Wenn er beschädigt ist, auswechseln.

4. Scheiben aufsetzen, Gabeldeckel aufschrauben, mit 25 Nm gegen das Sechskant kontern (Bild 27).

5. Gabelstandrohr ganz nach oben ziehen, Gabeldeckel am Gewinde des Standrohres ansetzen und handfest einschrauben.

Gabelbeine einbauen

1. Etwas dickes Fett in die Klemmstellen der Gabelbeine in den Gabelbrücken geben (Bild 28).

2. Gabelbein von unten in die untere Gabelbrücke einschieben und soweit durch die obere Gabelbrücke schieben, bis die Oberseite des Gabeltauchrohrs bündig ist mit der Oberseite der oberen Gabelbrücke und der Gabeldeckel übersteht.

3. Standrohr-Klemmschrauben in der unteren Gabelbrücke mit 15 Nm festziehen (Bild 29).

4. Gabeldeckel mit 25 Nm festziehen (Bild 30).

5. Standrohr-Klemmschrauben in der oberen Gabelbrücke mit 20 Nm festziehen (Bild 31).

6. Oberen Zugstufeneinsteller auf die Stellung drehen, die vor dem Gabelausbau festgestellt und notiert wurde.

Neue Simmerringe einbauen

Gabelbein zerlegen

1. Die Gabelbeine sind ausgebaut und so weit zerlegt, wie weiter vorne unter »Gabelbein zum Ölwechsel zerlegen« von 1. bis 8. beschrieben.

2. Gabelbein am Bremssattelhalter quer in Schraubstock spannen, Alubacken und Lappen dazwischen legen (Bild 32).

3. 19er-Stecknuss unten am Druckstufeneinsteller ansetzen, lösen und ausdrehen.

■ Wenn sich die Dämpfereinheit innen mitdreht, sie von oben mit den Fingern halten und evt. etwas zur Seite drücken.

■ Wenn sich der Druckstufeneinsteller immer noch nicht aus dem Gewinde der Dämpferpatrone drehen will, weil sich die Dämpfereinheit innen im Gabelbein immer noch mitdreht: Schlagschrauber nehmen (Bild 32), damit lässt sich der Druckstufeneinsteller garantiert herausdrehen!

4. Dämpfereinheit aus dem Gabelbein herausziehen.

5. Staubmanschette mit einem kleinen Schraubenzieher ringsum aus ihrem Sitz lösen (Bild 33) und nach unten schieben.

5.1. Sicherungsring des dem Simmerrings ausbauen: Kleinen Schraubenzieher am schrägen Ende einstecken (Bild 34), Sicherungsring vorsichtig heraushebeln (Bild 35).

Bild 28

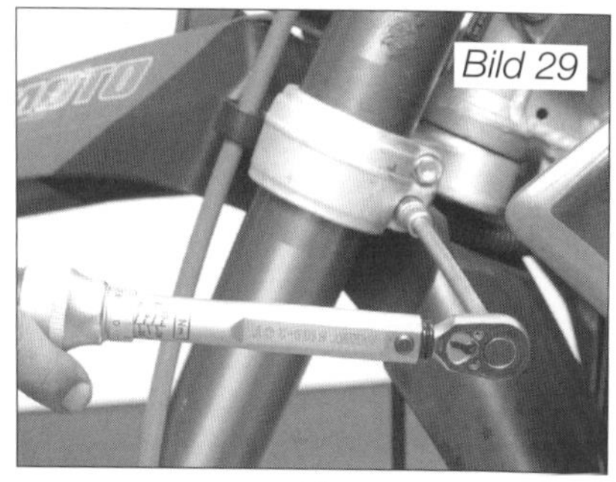
Bild 29

Bild 30

Bild 31

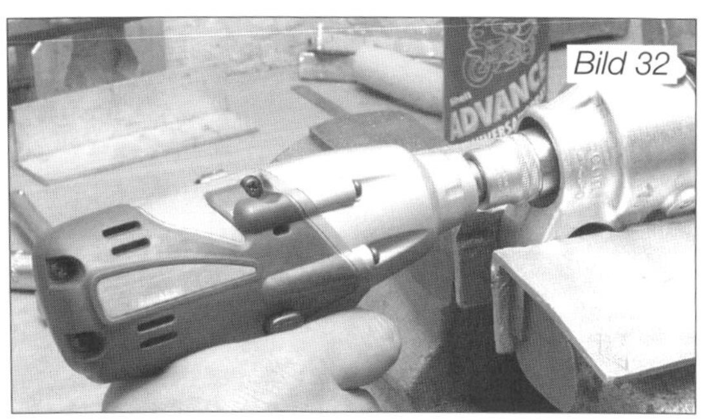
Bild 32

Bilder 28 bis 35: Im Lauftext sind die zu den Bildern gehörenden Arbeitsschritte nummeriert beschrieben.

Bild 33

Bild 34

Bild 35

Sichtprüfung Messen

6. Standrohr im Bereich des Gabelsimmerrings mit einem Werkstattföhn ringsum erwärmen (max. 80 °C), so kommt beim Auseinanderziehen die Gleitbuchse leichter aus dem Sitz (Bild 36).

Bild 36

Bild 37

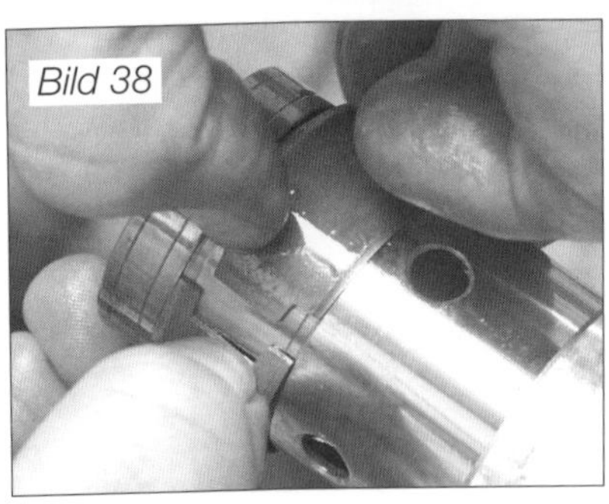
Bild 38

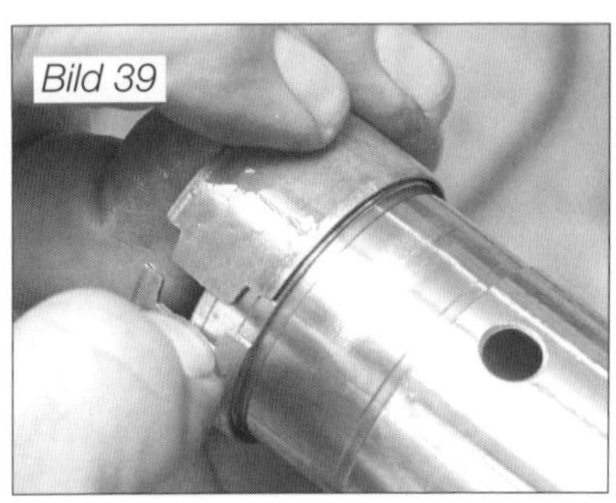
Bild 39

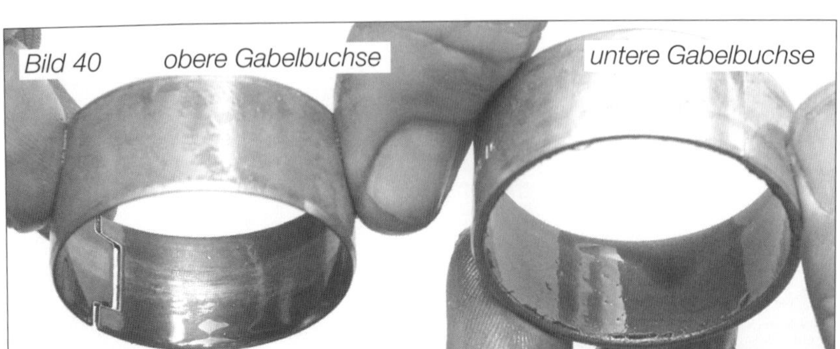

Bild 40

7. Gabelbein anpacken und mit einem kräftigen Ruck das Gabeltauchrohr und das Gabelstandrohr auseinander ziehen (Bild 37).

8. Obere Gabelgleitbuchse von ihrem Sitz in der Nut des Gabelstandrohres nehmen: An der Trennstelle mit den Fingernägeln packen, etwas aufbiegen (Bild 38), abziehen (Bild 39).

9. Vom Standrohr abziehen: Untere Gabelgleitbuchse, Stützscheibe, Simmerring, Sicherungsring, Staubmanschette (Bild 46).

10. Alle Teile gut reinigen.

Gabelbauteile prüfen

- Gabeltauchrohr außen und Gabelstandrohr innen auf Riefen, Kratzer, Druckstellen, Korossion und Verschleiß prüfen.
- Gabeltauchrohr in Prismenböcke legen und mit einer Messuhr den Schlag messen. Beachten, dass der tatsächliche Schlag nur halb so groß ist wie der von der Messuhr angezeigte bzw. abgelesene Wert. Die Verschleißgrenze beträgt 0,20 mm (Bild 41).
- Tragbild der Gabelgleitbuchsen prüfen (Bild 40). Buchsen erneuern, wenn ihre Gleitflächen angekratzt, riefig oder mehr als ein Fingernagel groß verschlissen sind.
- Immer nur einen kompletten Satz neuer Buchsen in die Gabelbeine einbauen, also obere und untere Buchse zusammen erneuern.
- Gabeltragfeder messen: Die ungespannte Länge einer neuen Feder und die Verschleißgrenze beim KTM-Händler erfragen (Bild 42).
- Darauf achten, dass beide Federn gleich lang sind, also nicht z. B. eine neue und eine alte Feder einbauen.

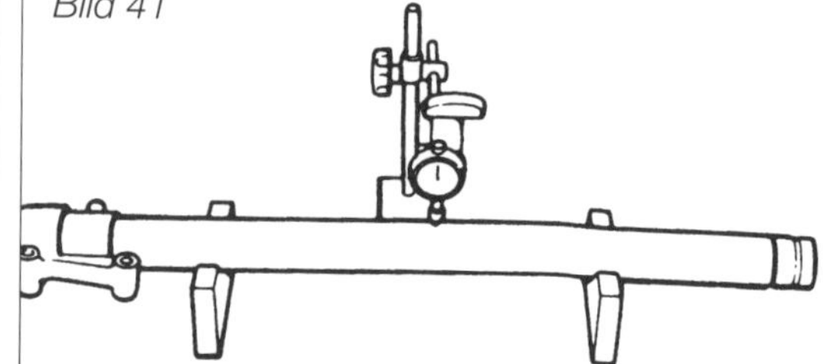
Bild 41

maximaler Schlag 0,20 mm

Bild 42

■ Differenz von einer Feder zur anderen darf höchstens 2 mm betragen.

Gabelbein zusammenbauen

1. Gabeltauchrohr an der Achsaufnahme senkrecht in Schraubstock spannen.

2. Die Kanten am oberen Rand des Gabeltauchrohres mit einem langen Stück Tesafilm umwickeln, damit die Dichtlippen von Staubschutzring und Simmerring beim Überziehen nicht beschädigt werden (Bild 43).

3. Staubschutzring und Gabelsimmerring mit reinem Silikonfett einreiben (Bild 44), das hält sie geschmeidig, lässt sie leicht gleiten, was das Ansprechverhalten der Gabel verbessert.

4. Auf das Gabeltauchrohr aufschieben (Bild 46):

4.1. Staubschutzring.

4.2. Sicherungsring.

4.3. Neuen Gabelsimmerring mit der Aufschrift auf der geschlossenen Seite (Bild 45) nach unten.

4.4. Stützscheibe.

4.5. Untere Gabelgleitbuchse (das ist die große).

4.6. Tesafilm abziehen.

5. Obere Gabelgleitbuchse einbauen:

5.1. Buchse oben am Standrohr ansetzen. Von innen mit zwei Fingern vorsichtig soweit aufbiegen (Bild 47), dass die Buchse über das Rohr geschoben werden kann. In die Nut einsetzen (Bild 48).

6. Gabelbein umspannen: An der Achsfaust quer in den Schraubstock spannen (Bild 46).

7. Gabeltauchrohr ringsum etwas einölen, Gabelstandrohr aufschieben.

8. Dämpfereinheit einbauen:

8.1. Dämpfereinheit in das Gabelbein einschieben.

8.2. O-Ring auf Druckstufeneinsteller kontrollieren (Bild 49), wenn in Ordnung, mit etwas Gabelöl einschmieren, eindrehen und mit 25 Nm festziehen (Bild 50). Dabei die Dämpfereinheit oben innen zentrisch halten.

9. Gabelgleitbuchse und Gabelsimmerring eintreiben:

9.1. Spezialwerkzeug ansetzen, untere Gabelgleitbuche eintreiben (Bilder 51 und 52).

9.2. Stützscheibe einschieben.

9.3. Spezialwerkzeug ansetzen, Simmerring eintreiben (Bild 53).

9.4. Mit einer Taschenlampe in die Gabel reinleuchten und prüfen, ob der Simmerring wirklich ganz tief eingetrieben ist: Die Nut für den Sicherungsring muss zu sehen sein.

9.5. Sicherungsring in seine Nut einsetzen.

10. Gabelöl einfüllen, Gabel zusammenbauen und einbauen siehe weiter vorne in diesem Kapitel.

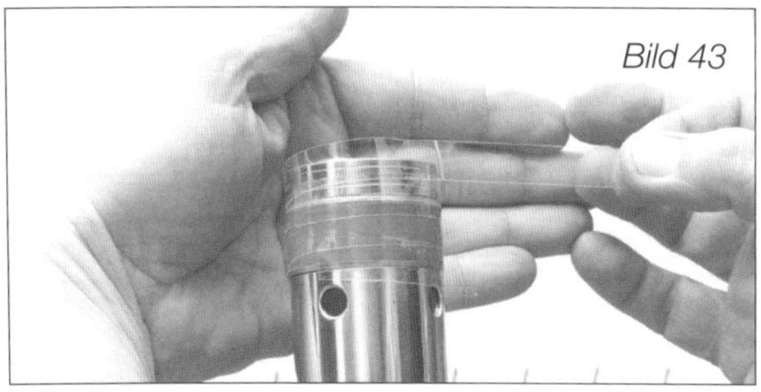
Bild 43

Bild 44

Bild 45

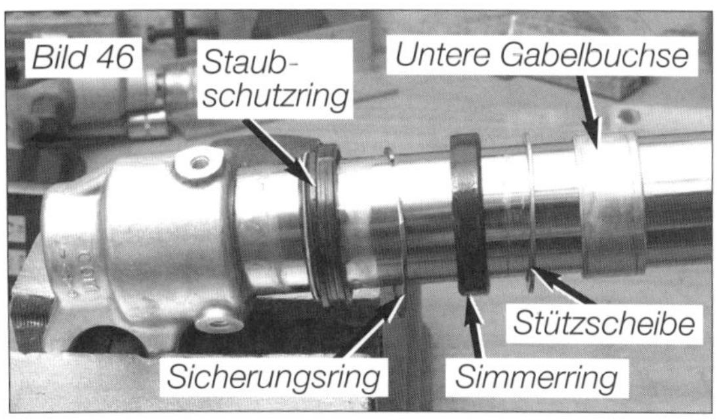

Bild 46

Bilder 36 bis 53: Im Lauftext sind die zu den Bildern gehörenden Arbeitsschritte nummeriert beschrieben.

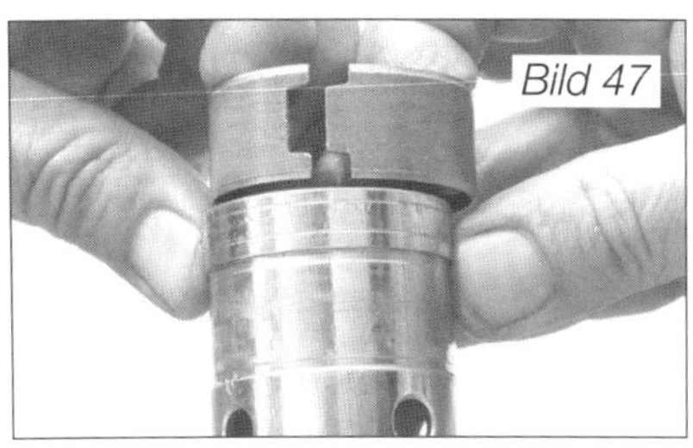
Bild 47

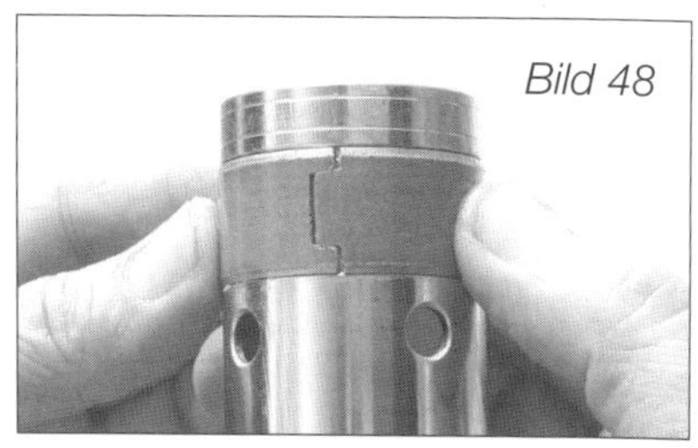
Bild 48

Bild 49

Bild 50

Bild 51

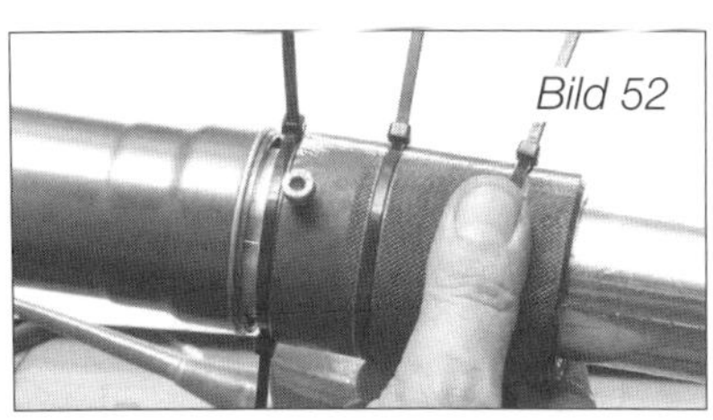
Bild 52

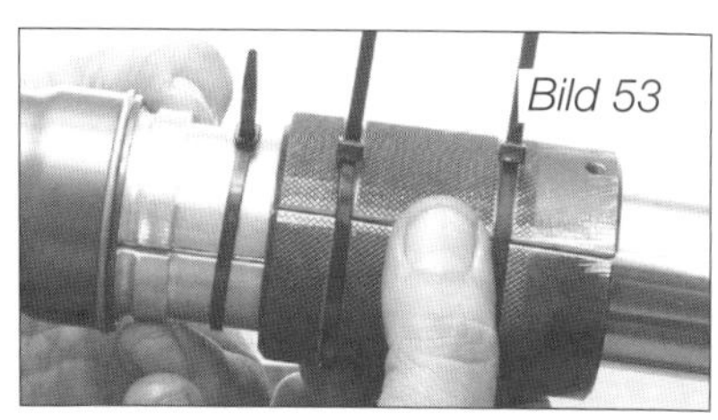
Bild 53

Federbein · Schwinge

In diesem Kapitel: Federbein ausbauen, prüfen, einbauen · Federbeinumlenkung, Hinterradschwinge und Nadellager ausbauen, prüfen, fetten und zusammenbauen.

Zu diesem Kapitel empfehlen wir das Korrespondenzkapitel 11 »Federung prüfen«

Bild 1: Obere Befestigung des Federbeins.

Bild 2: Untere Befestigung des Federbeins am Winkelhebel.

Bild 3: Zugstange und Lagerung an der Schwinge.

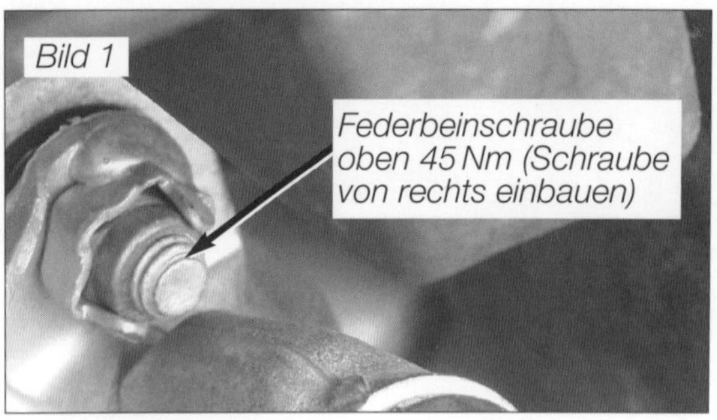

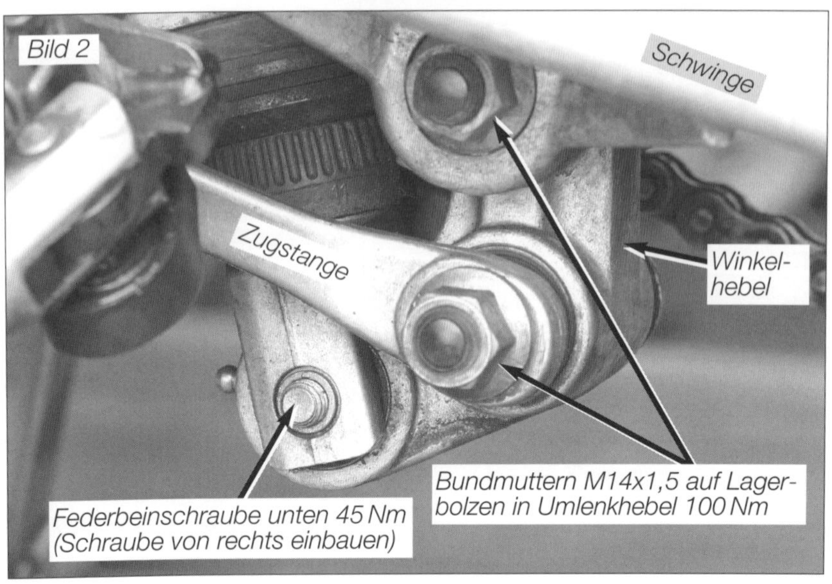

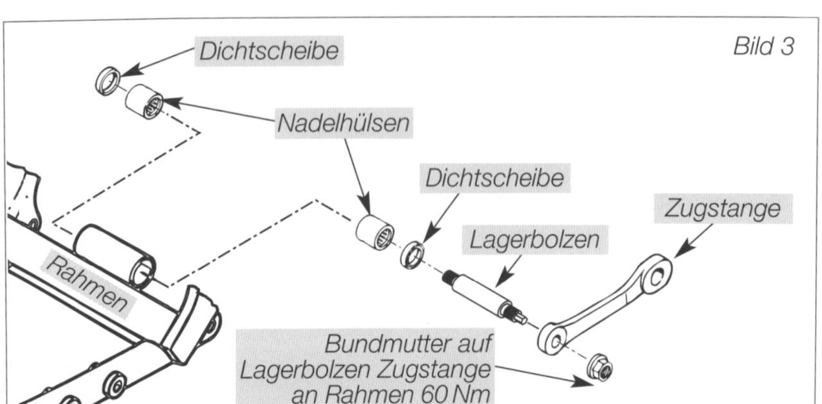

Federbein und Winkelhebel

Anziehdrehmomente

Federbeinschrauben oben und unten .... 45 Nm
Bundmutter M12 auf Lagerbolzen Zugstangen an Rahmen .... 60 Nm
Bundmuttern M14x1,5 auf Lagerbolzen im Winkelhebel .... 100 Nm

■ *Alle Lager mit hochwertigem Lagerfett schmieren, z. B. Shell RETINAX LX2*

Federbein aus- und einbauen

1. Maschine aufbocken, Hinterrad muss frei sein.

1.1. Passenden Holzklotz zwischen Reifen und Boden schieben, damit während der Montage nicht plötzlich die Hinterradschwinge samt Rad nach unten fällt.

2. Rechte Seitenverkleidung abbauen. Befestigungsschraube des Bremsflüssigkeits-Vorratsbehälters ausdrehen, Behälter zur Seite rücken.

3. Obere Schraube, mit der das Federbein am Rahmen befestigt ist, mit passender Nuss und Verlängerung lösen, aber noch nicht ausziehen.

4. Unten an der Schwinge:

4.1. Untere Schraube, mit der das Federbein mit dem Winkelhebel verbunden ist, lösen, ausschrauben und ausziehen.

■ Dabei Hinterrad über die Schwinge mit der Hand etwas nach oben und unten bewegen, damit die Schraube leichter herausgeht.

4.2. Bundmutter rechts vorne auf dem Lagerbolzen, der die beiden Zugstangen mit dem Rahmen verbindet, lösen und abschrauben.

4.3. Bundmutter rechts hinten auf dem Lagerbolzen, der die beiden Zugstangen mit dem Winkelhebel verbindet, lösen und abschrauben.

4.4. Rechte Zugstange von den Lagerbolzen abziehen.

5. Federbein mit der Hand halten, obere Federbeinschraube ganz ausziehen, Federbein nach unten herausnehmen.

Einbau in umgekehrter Reihenfolge. Dabei besonders beachten:

■ Nur einwandfreie und originale Schrauben, Bolzen und Muttern verwenden.

■ Alle Lagerstellen reinigen und gut einfetten.

■ Beim Aufsetzen der Zugstange diese gleichzeitig und ohne zu verkanten auf die Lagerbolzen aufschieben.

■ Anzugsdrehmomente siehe Anfang dieses Kapitels sowie in den Bildern 1 und 2 und der Zeichnung in Bild 3.

■ Durch den Schmiernippel am Winkelhebel frisches Fett einpressen (Bild 4).

Hinterradschwinge

Eingebaute Hinterradschwinge prüfen

1. Eingebaute Schwinge muss sich bei demontiertem Hinterrad und ausgebautem Federbein gleichmäßig weich und geräuschlos auf- und abbewegen lassen.
2. Schwinge hinten am Ende packen und hin und her bewegen. Am Ende der Schwinge darf kein Spiel fühlbar sein.
■ Wenn beide Prüfpunkte keine Mängel ergeben, kann man schon vor dem Ausbau der Schwinge sicher sein, dass die Nadellager kein Spiel haben und nicht verschlissen sind.

Hinterradschwinge ausbauen

1. Hinterrad und Federbein ausbauen. Bremsschlauch aus den Halterungen clipsen. Kettenschutz abschrauben.
2. Bundmutter auf der linken Seite mit einer 19er-Sechskantnuss lösen und abnehmen.
3. Schwingenachse mit Messingdorn und Hammer nach rechts etwas herausschlagen.
4. Schwinge mit der Hand halten und Schwingenachse ganz herausziehen.
5. Ggf. Winkelhebel abschrauben.

Ausgebaute Hinterradschwinge prüfen

1. Schwinge auf Verzug und Risse prüfen.
2. Kettenschleifschutz prüfen: Erneuern, wenn er verschlissen, abgeschliffen oder zerfleddert ist.

Lager in Hinterradschwinge und Winkelhebel

Wenn die Lager in Hinterradschwinge und Winkelhebel in Ordnung sind, sollen Simmerringe und Lager eingebaut bleiben, denn die Lagerhülsen können nicht auszogen werden, wenn die Simmerringe eingebaut sind. Wenn die Simmerringe ausgebaut werden, sind sie zerstört und es müssen neue eingebaut werden.

Wenn die Lager in Schwinge und Winkelhebel kaputt sind, lassen Sie neue Lager und Simmerringe beim KTM-Händler einbauen, weil dazu Spezialwerkzeuge erforderlich sind.

Wenn neue Lager eingebaut werden, muss das Axialspiel des oberen Nadellagers im Winkelhebel mit einer entsprechend dicken Scheibe (siehe Scheibe* in der Zeichnung in Bild 6) spielfrei ausdistanziert werden.

Hinterradschwinge einbauen

1. Vor dem Einbau Lagerstellen gut mit Ölspray reinigen. Simmerringe und Dichtringtassen einfetten und einsetzen (siehe Bilder 5 und 6). Winkelhebel anbauen.
2. Schwinge von hinten zwischen Rahmen und Motor einschieben. Bohrungen müssen zueinander fluchten.
3. Schwingenachse von der rechten Seite einführen und ganz durchschieben. Es muss leicht gehen, nicht mit dem Hammer nachhelfen!
4. Bundmutter aufdrehen, mit 100 Nm festziehen.
5. Schwinge auf Beweglichkeit nach oben und unten prüfen. Restliche Teile an- und einbauen.

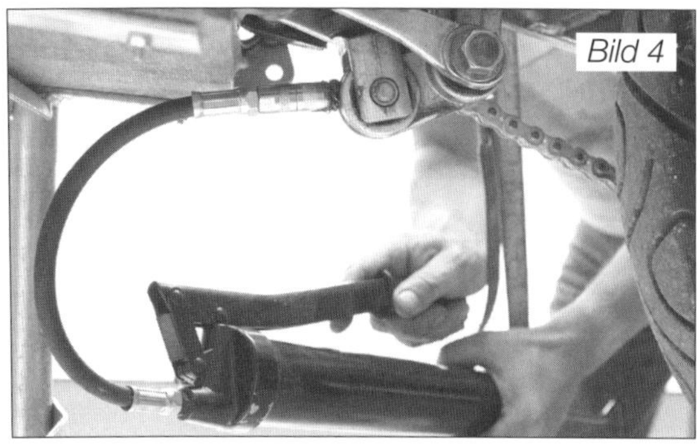

Bild 4: Abschmieren der Lager im Winkelhebel mit einer Fettpresse.

Bilder 5 und 6: Explosionszeichnung der Lager in Schwinge und Winkelhebel mit Teilebezeichnungen.

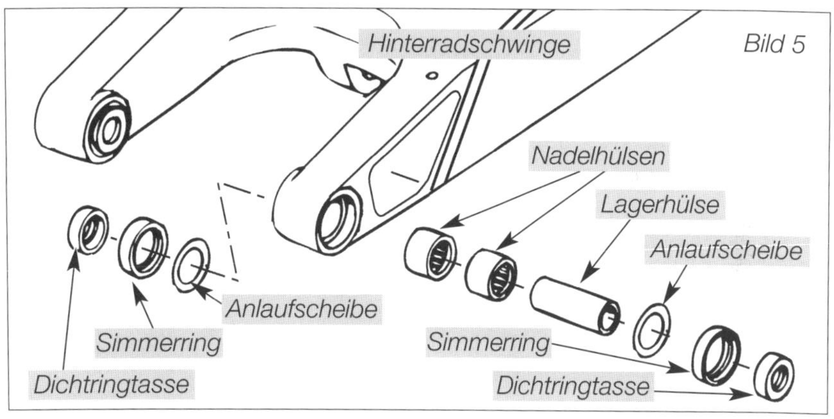

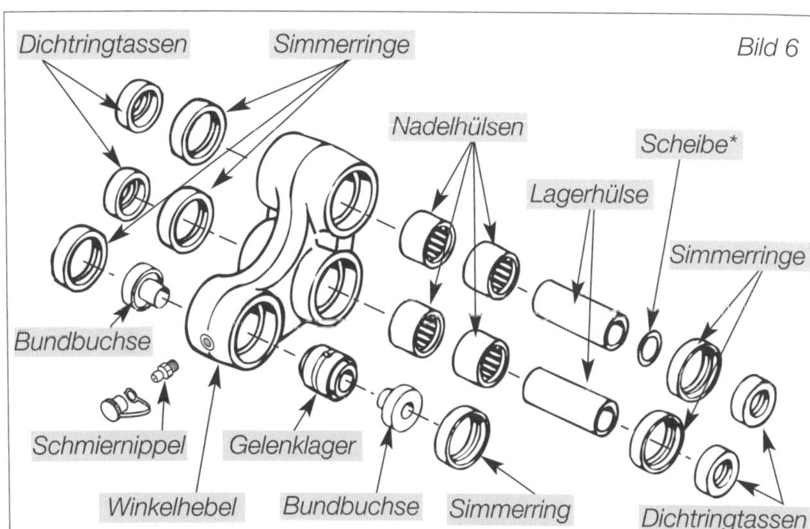

Licht · Hupe

In diesem Kapitel: Beleuchtung kontrollieren · Scheinwerfer einstellen · Glühlampen wechseln in Scheinwerfer, Standlicht, Blinker, Rücklicht und Kennzeichenleuchte · Hupe prüfen.

Beleuchtung

Die Kontrolle der Beleuchtungs- und Signalanlage gehört zu den sicherheitsrelevanten Tätigkeiten, die vom Fahrer regelmäßig leicht selbst erledigt werden können. Ein Check der Beleuchtung ist schnell gemacht - und falls eine Lampe nicht mehr brennt, sollte man sie sofort erneuern.

Scheinwerfereinstellung

Einstellung des Scheinwerfers bei korrektem Reifenluftdruck vornehmen. Die Zuladung mit zwei Personen und großem Gepäck hat großen Einfluss auf die Leuchtweite, weil die Maschine hinten tiefer in die Federung sinkt als vorne. Vor einer Urlaubsfahrt die Leuchtweite an die Beladung anpassen, um eine Blendung des Gegenverkehrs zu vermeiden. Auch die Federbeineinstellung beeinflusst die Höhe des Hecks und damit die Leuchtweite, was aber meist innerhalb der Toleranz ist.

Bild 1

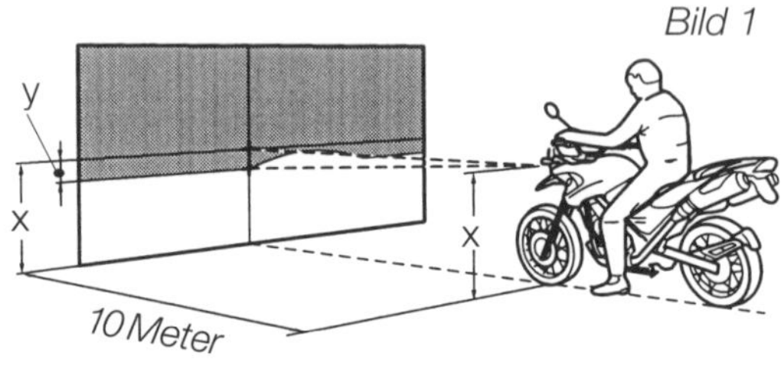

Bild 1: Schemazeichnung des Aufbaus zur Scheinwerfereinstellung. x = Mitte des Scheinwerfers, y = 10 cm.

■ *Einstellung des Lichtkegels nach oben oder unten durch Lösen der beiden Befestigungsschrauben des Scheinwerfers und entsprechendes Einstellen.*

Scheinwerfer prüfen

1. Motorrad in 10 Metern Abstand auf den Rädern stehend vor einer Wand aufstellen (Bild 1): Boden eben, Fahrer sitzt auf dem Motorrad, stützt sich mit den Füßen nur leicht auf dem Boden ab.

2. Abstand vom Boden bis zur Mitte des Scheinwerfers messen, Abstand mit einem Kreidekreuz auf die Wand übertragen.

3. Unter dieses Kreuz im Abstand von 10 cm ein weiteres Kreuz anzeichnen.

4. Motor starten, Abblendlicht einschalten.

5. Die Hell-/Dunkelgrenze soll in der Mitte des unteren Kreuzes beginnen, bis zur Höhe des oberen Kreuzes nach rechts ansteigen und dann wieder abfallen. Falls nicht, einstellen.

Scheinwerfer einstellen

Die Höhe des Lichtkegels wird über die beiden Bundschrauben, die den Scheinwerfer in der Schweinwerfermaske halten, eingestellt:

■ Bundschrauben lösen , Scheinwerfer je nach Bedarf nach oben oder unten neu einstellen.

■ Bundschrauben mit 10 Nm anziehen.

Glühlampen wechseln

Wenn Glühlampen ersetzt werden, grundsätzlich Motor und Zündung ausschalten!

■ Steckkontakte und Glaskörper nicht mit bloßen Fingern anfassen (siehe unten »Achtung und Tipps» für dieses Kapitel).

■ Lampe nur mit sauberen Lappen in die Hand nehmen.

Scheinwerferlampe

1. Zum Wechsel der Scheinwerferlampe muss die Scheinwerfermaske abgeschraubt werden: Bundschrauben rechts und links am Scheinwerfer ausschrauben, Radabdeckung leicht nach vorne drücken, Scheinwerfermaske dabei nach oben ziehen und Haltestifte der Scheinwerfermaske vorsichtig aus der Radabdeckung herausziehen. Scheinwerfermaske mit dem Scheinwerfer nach vorne schwenken.

2. Stecker (Bild 2), dann Gummikappe abziehen.

3. Sicherungsbügel entriegeln, hochschwenken, Lampe entnehmen.

Einbau umgekehrt, dabei besonders beachten:

■ Die breitere der drei Laschen am Lampensockel in die zugehörige Nut einsetzen (Bild 4).

■ Sicherungsbügel einrasten.

■ Gummikappe mit Lasche nach oben weisend aufdrücken.

Sicherheitshinweise ⚠ Achtung und ☞ Tipps

☞ Wenn Sie an einer roten Ampel zufällig vor einem Schaufenster stehen und Ihr Spiegelbild darin betrachten, betätigen Sie abwechselnd die Hand- und Fußbremse und checken das Bremslicht.

⚠ Wenn Lampen ersetzt werden, müssen grundsätzlich Motor und Zündung ausgeschaltet sein! Dies gilt auch für alle anderen Arbeiten an der Lichtanlage.

⚠ Brennende Halogenlampen werden bis einschließlich Metallsockel sehr heiß. Bevor eine Lampe herausgenommen wird, immer sicherstellen, dass sie genügend abgekühlt ist.

☞ Beim Einbau einer Lampe beachten:

■ Steckkontakte und Glaskörper nicht mit bloßen Fingern anfassen! Sonst setzen sich Hautfette ab und brennen sich ins Glas ein, was Leuchtkraft und Lebensdauer mindert.

■ Schmutz oder Fingerabdrücke mit Spiritus abwischen!

■ Scheinwerfermaske mit Gummikappe unter der Instrumentenelektrik positionieren. Radabdeckung nach unten drücken, Scheinwerfermaske nach oben ziehen, Haltestifte in die beiden Aussparungen der Radabdeckung einhängen.
■ Bundschrauben rechts und links eindrehen, mit 10 Nm festziehen.

Standlichtlampe
Die Standlichtlampe steckt links unterhalb der Scheinwerferlampe (Bild 5). Zum Wechseln Scheinwerfermaske abbauen, Fassung aus dem Scheinwerfer ziehen, defekte Lampe ersetzen, Fassung gefühlvoll in ihre Bohrung eindrücken.

Blinklampe
1. Befestigungsschraube des Blinkerglases herausdrehen, Blinkerglas vorsichtig abschwenken und abnehmen (Bild 6).
2. Abdeckung entfernen.
3. Lampe leicht in die Fassung eindrücken, bis Haltenippel entriegelt sind, nach links bis zum Anschlag drehen und aus der Fassung ziehen.
Beim Zusammenbau darauf achten:
■ Blinkerglas an Zapfen exakt einsetzen.
■ Befestigungsschraube nicht zu fest anziehen, sonst reißt das Blinkerglas ein.

Rücklichtlampe
Im Heckbürzel ist die kombinierte Brems- und Rücklichtlampe (12 Volt, 21/5 Watt) untergebracht.
1. Gummikappe an der Unterseite des Kennzeichenträgers mit einem Schraubenzieher leicht anheben und abnehmen.
2. Lampenfassung gegen den Uhrzeigersinn drehen und aus dem Gehäuse herausnehmen.
3. Lampe leicht in die Fassung eindrücken, bis Haltenippel entriegelt sind, nach links bis zum Anschlag drehen und aus der Fassung ziehen.

Zusammenbau in umgekehrter Reihenfolge:
■ Schrauben gefühlvoll anziehen.
■ Gummikappe mit Silikon einschmieren.

Kennzeichenleuchte
Oberhalb des Kennzeichens befindet sich die Kennzeichenleuchte (Bild 7).

1. Befestigungsmuttern in der Hinterradabdeckung lösen und abdrehen, Gehäuse der Kennzeichenleuchte nach hinten wegziehen.
2. Lampenfassung gegen den Uhrzeigersinn drehen und aus dem Gehäuse herausnehmen.
3. Lampe leicht in die Fassung eindrücken, bis Haltenippel entriegelt sind, nach links bis zum Anschlag drehen und aus der Fassung ziehen.
3. Neue Lampe einsetzen, Gehäuse einbauen.

Hupe

Die Hupe sitzt vor dem linken Wasserkühler. Wenn sie nicht richtig funktioniert, liegt dies meist an defekten Kabeln oder Steckverbindungen.

1. Kabel zwischen Hupenschalter und Hupe auf Bruch und durchgescheuerte Stellen kontrollieren.
■ Steckverbindungen säubern, Kontakte mit feinem Schleifpapier von Korrosionsschicht befreien, ggf. mit Kontaktspray behandeln.
2. Steckverbindung der Hupe prüfen: Spannungsmesser an kabelbaumseitige Kontakte anlegen. Bei Betätigung des Hupenschalters muss Batteriespannung anliegen.
3. Falls die Hupe trotz Stromversorgung keinen Laut von sich gibt, Bauteil ersetzen: Stecker abziehen, Schraube ausdrehen, Hupe abnehmen.

Einbau in umgekehrter Reihenfolge.

Bild 2: Wenn eine Lampe nicht brennt, kann es an Korrosion liegen: Mit Schleifpapier entfernen.

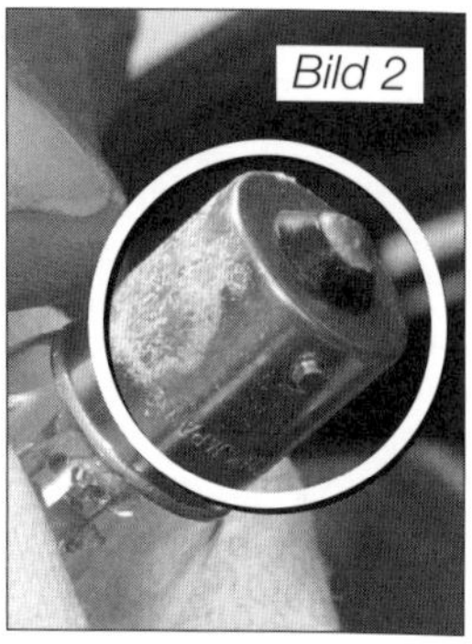

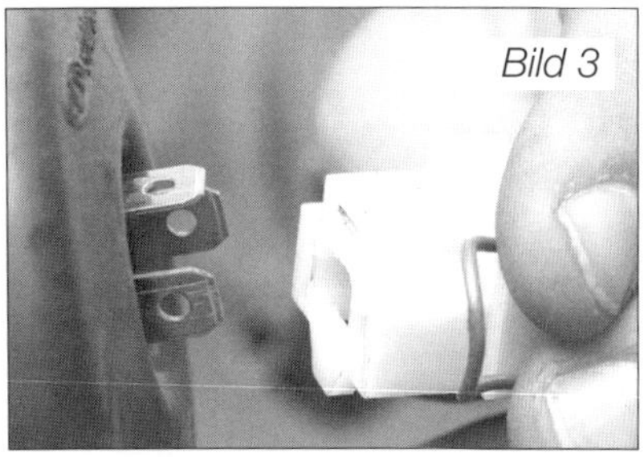

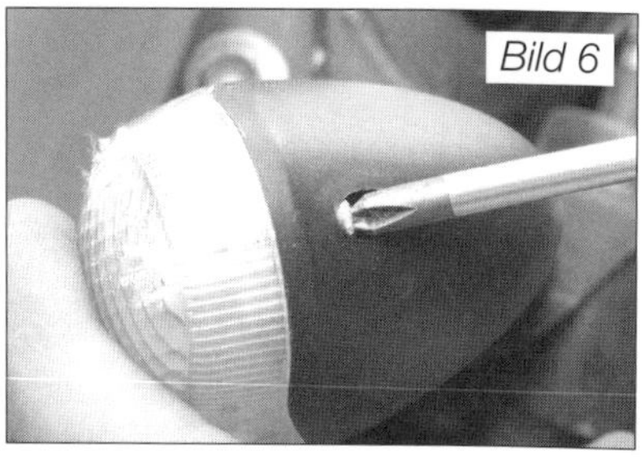

Bilder 3 bis 7: Im Lauftext sind die zu den Bildern gehörenden Arbeitsschritte nummeriert beschrieben.

Batterie

In diesem Kapitel: Batterie prüfen, ausbauen, laden, einbauen · Neue wartungsfreie Batterie befüllen und erstladen.

Bild 1: Beim Laden auf richtige Polung der Zangen achten. Das im Bild gezeigte Ladegerät »fritec Ladeprofi kompakt BV 11800« verwenden wir in unserer Werkstatt (fritec Friedrich & Hitschfel GmbH, Mittelrüsselbach 38, D-91338 Igensdorf, www.fritec.de).

Batterie

Die LC4 ist serienmäßig mit einer wartungsfreien, versiegelten Batterie Yuasa YTX 9-BS, 12 Volt/ 8 Ah, ausgestattet. Sie muss immer in bestem Zustand sein, damit sie auch bei kalter Witterung ausreichend Energie liefern kann.

»Wartungsfrei und versiegelt« bedeutet, dass man niemals versuchen sollte, die obere Stopfenleiste zu entfernen, denn der Säurestand kann und braucht nicht überprüft zu werden, auch das Nachfüllen von destilliertem Wasser entfällt.

Bei normaler Ladung einer wartungsfreien Batterie entsteht nur Sauerstoff. Dieser reagiert an der Minusplatte mit dem dort gebundenen Wasserstoff und verwandelt sich wieder in Wasser, der Flüssigkeitsstand der Batterie bleibt immer konstant. In einer wartungsfreie Batterie entsteht also kein Flüssigkeitsverlust, und deswegen benötigt sie keinen Entlüftungsschlauch wie eine normale Batterie, die auch Wasserstoff freisetzt.

Vorteil dieses Prinzips ist die bessere Ausnutzung des Raumes, denn es wird kein Sicherheitspolster an Ausdehnungsvolumen gebraucht. Eine wartungsfreie Batterie baut kleiner, braucht weniger Raum und ist leichter. Zur Sicherheit ist ein Ventil eingebaut, das bei Überdruck öffnet und bei Erreichen des Normaldrucks wieder schließt. Zusätzlich befindet sich unter dem Deckel auf dem Sicherheitsventil ein Keramikfilter, der als Schutz gegen Entzündung oder Explosion dient.

Wird eine neue Batterie notwendig, dann kaufen Sie wieder eine wartungsfreie Motorradbatterie guter Qualität – und keine Billigbatterie aus dem Baumarkt oder Kaufhaus!

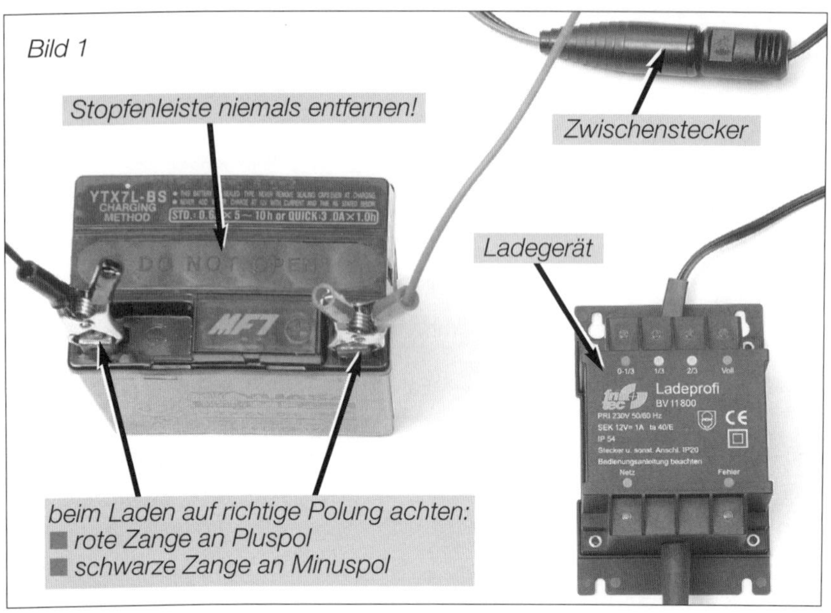

Bild 1

Batterie prüfen

Eine schwache Batterie ist vor allem am »müden« Elektrostarter zu spüren, wenn der Motor nicht mehr richtig durchdreht. Das Motorrad soll vor der Messung mindestens 30 Minuten nicht gefahren worden sein. Zur Spannungsprüfung der Batterie die Zündung AUSschalten.

1. Zur Spannungsprüfung in eingebautem Zustand bleiben die Kabel an den Batteriepolen angeschlossen.

2. Spannung der Batterie mit Multimeter messen:

2.1. Gut geladene Batterie: über 12,7 Volt.

2.2. Nicht ausreichend geladene Batterie: weniger als 12,5 Volt, Nachladen erforderlich.

3. Bei einer Ruhespannung von weniger als 11,8 Volt ist die Batterie vollständig entladen: 14 bis 20 Stunden lang mit 0,8 Ampere laden.

Sicherheitshinweise ⚠ Achtung und ☞ Tipps für dieses Kapitel

⚠ Zu allen Arbeiten an der Batterie muss die Zündung ausgeschaltet sein! Zündschlüssel am besten abziehen.

⚠ Beim Laden der Batterie können aus der Batterie explosive Gase entweichen. Offenes Feuer, Funkenflug und brennende Zigaretten in weitem Umkreis von der am Ladegerät hängenden Batterie fern halten. Für ausreichende Belüftung des Raumes sorgen, in dem die Batterie geladen wird!

⚠ Hängen Sie die Batterie der KTM LC4 nicht über Winter an ein »Batterie-Frischhaltegerät«, bei dem die Batterie fortwährend im Wechsel geladen und entladen wird, das schadet der Batterie mehr als ihr gut tut.

☞ Beim Überwintern Ihrer Maschine Batterie ausbauen, mit 0,8 Ampere maximal 10 Stunden laden und in einem kühlen, trockenen Raum lagern. Im Frühjahr vor dem ersten Start die Batterie erneut mit 0,8 Ampere 10 Stunden lang laden und einbauen.

⚠ Bauen Sie niemals eine nicht wartungsfreie Blei-Säurebatterie ein, denn durch die gekippte Einbauposion kann Säure auslaufen!

Batterie ausbauen

1. Die Batterie wird vom Halteblech des Reglers geklemmt: Sitzbank abnehmen, Seitenständer-Relais aus seiner Gummihalterung ziehen (Bild 4).
2. Beide Schrauben des Reglerhalteblechs lösen und ausdrehen (Bild 4), Halteblech abnehmen.
3. Pole abklemmen: Zuerst den Minuspol, dann den Pluspol abklemmen (Bild 2).
4. Batterie herausziehen.

Batterie laden

1. Batterie an Ladegerät anschließen (Bild 1):
■ Zuerst Pluspol anklemmen, dann Minuspol.
2. Die auf der Batterie angegebenen Ladeströme und Ladezeiten sollen nicht überschritten werden, da sonst die Batterie beschädigt wird:
2.1. Vorgeschriebener Ladestrom 0,8 Ampere über eine Ladezeit von 4 bis 10 Stunden bei einer maximalen Ladespannung von 14,4 Volt.
3. Eine Schnellladung soll nicht vorgenommen werden. Wenn es doch sein muss, weil es nicht anders geht: 1 Stunde mit maximal 3 Ampere.
■ Bei nächster Gelegenheit langsam nachladen!

Batterie einbauen

1. Ladedatum auf der Batterie vermerken.
2. Batterie an Batteriekasten ansetzen, aber noch nicht einschieben.
2.1. Pluskabel an Batterie anschrauben.
3. Batterie nahezu ganz in ihren Sitz einschieben.
3.1. Minuskabel anschrauben.
4. Batterieanschlüsse mit Säureschutzfett einfetten. Abdeckung auf Plus aufstecken.
5. Batterie ganz einschieben. Plus- und Minuskabel und die anderen Kabel gleichmäßig verlegen. Reglerhalteblech ansetzen, beide Schrauben eindrehen und festziehen.
6. Seitenständer-Relais einstecken, Sitzbank aufbauen.

Neue wartungsfreie Batterie befüllen

Eine neue, wartungsfreie Batterie muss vor ihrem Einbau zunächst mit Säure befüllt und dann geladen werden. Sie ist zwar trocken vorgeladen und theoretisch nach der Erstbefüllung mit Säure sofort einsatzbereit, doch je sorgsamer eine neue Batterie auf ihren ersten Einsatz vorbereitet wird, desto länger lebt sie!
1. Klebestreifen über den Einfüllöffnungen der Batterie entfernen.
2. Schutzfolie vom 6-Kammer-Säurebehälter abziehen. Säurebehälter exakt auf die Einfülllöcher der Batterie ansetzen und gleichmäßig eindrücken (Bild 5).
Wichtig: Säuremenge und Fließgeschwindigkeit sind exakt auf die Batterie abgestimmt. Die Behälter NICHT anstechen in dem Glauben, dass die Säure nur dann fließt! Wenn der Säureabfluss stockt, den Behälter leicht mit einem Finger anstoßen.
3. Nach rund einer Stunde ist alle Säure in die Batterie eingelaufen: Leeren 6-Kammer-Behälter von der Batterie abziehen. Stopfenleiste fest aufdrücken, ggf. mit Gummihammer leicht nachklopfen.
4. Batterie mit 0,8 Ampere maximal 10 Stunden laden, eine halbe Stunde ruhen lassen, einbauen.

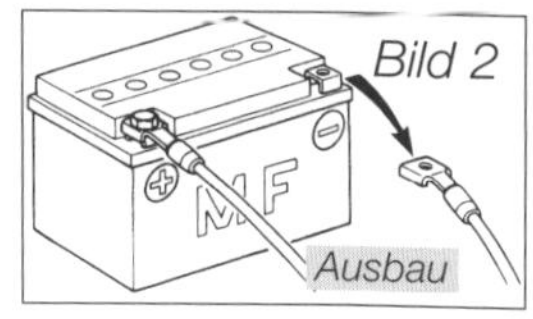

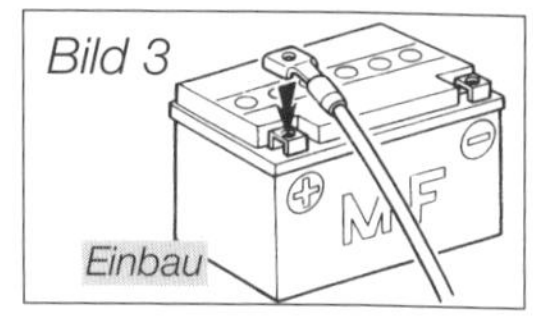

Bilder 2 bis 5: Im Lauftext sind die zu den Bildern gehörenden Arbeitsschritte nummeriert beschrieben.

Bild 7: Ladegeräte verschiedener Leistungs- und Preisklassen:
*■ Das kleine Gerät (**A**, ca. 10 €) lädt mit 0,3 Ampere, es ist für langsames Laden der Batterie geeignet.*
*■ Das mittlere (**B**, ca. 25 €) lädt mit 1,6 Ampere und entlädt im Wechsel – nicht empfehlenswert.*
*■ Mit dem High-Tech-Gerät (**C**, ca. 80 €) können tiefentladene Batterien wieder regeneriert werden.*

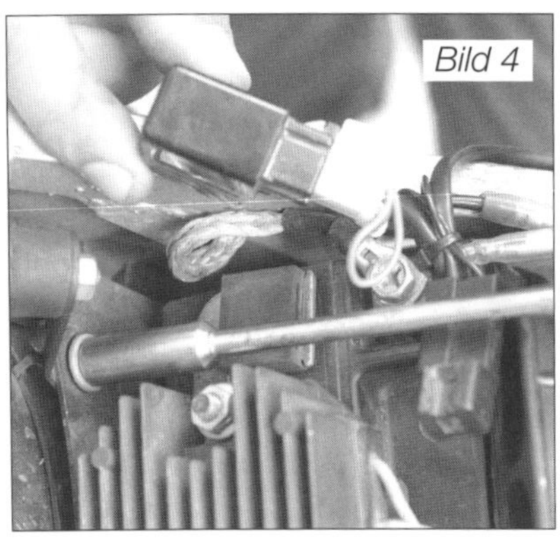

Ladesystem

In diesem Kapitel: Kriechstrom, Ladespannung und Kondensator prüfen · Generatorstator prüfen, wechseln.

Empfehlenswerte Korrespondenzkapitel:
■ 16 »Batterie« ■ 35 »Schaltpläne«
■ 34 »Sicherungen · Relais · Stecker«

Ladesystem überprüfen

Bei den folgenden Suchschritten müssen Batterie und Hauptsicherung in Ordnung sowie alle in Frage kommenden Steckkontakte und die Masseverbindung korrosonsfrei und fest zusammengesteckt sind.

Ist die Batterie Ihrer Maschine leer, weil der Verdacht eines Problems mit der Ladespannung besteht, zur Prüfung eine andere Batterie einbauen, die mindestens 90 % (12,5 Volt) geladen ist.

Wenn die Lichtmaschine die jetzt eingebaute (also nahezu volle Batterie) wieder lädt, ist dies ein sicheres Zeichen, dass die alte Batterie defekt war: Neue Batterie einbauen, auf korrekte Batterieanschlüsse achten.

Wenn jedoch auch die volle Batterie bei laufendem Motor nicht richtig geladen wird, liegt eine Störung im Ladesystem vor. Zur Fehlersuche wird ein Multimeter benötigt.

Bilder 1 bis 4: Im Lauftext sind die zu den Bildern gehörenden Arbeitsschritte nummeriert beschrieben.

Kriechstrom prüfen

1. Zündung AUSschalten, Massekabel vom Minuspol der Batterie abnehmen.

2. Plusklemme des Multimeters an das abgenommene Massekabel, Minusklemme des Multimeters an Batterie-Minuspol anklemmen (Bild 3).
3. Multimeter auf hohen Ampere-Bereich einstellen, auf geeignetes Niveau herunterregeln.
4. Bei ausgeschalteter Zündung auf Kriechstrom prüfen. Maximal zulässig 1 mA.
4.1. Wenn der Kriechstrom den Wert von 1 mA weit überschreitet, kann der Regler/Gleichrichter defekt sein oder es liegt ein Kurzschluss vor in Kabelbaum oder Zündschloss.
4.2. Kriechstrom lokalisieren, indem ein Anschluss nach dem anderen abgenommen und die Stecker und Kabel überprüft werden.

Ladespannung prüfen

1. Prüfvoraussetzungen:
1.1. Die eingebaute Batterie soll nur 50 bis 75 % geladen sein (Ruhespannung 12,2 bis 12,5 Volt).
1.2. Plus- und Minuskabel bleiben an der Batterie angeschlossen.
2. Motor starten und auf Betriebstemperatur bringen (ca. 80 °C Öltemperatur).
3. Motor ausschalten, Multimeter anschließen: Plusklemme auf Pluspol der Batterie, Minusklemme auf Minuspol (Bild 4).
4. Batteriespannung ablesen (Beispiel: 12,2 Volt).
5. Motor starten, Motor auf 5000/min hochdrehen, Licht einschalten: Die auf dem Multimeter angezeigte Spannung muss 14 bis 15 Volt betragen.
6. Ergebnisse werten:
6.1. Liegt die gemessene Spannung im Bereich von 14 bis 15 Volt, ist die Ladespannung in Ordnung und damit auch die Lichtmaschine sowie der Regler/Gleichrichter.
6.2. Ist die gemessene Spannung viel kleiner oder gleich der Batteriespannung (Beispiel: 12,2 Volt oder weniger), können Lichtmaschine oder Regler/Gleichrichter defekt sein.
6.3. Ist die angezeigte Spannung extrem höher als 14 Volt, können folgende Störungen vorliegen: Batterie defekt, Masseanschluss am Regler schlecht, Regler/Gleichrichter defekt.
7. Ein Defekt in den Kabeln oder Kabelsteckern kann ebenfalls vorliegen (siehe Bilder 1 und 2). Diese Teile zuerst auf Bruch und einwandfreie Kontakte überprüfen und ggf. gefundene Fehler beheben, bevor neue Batterie, Regler oder Generatorstator gekauft werden!
8. Fazit: Wenn alle Komponenten des Ladesystems in Ordnung und die zugehörigen Kontakte nicht locker oder korrodiert sind: Regler/Gleichrichter (Bild 5) gegen ein funktionierendes Teil tauschen, Ladespannung erneut prüfen.

Bild 1

Bild 2

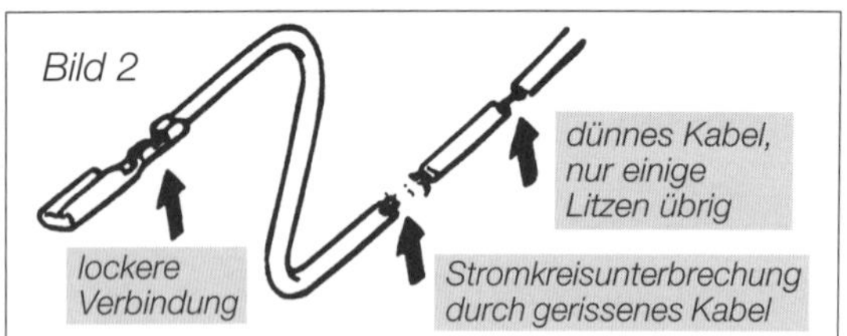

Bild 3

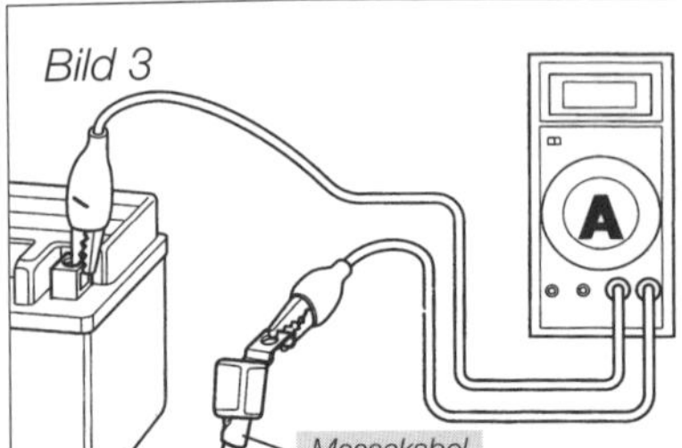

Bild 4

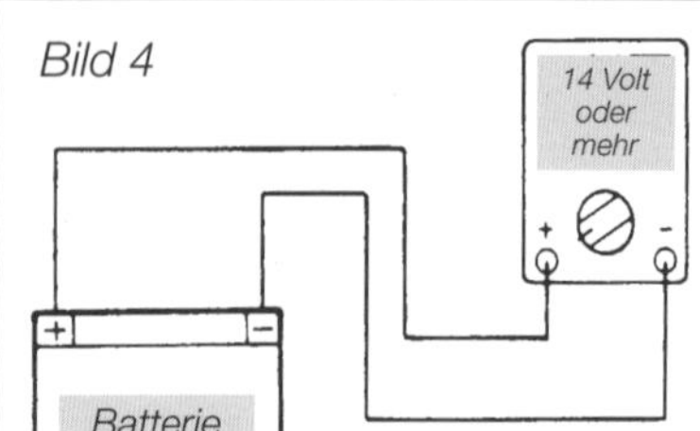

Kondensator prüfen
Zu dieser Prüfung werden eine gut geladene 12-Volt-Batterie und eine Prüflampe benötigt.
1. Hauptsicherung ausziehen.
2. Kondensator (Bild 6) entladen und ausbauen:
2.1. Zuerst den Plus- und Minusanschluss am Kondensator mit einem Schraubenzieher überbrücken und ihn so entladen.
2.2. Dann Kabelanschlüsse am Kondensator abschrauben, Kondensator mit der Gummihalterung nach oben von der Haltelasche abziehen.
3. Minuspol der Batterie über ein Hilfskabel mit dem Minuspol des Kondensators verbinden.
4. Kabel der Prüflampe an den Pluspol der Batterie anschließen.
5. Spitze der Prüflampe an den Pluspol des Kondensators anlegen:
5.1. Wenn der Stromkreis geschlossen ist, muss die Prüflampe zu leuchten beginnen.
5.2. Mit zunehmender Aufladung des Kondensators muss die Leuchtstärke der Prüflampe abnehmen, nach 0,5 bis 2 Sekunden muss sie erlöschen.
Hinweis: Wird die Prüfung wiederholt, muss der Kondensator erneut entladen werden.
6. Ergebnis werten: Leuchtet die Prüflampe nicht auf oder leuchtet sie dauernd (verlöscht nicht), ist der Kondensator defekt und muss ersetzt werden.
7. Beim Einbau eines neuen Kondensators die Kabelanschlüsse korrekt anschließen (rot-weißes Kabel an + anschließen!)

Generatorstator prüfen

Generatorausgänge auf Spannung prüfen
1. Prüfvoraussetzungen:
1.1. Motor muss kalt sein.
1.2. 3-poligen Stecker am Generator-Ausgangskabel und Stecker zur CDI-Einheit trennen.
1.3. Bei jeder Messung den Kickstarter bei gezogenem Dekohebel mindestens 5 mal kräftig durchtreten.
1.4. Zündschlüssel im Zündschloss auf Zündung EINgeschaltet, Lichtschalter auf AUS.
2. Messspitzen des Spitzenspannungsadapters nacheinander jeweils anlegen an:
- schwarz/gelb und rot/schwarz
- schwarz/gelb und gelb
- rot/schwarz und gelb

3. Messen: Bei Betätigung des Kickstarters muss das Multimeter 16 bis 18 Volt anzeigen.

Generatorausgänge auf Masse prüfen
1. 3-poligen Stecker am Generator-Ausgangskabel und Stecker zur CDI-Einheit wieder zusammenstecken.
2. Minus-Prüfspitze des Spitzenspannungsadapters an Masse anlegen, Plus-Prüfspitze an jeden der Anschlüsse schwarz/gelb, rot/schwarz, gelb.
3. Anzeige auf Multimeter jeweils 12 bis 13 Volt.

Reglerausgangsspannung prüfen
1. Den 2-poligen Stecker mit den Kabelfarben rot und schwarz/weiß abstecken.
2. Messung zwischen rot und schwarz/weiß muss 12,5 bis 13,5 Volt ergeben.

Generatorstator auswechseln
Der Generatorstator ist in den rechten vorderen Gehäusedeckel eingesetzt (Bilder 7 und 8) und dort mit drei Inbusschrauben befestigt (Bild 9). Wenn der Deckel abgebaut wird, sollte man vorher das Öl ablassen. Zur Not kann man auch die Maschine schräg nach links geneigt abstellen (oder ganz auf die linke Seite legen), dann läuft beim Schrauben kein Öl aus.

Bild 5: Regler/ Gleichrichter.

Bild 6: Kondensator.

Bilder 7, 8 und 9: Generatorstator.

Bild 10: Blockschaltbild Ladesystem LC4.

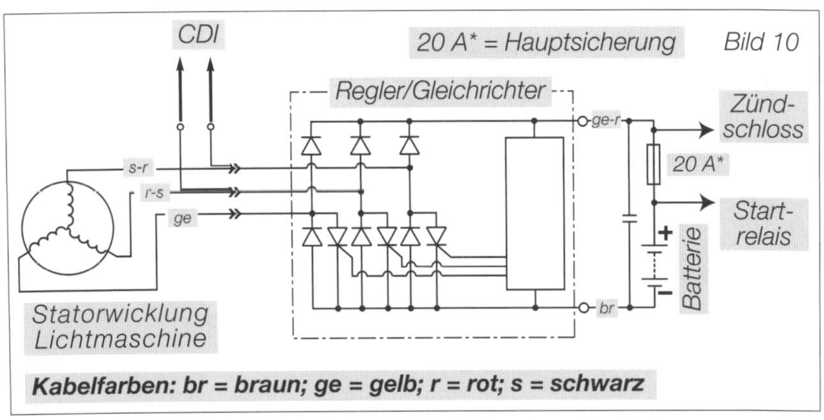

Zündkerze

In diesem Kapitel: Die richtigen Zündkerzen für die KTM LC4 · Zündkerzen ausbauen, reinigen, einbauen · Elektrodenabstand messen und korrigieren · Zündkerzenbild beurteilen.

Zu diesem Kapitel empfehlen wir folgende Korrespondenzkapitel:

- 16 »Batterie«
- 17 »Ladesystem«
- 34 »Sicherungen · Relais · Stecker«

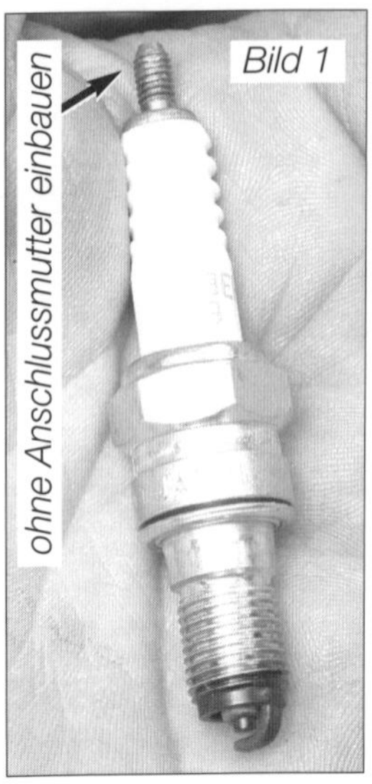

Bild 1: Die Zündkerze der LC4 wird ohne Anschlussmutter eingebaut.

Zündkerzen

Die Zündkerze der LC4 wird bei der 5000-km-Inspektion ausgebaut, auf Beschädigungen untersucht und gereinigt. Alle 10 000 km soll eine neue Zündkerze eingebaut werden. Das Alter einer Zündkerze ist übrigens nicht ausschlaggebend, ob sie erneuert werden muss; es zählen in erster Linie Laufleistung und Belastung.

Serienmäßige Zündkerze:

- Bis Modelljahr 2003: NGK DPR 8 EA9 mit einfacher Masseelektrode, SW 18 mm
- Ab Modelljahr 2004: NGK DCPR 8 E mit einfacher Masseelektrode, SW 16 mm

Für beide Zündkerzen gilt:

- Elektrodenabstand 0,9 mm
- Anziehdrehmoment 20 Nm

Die serienmäßige Zündkerze ist für alle normalen Betriebsbedingungen geeignet. Ihre Elektrode wird bei normalen Verbrennungstemperaturen (ca. 400 bis 800 °C) so heiß, dass etwaige Rußablagerungen stets verbrennen, bleibt aber auch so kühl, dass Motor und Kerze nicht beschädigt werden.

Die serienmäßige NGK-Zündkerze ist qualitativ hochwertig und betriebssicher. Wer es gut meint

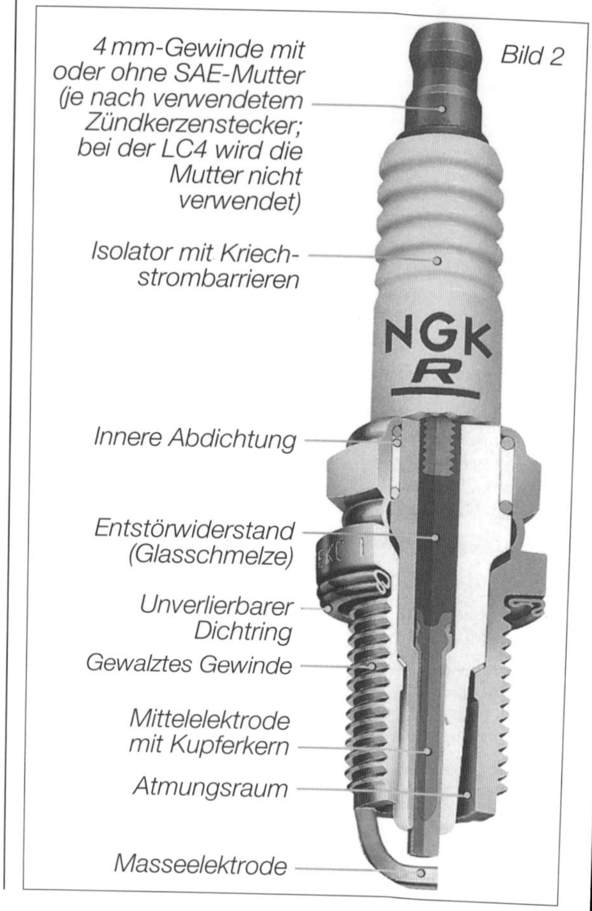

Bild 2: Aufbau einer modernen Motorrad-Zündkerze.

Sicherheitshinweise Achtung und Tipps für dieses Kapitel

⚠ Zu allen Montagearbeiten an der Zündanlage muss die Zündung zuverlässig ausgeschaltet sein! Zündschlüssel am besten abziehen.

⚠ Bei Prüfungen von Bauteilen der Zündanlage keine Stecker bei laufendem Motor abziehen, weil dadurch die elektronischen Bauteile beschädigt werden können.

⚠ Zum Abziehen des Zündkerzensteckers keine Zange zu Hilfe nehmen! Auch nicht mit Reifenmontiereisen, Schraubenzieher oder Flacheisen am Kerzenstecker herumhebeln, denn dadurch kann der Zündkerzenstecker beschädigt werden.

⚠ Zündkerzenstecker nicht mit Hammer auf Zündkerze auftreiben!

⚠ Kerzenstecker und Zündkerze nicht fallen lassen oder hart anschlagen! Dadurch können Teile innen oder außen brechen bzw. Risse bekommen, was Stromkreisunterbrechungen bzw. Kurzschlüsse zur Folge hat.

☞ Zündkerzengewinde vor dem Einbau mit etwas Kupferpaste einschmieren, dies verhindert ein Festbacken des Gewindes.

⚠ Beim Einbau der Zündkerze unbedingt darauf achten, dass schon der erste Gewindegang richtig greift, das Außengewinde der Kerze also richtig am Innengewinde im Zylinderkopf angesetzt ist. Eine schräg angesetzte Kerze ruiniert mit ihrem harten Stahlgewinde das Alugewinde im Zylinderkopf bereits nach einer halben Umdrehung.

⚠ Halten Sie bei einer Funkenprüfung der Zündkerze bei ausgebauter Zündkerze einen Feuerlöscher betriebsbereit! Es ist schon passiert, dass der Motor »ersoffen« war, sich das aus dem Zündkerzenloch austretende Gemisch entzündet hat und die ganze Maschine sofort in Flammen stand.

t seinem Motor, kann ihm eine höherwertige ndkerze mit sehr dünner, verschleißfester diumelektrode (Bild 3) spendieren: NGK DPR zw. DCPR 8 EIX. Diese kostet knapp 20 Euro nd ist damit nahezu doppelt so teurer wie die erienkerze (9 Euro). Die EIX-Zündkerze bietet orteile wie noch sicherere Funkenbildung und eringere Empfindlichkeit gegen Verschmutzunen, wie sie zum Beispiel bei überwiegend tadt- und Kurzstreckenfahrten auftreten können. Außerdem hat die NGK-Iridium eine höhere ebenserwartung; sie muss erst nach 20 000 km rneuert werden, weswegen Langstreckenfahrer uf die Iridium-NGK schwören!

Zündkerze aus- und einbauen

Zündkerze ausbauen
Der im serienmäßigen Bordwerkzeug vorhandene Zündkerzenschlüssel ist zwar kein Qualitätswerkzeug, aber zum Aus- und Einbau der Zündkerze der LC4 und Supermoto geeignet.

Wenn Sie allerdings einen besseren Zündkerzen-Drehmomentschlüssel verwenden, achten Sie auf die passende Schlüsselweite: Das Sechskant der Zündkerze bis Modelljahr 2003 hat 18 mm, das ab Modelljahr 2004 nur 16 mm!

1. Zündkerzenstecker von Hand abziehen (Bild 4).
2. Zündkerzenschacht mit weicher Druckluft ausblasen, damit wird eventuell angesammelter Schmutz entfernt.
3. Kerzenschlüssel sicher auf das Sechskant der Zündkerze aufstecken, Zündkerze lösen und herausdrehen (Bild 5).
4. Offene Zündkerzenbohrung mit nicht fusselndem, kleinen Lappen verstopfen, damit Schmutz oder Fremdteile (Schrauben, Muttern, Unterlegscheiben) nicht in den Motor gelangen und dort Beschädigungen verursachen können.

Zündkerze reinigen
Wichtig: Zündkerze niemals mit einer Stahldrahtbürste reinigen! Besser ist eine spezielle Zündkerzenbürste mit weichen, zu Büscheln zusammengedrehten Messingdrähten (Bild 6); billiger ist eine harte Zahnbürste (Bild 7).

Zum Reinigen einer stark verschmutzten Zündkerze Bremsenreiniger verwenden, dieser löst auch festgebackene Ölablagerungen. In jedem Fall sollte man die Zündkerze nach der Reinigung gut mit Druckluft ausblasen!

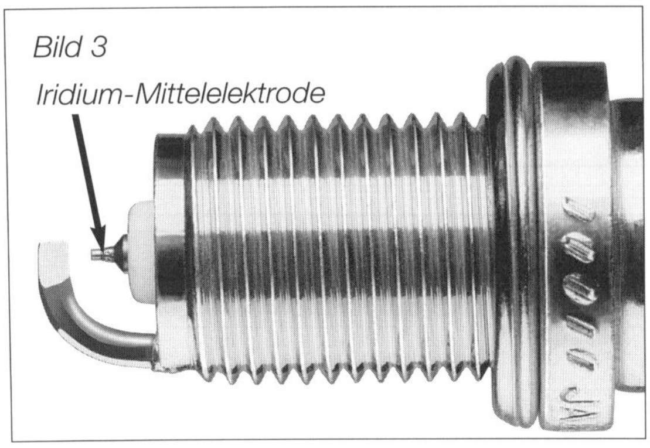

Bild 3: Sehr dünne Mittelelektrode bei der NGK EIX.

Bild 4: Kerzenstecker nur mit der Hand herausziehen und aufstecken.

Bild 5: Kerzenschlüssel auf das Sechskant der Zündkerze aufstecken und passenden Gabelschlüssel am anderen Sechskant ansetzen.

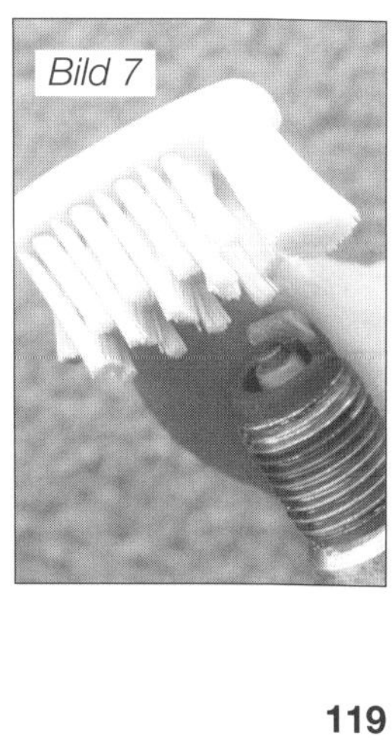

Bilder 6 und 7: Zündkerze mit einer Messingbürste oder harter Zahnbürste reinigen. NICHT mit einer Stahlbürste.

Zündkerze einbauen

1. Etwas Kupferpaste auf das Gewinde der Zündkerze geben. Dieses verhindert ein Festbacken des Gewindes (Bild 8).

2. Zündkerze in Zündkerzenschlüssel einstecken und ohne mit der Elektrode irgendwo anzuschlagen an das Zündkerzengewinde anführen, von Hand gefühlvoll ansetzen.

3. Zündkerze von Hand (also ohne Nutzung des Hebelarms des Schlüssels!) ganz hineinschrauben. Erst wenn das Kerzengewinde ganz eingeschraubt ist und ein Widerstand spürbar wird, den Hebel am Zündkerzenschlüssel nutzen.

4. Zündkerze festziehen:

■ **Gebrauchte Zündkerze:** Wenn eine bereits benutzte Zündkerze wieder montiert wird, bei der sich der Dichtring schon gesetzt hat: Zündkerze nach Aufsitzen des Gewindebundes um ca. 1/8 Umdrehung anziehen.

■ **Neue Zündkerze:** Wenn eine neue Zündkerze mit einem neuen Dichtring montiert wird: Zündkerze nach Aufsitzen des Gewindebundes um 1/4 bis 1/2 Umdrehung anziehen, wieder lösen und endgültig anziehen.

■ Anziehdrehmoment 20 Nm.

5. Zündkerzenstecker auf Zündkerze aufstecken, es muss hör- und fühlbar klicken.

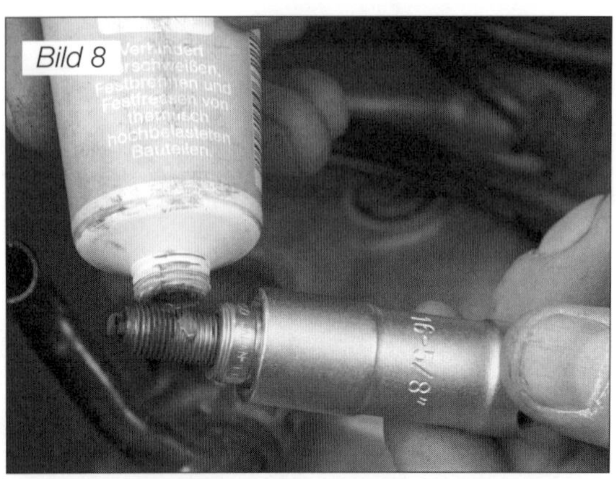

Bild 8: Auf das Gewinde der Zündkerze vor dem Einbau einen Tropfen Kupferpaste geben.

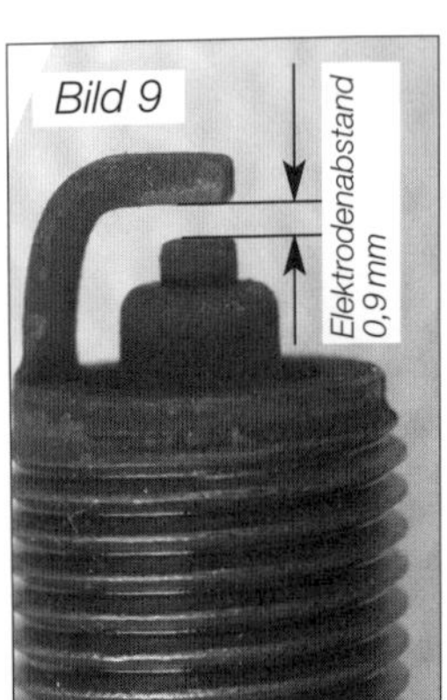

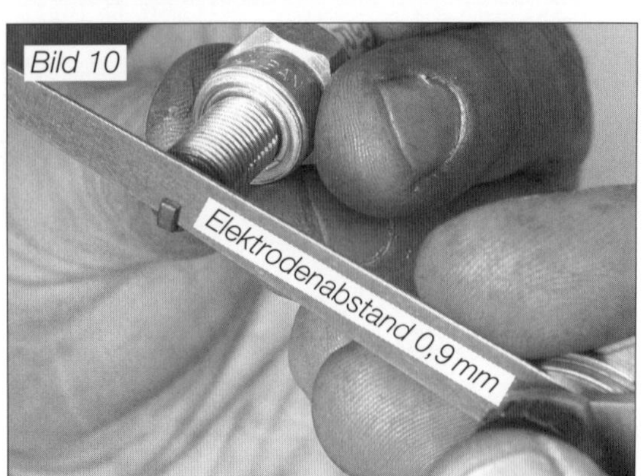

Bilder 9 und 10: Elektrodenabstand zwischen Mittel- und Außen-(Masse-) elektrode messen.

Elektrodenabstand

Wichtig für die ordnungsgemäße Funktion der Zündkerze ist vor allem der korrekte Elektrodenabstand von 0,9 mm. Die Zündkerze muss erneuert werden, wenn Masseelektrode oder Mittelelektrode starken Abbrand zeigen oder ihr Abstand zueinander mehr als 0,9 mm beträgt (Bilder 9 und 10).

Wenn es nicht möglich ist, eine neue Zündkerze zu kaufen, kann der Elektrodenabstand gefühlvoll korrigiert werden. **Doch Vorsicht:** Die Masseelektrode soll eigentlich nicht nachgebogen werden, weil die Gefahr groß ist, dass die Elektrode abbricht. Für eine zu heftig oder zu oft verbogene Elektrode besteht im Betrieb höchste Bruchgefahr!

1. Elektrodenabstand mit Fühlerlehre messen. Der Sollwert beträgt 0,9 mm.

2. Ist der Elektrodenabstand zu weit, was bei einer alten Zündkerze meistens der Fall ist, die Masseelektrode nachbiegen:

2.1. Zündkerze kopfüber in einer Hand halten.

2.2. Mit der anderen Hand einen Schraubenzieher verkehrt herum nehmen und mit dem Griff des Schraubenziehers gaaaanz leicht auf die Elektrode klopfen. Gaaaanz leicht heißt: Lieber einen Hau zu wenig als einen zu viel!

3. Wenn die Masseelektrode aus Versehen zu stark zusammengeklopft wurde, der Elektrodenabstand also zu eng ist (weniger als 0,9 mm), vorsichtig die Masseelektrode mit einer kleinen Spitzflachzange aufbiegen.

■ In jedem Falle gilt: Beim Einstellen des Elektrodenabstandes sehr viel Gefühl walten lassen!

Das Kerzengesicht

Am Kerzengesicht kann man ablesen, ob Zündanlage, Kraftstoffsystem und Motorinnereien technisch gesehen in Ordnung sind. Beurteilt werden Zustand und Farbe des Keramikmittelteils, der Mittelelektrode, der äußeren Bügelelektrode und des äußeren Zündkerzenkörpers (siehe dazu Bilder 11 bis 18).

Zu diesem Zweck den Motor im mittleren Drehzahlbereich etwa zehn Kilometer warm fahren und ohne Zwischenstopp zur Werkstatt zurück. Dort den Motor sofort abstellen – nicht längere Zeit im Leerlauf nachlaufen lassen.

Zündkerze beurteilen

1. Zündkerze herausschrauben.
2. Sind Keramikisolation und Elektrode sauber, ohne Rußbelag und zeigt das innere Keramikbauteil einen rehbraunen Farbton, passt der Wärmewert der Zündkerze, die Zusammensetzung des Luft-Benzingemisches ist korrekt (Bild 12).
3. Bei weißem bis aschgrauem Bild ist das Luft-/Kraftstoff-Gemisch zu mager. Dieses deutet auf mögliche Falschluft im Ansaugsystem hin: z. B. Ansaugstutzen lose oder gerissen oder der Luftfilterkasten sitzt nicht richtig auf dem Vergaser.
- Eine zu helle, fast weiße Zündkerze stellt sich auch dann ein, wenn der Motor ohne Luftfilter betrieben wird.

4. Bei dunkelbrauner bis schwarzer Verfärbung ist das Kraftstoff/Luft-Gemisch zu fett. Dieses Zündkerzenbild deutet auch auf einen zugesetzten Luftfilter hin.
5. Eine schwarz verrußte, feucht glänzende Kerze deutet auf verschlissene Ventilführungen oder abgenutzte Kolbenringe hin, durch die Motoröl in den Brennraum gelangt. Deswegen nennt man ein solches Kerzengesicht »verölte Zündkerze«.
6. Starke Rußablagerungen verhindern einen korrekten Funken zwischen äußerer und innerer Elektrode (Bild 15). Ruß und andere Ablagerungen an der Zündkerze führen zu einer Kurzschlussbrücke zwischen den Elektroden oder auf der Keramikisolation. Wenn die Zündkerze verrußt ist, dreht der Motor nur stotternd hoch und zieht nicht richtig.
7. Bei trockenen Rußablagerungen können die Elektroden anfangen zu glühen, was zu unkontrollierten Fehlzündungen führt. Dann machen sie durch »Klopfen« (gut hörbar bei niedrigen Drehzahlen und starkem Beschleunigen) oder »Klingeln« (bei hoher Drehzahl und deshalb kaum zu hören) auf sich aufmerksam. Fehlzündungen führen möglicherweise auch dazu, dass der Kolbenboden durchbrennt oder Ventile und Ventilsitze verschmoren.
8. Sofern die Kerze nicht allzu sehr verrußt ist, mit Zündkerzenbürste (Zahnbürste) reinigen.
9. Isolator auf Risse oder Absplitterungen untersuchen. Planflächen des Dichtrings müssen einwandfrei sein.
10. Die Zündkerze muss ausgewechselt werden, wenn sie schwerwiegende Mängel aufweist, beispielsweise:
- Mittelelektrode stark abgenutzt oder verbrannt
- Isolator gebrochen
- Gewinde beschädigt

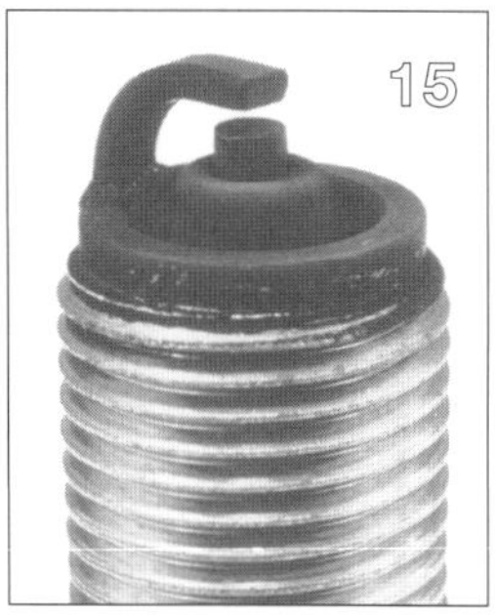

Bilder 11 bis 18:
11 Mittelelektrode herausgefallen
12 normales Zündkerzengesicht
13 Isolator abgebrochen

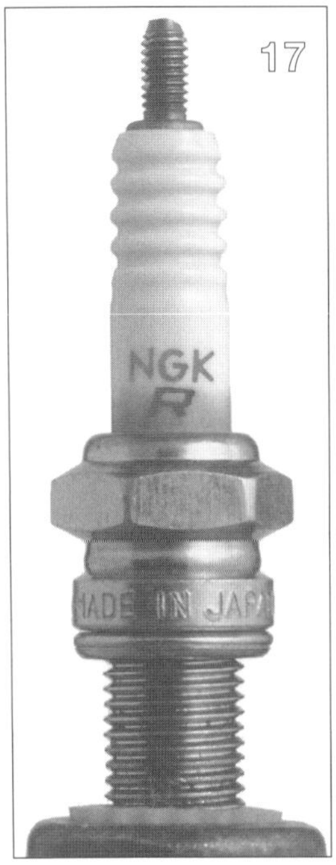

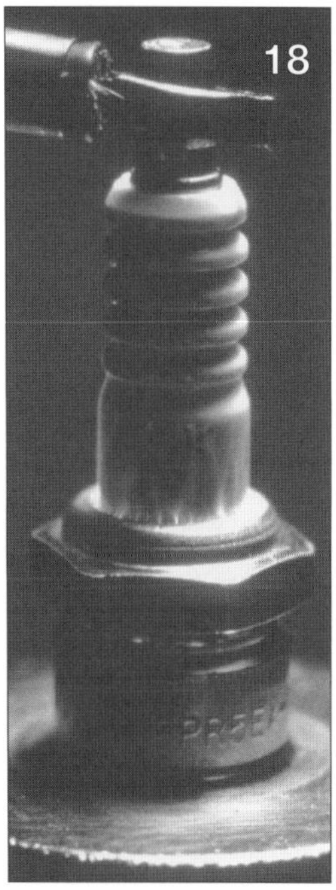

14 Isolator beschädigt, starke Ablagerungen
15 verrußte Kerze
16 Anschmelzungen
17 Koronafleck zwischen Isolator und Metallkörper...
18 ...Ursache ist Gas- und Flamm-Durchgang

Zündanlage

In diesem Kapitel: Prüfungen · Zündkerzenstecker und Zündkerze prüfen · Bauteile der Zündanlage prüfen.

Empfehlenswerte Korrespondenzkapitel:
- 16 »Batterie«
- 17 »Ladesystem«
- 18 »Zündkerzen«
- 35 »Schaltpläne«
- 34 »Sicherungen · Relais · Stecker«

Prüfungen

In diesem Kapitel zeigen wir Prüfungen, die mit relativ einfachen Hausmitteln durchgeführt werden können und für die verschiedenen Zündanlagen, die in der LC4 verbaut sind, gelten. Über die hier genannten Prüf- und Messmethoden hinaus ist nur der KTM-Händler erster Ansprechpartner für Zündprobleme. Zum Beispiel kann man das Motorsteuergerät (CDI) und das EPC-Steuergerät nur auf einem Zündungsprüfstand überprüfen lassen, den es logischerweise nur bei einem KTM-Händler gibt. Dieser hat auch die exakten Prüf- und Messwerte in seiner internen KTM-Werkstattliteraur. In einem solchen Fall bringen Sie die komplette Maschine zum KTM-Händler, also nicht einfach die Komponenten ausbauen, von denen man glaubt, dass sie defekt sind; denn oft liegen Zündprobleme auch in Nebenbauteilen begraben. Dies gilt auch für die Überprüfung und ggf. Einstellung des Zündzeitpunkts.

⚠ **Achtung:** Zu allen Montagearbeiten an der Zündanlage muss die Zündung zuverlässig ausgeschaltet sein! Zündschlüssel abziehen.

⚠ **Achtung:** Bei Prüfungen von Bauteilen der Zündanlage keine Stecker bei laufendem Motor oder eingeschalteter Zündung abziehen, weil dadurch die elektronischen Bauteile beschädigt werden können.

Zündkerzenstecker und Zündkerze prüfen

Wenn Sie nicht wissen, ob die Zündkerze überhaupt einen Funken abgibt, folgende Prüfungen durchführen:

Zündkerzenstecker prüfen

1. Zündung AUSschalten, Zündkerzenstecker von der Zündkerze abziehen.
1.1. Zündkerzenstecker vom Kabel abdrehen (Bild 1): Dabei unbedingt das Zündkabel mit der einen Hand festhalten, damit es sich nicht verdreht!

Bild 1: Das Zündkabel muss fest im Zündkerzenstecker eingeschraubt sein.

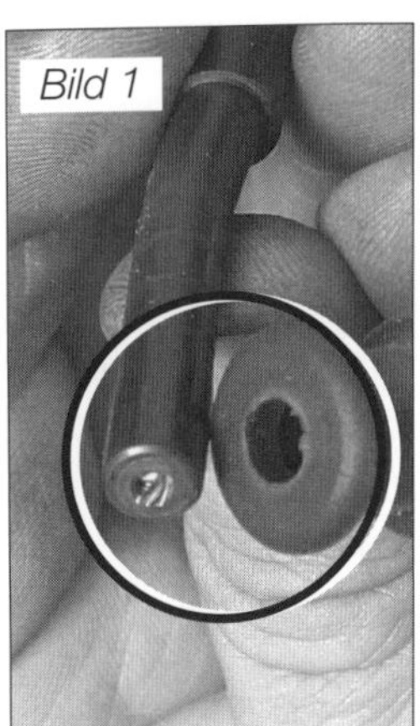

2. Zündung EINschalten, Zündkabel im Abstand von 5 bis 6 mm zur Masse des Zylinders halten und mit dem Elektro- oder Kickstarter den Motor schwungvoll betätigen.
■ Licht dabei ausschalten!
2.1. Es muss ein satt blauer Funke überspringen.
3. Wenn es nicht funkt, kann das Zündkabel defekt sein: Neues Zündkabel einbauen und Prüfung wiederholen.
3.1. Beim Einbau des neuen Zündkabels darauf achten, dass es auch sicher in Zündkerzenstecker und Zündspule eingeschraubt ist!
4. Wenn es dann immer noch nicht funkt, liegt der Hund entweder in Zündkerze, Zündspule oder Zündsystem begraben.

Zündkerze und Zündspule prüfen

1. Zündung AUSschalten, Benzinhahn schließen, Zündkerze ausdrehen.
2. Zündkerze auf Funken prüfen:
2.1. In den Kerzenstecker einstecken.
2.2. Mit dem Sechskant sicher an Masse des Zylinders anlegen.
2.3. Zündung EINschalten, Elektro- oder Kickstarter schwungvoll betätigen und nachsehen, ob die Zündkerze funkt. Dabei KEIN Gas geben! Wichtig: Halten Sie bei dieser Prüfung einen Feuerlöscher bereit.
3. Zeigt die Zündkerze keinen Funken, das Spiel mit einer anderen Zündkerze (egal, welchen Wärmewert diese hat!) wiederholen. Funkt's dann, ist die zuvor getestete Zündkerze defekt.
4. Wenn auch die probehalber eingesteckte Test-Zündkerze nicht funkt, ist entweder der Zündkerzenstecker oder die Zündspule defekt. Testweise gegen einen erwiesenermaßen funktionstüchtigen Kerzenstecker bzw. Zündspule austauschen und erneut versuchen.

Weitere einfache Prüfungen

1. Alle Kabel und Anschlüsse der Zündanlage auf einwandfreie Isolierung und korrekten Sitz überprüfen. Schon ein kleiner Fehler in der Isolierung eines (durchgescheuerten oder geknickten) Kabels kann das gesamte Zündsystem lahmlegen.
2. Die Stecker auf der Zündspule auf Korrosion und festen Sitz überprüfen. Etwaige Korrosion an Steckzungen und -schieber mit feinem Schmirgelpapier beseitigen.
3. Sitzt das Zündkabel fest eingeschraubt im Zündkerzenstecker? Zündkabel fest in die Hand nehmen, mit der anderen Hand am Stecker leicht

ziehen und drehen und somit prüfen, ob das Kabel wirklich satt im Zündkerzenstecker eingeschraubt ist.

4. Dabei auch prüfen, ob etwa Feuchtigkeit im Zündkabelanschluss des Kerzensteckers sitzt. Dort muss es staubtrocken sein, schon geringe Feuchtigkeit bringt Zündprobleme.

5. Seitenständerschalter prüfen: Ist dieser defekt, ist die Zündung unterbrochen. Dann dreht sich weder der Anlasser noch springt der Motor durch Anschieben an.

6. Wenn sich überhaupt kein Funke zeigt: Motorsteuergerät (CDI) und das EPC-Steuergerät überprüfen lassen beim KTM-Händler.

Zündanlage prüfen

Zündkabel und Zündspule

Achten Sie unbedingt darauf, dass das Zündkabel satt in der Zündspule sitzt. Wenn bei einer älteren Maschine das Zündkabel rissig ist oder gar an seinen Anschlüssen in der Zündspule abgeknickt oder ausgefranst, muss das Zündkabel erneuert werden.

Kein oder unregelmäßiger Zündfunke

Sollte die Zündanlage in irgendeiner Form nicht funktionieren, z. B. dass sich kein oder ein unregelmäßiger Funke an der Zündkerze zeigt und der Motor deswegen nicht läuft oder patscht und ruckelt, müssen die einzelnen Bauteile bzw. Baugruppen der Zündanlage Schritt für Schritt durchgeprüft werden. Was mit einfachen Hausmitteln geprüft werden kann, haben wir im Text dieses Kapitels sowie im Kapitel 18 »Zündkerzen« schon erklärt.

Für die im nachfolgenden Text erklärten Prüfschritte werden entsprechende Prüf- und Messgeräte sowie Elektrofachwissen benötigt.

1. Sicherungen prüfen siehe Kapitel 34 »Sicherungen · Relais · Stecker«.

2. Batterie prüfen, ihre Mindest-Ruhespannung muss deutlich mehr als 12 Volt betragen (12,5 bis 12,8 Volt). Siehe Kapitel 16 »Batterie«.

3. Zündkerzen prüfen: Ist die vorgeschriebene Zündkerze eingebaut? Mit anderen Zündkerzen kann es Probleme geben!

4. Zündfunkenstrecke messen: Hierzu wird ein Spezialwerkzeug »Zündfunkenstreckentester« (Bild 2) benötigt. Die Mindestlänge des Zündfunkens beträgt 6 mm.

5. Ist der von KTM vorgeschriebene Zündkerzenstecker auch aufgebaut? Mit einem anderen als dem serienmäßigen Zündkerzenstecker kann es Zündprobleme geben.

6. Primärwicklungs-Widerstand der Zündspule mit Multimeter prüfen (Bild 3).

6.1. Prüfspitzen anlegen an blau/weiß und Masse, der Widerstand muss 0,425 bis 0,575 Ω betragen.

7. Sekundärwicklungs-Widerstand der Zündspule mit Multimeter prüfen (Bild 4):

7.1. Prüfspitzen anlegen an blau/weiß und Zündkabelanschluss, der Widerstand muss 10,80 bis 16,20 kΩ betragen.

8. Stator und Kurbelwellensensor (Zündgeber): Windungsschlüsse, die einen schwachen oder keinen Zündfunken zur Folge haben, können nur auf einem Zündungsprüfstand exakt festgestellt werden, womit die Prüfung dieser Bauteile beim KTM-Händler durchgeführt werden muss.

8.1. Die Prüfwerte für diese Bauteile (Kokusan 4K-2) sind wie folgt:

■ Stator rot/schwarz und schwarz/rot; gelb und schwarz-rot; gelb und rot/schwarz: 0,45 bis 0,56 Ω.

■ Impulsgeber weiß-grün 80 bis 120 Ω.

10. Folgende Bauteile auf Durchgang mit Multimeter prüfen: Zündschloss, Motorstoppschalter an der rechten Lenkerarmatur, Leerlaufschalter, Seitenständerschalter, Kupplungsschalter am Kupplungshandhebel.

■ Einbaulage dieser Bauteile siehe Kapitel 34 »Sicherungen · Relais · Stecker«, Schaltpläne in Kapitel 35 »Schaltpläne«.

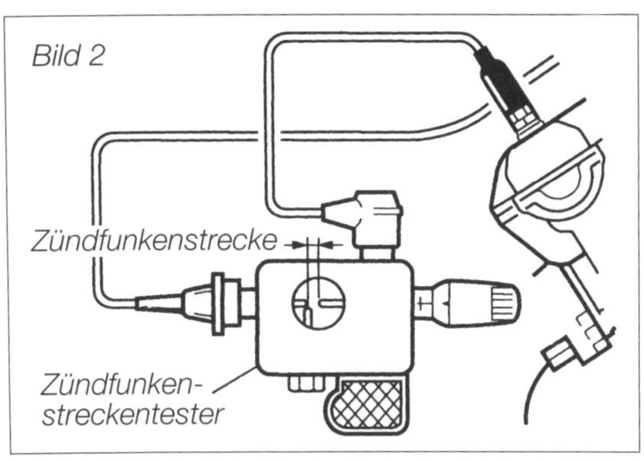

Bild 2

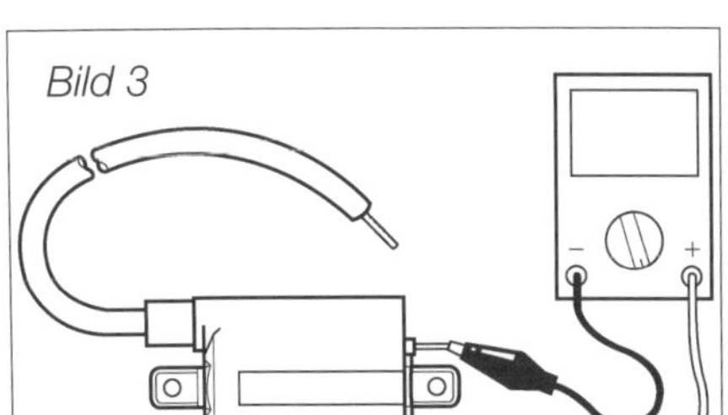
Bild 3

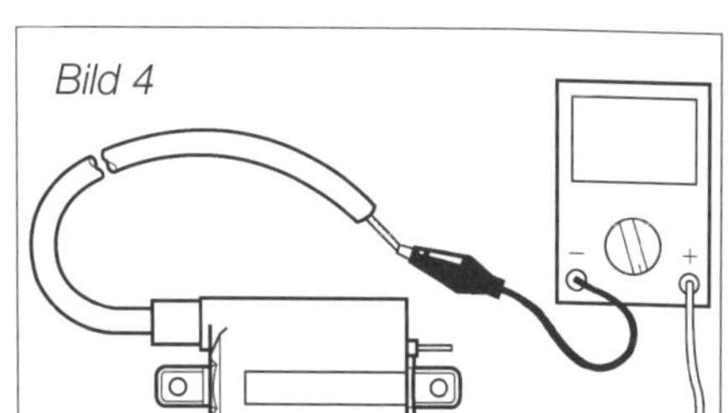
Bild 4

Bilder 2, 3 und 4: Im Lauftext sind die zu den Bildern gehörenden Arbeitsschritte nummeriert beschrieben.

Luftfilter

In diesem Kapitel: Luftfilter ausbauen, reinigen, prüfen und einbauen.

Luftfilter

Der Luftfilter ist überaus wichtig für die Motorleistung. Alle 5000 soll er gereinigt und bei Bedarf erneuert werden. Bei Fahrten durch staubige Gebiete, wozu auch Enduro- und Crosseinsatz gehören, muss er entsprechend öfter gereinigt werden.

⚠ **Achtung:** Betrieb ohne Filterelement oder mit gerissenem bzw. anders beschädigtem Einsatz führt zu besonders schnellem Motorverschleiß. Deshalb darauf achten, dass der Luftfilter immer in gutem Zustand ist, denn davon hängen Leistung und Lebensdauer des Motors ab.

Das Filterelement besteht aus einem Stück vorgeformtem, leicht eingeöltem Schaumstoff. Es ist über ein Kunststoffgerüst gezogen und erhält damit seine Passform.

Luftfilter reinigen

Luftfilter ausbauen

1. Schrauben des linken Seitendeckels ausdrehen, Seitendeckel abnehmen (Bild 1).
2. Haltebügel aushängen, Luftfilter komplett herausziehen (Bild 2).
3. Oberen Stopfen abnehmen, Filterelement vorsichtig vom Kunststoffgerüst abziehen (Bild 3).

Filter reinigen, einbauen

1. Filterelement nur mit speziellem Luftfilterreiniger reinigen (Bild 4). Es wird ausdrücklich empfohlen, kein Benzin oder Diesel zu verwenden.
2. Filterelement in der Reinigungsflüssigkeit einige Male ausdrücken.
■ Dabei unbedingt einen säurefesten Handschuh tragen, zur Not kann auch eine Plastiktüte über die Hand gestülpt werden (Bild 5)!
3. Filterelement vorsichtig auswringen, mit weicher Druckluft trocken blasen oder an der Luft trocknen lassen. Kontrollieren, ob der Schaumstoff durchgehend unbeschädigt ist.
4. Filterelement mit speziellem Luftfilteröl tränken (Bild 6), einziehen lassen, dabei leicht durchkneten, damit das Öl in alle Poren dringt.
4.1. Zur Not kann man das Filterelement auch mit frischem Motoröl einölen – das ist allerdings nicht so gut wie das klebrige Luftfilteröl.
5. Kunststoffgerüst reinigen. Filterelement exakt auf den Filterträger aufziehen.
6. Luftfilter einschieben: Er soll in der Mitte des Luftfilterkastens zum Vergaser hin sitzen.
7. Haltebügel einhängen, Seitendeckel aufsetzen, Schrauben eindrehen und gleichmäßig ringsum gut handfest anziehen.

Bilder 1 bis 3: Zum Ausbau des Luftfilters den Seitendeckel abnehmen, Haltebügel aushängen, Luftfilter herausziehen, Filterelement vorsichtig vom Kunststoffgitter lösen.

Bilder 4 bis 6: Reinigen des Filterelements mit speziellem Luftfilterreiniger. Filterelement in Reinigungsflüssigkeit ausdrücken. Gereinigtes Filterelement leicht einölen, überschüssiges Öl ausdrücken.

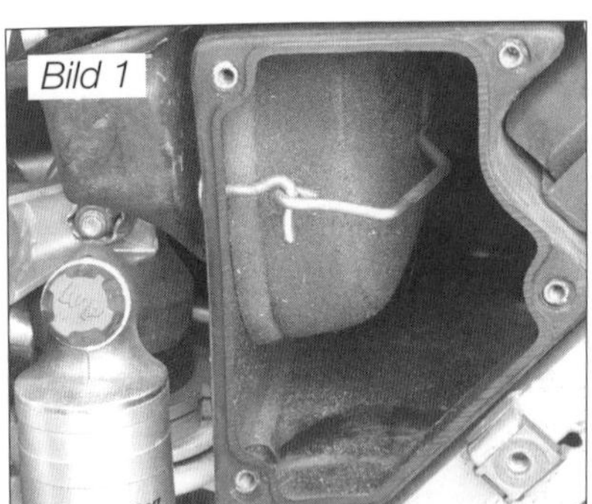
Bild 1

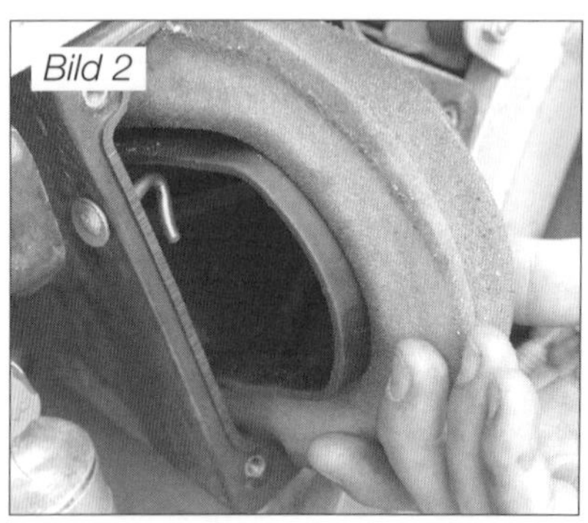
Bild 2

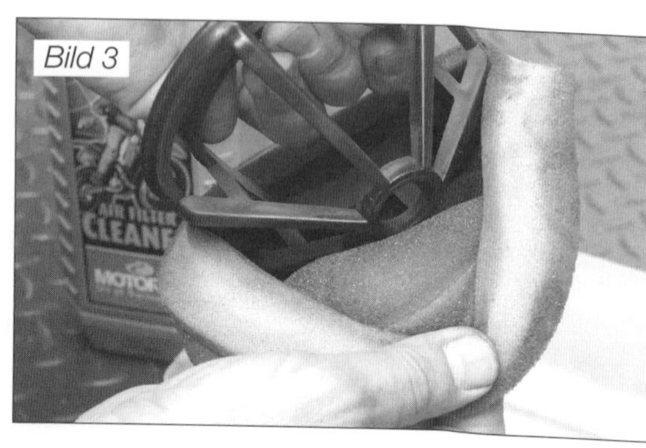
Bild 3

Bild 4

Bild 5

Bild 6

Vergaser

In diesem Kapitel: Vorsichtsmaßnahmen · Vergaserprobleme · Tank und Benzinhahn · Vergaser ausbauen, zerlegen, reinigen, kontrollieren, zusammenbauen, einstellen · Drosselklappen-Sensor.

Vorsichtsmaßnahmen

Achtung: Für gewisse Einstellarbeiten am Vergaser muss der Motor laufen. Bei Arbeiten mit laufendem Motor in geschlossenen Räumen für ausreichende Belüftung sorgen! Abgase enthalten giftiges und geruchloses Kohlenmonoxid, das Bewusstlosigkeit verursachen und zum Tod führen kann. Alle Fenster und Türen öffnen!

Am sichersten ist eine Abgas-Absauganlage, die die giftigen Gase ins Freie führt. Dieser Warnhinweis gilt für alle Einstellarbeiten, bei denen der Motor laufen muss. Wenn keine Belüftungs- und Entlüftungsmöglichkeit der Werkstatträume möglich ist, im Freien arbeiten!

Vergaserprobleme?

Wenn der Motor Symptome zeigt, die auf den Vergaser zurückzuführen sind (z. B. schlechtes Startverhalten, Ruckeln und »Spucken« beim Gasgeben und/oder bei Vollgas, Absterben beim Gas zumachen oder ein überlaufender Vergaser), liegt dies meistens an verstopften Düsen und anderen Verunreinigungen in der Schwimmerkammer (Bild 1) und an der Düsennadel (Bild 2).

In Bild 3 ist dargestellt, in welchem Bereich der Schieberöffnung (und zwar sowohl beim Gas geben als auch beim Gas wegnehmen!) welches Bauteil des Vergasers wirkt, wobei sich die Wirkungsbereiche überlappen. Tritt eine der oben gelisteten Störungen auf, dann können Sie mit diesem Schaubild den Störungsherd einkreisen.

Zur Reinigung muss der Vergaser abgebaut, sorgsam zerlegt, fachmännisch geprüft und wieder zusammengebaut werden. Ein sehr schmutziger Vergaser mit stark verkrusteten Ablagerungen in Düsen und Bohrungen sollte in einem Ultraschallbad gereinigt werden (Bild 4). In der Regel findet sich ein solches Gerät samt der nötigen Spezial-Reinigungsflüssigkeit beim KTM-Händler oder in einer Vergaserwerkstatt; eine Vergaser-Reinigung mit Einbau neuer O-Ringe und Dichtungen liegt bei rund 100 Euro.

Arbeitsplatz
Bevor Sie sich überlegen, den Vergaser abzubauen und zu zerlegen, kümmern Sie sich um einen extrem sauberen Arbeitsplatz, der mindestens einen halben Quadratmeter groß und sehr gut beleuchtet sein muss. Ein Vergaser ist ein sehr wichtiges Hochleistungsbauteil und muss entsprechend sorgsam beschraubt werden.

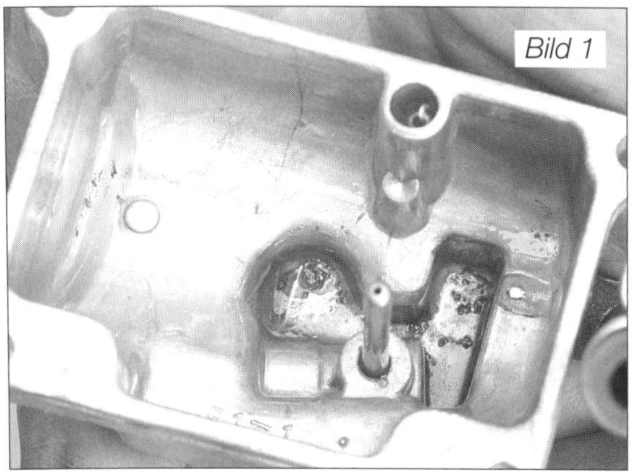
Bild 1

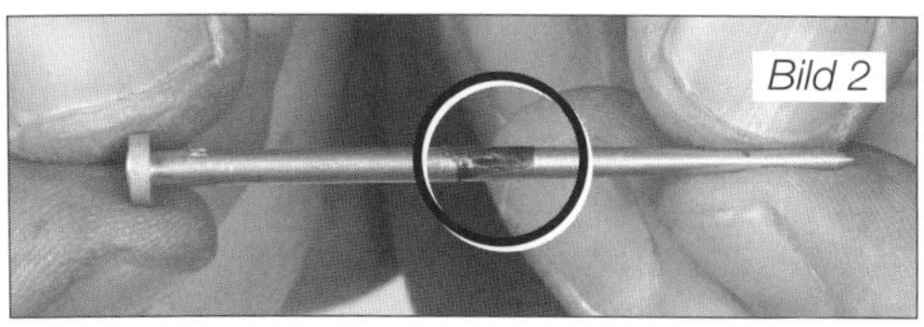
Bild 2

Bilder 1 und 2: Feste Ablagerungen in Schwimmerkammer und an der Düsennadel.

Bild 3: Wirkung der verschiedenen Vergaserbauteile bei entsprechender Gasschieberöffnung.

Bild 4: Zerlegter Vergaser im Ultraschallbad.

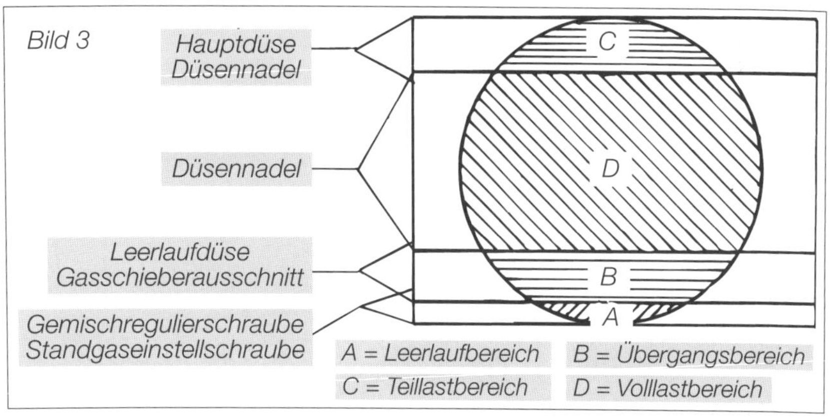

Bild 4

Sichtprüfung Messen

Bilder 5 und 6: Ausgebauter Benzinhahn mit schmutzigem Sieb.

Bilder 7 und 8: Gaszug-Befestigung und Nippel.

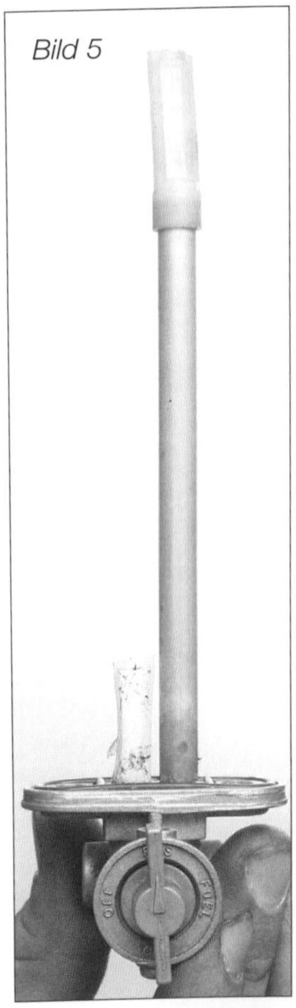
Bild 5

Tank und Benzinhahn

Übrigens: Wenn Dreck im Vergaser ist, kommt dieser aus dem Tank – also muss auch der Tank abgebaut und gereinigt werden:
1. Benzinhahn auf ZU-Stellung, Benzinschlauch abziehen.
2. Tank abbauen, Benzin aus dem Tankeinfüllstutzen in ein sauberes Gefäss schütten.
2.1. Wichtig: Benzin über einen Trichter mit Feinsieb ins saubere Gefäß auslaufen lassen und den am Sieb haftenden Dreck begutachten.
3. Das ausgeschüttete Benzin wieder in den Tank einfüllen, Tankverschluss schließen, Tank gut durchschütteln, Benzin wieder durch den Trichter auslaufen lassen und begutachten.
3.1. Vorgang so oft wiederholen, bis kein Dreck mehr mit herauskommt.
4. Benzinhahn ausbauen und reinigen. Den letzten Reinigungsgang des Tanks mit sauberem Benzin durchführen.

Benzinhahn mit Filter
Der manuell zu bedienende Benzinhahn am Tank (Bild 5) hat die Positionen »ON« (auf), »OFF« (zu) und »RES« (Reserve). Die Kraftstoffzufuhr zum Vergaser geschieht durch einfaches Ablaufen des Benzins, weil der Tank höher angeordnet ist als der Vergaser. Im Benzinhahn ist ein Filter eingesetzt, der verhindert, dass grobe Verunreinigungen (Bild 6) in den Vergaser gelangen.

Bild 6

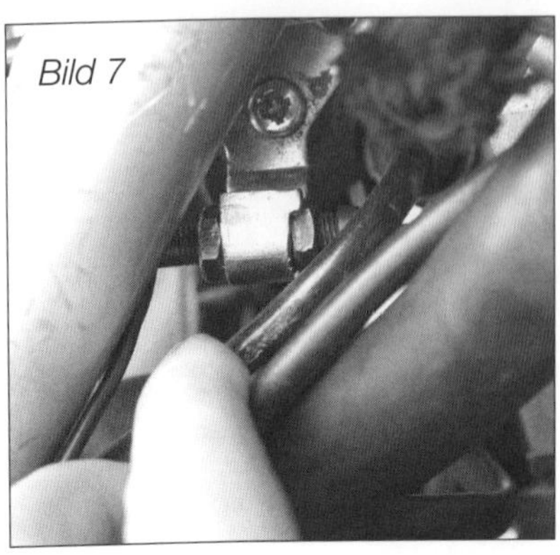
Bild 7

Bild 8

Der Filter im Benzinhahn sollte bei jeder Inspektion gereinigt werden, zweckmäßigerweise dann, wenn der Tank zu anderen Wartungsarbeiten abgebaut ist.
1. Benzin aus dem Tank komplett ablassen: Benzinschlauch abziehen, anderen langen Schlauch aufstecken und in ein geeignetes Gefäß (Benzinkanister) einführen.
2. Befestigungsschrauben des Benzinhahns ausschrauben, Benzinhahn ausziehen.
3. Beim Reinigen des Benzinfilters beachten, dass dieser aus einem feinen Rohrsieb besteht, das weder hart angepackt noch mit harter Druckluft ausgeblasen werden darf.
4. Einbau: O-Ring (Bild 6) muss satt in seiner Nut sitzen, mit etwas Fett einschmieren.

Vergaser reinigen

Ganz wichtig: Bei der Vergaserreinigung nicht mit harten Werkzeugen hantieren. Niemals harte Stahldrähte in irgendwelche Bohrungen einführen, um damit Verschmutzungen zu entfernen. Vergaserdüsen und Bohrungen im Vergasergehäuse sowie Düsennadeln sind Präzisionsteile, die mit geringsten Toleranzen gefertigt sind.
■ Wenn Gasschieber, Vergaserdüsen, Bohrungen oder Düsennadeln Kratzer bekommen, müssen sie durch Neuteile ersetzt werden.

Vergaserreiniger
Falls der Motor dauerhaft hustet und spuckt und der Verdacht auf eine teilweise Verstopfung oder Verkrustung der Vergaserdüsen fällt, nicht gleich den Vergaser abbauen, sondern besorgen Sie sich als Erstes eine Flasche »Vergaserreiniger«. Das Zeug ist zwar biologisch nicht ganz einwandfrei, aber äußerst wirkungsvoll, wenn es zu einer Tankfüllung einfach in den Tank gekippt wird. Es reinigt Benzinleitungen und Vergaserbauteile und sorgt auch für eine Reinigung des Brennraumes (siehe dazu Kapitel 3 »Pflege«).

Benzin aus Schwimmerkammer ablassen
Wenn unterwegs auf Tour keine Möglichkeit besteht, den Vergaser abzubauen und zu zerlegen, dann kann es schon etwas nutzen, die ganz unten an der Schwimmerkammer zu findende Ablassschraube auszudrehen und das in der Schwimmerkammer befindliche Benzin abzulassen (und zu begutachten).

1. Motor abstellen, Benzinhahn zu.
2. Sauberes Gefäß unter die Ablassöffnung unterstellen, Schraube öffnen.
3. Benzin aus der Schwimmerkammer ablassen und nachsehen, ob sich Dreck oder Wasser darin befindet.
4. Sauberes Gefäß unter die Ablassöffnung stellen, Benzinhahn öffnen und Schwimmerkammer durchspülen.
■ Nachsehen, ob sich Dreck darin befindet.

Vergaser ausbauen

1. Benzinschläuche, Ent- und Belüftungsschläuche abziehen: Federklemmschellen mit einer Zange an den Enden zusammendrücken und von der Klemmstelle abziehen.
2. Gaszug aushängen:
2.1. Wenn der Gaszug von oben in den Vergaser eingeführt ist (z. B. beim Dellorto-Schiebervergaser): Vergaserdeckel abschrauben, Deckel samt Gasschieber und Feder herausziehen.
■ Wenn der Gasschieber nicht weiter zerlegt werden soll, ihn in einen sauberen Lappen einwickeln und auf dem Rahmen ablegen.
■ Wenn der Gasschieber zerlegt werden soll: Gasschieber fest in die eine Hand nehmen, mit der anderen Hand den Vergaserdeckel gegen die Federkraft gegen den Gasschieber drücken und gleichzeitig den Bowdenzug aus dem Gasschieber aushängen.
2.2. Wenn die Gaszüge in eine Seilzugrolle eingebaut sind: Muttern des Gaszug-Führungsrohres unten am Widerlager (Bild 7) lösen, Gaszug herausnehmen und Nippel aus der Seilzugrolle (Bild 8) herausnehmen, dann anderen Gaszug abnehmen.
3. Klemmschellen von Vergaser zu Ansaugstutzen und zum Luftansaugschlauch lösen, Vergaser etwas nach hinten drücken und vom Ansaugstutzen abziehen.
4. Chokeventil ausdrehen: Überwurfmutter öffnen, gegen den Federdruck ausdrehen, Chokekolben herausziehen. Vergaser herausnehmen.

Vergaser zerlegen

Wichtig: Zerlegen Sie den Vergaser immer nur so weit, wie es zur Reinigung nötig ist: Schwimmerkammer ab- und Düsen ausbauen, aber die Drosselklappenmechanik mit Federn und Achsen eingebaut lassen. Wenn am Vergaser Ihrer Maschine außen ein Drosselklappensensor angebaut ist, diesen NICHT abschrauben, sonst muss er nach dem Zusammenbau wieder eingestellt werden (was wir weiter hinten in diesem Kapitel beschreiben). Soll der Vergaser allerdings im Ultraschallbad gereinigt werden, muss der Drosselklappensensor ab.
1. Beim Gleichdruckvergaser: Schrauben des oberen Deckels (»Unterdruckdeckel«) ausdrehen: Vergaser in einer Hand halten, mit Daumen auf Deckel drücken, Schrauben ausdrehen, Daumendruck langsam lösen, Deckel wird durch den Federdruck nach oben geschoben.
1.2. Feder, Gasschieber mit Düsennadel und Federsitz herausnehmen.
2. Befestigungsschrauben der Schwimmerkammer ausdrehen, Schwimmerkammer abnehmen.
2.1. Falls die Dichtung zwischen Schwimmerkammer und Vergaser verklebt ist, was meistens der Fall ist: Mit dem Griff eines mittelgroßen Schraubenziehers leicht auf die Schwimmerkammer klopfen und die Verklebung damit lösen.
3. Halteachse des Schwimmers herausziehen, entweder mit einer Zange packen oder mit einem kleinen Splintdurchtreiber und sanften Hammer-

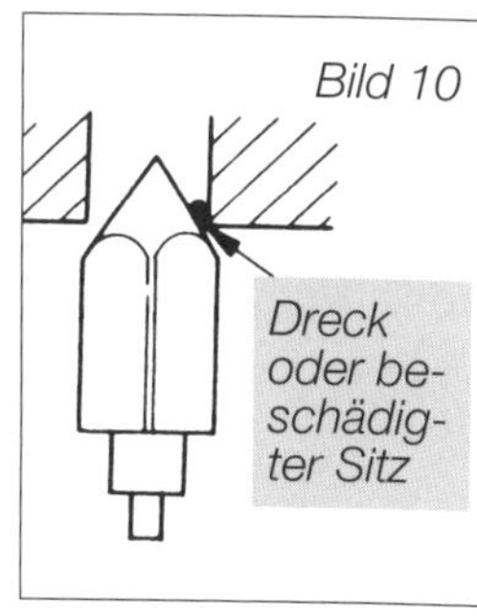

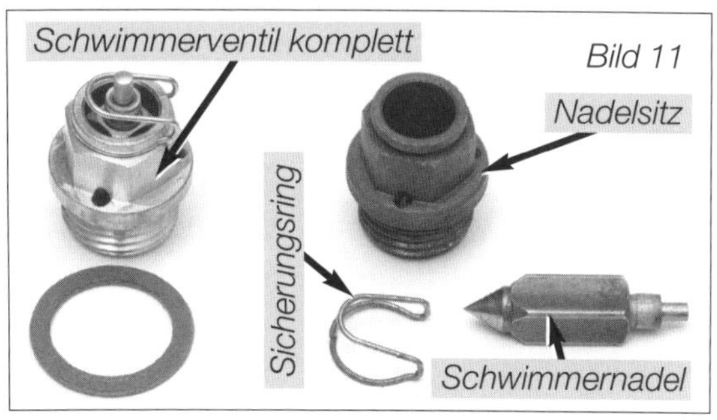

Bilder 9, 10 und 11: Wenn Dreck im Schwimmerventil sitzt, läuft der Vegaser über.

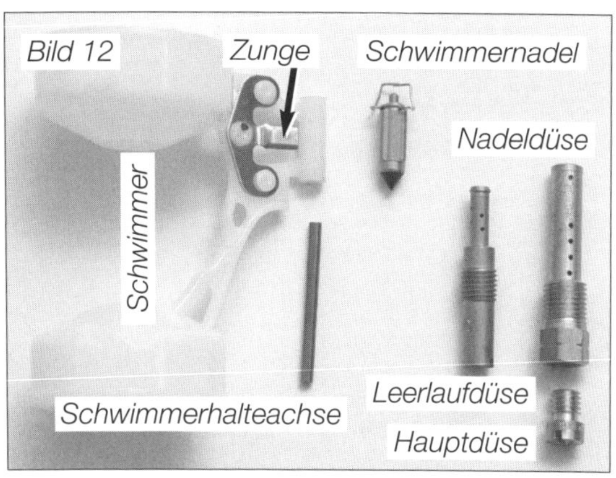

Bild 12: Ausgeschraubte Düsen, ausgebauter Schwimmer.

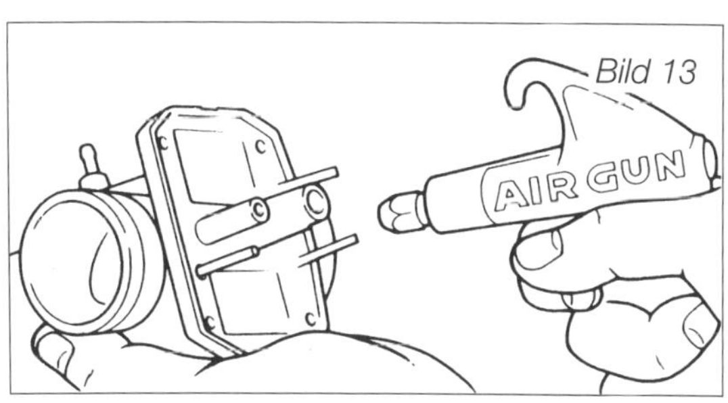

Bild 13: Mit Druckluft alle Bohrungen ausblasen.

Bild 14: Explosionszeichnung Mikuni-Gleichdruckvergaser.

schlägen vorsichtig (ganz vorsichtig!) aus seinem Presssitz im Sockel lösen, ausziehen, Schwimmer mit anhängendem Ventil herausnehmen.

3.1. Merken, von welcher Seite die Halteachse eingesteckt war, beim Einbau von der losen Seite her einstecken.

4. Hauptdüse, Düsenstock und Leerlaufdüse herausdrehen.

5. Gemischregulierschraube und Gasschieberanschlagschraube ausdrehen.

■ O-Ring mit einer feinen Reißnadel lösen und herausziehen oder mit Druckluft ausblasen. Beim Zusammenbau einen neuen O-Ring einsetzen!

6. Beschleunigerpumpe beim Dellorto PHM-Vergaser: Die äußeren drei Deckelschrauben ausdrehen, Deckel und Feder abnehmen, Membrane vorsichtig (!) herausnehmen.

■ NICHT die mittlere, mit einer Kontermutter versehene Schraube ausdrehen!

7. Düsennadel: Beim Ausbau der Düsennadel aus dem Gasschieber zuerst nachsehen, in welche Kerbe der Clip eingesteckt ist. Beim Zusammenbau in dieser Position wieder einbauen.

■ Wenn sie auch nur eine Kerbe weiter oben oder unten eingebaut wird, stimmt die Grundeinstellung nicht und der Vergaser lässt sich nicht mehr korrekt einstellen.

■ Wenn Sie die Grundeinstellung nicht wissen, entweder im Fahrzeughandbuch nachsehen oder beim KTM-Händler nachfragen. Halten Sie die genaue Bezeichnung des Vergasers bereit!

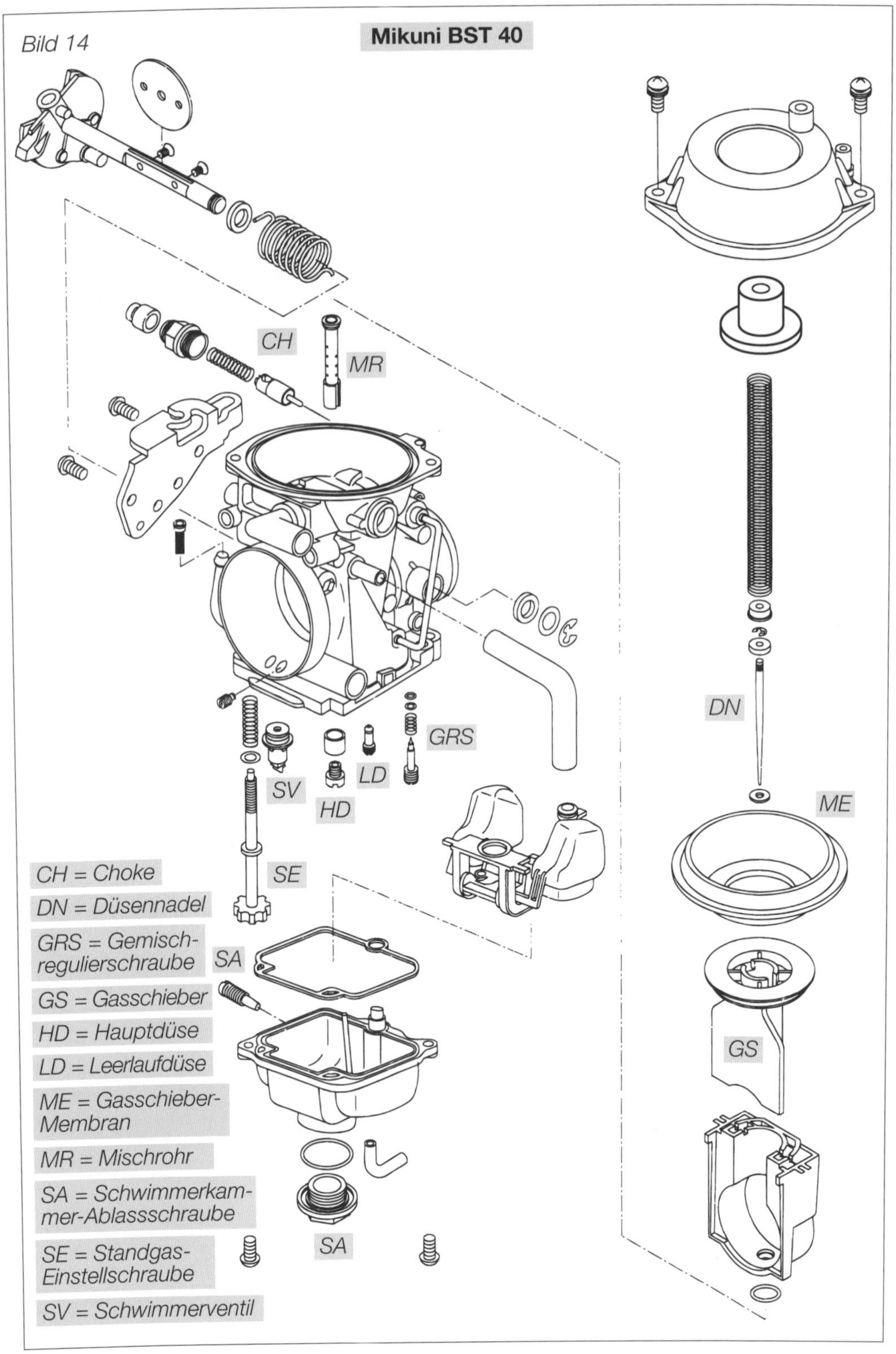

Vergaserbauteile prüfen

1. Gleichdruckvergaser: Gasschiebermembran bei guter Beleuchtung auf Porosität, Risse, Löcher oder andersartige Beschädigungen untersuchen. Falls defekt, austauschen.

1.1. Die Membran der Beschleunigerpumpe beim Dellorto PHM-Vergaser ebenso prüfen, sie darf weder einen Riss und auch nicht das kleinste Loch haben!

2. Komplettes Gasschiebergehäuse und alle Bohrungen mit Vergaserreiniger säubern und mit Druckluft durchblasen.

3. Gasschieberfeder prüfen: Ist sie geschwächt (»ausgeleiert«), verzogen, beschädigt? Falls defekt, austauschen.

4. Oberfläche des Gasschiebers auf Sauberkeit, Riefen und raue Stellen kontrollieren. Schieber mit Vergaserreiniger reinigen. Falls aufgeworfene oder glänzende »Fressstellen« festgestellt werden, diese mit sehr feinem Schleifpapier glätten.

5. Wenn vertrocknete Benzinrückstände an der Düsennadel haften, diese NICHT mit harten Gegenständen abkratzen, sondern nur den Fingernagel dazu nehmen. Düsennadel nicht verbiegen!

6. Chokekolben kontrollieren: Kolbenführung sauber, gerade und unbeschädigt, vordere Dichtfläche oder Feder abgenutzt? Falls defekt, austauschen.

7. Schwimmer auf Risse und Beschädigungen überprüfen.

Zusammenbau umgekehrt zur Zerlegung. Düsen nicht zu fest anziehen, sie können leicht brechen.

Vergaser einstellen

1. Motor starten und warm laufen lassen. Falls Standgas noch nicht eingestellt ist, Motor mit rhythmischen Gasstößen am Leben halten.

2. Standgas einstellen: Gasschieber-Anschlagschraube so weit ein- bzw. ausdrehen, dass der Motor mit Leerlaufdrehzahl 1500/min läuft.

- Darauf achten, dass der Gaszug mindestens ca. 2 mm Spiel behält. Standgas NICHT am Gaszug-Einsteller einstellen, sondern immer nur an der Gasschieber-Anschlagschraube!
- Beim Gleichdruckvergaser wird das Standgas über die Anschlagschraube der Gasseilzugrolle eingestellt (SE in Bild 14).

3. Gemischregulierschraube Standardeinstellung:

- 1 1/2 Umdrehungen offen beim Keihin-Gleichdruckvergaser und bei Dellorto-Schiebervergasern.
- Ausnahme: 2 1/4 Umdrehungen offen bei den Modellen 640 Duke, 640 LC4-E, Adventure, 640 LC4 Supermoto.
- 2 bis 2 1/4 Umdrehungen offen beim 41er-Keihin-Vergaser.

4. Wichtig: Schon eine 1/4- bis 1/8-Umdrehung mehr ein- oder ausgedreht beeinflusst das Ansprechverhalten des Motors aus dem Standgas heraus. Und um es noch einmal zu sagen: Der Motor muss zum Einstellen der Gemischregulierschraube gut warm sein (Betriebstemperatur!).

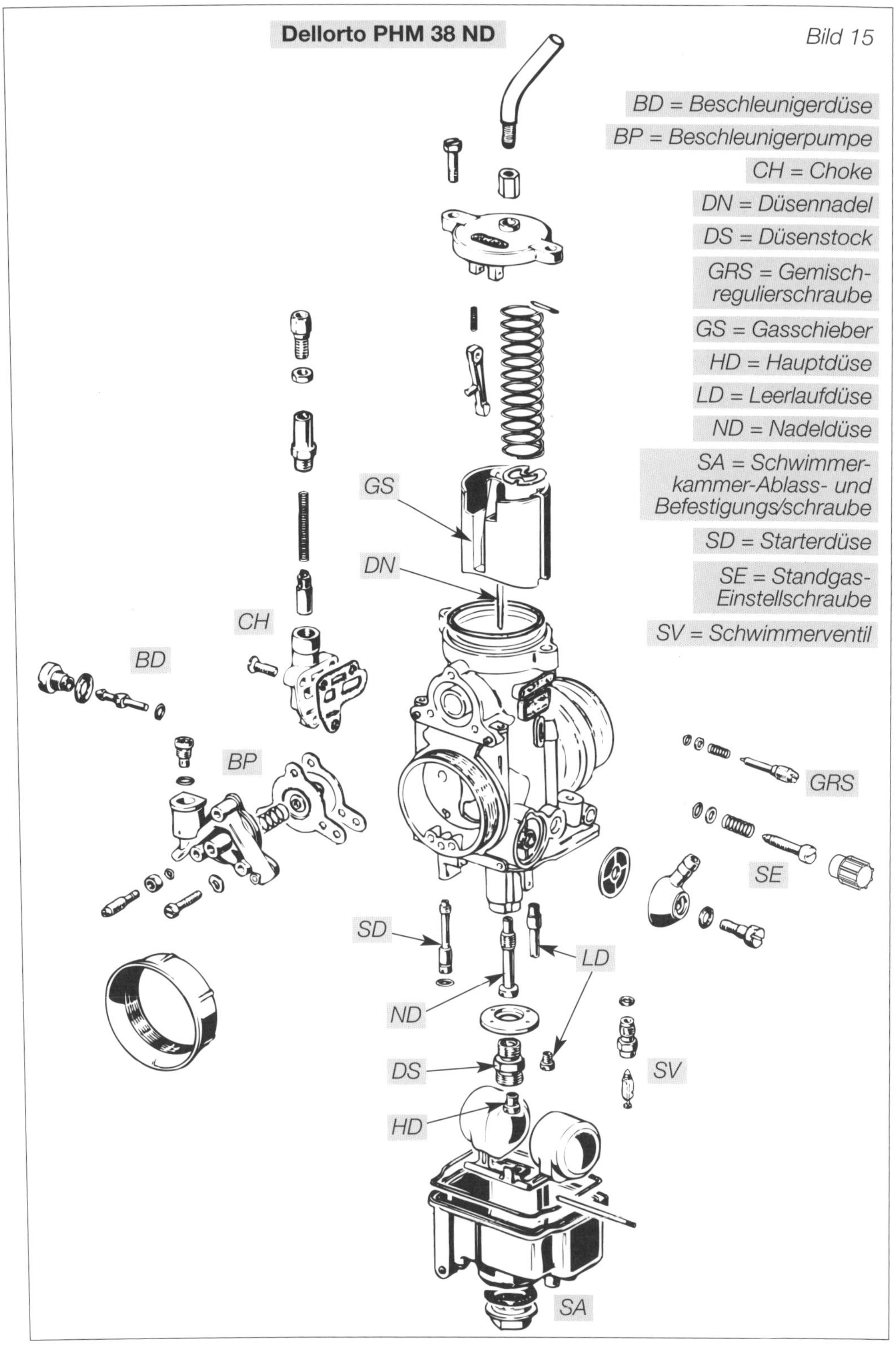

Bild 15: Explosionszeichnung Dellorto-Vergaser PHM 38 ND.

Sichtprüfung Messen

Bild 14: Explosionszeichnung Dellorto-Vergaser PHM 38 QS.

4.1. Einstellung prüfen, indem aus dem Standgas heraus kurz und kräftig Gas gegeben wird:
■ Raucht der Motor beim Gas geben aus dem Auspuff und dreht nur zäh hoch, ist das Gemisch zu fett: Schraube um 1/8 bis 1/4 Umdrehung EINdrehen.

■ Stirbt der Motor ab oder dreht nur sehr zäh hoch, ist das Gemisch zu mager: Schraube um 1/8 bis 1/4 Umdrehung AUSdrehen.

Bild 16 **Dellorto PHM 38 QS**

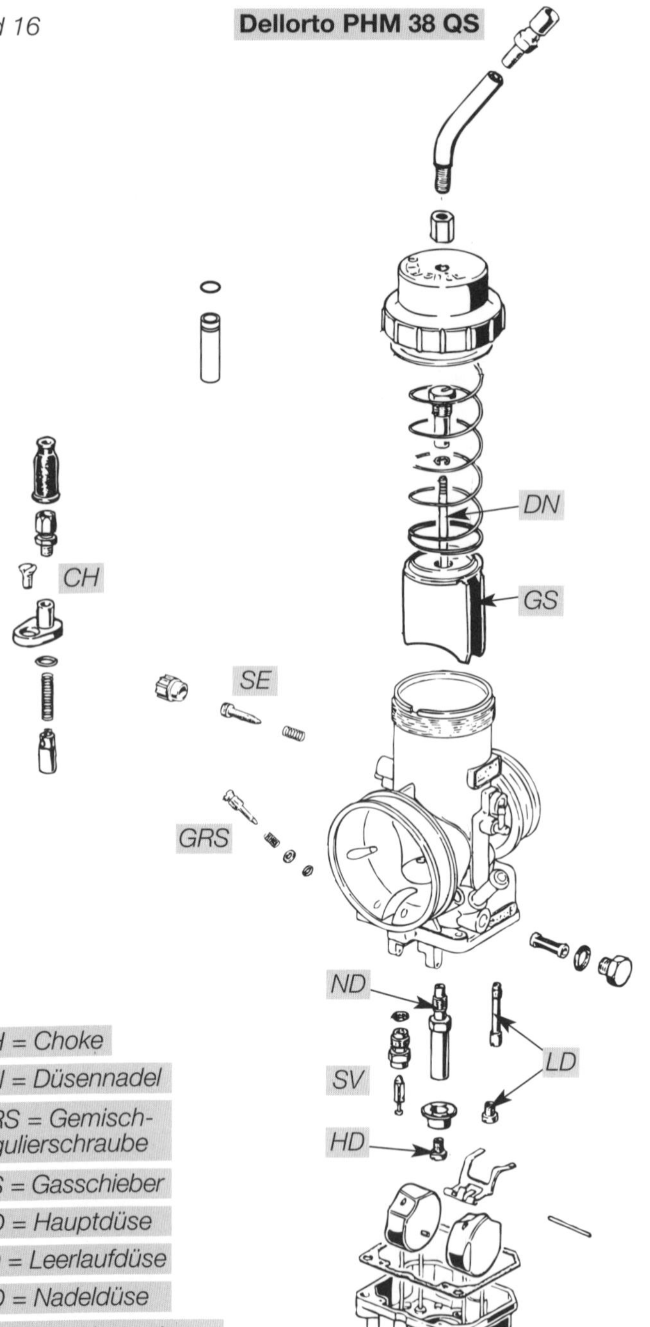

CH = Choke
DN = Düsennadel
GRS = Gemischregulierschraube
GS = Gasschieber
HD = Hauptdüse
LD = Leerlaufdüse
ND = Nadeldüse
SA = Schwimmerkammer-Ablassschraube
SE = Standgas-Einstellschraube
SV = Schwimmerventil

Drosselklappen-Sensor

Ab Modelljahr 2003 sind die Vergaser mit Drosselklappen-Sensoren bestückt. Diese messen den Öffnungswinkel der Drosselklappe (beim Mikuni-Gleichdruckvergaser) bzw. die Stellung des Gasschiebers (beim Schiebervergaser) und geben die Messwerte an die Motorektronik weiter, die ihrerseits damit das Magnetventil der Zusatzluft-Einblasung in den Auslasstrakt steuert (hat keinen Einfluss auf die Motorleistung!).

Mikuni-Vergaser: Drosselklappen-Sensor prüfen und einstellen

1. Prüfvoraussetzungen: Leerlaufdrehzahl ist korrekt eingestellt. Drosselklappen-Sensor ist angebaut, Kabelstecker angeschlossen, Motor AUS, Zündung EINgeschaltet.
2. Gemessen wird an den Kabeln zur Digitalbox an den Kabelfarben schwarz und gelb.
2.1. Messspitzen des Multimeters von der Kabelseite her vorsichtig durch die Abdichtung einstechen (dabei nichts am Stecker beschädigen!).
3. Soll-Messwerte:
3.1. Bei geschlossenem Gasgriff 0,88 Volt (± 0,075 Volt)
3.1. Langsam Gas geben, die Spannung muss gleichmäßig zunehmen.
3.2. Bei voll geöffnetem Gasgriff (Vollgas) 3,88 Volt (± 0,1 Volt).
4. Entsprechen die Messwerte nicht den Vorgaben, die beiden Schrauben am Drosselklappen-Sensor lösen und diesen so weit verdrehen, bis der Leerlauf-Sollwert von 0,88 Volt (± 0,075 Volt) erreicht ist.

Keihin-Vergaser: Drosselklappen-Sensor prüfen und einstellen

1. Prüfvoraussetzungen: Leerlaufdrehzahl ist korrekt eingestellt. Drosselklappen-Sensor ist angebaut, Kabelstecker des Drosselklappen-Sensors auseinander ziehen. Motor und Zündung AUS.
2. Gemessen wird im Stecker (Bild 17) an den Kabelfarben blau und schwarz.
2.1. Multimeter auf Messbereich Ω x 1k einstellen und Widerstand des Drosselklappen-Sensors messen: Vorgabe 5 kΩ.
2.2. Messwert multiplizieren mit 0,15; Ergebnis ergibt den Einstellwert für den Drosselklappen-Sensor: 5 kΩ x 0,15 = 750 Ω (± 50 Ω).

3. Multimeter einstellen auf Ω x 100, Mess-spitzen anlegen an Kabel gelb (+) und schwarz (-).
Messwert müsste 750 Ω (± 50 Ω) betragen.
4. Entsprechen die Messwerte nicht den Vorgaben, die beiden Schrauben am Drosselklappen-Sensor lösen und diesen so weit verdrehen, bis das Messgerät den vorgeschriebenen Wert anzeigt.
5. Schrauben festziehen, Wert noch einmal messen. Kabelstecker zusammenstecken.

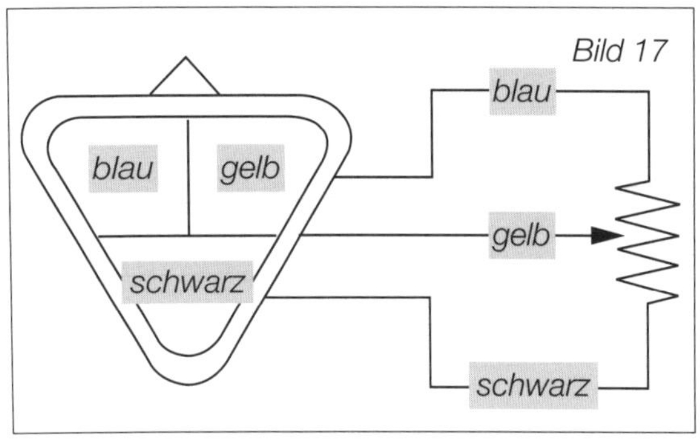

Bild 17: Stecker Drosselklappen-Sensor.

Bild 18 und 19: Explosionszeichnung Keihin-Vergaser FCR 41.

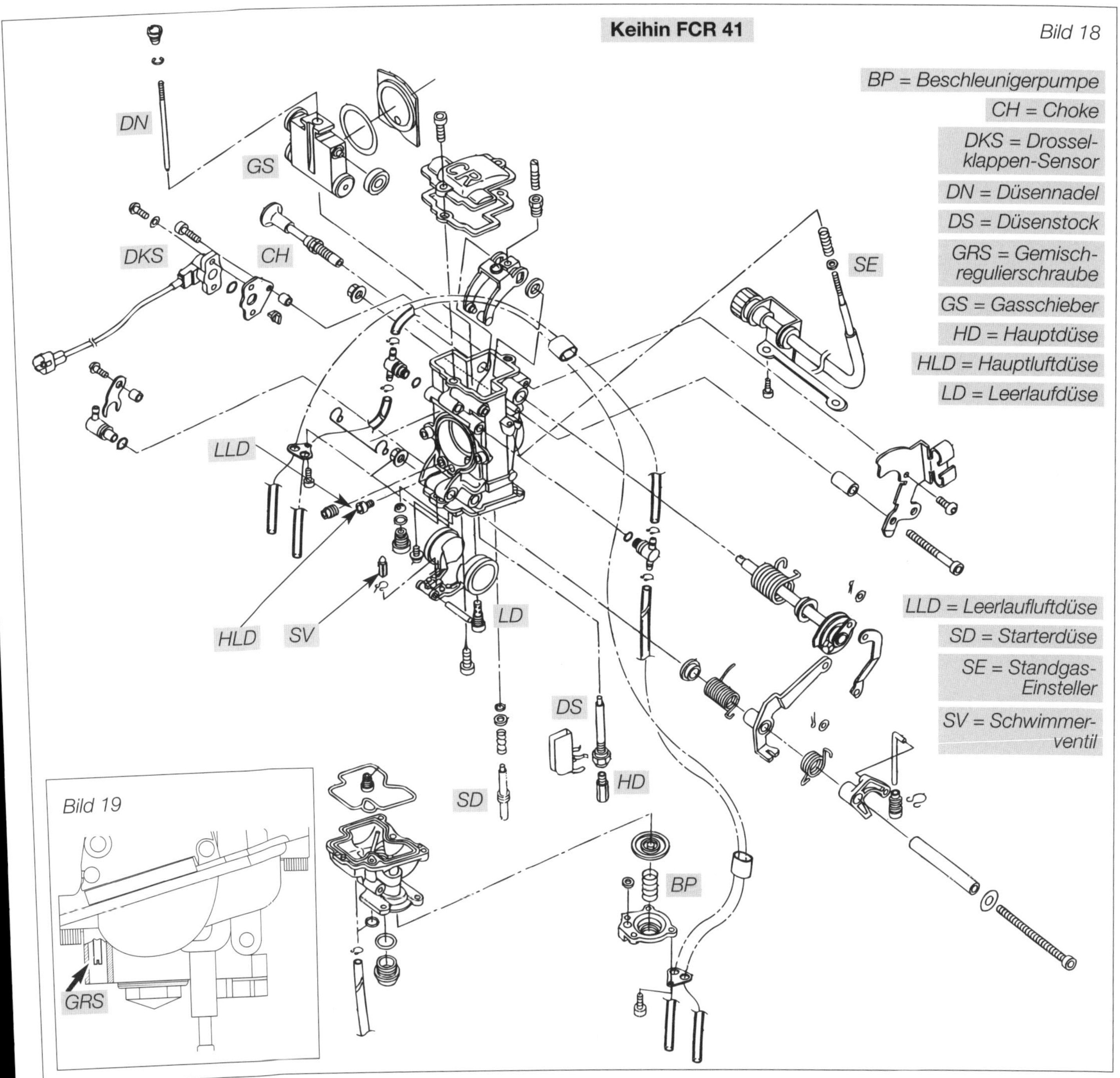

Auspuffanlage

In diesem Kapitel: Federspanner selbst machen · Montagetipps · Anziehdrehmomente · Auspuffanlage kontrollieren, ab- und anbauen.

Auspuffanlage

Die LC4 hat eine mehrteilige Auspuffanlage, bestehend aus zweiteiligem Auspuffkrümmer, Vorschalldämpfer und Auspufftopf.

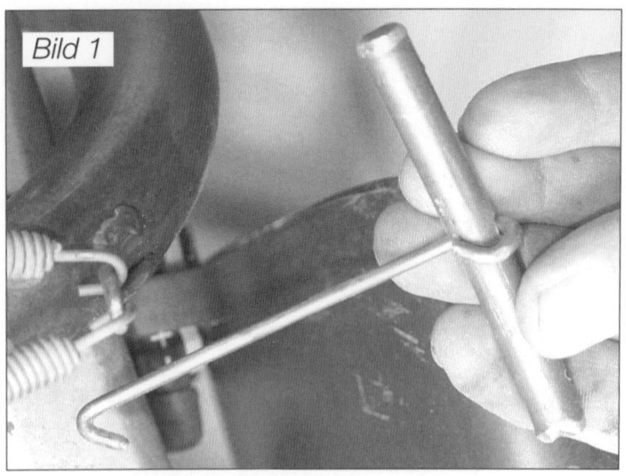

Bild 1: Eigenbau-Federspanner aus Rundmaterial und Schweißdraht.

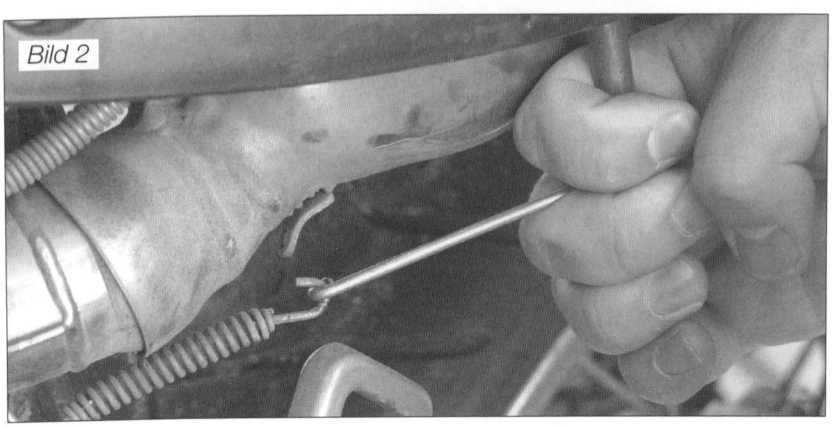

Bild 2: Federspanner in Aktion.

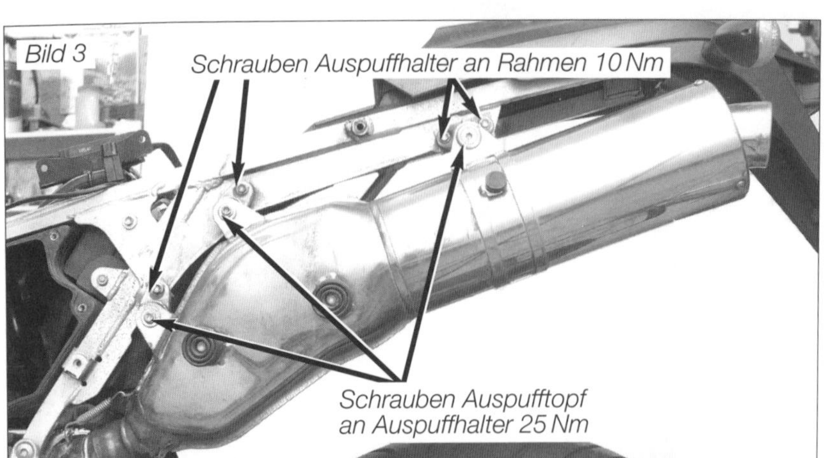

Bild 3: Befestigungsstellen des Auspufftopfs am Rahmen.

Federspanner selbst machen

Bei der LC4 sind die Auspuffkrümmer auf Stutzen, die auf den Zylinderkopf geschraubt sind, und der Auspufftopf auf die Auspuffkrümmer mit Federn gespannt. Zum Ab- und Anbau der Federn sollte man ein Spezialwerkzeug »Federspanner« haben, das man leicht selbst machen kann. In Bild 1 ist ein selbst gemachter Federspanner zu sehen, in Bild 2 arbeiten wir damit.

1. Durch ein 10 cm langens, 10 mm dickes Rundmaterial ein 3,2-mm-Loch bohren.
2. 3 mm dicken Schweißdraht durchstecken.
3. Am einen Ende einen Haken biegen, das andere Ende um das Rundmaterial wickeln.

Montagetipps

Bei allen Montagearbeiten an der Auspuffanlage an die Gewinde von Muttern und Schrauben sowie an die Verbindungsstellen der Auspuffrohre reichlich Kupferpaste geben. Dies verhindert ein Festbacken der Schraubengewinde und der Verbindungsstellen, sie lassen sich dann auch nach langer Zeit wieder leicht lösen.

■ Kein Schmieröl, Kettenspray oder Fett verwenden, denn das brennt sich ein und verklebt!

Anziehdrehmomente

Schrauben Auspufftopf an Auspuffhalter ... 25 Nm
Schrauben Auspuffhalter an Rahmen .... 10 Nm
Schrauben Auspuffflansch
an Zylinderkopf .... 10 Nm
Schraube Schelle an Auspuffkrümmer ...... 25 Nm
■ *Kupferpaste an Dichtungen und Schrauben*

Auspuffanlage kontrollieren

Verbindungen der Auspuffkrümmer am Zylinderkopf, Auspuffkrümmer zu Auspuffkrümmer und zum Auspufftopf auf Dichtheit prüfen:

■ Hand mit Sicherheitsabstand (Vorsicht, heiß!) an die Verbindungen halten und aus dem Leerlauf heraus einige Male Gas geben.

■ Wenn die Auspuffverbindung Spiel (»Luft«) hat, spürt man dies durch den austretenden Abgasstrom.

Wenn eine der flachen Dichtungen zwischen einem Auspuffflansch zum Zylinderkopf oder eine Dichtbuchse in den Klemmstellen von Vorschalldämpfer zu Auspuffkrümmer oder von rechtem zu linkem Auspuffkrümmer durch ist, lässt sich dieses nicht durch stärkeres Anziehen der Schrauben beheben. Dann müssen der Auspuff abgeschraubt und neue Dichtungen eingebaut werden.

Auspuffanlage ab- und anbauen

Auspufftopf

1. Linke Seitenverkleidung über dem Auspufftopf abschrauben.
2. Die beiden Federn von Auspufftopf zu Auspuffkrümmer mit dem Federspanner nach hinten ziehen, aushängen und abnehmen.
3. Der Auspufftopf ist mit drei Schrauben an die Auspuffhalter angeschraubt (Bild 3): Alle Schrauben lösen und ausdrehen.
4. Auspufftopf unter leichtem Drehen vom Auspuffkrümmer nach hinten abziehen.

Vorschalldämpfer und Auspuffkrümmer

1. Schraube der Schelle, mit der der Vorschalldämpfer auf dem Auspuffkrümmer geklemmt ist, lösen und mindestens drei Umdrehungen öffnen.
1.1. Diese Schraube ist meistens schmutzig und stark korrodiert, deswegen zuerst mit einer Drahtbürste den gröbsten Dreck abputzen und mit Rostlöser einsprühen, einige Minuten wirken lassen und die Schraube mit einem exakt passenden Schlüssel öffnen.
2. Schraube rechts am Rahmenrohr hinter der Bremspumpe lösen und ausdrehen.
3. In der Klemmstelle von Vorschalldämpfer zu Auspuffkrümmer ist eine Dichtbuchse eingesetzt. Wenn diese zerbröselt ist und deswegen der Auspuff auseinandergebaut werden muss, lässt sich der Vorschalldämpfer leicht abziehen. Ist die Dichtung schon älter, ist sie oft in ihrem Sitz verklebt. Mit Rostlöser einsprühen, Schalldämpfer mit beiden Händen packen und mit leichten Drehbewegungen abziehen.
4. Schraube der Schelle, mit der der linke Auspuffkrümmer auf dem rechten geklemmt ist, lösen und mindestens vier Umdrehungen aufdrehen.
4.1. Einsprühen wie unter 1.1. beschrieben.
4.2. Dichtbuchse wie unter 3. beschrieben.
5. Federn von Auspuffkrümmer zu Auspuffflansch mit dem Federspanner nach vorne ziehen, aushängen und abnehmen.
6. Krümmer nach vorne wegziehen und die beiden Krümmerrohre durch gleichzeitiges Ziehen und leichtes Drehen voneinander trennen.

Anbau der Auspuffanlage umgekehrt zum Abbau. Dabei unbedingt beachten:

- Dichtflächen von alten Dichtungsresten und Korrosion vollständig reinigen.
- Neue Dichtungen verwenden!
- Etwas Kupferpaste auf Dichtung, Dichtflächen und die gereinigten Schraubgewinde geben.
- Neue Dichtung ganz in ihren Sitz in die Klemmstelle einschieben. Muss leicht gehen, nichts darf klemmen – wenn etwas klemmt, Dichtung vorsichtig wieder herausziehen und Rohröffnung entsprechend vorsichtig aufweiten.
- Beim Festziehen der Schrauben der Auspuffflansche am Zylinderkopf die Federhalter so positionieren, dass die Federhaken später gut eingehängt werden können und die Federn möglichst wenig Kontakt haben zum Auspuffkrümmer (Bild 5).

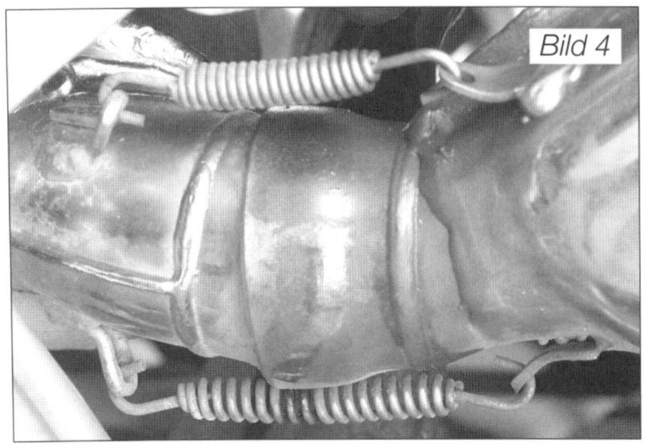

Bild 4: Verbindungsstelle von Auspufftopf zu Vorschalldämpfer.

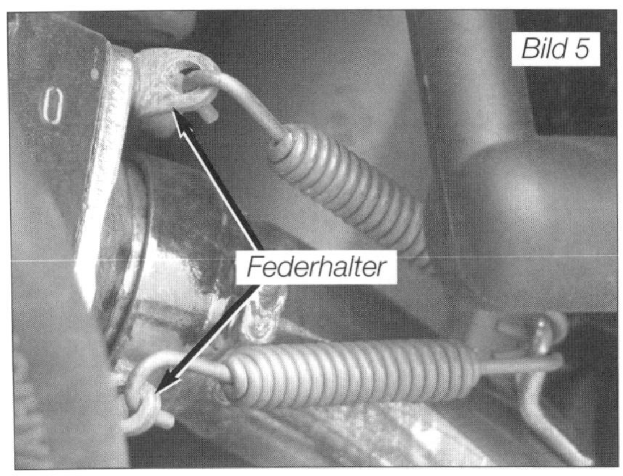

Bild 5: Die Federhalter so positionieren, dass die Auspufffedern möglichst keinen Kontakt haben zum Auspuffkrümmer.

Bild 6: Ein selbst reparierter Auspufftopf, bei dem die Blindnieten lose und abvibriert waren:

- *Blindnieten ausbohren, Endstück ausziehen.*
- *Karosserie-Muttern in Endstück anschweißen (lassen).*
- *Endstück mit Blechschrauben befestigen.*

Motoröl · Ölwechsel

In diesem Kapitel: Motoröle · Ölverbrauch · Ölstand prüfen, Öl nachfüllen · Schmiersystem · Öl wechseln.

Motoröle

KTM schreibt für den Einzylinder-Viertakter der LC4-Serie folgende Motoröle vor:

- Qualität API-Klassen SG, SH, JASO T903 MA
- Bei Temperaturen von weniger als 0 °C: SAE 10W/40 oder 10W/50
- Bei Temperaturen über 0 °C: SAE 10W/40 oder 15W50

Die Qualitätsangaben werden nach bestimmten Normen ermittelt: SG und SH sind von einem amerikanischen (API) und T903MA von einem japanischen (JASO) Prüfinstitut festgelegt. Nach bestimmten Prüfkriterien, wie z. B. Schmiersicherheit und Scherfestigkeit bei bestimmten Temperaturen, werden die Öle geprüft und zertifiziert. Auf dem Etikett der Öldose steht dann z. B. »Erfüllt API-Klassen SG, SH...« und/oder auch »JASO T903 MA«; zusätzlich kann auch »...und übertrifft diese« auf dem Etikett stehen.

In der KTM-Werkstattliteratur findet sich der Hinweis: »Zu wenig Motoröl oder qualitativ minderwertiges Öl führt zu vorzeitigem Verschleiß des Motors«. Dies bedeutet so viel wie:

- Ein bestimmtes Motorölvolumen darf nicht unterschritten werden, weil bei sehr wenig Öl die Ölversorgung nicht gesichert ist und der Motor zu heiß wird. Also immer rechtzeitig nachsehen, ob genügend Motoröl vorhanden ist (siehe »Motorölstand kontrollieren« in diesem Kapitel).
- Wenn falsches Öl verwendet wird, zu dem

Sicherheitshinweise ⚠ Achtung und ☞ Tipps für dieses Kapitel

☞ Zur Kontrolle des Ölstands das Motorrad nicht schräg nach links geneigt auf dem Seitenständer abstellen, sondern es soll waagerecht und senkrecht stehen.

⚠ Am Ende des Gewindes am Ölpeilstab ist ein O-Ring eingesetzt (Bild 3). Diesen kontrollieren, ob er in Ordnung ist, also keine geklemmte oder ausgerissene Stelle hat. Sollte er beschädigt sein, unbedingt erneuern, sonst drückt es hier Öl heraus. Keine Zange benutzen, um damit den Ölmessstab besonders fest eindrehen zu wollen – nur handfest anziehen!

☞ Vor einer längeren Fahrt zu Hause den Ölstand kontrollieren und ggf. mit dem richtigen Öl auffüllen. Wer auf mehrtägige Fahrt geht, sollte eine flache, 0,5 bis 1,0 Liter fassende, ölfeste Plastikflasche mit öldichtem Verschluss mit dem Motoröl auffüllen, das garantiert im Motor drinnen ist, und die Flasche ins Gepäcksystem packen. Entsprechende Flaschen gibt es z. B. im Chemiefachhandel.

☞ Motoröl nur in betriebswarmem Zustand wechseln, also vorher den Motor mindestens zehn Kilometer warm fahren. Damit wird sichergestellt, dass Metallabriebteile, die sich noch nicht abgesetzt haben, sondern noch in der Schwebe sind, vom heißen Öl aufgenommen und beim Ablassen mit herausgespült werden.

⚠ Altöl niemals wegschütten, sondern an einer Sammelstelle oder Tankstelle abliefern. Jeder Ölverkäufer ist zur Rücknahme einer entsprechenden Menge Altöls verpflichtet! Beim Kauf von neuem Öl die Quittung aufbewahren und bei der Rückgabe des Altöls vorzeigen!

⚠ Keine Getränkeflaschen als Altölbehälter verwenden! Besser sind etwa alte Benzinkanister, die mit einem dauerhaften Etikett »Altes Motoröl« versehen werden.

⚠ Dem Altöl keine anderen Flüssigkeiten beimischen, wie z. B. Brems- oder Kühlflüssigkeit. Diese extrem giftigen und wenig umweltfreundlichen Betriebsstoffe müssen in extra Behältern aufgefangen und zu Problemstoff-Sammelstellen gebracht werden.

⚠ Zum Ölablassen ein so großes Gefäß verwenden, das den Bereich von Ölablassöffnung und Ölfilter unterm Motor nicht nur abdeckt, sondern allseitig um mindestens zehn Zentimeter übersteht. Es gibt im Motorrad-Zubehörhandel kombinierte Ölfangwannen-Behälter, bei denen das Öl in eine Wanne und von dort direkt in den Sammelbehälter läuft (Bild 1). Dieser ist verschließbar und mit einem Tragegriff versehen, also leicht transportabel. Das Altöl zur Ölsammelstelle bringen, wo es umweltgerecht entsorgt wird.

⚠ Wenn die Ölablassschraube ihren letzten Gewindegang erreicht hat, beginnt das Öl bereits zu laufen. Finger rasch wegziehen! Es ist besser, die Ölablassschraube mit dem ersten Schuss Öl ins Auffanggefäß fallen zu lassen, als sich am heißen Öl die Finger zu verbrühen! Öl läuft erst im Strahl, nach einiger Zeit nur noch tropfenweise. Also geduldig warten, bis auch der letzte Tropfen im Auffanggefäß gelandet ist.

Bild 1

Bild 1: Kombinierte Ölablass- und Öltransportwanne.

auch billiges Automotorenöl aus dem Kaufhaus oder dem Baumarkt gezählt werden muss, kann der Motor kaputt gehen, weil das falsche Öl die Schmiersicherheits-Anforderungen, die KTM an das »richtige Öl« stellt, nicht erfüllt.

Weiterhin muss beachtet werden:

- Ölzusätze dürfen nicht verwendet zu werden. Wir raten sogar dringend davon ab.
- So genannte »Leichtlauföle« SAE 5 oder Ultra-Mehrbereichsöle SAE 0W-50 dürfen nicht verwendet werden. Diese Öle sind speziell für Automotoren entwickelt worden, bei denen weder Kupplung noch Getriebe im Ölbad laufen.

Von KTM vorgeschriebene Motoröle
KTM schreibt für die Modelle bis Modelljahr 2001 ausschließlich Shell-Öle vor, ab dem Modelljahr 2002 sind ausschließlich Öle der Schweizer Marke »Motorex« vorgeschrieben. KTM-Händler führen das komplette Schmierstoffprogramm von Motorex. Motorex-Öl ist auch für LC4-Motoren der Modelljahre vor 2001 geeignet, auf deren Seitendeckel »Nur Shell ADVANCE Ultra 4 verwenden« geschrieben steht.

Für die LC4-Motoren empfiehlt Motorex z. B. die beiden Öle »Power Synth 4T Fully Synthethik« und »Cross Power 4T Fully Synthetik« SAE 10W/50 (Bild 2). Diese Öle vertragen sehr hohe Temperaturen, wie sie z. B. auftreten können, wenn eine LC4 im Gelände scharf gefahren wird.

Synthetiköl
Die Bezeichnung »Fully Synthethik« bedeutet »Vollsynthetisches Öl«. Dieses Öl ist in Schmiersicherheit, Kaltfließverhalten sowie Alterungsbeständigkeit einem Mineralöl gleicher Viskosität überlegen, jedoch auch deutlich teurer. Weil das Öl im LC4-Motor thermisch stark belastet wird, sollte nur vollsynthetisches Öl verwendet werden; es ist besser als halbsynthetisches oder gar Mineralöl.

Nicht doch billigeres Mineralöl?
Es gibt Leute, die fahren in ihrem Motor aus Überzeugung nur Mineralöl und haben dabei auch noch Glück, weil nichts kaputt geht. Wenn eine LC4 schonend gefahren und ihr selten Höchstleistung abverlangt wird, kann es gut gehen. Wenn Sie eine LC4 mit hoher km-Leistung haben, die Zeit ihres Lebens ausschließlich mit Mineralöl betrieben wurde, dann raten wir Ihnen, auch weiterhin Mineralöl zu benutzen. Wenn Sie auf vollsynthetisches Öl umstellen, kann es sein, dass der Motor kaputt geht, weil vollsynthetisches Öl eine hohe Reinigungskraft hat und in kürzester Zeit alle Ablagerungen aus dem Motor herauswäscht.

Ölverbrauch, Ölstand

Ölverbrauch
Der große Viertakt-Einzylinder der LC4 darf bis zu einem Liter Motoröl auf 1000 km verbrauchen. Die meisten Motoren begnügen sich mit 0,2 bis 0,4 Liter auf 1000 km. Der Ölverbrauch hängt stark von den Betriebszuständen ab. Wird auf Langstrecke und mit hoher Geschwindigkeit und damit hoher Motordrehzahl gefahren, oder wird der Motor auf einer Enduro-/Crossstrecke mit hohen Drehzahlen geplagt, ist der Ölverbrauch höher als bei Bummelfahrten mit niedrigen Drehzahlen. Ältere Motoren mit entsprechend hoher Kilometerlaufleistung verbrauchen in der Regel etwas mehr Öl, was jedoch nicht bedeuten muss, dass der Motor defekt ist.

Ölstand kontrollieren
Wichtig: Zur Kontrolle des Ölstands darf das Motorrad nicht schräg nach links geneigt auf dem Seitenständer abgestellt werden, sondern muss so waagerecht und senkrecht stehen wie nur möglich. Schon wenige Winkelgrade nach rechts oder links und jede noch so geringe Steigung oder Gefälle des Untergrunds können die Ablesung des Ölstandes verfälschen. Wenn Ihre LC4 nur einen Seitenständer hat, dann stellen Sie die Maschine zur Kontrolle des Öl-

Bild 2

Bild 2: KTM empfiehlt Öle des Schweizer Herstellers Motorex. Generell gilt, dass nur spezielle, vollsynthetische Motorrad-Markenöle verwendet werden sollen. Einbereichsöl oder Billigöl aus dem Supermarkt schadet mehr als es Geld sparen kann!

Bild 3: Kontrolle des Ölstands mit Ölmessstab.

■ Motorrad muss senkrecht und waagerecht stehen, der Motor ausgeschaltet sein!

■ Der Ölstand soll sich in der Mitte der beiden Markierungen am Ölmessstab befinden.

stands senkrecht (einfach locker darauf sitzen bleiben!) oder lehnen sie mit dem Lenker möglichst senkrecht gegen eine Hauswand.

1. Motor zur Ölstandskontrolle AUSschalten!

1.1. Nach dem Abstellen des Motors einige Minuten warten (KTM empfiehlt »mindestens 5 Minuten«), bis alles Öl im Motor nach unten abgelaufen ist.

2. Ölmessstab ausdrehen und abputzen.

3. Ölmesstab wieder eindrehen bis zum Ende des Gewindes, dann wieder ausdrehen.

4. Ölstand beurteilen: Der Ölstand soll sich zwischen den Markierungen befinden (Bild 3).

Anmerkung: Die neueren LC4 ab Modelljahr 2005 haben ein Ölschauglas im linken Motorseitendeckel mit zwei Markierungen: Die untere markiert den »minimalen Ölstand«, die obere den »maximalen Ölstand«. Die Differenz zwischen beiden Markierungen beträgt, wie beim Ölmessstab auch, ca. 0,35 bis 0,4 Liter.

■ Wenn das Schauglas leer ist: Maschine etwas nach links neigen, bis der tatsächliche Ölstand erscheint. Maschine wieder senkrecht stellen, Ölstand kontrollieren und ggf. Öl nachfüllen.

■ Wenn das Schauglas ganz voll ist: Maschine etwas nach rechts neigen und nachsehen, ob sich das Bild im Schauglas verändert. Dann wieder senk- und waagerecht stellen und beobachten, ob der Ölstand nun richtig erscheint oder das Schauglas voll bleibt.

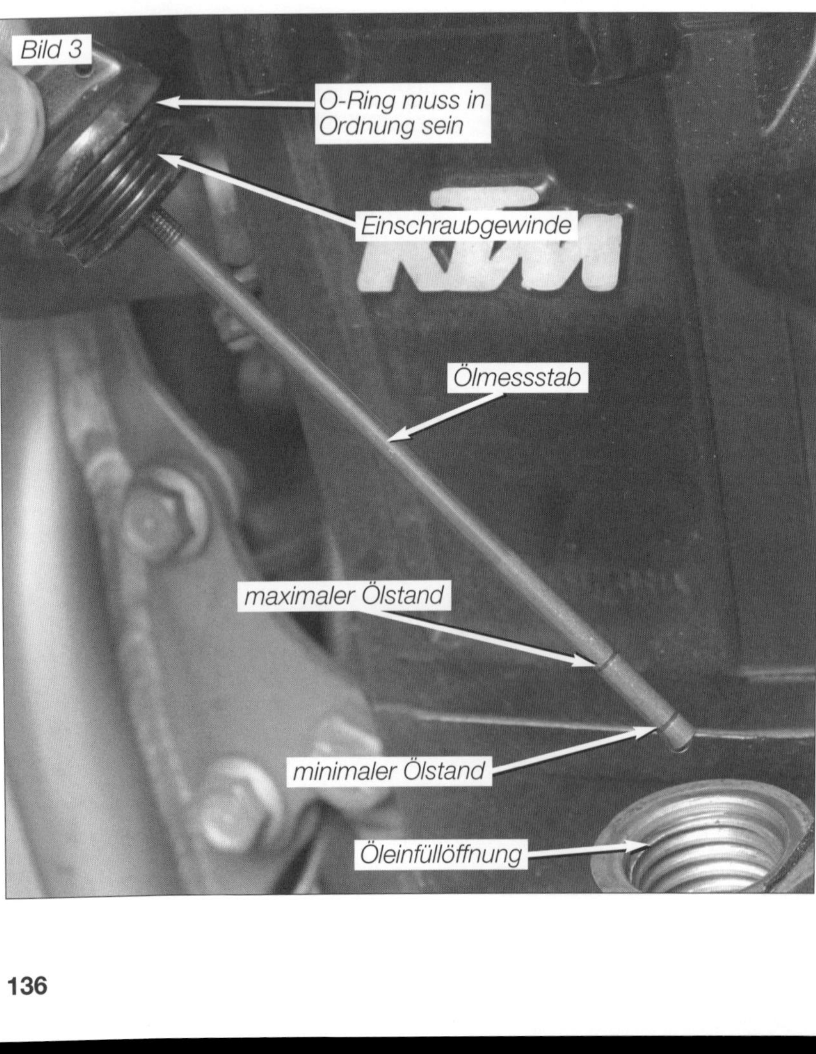

Hinweis: Wenn das Schauglas voll bleibt, kann zu viel Öl im Motor sein. Das darf nicht sein, denn alles überschüssige Öl wird durch die Motorentlüftung in den Luftfilterkasten gedrückt und vom Motor wieder angesaugt, was meistens zu einer verölten Zündkerze führt! Dies gilt natürlich auch bei der Ölstandskontrolle mittels Ölmessstab.

Öl nachfüllen

Wenn Öl nachgefüllt werden muss, reichen 0,2 bis 0,3 Liter meistens aus, um den Ölstand bis zur oberen Markierung aufzufüllen. Falls Sie unterwegs kein Öl zum Nachfüllen dabei haben, lassen Sie sich vom Tankwart nicht einen Liter vom teuersten Öl aufschwatzen, sondern kaufen exakt ein Öl, das die von KTM geforderten Spezifikationen (API-Klassen SG, SH und/oder JASO T903 MA) erfüllt in der gleichen Viskosität, die schon eingefüllt ist (z. B. 15W-50). Das Öl zum Nachfüllen unterwegs sollte unbedingt vollsynthetisch sein, also kein Mineralöl; zur Not kann auch halbsynthetisches Öl nachgefüllt werden.

Schmiersystem, Ölwechsel

Schmiersysteme

■ Die frühen LC4 aus den 80er-Jahren ohne Elektrostarter haben den Motoröl-Vorrat im Motor; das Motorölvolumen beträgt 1,4 bis 1,6 Liter.

■ Die späteren LC4 ohne oder mit Elektrostarter haben 1,9 bis 2,1 Liter Motorölvolumen, davon befinden sich ca. 1,4 bis 1,6 Liter im Motor; zusätzlich sind ca. 0,6 Liter im vorderen Rahmenhauptrohr (siehe dazu Bild 4) gebunkert.

Ölfilter

Je nach Modell sind ein Ölfilter rechts hinten im Motor eingebaut (hinter dem Fußbremshebel) und einer entweder hinter dem Zylinder auf dem Motorgehäuse (Modelle nur mit Kickstarter) oder unten am vorderen Rahmenhauptrohr (Modelle mit Elektrostarter). Bei jedem Ölwechsel neue Ölfilter einbauen.

In der grossen Motor-Ölablassschraube (Bild 13) ist ein Sieb eingebaut, das gereinigt werden muss, wenn die Ölablassschraube zum Ablassen des alten Motoröls ausgedreht ist.

Wichtig: Vor der Reinigung des Siebs in der Ölablassschraube die daran haftenden Rückstände begutachten: Rückstände mit den Fingern aufnehmen und zwischen Daumen und Zeigefinger vorsichtig verreiben, man »erspürt« die Konsistenz des Abriebs. Meist sind es nur kleine Metall- und Schmutzpartikel, eben »Abrieb«. Wenn ein größerer Brocken ab der Größe einer herausgefallenen Beißzahnplombe festgestellt wird, kann dieser von einem Getriebezahnrad stammen. Dann ist Gefahr im Busch, das Getriebe kann demnächst kaputt gehen!

Ölleitungen und Schraubanschlüsse

1. Die Ölleitungen (»Ölschläuche«) dürfen keine Knicke haben, weil ein Knick in der Leitung den Durchflussquerschnitt bis hin gegen null verringert! Alle Schraubanschlüsse müssen dicht sein.
2. Bei jeder Montage einer Hohlschraube eines Ölleitungs-Anschlusses neue Dichtscheiben verwenden.
3. Alle Hohlschrauben müssen mit großer Sorgfalt gelöst bzw. festgezogen werden, denn sie sind nicht nur innen hohl, sondern auch mit Querbohrungen versehen, die die Festigkeit negativ beeinflussen (siehe dazu auch Bild 7):
■ 15 Nm: Hohlschraube am Ölfilterdeckel rechts unten am Motor, wo zwei Ölleitungs-Anschlüsse auf einer Schraube befestigt sind.
■ 10 Nm: Hohlschrauben am Deckel des Ölfiltergehäuses auf dem Motor und vorne links auf dem Motorseitendeckel.
4. Der Deckel des Ölfilters rechts hinten am Motor ist bis Modelljahr 2000 mit einem O-Ring abgedichtet, ab 2001 mit einer flachen Dichtung (Bild 5). Der O-Ring kann weiter verwendet werden, wenn er nicht beschädigt ist; die flache Dichtung (Bild 6) unbedingt erneuern.

Ölwechselintervall

Der Motorölwechsel sollte unbedingt nach den km- bzw. Zeit-Angaben von KTM erfolgen, siehe dazu Kapitel 5 »Wartung« und dort speziell den Kasten »Wartungsintervalle«. Doch egal, ob die vorgeschriebenen Ölwechselintervalle 5000 oder 6000 km betragen, wichtig ist: Wenn die angegebene Fahrstrecke pro Jahr nicht erreicht wird, sollte einmal im Jahr ein Ölwechsel gemacht werden, denn Öl altert schon alleine durch den Kontakt mit Luft und ist speziell bei Kurzstreckenbetrieb sehr hohen Belastungen ausgesetzt.

Zum Ölwechsel nötigte Ölmenge und Teile

Ölmengen: Je nach Baujahr und Modell sind die Schmiersysteme und Ölmengen verschieden, siehe Text weiter vorne. Kaufen Sie zum Ölwechsel mindestens zwei Liter Öl, besser noch drei, dann haben Sie einen Liter Öl in Reserve.

Teile: Kaufen Sie beim KTM-Händler auch Ölfilter und Dichtringe für die Hohlschrauben und Ölab-

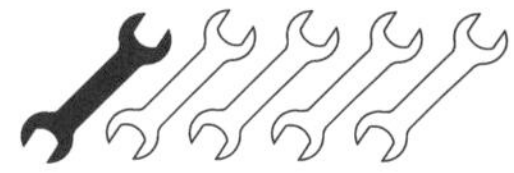

Bilder 4, 5 und 6: Siehe Lauftext.

Bild 4

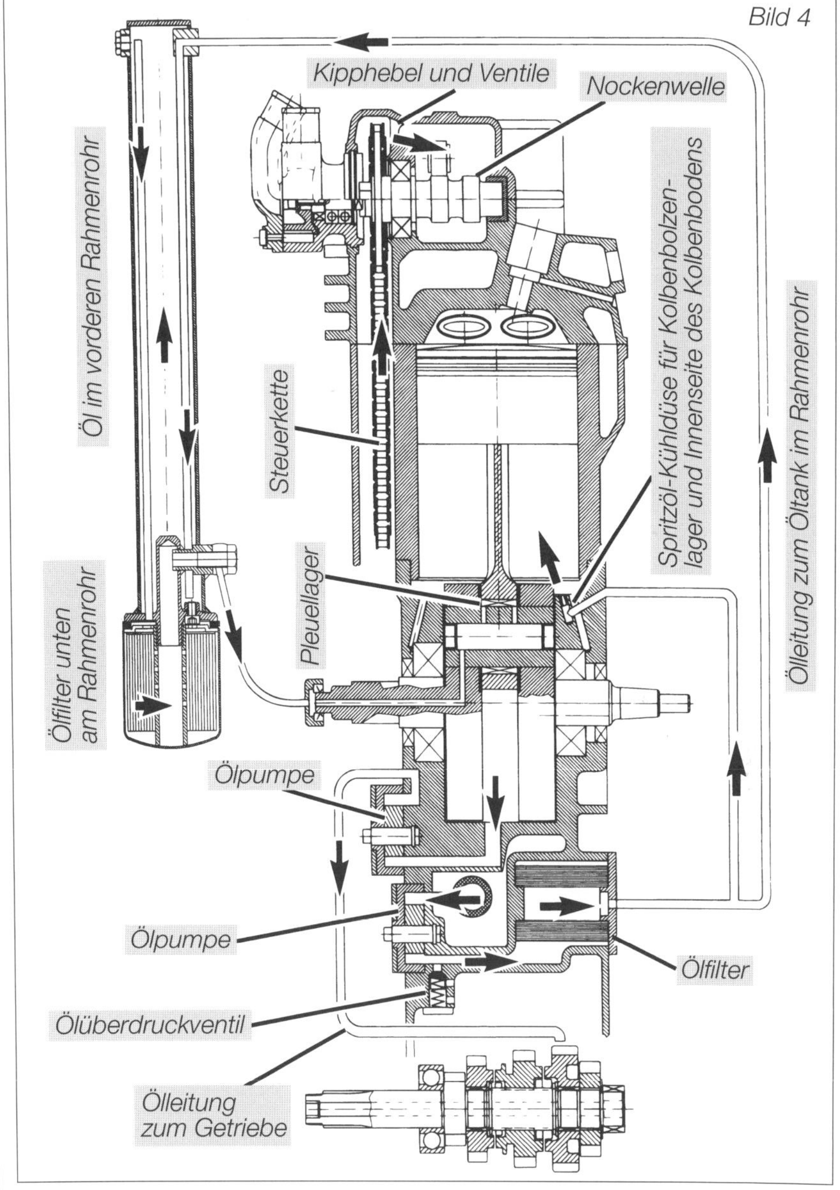

Bild 5

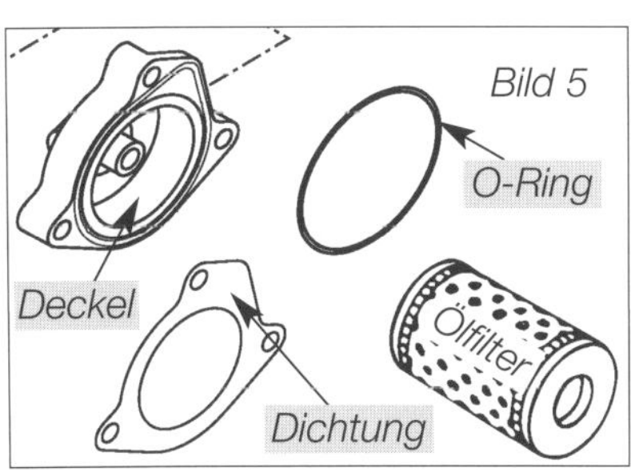

Bild 6

Sichtprüfung Messen

Bild 7: Zu stark angezogene und deswegen gebrochene Hohlschraube.

Bilder 8 und 9: Sitz der Ölablassschrauben unten am Rahmenrohr.

Bilder 10 und 11: Bauteile der Schmiersysteme ohne und mit Öl im Rahmenrohr.

lassschrauben. Wir raten, vorsichtshalber je eine lange und kurze Reserve-Hohlschrauben zu kaufen, denn die Dinger sind sehr weich und schnell abgedreht (Bild 7), man kann beim Festziehen gar nicht vorsichtig genug sein!

Ölablassschrauben

Wichtig: Die Innensechskantschraube unten am Motor darf nicht geöffnet werden, sie ist das Bypassventil und keine Ölablassschraube (Bild 12)!

■ LC4 ohne Öl im vorderen Rahmenrohr: Zwei Sechskant-Ölablassschrauben unten am Motor (Bild 12).

■ Die LC4 SMC 660 hat eine dritte Sechskant-Ölablassschraube unten am Motor.

■ LC4 mit Öl im vorderen Rahmenrohr: Zwei Sechskant-Ölablassschrauben unten am Motor (Bild 12) und eine Ölablassschraube außen am oder innen im vorderen Rahmenrohr (Bilder 8 und 9).

Wichtig: Bei den Modellen mit Öl im Rahmen bis Modelljahr 2000 ist die Ölablassschraube am vorderen Rahmenrohr unten außen angebracht (Bild 8), sie wird bei der Montage mit einem neuen Dichtring eingeschraubt. Ab Modelljahr 2001 ist die Ölablassschraube von unten in den Flansch eingeschraubt (Bild 9) und erst zugänglich, wenn der Ölfilter abgeschraubt ist. Bei der Montage wird kein Dichtring verwendet.

Bild 7

Bild 8

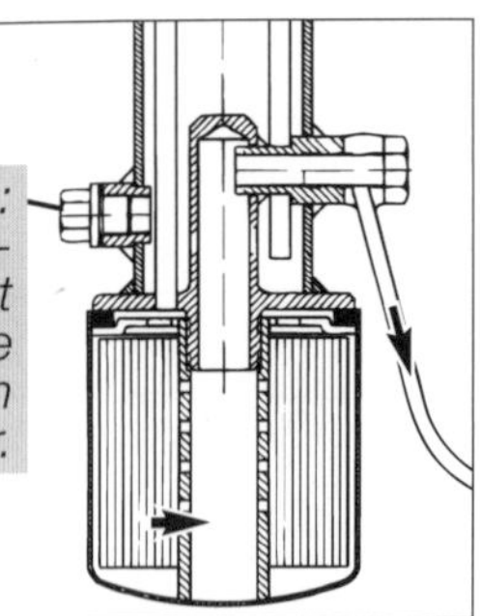

Bild 9

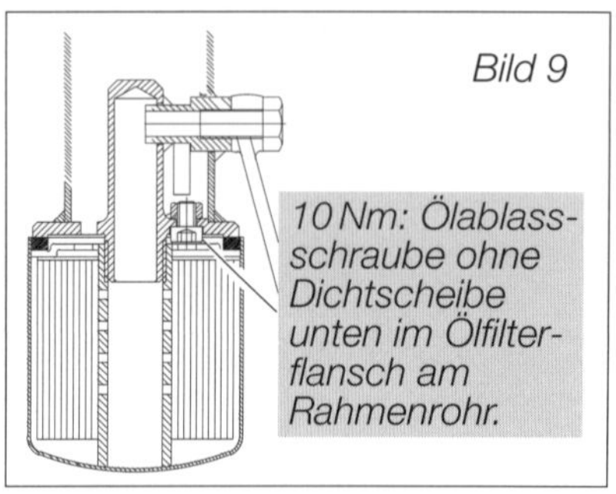

Ölwechsel durchführen

Motor zum Ölwechsel mindestens zehn Kilometer warm fahren. Motorrad zum Ölwechsel senk- und waagerecht aufbocken, eine ausreichend große Ölfangwanne unter den Motor stellen!

Ölwechsel bei den LC4-Modellen mit Öl im vorderen Rahmenrohr

1. Ölablassschrauben unten am Motor lösen und

Bild 10

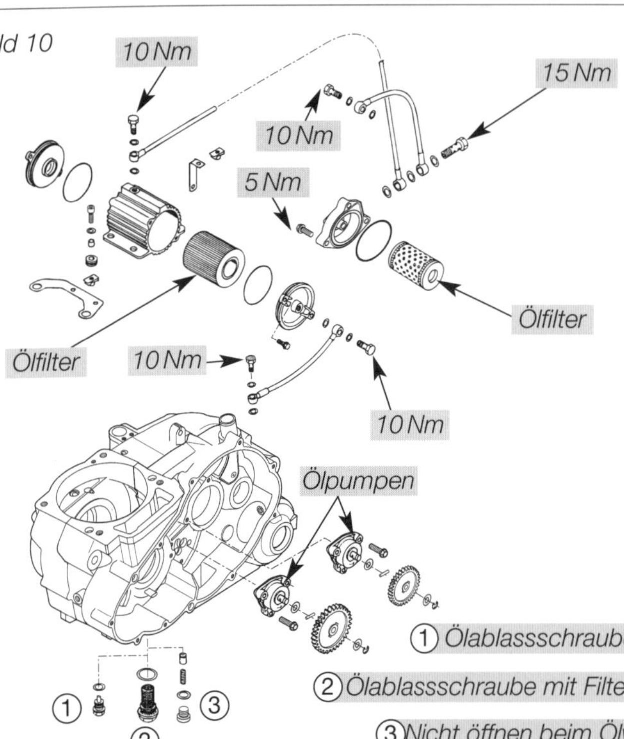

Bild 11

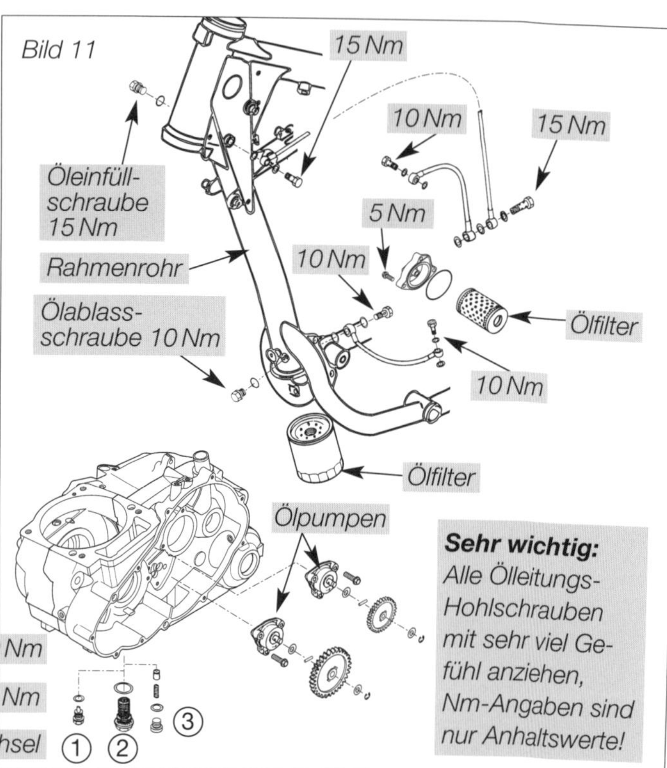

Sehr wichtig: *Alle Ölleitungs-Hohlschrauben mit sehr viel Gefühl anziehen, Nm-Angaben sind nur Anhaltswerte!*

ausdrehen (Bild 12), Altöl lange genug auslaufen und austropfen lassen.
2. Ölfilter am vorderen Rahmenrohr unten:
2.1. Abdeckung abschrauben.
2.2. Ölfilter mit einem passenden Ölfilterschlüssel lösen und abschrauben (Bild 14).
■ Wenn der Ölfilter so fest sitzt, dass der Ölfilterschlüssel überrutscht, die Ölfilterpatrone mit einer großen Wasserpumpenzange lösen (Bild 15).
2.3. Ölablassschraube unten lösen (Bild 16) und ausschrauben. Öl aus dem Rahmenrohr lange austropfen lassen.
3. Ölfilter rechts unten am Motor:
3.1. Fußbremshebel herunterdrücken, einen Flachschraubenzieher zwischen Bremshebel und Anschlagrolle stecken, damit der Ölfilterdeckel besser zugänglich ist.
3.2. Abdeckung des vorderen Kettenritzels abschrauben, dann kommt man besser an den Ölfilterdeckel ran.
3.3. Die drei Befestigungsschrauben des Ölfilterdeckels (Bild 17) lösen und ausdrehen, Deckel vorsichtig abnehmen, Ölfilter herausziehen (Bild 18), Öl ablaufen lassen.
3.4. O-Ring aus dem Ölfilterdeckel (Bild 5) herausnehmen (oder Flachdichtung, Bild 6, abnehmen). O-Ring, Deckel und Ölfiltergehäuse gut reinigen.
3.5. O-Ring kontrollieren, ob er keine Klemmstelle hat und nirgends eingerissen ist. Wenn er in Ordnung ist, kann er wieder verwendet werden; wenn nicht, unbedingt neuen O-Ring einbauen.
3.6. Etwas Fett in die Nut des O-Rings im Ölfilterdeckel schmieren, O-Ring einsetzen (oder neue Flachdichtung aufsetzen).
3.7. Neuen Ölfilter auf den Bund des Ölfilterdeckels setzen, beide Teile gemeinsam montieren. Schrauben eindrehen und mit 5 Nm festziehen.
4. Ölablassschrauben reinigen, allen daran haftenden Metallabrieb gründlich abputzen. Filtersieb in der einen Ölablassschraube mit leichter Druckluft reinigen.
4.1. Ölablassschrauben mit neuen Dichtringen bestücken, einschrauben und festziehen:
■ Große Ölablassschraube mit 30 Nm.
■ Kleine Ölablassschraube mit 20 Nm.
5. Vorne unten am Rahmenrohr:
5.1. Ölablassschraube eindrehen:
■ Entweder die außen angebrachte Ölablassschraube mit einem neuen Dichtring versehen, einschrauben und mit 10 Nm festziehen.
■ Oder die innen eingeschraubte Ölablassschraube ohne Dichtring einschrauben und mit 10 Nm festziehen.
6. Neuen Ölfilter anbringen:
6.1. Ölfilter mit frischem Motoröl füllen, O-Ring im Ölfilterbund einölen.
6.2. Ölfilter exakt am Gewinde ansetzen und gut handfest anziehen (ca. 15 bis 20 Nm).
7. Ölmessstab ausdrehen, 1,3 Liter frisches Motoröl einfüllen (Bild 19). Ölmessstab eindrehen.
8. Siehe Bild 22: Im Bordwerkzeug ist ein kleiner Rohrstutzen zu finden: Diesen in den Deckel einer Ölflasche einbauen. Einen Plastikschlauch (Innen-Ø 6 mm, Außen-Ø 8 mm) aufschieben.

Bilder 12 bis 18: Im Lauftext sind die zu den Bildern gehörenden Arbeitsschritte nummeriert beschrieben.

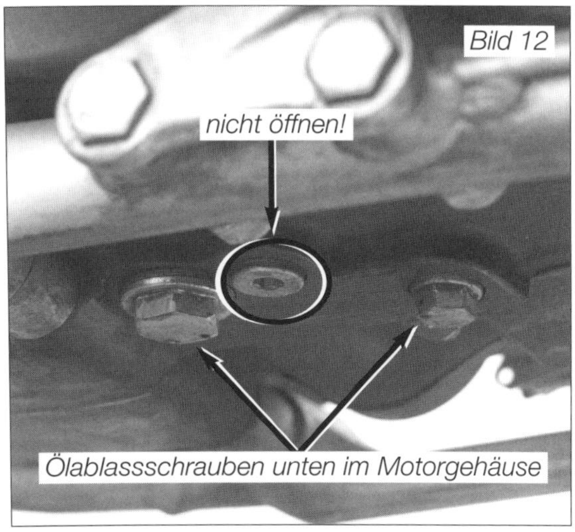

Bild 12

Bild 13

Bild 14

Bild 15

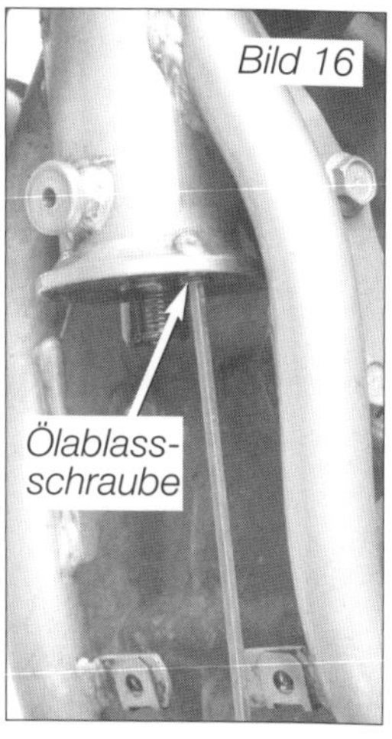

Bild 16

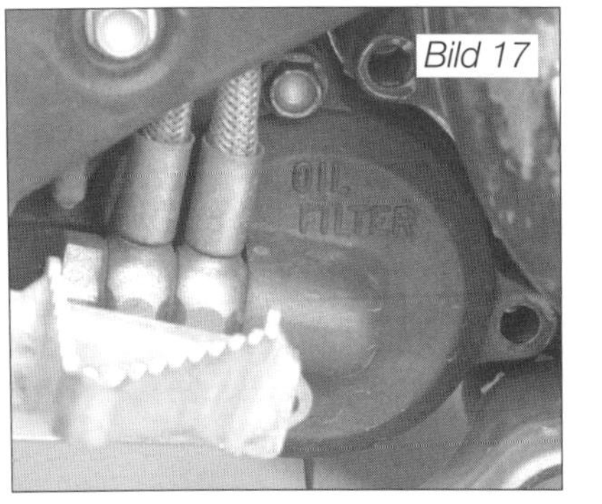
Bild 17

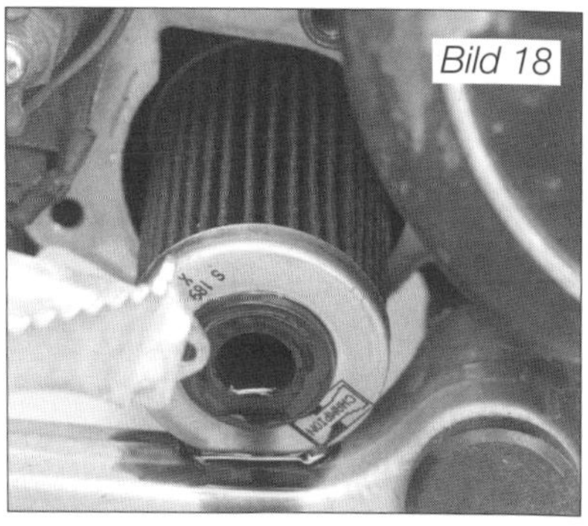
Bild 18

Sichtprüfung Messen

Bilder 19 bis 22: Im Lauftext sind die zu den Bildern gehörenden Arbeitsschritte nummeriert beschrieben.

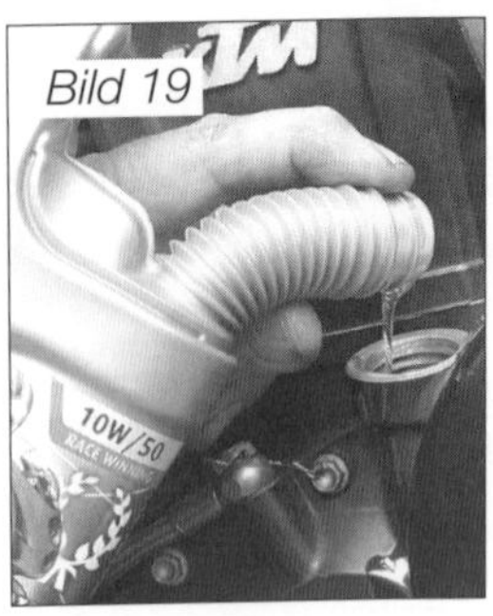
Bild 19

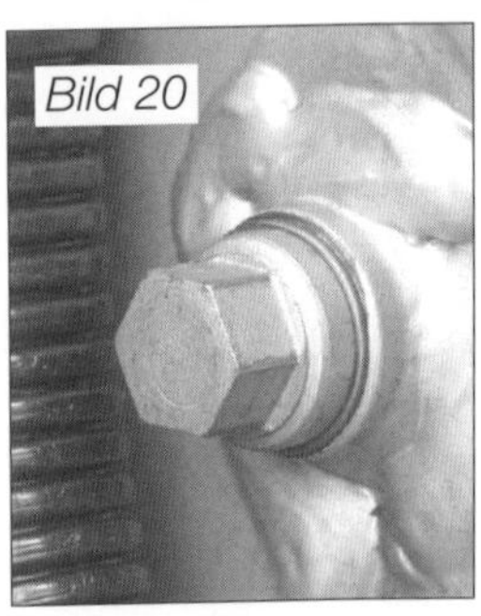
Bild 20

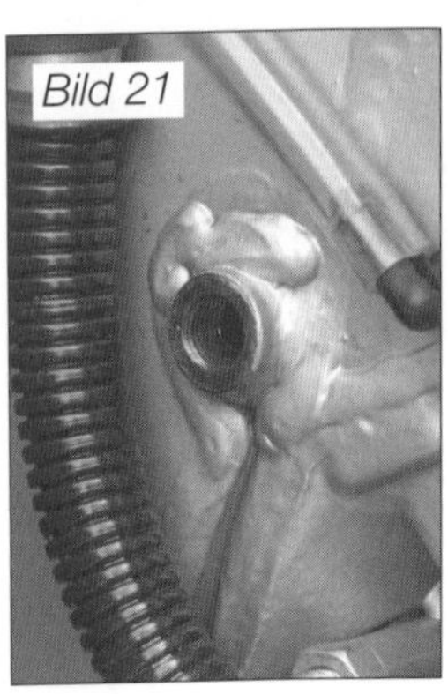
Bild 21

8.1. Verschlussschraube der Öleinfüllöffnung oben rechts am Rahmen (Bilder 20 und 21) ausdrehen. Das freie Ende des Plastikschlauches in die Öffnung einführen (Bild 22).
8.2. Über den Plastikschlauch ca. 0,6 Liter frisches Motoröl in das Rahmenrohr einfüllen (Bild 22). Plastikschlauch ausziehen.
9. Schmiersystem entlüften:
9.1. Motor starten und so lange laufen lassen (ca. 20 Sekunden), bis Öl aus der Einfüllöffnung am Rahmenkopf ausläuft. Motor abstellen.
9.2. Verschlussschraube der Einfüllöffnung mit neuem Dichtring bestücken, einschrauben und handfest festziehen (Bild 20).
10. Motor starten und einige Minuten im Leerlauf laufen lassen. Alle Montagestellen auf Dichtheit prüfen.
11. Motor abstellen und nach einigen Minuten den Ölstand kontrollieren, ggf. Öl auffüllen.

Ölwechsel bei den LC4-Modellen ohne Öl im vorderen Rahmenrohr
1. Beide Ölablassschrauben unten am Motor ausschrauben, Altöl lange genug auslaufen und austropfen lassen.
1.1. Beim Modell SMC 660 sind drei Ölablassschrauben mit Sechskantköpfen angebracht.
2. Ölablassschrauben gründlich reinigen, allen daran haftenden Metallabrieb gründlich abputzen. Filtersieb in der einen Ölablassschraube (Bild 13) mit leichter Druckluft reinigen.
3. Ölablassschrauben mit neuen Dichtringen bestücken, einschrauben und festziehen:
- Große Ölablassschraube mit 30 Nm.
- Kleine Ölablassschraube mit 20 Nm.
- Dritte Ölablassschraube (SMC 660) 20 Nm.

4. Ölfilter rechts unten am Motor:
4.1. Fußbremshebel herunterdrücken, einen Flachschraubenzieher zwischen Bremshebel und Anschlagrolle stecken, damit der Ölfilterdeckel besser zugänglich ist.
4.2. Abdeckung des vorderen Kettenritzels abschrauben, dann kommt man besser an den Ölfilterdeckel ran.
4.3. Die drei Befestigungsschrauben des Ölfilterdeckels lösen und ausdrehen, Deckel vorsichtig abnehmen, Ölfilter herausziehen.
4.4. O-Ring aus dem Ölfilterdeckel herausnehmen, alle Teile gut reinigen: O-Ring, Deckel, Ölfiltergehäuse.
4.5. O-Ring kontrollieren, ob er ringsum keine Klemmstelle hat und nirgends eingerissen ist. Wenn er in Ordnung ist, kann er wieder verwendet werden; wenn er beschädigt ist, unbedingt neuen O-Ring einbauen.
4.6. Etwas Fett in die Nut des O-Rings im Ölfilterdeckel einschmieren, O-Ring einsetzen.
4.7. Neuen Ölfilter auf den Bund im Ölfilterdeckel setzen, Teile gemeinsam montieren: Schrauben eindrehen und mit 5 Nm festziehen.
5. Ölfilter oben auf dem Motor:
5.1. Die zwei Befestigungsschrauben des Deckels lösen und ausdrehen.
5.2. Deckel abnehmen, Ölfilter herausziehen. Alle Teile gut reinigen.
5.3. O-Ring kontrollieren, ob er keine Klemmstelle hat und nirgends eingerissen ist. Wenn er in Ordnung ist, kann er wieder verwendet werden; wenn nicht, unbedingt neuen O-Ring einbauen.
5.4. Etwas Fett in die Nut des O-Rings im Ölfilterdeckel einschmieren, O-Ring einsetzen.
5.5. Neuen Ölfilter in das Filtergehäuse einsetzen.
5.6. Motorrad vorsichtig etwas nach rechts zur Seite kippen und das Ölfiltergehäuse mit frischem Motoröl auffüllen.
5.7. Deckel exakt auf der Dichtfläche ansetzen, gereinigte Schrauben eindrehen und mit 5 Nm festziehen.
6. Ölmessstab ausdrehen. Durch die Öffnung 1,4 Liter frisches Motoröl einfüllen.
7. Ölkreislauf entlüften:
7.1. Hohlschraube der Ölleitung links vorne am Kupplungsdeckel ausdrehen.
7.2. Offener Ölleitungsanschluss am Kupplungsdeckel mit einem Lappen verschließen, mit einem Finger den Lappen auf die Bohrung drücken.
7.3. Motor starten, im Leerlauf laufen lassen und den Anschluss der Ölleitung beobachten: Wenn Öl austritt, Motor abstellen.
7.4. Ölleitung wieder anbringen: Hohlschraube mit neuen Dichtscheiben montieren, Anziehdrehmoment 10 Nm.
8. Motor starten und einige Minuten im Leerlauf laufen lassen. Alle Montagestellen auf Dichtheit prüfen.
9. Motor abstellen und nach einige Minuten den Ölstand kontrollieren, ggf. Öl auffüllen.

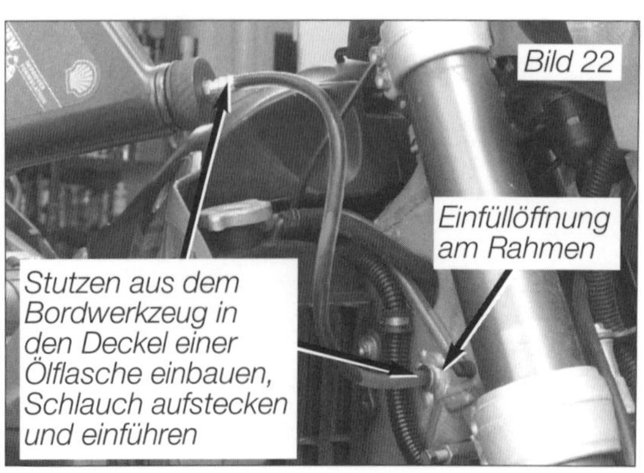

Bild 22

Kühlsystem

In diesem Kapitel: Motorkühlung · Daten Kühlsystem · Kühlsystem · Kühlflüssigkeit prüfen, ergänzen, wechseln · Thermostat aus- und einbauen, prüfen und vermessen · Kühler prüfen · Öffnungsdruck des Kühlsystemdeckels · Kühler abbauen, reinigen, prüfen, anbauen · Kühlerventilator und Schalter prüfen · Wasserpumpe ausbauen, reparieren, einbauen.

Motorkühlung

Das Kühlsystem der LC4 ist lebenswichtig für den wassergekühlten Motor. Technisch richtig müsste es »flüssigkeitsgekühlt« heißen, denn reines Wasser ist es ja nicht, was im Kühlsystem zirkuliert, sondern eine Flüssigkeit, die aus einer Mischung verschiedener Komponenten besteht.

Kühlflüssigkeit wird fertig gemischt angeboten. Beim Kauf darauf achten, dass die Kühlflüssigkeit für Aluminiummotoren geeignet ist. Kühlflüssigkeit für Graugussmotoren ist nicht geeignet!

Kühlflüssigkeit trägt auch zur Schmierung der Wasserpumpe und zur Verhinderung von Korrosion bei. Das Gemisch sollte also immer verwendet werden, selbst wenn man nur im Sommer fährt und keine Minustemperaturen zu erwarten sind.

Daten Kühlsystem

Kühlerlüfter: SPAL (Italien), Typ VA32-A101-62A
Kühler: Zwei Aluminium-Wabenkühler
Wasserpumpe: Flügelradpumpe, von der Nockenwelle angetrieben

- Kühlflüssigkeitsmenge .... 1 Liter
- Öffnungsdruck Kühlerdeckel .... 1,4 bar
- Thermostat beginnt zu öffnen bei .... 70 °C
- Thermostat ist voll geöffnet bei .... 75 °C
- Thermostat-Ventilhub .... 8 mm
- Kühler-Ventilator schaltet sich ein bei ...... 85 °C
- Kühler-Warnlampe leuchtet auf bei .... 105 °C

Kühlsystem

Sehr wichtig:

- Der Stand der Kühlflüssigkeit im Kühler ist bei heißem Motor etwas höher ist als bei kaltem.
- Der korrekte Stand der Kühlflüssigkeit bei kaltem Motor beträgt ca. 10 mm über der Oberkante der inneren Kühllamellen (Bild 1). Kühler niemals bis oben hin mit Kühlflüssigkeit auffüllen! Dann ist zu viel Kühlflüssigkeit drin, die bei heißem Motor über den Überlauf herausgedrückt wird (»Kühler pisst«)!
- Kühlerdeckel sorgfältig aufsetzen, beim Zudrehen muss die Einrastung leicht knacken.

Bei den Inspektionen kontrollieren: Kühlflüssigkeitsstand, Kühlerschläuche, ihre Anschlüsse

Bild 1: Zwischen Kühlflüssigkeit und Oberseite des Kühlers muss ein Luftpolster vorhanden sein, weswegen der Kühler nicht ganz voll gefüllt werden darf.

Sicherheitshinweise ⚠ Achtung und ☞ Tipps für dieses Kapitel

⚠ Kaufen Sie neue Kühlflüssigkeit NICHT im Baumarkt oder gar in der Kfz-Abteilung eines Lebensmittel-Supermarktes, auch wenn das Preisangebot scheinbar noch so verlockend ist! Kaufen Sie Kühlflüssigkeit entweder beim KTM-Händler oder im Motorrad- bzw. Kfz-Zubehör-Fachhandel!

⚠ Kühlflüssigkeit kann Lack beschädigen und auf blankem Metall Flecken hinterlassen. Nichts auf die Haut kommen lassen, nicht verschütten, altes Kühlmittel umweltgerecht entsorgen!

⚠ Motorkühlmittel kann Haut und Augen sowie innere Organe schädigen. Jeglichen Körperkontakt vermeiden, keinesfalls trinken. Falls Haut oder Augen damit in Berührung kommen, mit reichlich klarem Wasser ab- bzw. ausspülen. Nach Verschlucken KEIN Erbrechen herbeiführen, sondern Arzt bzw. Giftnotzentrale anrufen.

⚠ Deckel des Kühlers nicht bei heißem Motor öffnen, das Kühlmittel steht unter Druck und schießt heraus – Verbrühungen wären die Folge.

⚠ Bei Arbeiten mit laufendem Motor in geschlossenen Räumen für ausreichende Belüftung sorgen! Abgase enthalten giftiges und geruchloses Kohlenmonoxid, das Bewusstlosigkeit verursachen und zum Tod führen kann. Alle Fenster und Türen öffnen! Am sichersten ist eine Abgasabsauganlage ins Freie. Dieser Warnhinweis gilt für alle Einstellarbeiten, bei denen der Motor laufen muss. Wenn keine oder ungenügende Belüftungs- und Entlüftungsmöglichkeit der Werkstatträume gegeben ist, im Freien arbeiten!

⚠ Sowohl bei einer Prüfung des Kühlers bei abgenommenem Zustand als auch bei einer Dichtprüfung des gesamten Kühlsystems in eingebautem Zustand den maximal zulässigen Prüfdruck von 1,4 bar nicht überschreiten, denn zu hoher Druck kann Bauteile des Kühlsystems beschädigen!

☞ Ist der Thermostat defekt und Sie haben keine Möglichkeit, einen neuen zu kaufen, können Sie den Motor eine gewisse Zeit lang auch ohne Thermostat betreiben (zumindest im Sommer).

- Noch ein Tipp: Falls der Thermostat verkalkt ist, deswegen klemmt und nicht mehr öffnet, legen Sie ihn zwei Stunden lang in Kaffeemaschinen-Entkalker, Haushaltsessig oder Zitronensaft. Der Kalk löst sich, das Thermostatventil wird wieder freigängig und funktioniert wahrscheinlich wieder richtig gut.

Sichtprüfung Messen

und Schlauchschellen. Die Kühlflüssigkeit soll alle drei Jahre erneuert werden. Ab und zu ein prüfender Blick auf das Kühlsystem (und dabei ganz gezielt auf den Kühlflüssigkeitsstand, Bild 1) während dieser Zeit beruhigt die Nerven.

Wenn der Pegelstand der Kühlflüssigkeit bei kaltem Motor (!) bis zur Oberkante der Kühlerlamellen oder gar darunter absinkt, stimmt etwas nicht: Entweder ist die Kühlflüssigkeit schon zu lange drin und ein Teil davon ist verdunstet, oder das Kühlsystem hat ein Leck.

In einem solchen Fall die fehlende Kühlflüssigkeit ergänzen, weiterfahren und in kurzen Abständen beobachten, wo das Zeug bleibt.

Kühlflüssigkeit wechseln

Vorbereitung: Neue Kühlfüssigkeit kaufen. Motorrad auf Mittelständer stellen. Motor muss kalt sein, höchstens handwarm.

Bild 2

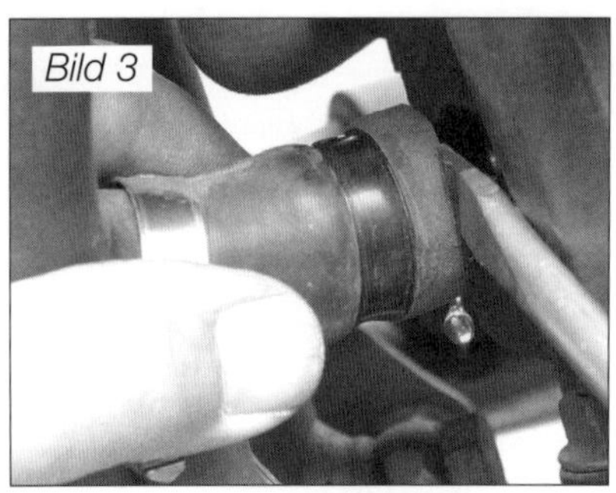
Bild 3

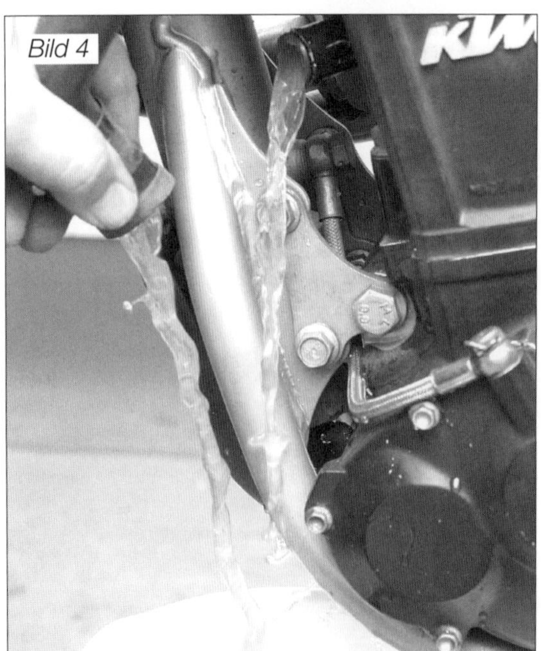
Bild 4

Bilder 2, 3 und 4: Kühlwasser ablassen. Dazu die Schlauchschelle lösen, von der Klemmstelle auf dem Schlauch zurückschieben, Schlauch gleichzeitig abdrücken und abziehen.

Kühlsystem entleeren, reinigen

1. Kühlerdeckel abnehmen. Einen Auffangbehälter unter den Motor stellen. Beim Ablassen der Kühlflüssigkeit spritzt es: Eine große Waschschüssel nehmen oder einen alten Plastikkanister aufschneiden.
2. Schraube der Schlauchschelle vorne am Zylinder lösen, einige Umdrehungen öffnen.
3. Schlauchschelle von der Klemmstelle wegschieben (Bild 2).
4. Mit einem dicken Flachschraubenzieher den Schlauch vom Stutzen abschieben, mit der anderen Hand gleichzeitig ziehen (Bild 3).
4.1. Kühlflüssigkeit ablaufen lassen (Bild 4). Die anderen Kühlwasserschläuche von Hand durchwalken, Kühlflüssigkeit austropfen lassen.
5. Kühlsystem reinigen:
5.1. Unteren Schlauch aufschieben, Schlauchschelle positionieren und handfest anziehen.
5.2. Heißes Wasser in den Kühler füllen, Kühlerdeckel aufdrehen, Motor eine halbe Minute laufen lassen, zwischendurch einige Male kräftig Gas geben.
5.3. Motor abschalten, abkühlen lassen. Dicken Lappen über den Kühlerdeckel legen, vorsichtig öffnen und abnehmen.
5.4. Unteren Schlauch wieder abschrauben und das Spülwasser in einen möglichst sauberen Behälter ablaufen lassen.
Hinweis: «Sauberen Behälter« deswegen nehmen, weil man jetzt das Spülwasser begutachtet:
■ Wenn es stark schmutzig ist, einen zweiten Reinigungsgang durchführen. Wenn es dann immer noch schmutzig ist, bläst wahrscheinlich die Kopfdichtung durch und muss umgehend gewechselt werden (im Kapitel 29).
■ Wenn ölige Fettaugen darin schwimmen, ist es wahrscheinlich Motoröl, dann lässt die Wasserpumpendichtung Motoröl ins Kühlwasser durch (»Wasserpumpe reparieren« siehe weiter hinten in diesem Kapitel).

Kühlsystem neu befüllen

Wenn alles in Ordnung, also das Spülwasser sauber ist:
1. Unteren Schlauch aufschieben, Schlauchschelle positionieren und gut handfest anziehen.
2. Frische Kühlflüssigkeit langsam in den Kühler einfüllen, sich »setzen lassen«. Nachfüllen, bis die Kühllamellen im Kühler ca. 10 mm bedeckt sind. Kühlerdeckel aufdrehen.
3. Motor starten, eine halbe Minute laufen lassen, zwischendurch einige Male kräftig Gas geben.
4. Motor abschalten, abkühlen lassen. Dicken Lappen über den Kühlerdeckel legen, öffnen.

4.1. Kühlmittelstand begutachten, ggf. auffüllen.
5. Nach einer ausgedehnten Probefahrt über mindestens 10 Kilometer den Kühlmittelstand noch einmal begutachten, ggf. auffüllen.

Thermostat

Der Thermostat sitzt am Zylinderkopf rechts. Wenn der Motor zu heiß wird, obwohl garantiert genügend Kühlflüssigkeit im Kühlsystem ist und der Kühlerlüfter läuft, dann liegt der Grund oft ganz banal darin, dass der Thermostat durch Kalkablagerungen fest ist (Bild 6) und den großen Kühlmittelkreislauf nicht aufmacht. Er muss dann ausgebaut, gereinigt oder erneuert werden.

Um einem festen Thermostat vorzubeugen, empfehlen wir, beim Wechsel der Kühlflüssigkeit auch den Thermostat auszubauen und Thermostat und Innenwände des Thermostatgehäuses zu reinigen.

Thermostat aus- und einbauen (Bild 5)
1. Kühlflüssigkeit ablassen.
2. Schlauch vom Thermostatdeckel abziehen, dann kommt man besser an die Deckelschrauben ran: Diese ausdrehen, Thermostatdeckel abnehmen.
3. Thermostat herausnehmen.

Einbau in umgekehrter Reihenfolge.
■ O-Ringe reinigen und prüfen: Wenn sie in Ordnung sind, können sie wieder verwendet werden; wenn nicht: erneuern.
■ Dichtflächen reinigen, O-Ringe mit etwas Fett einsetzen.
■ Thermostat mit dem gefederten Teil nach innen in das Gehäuse einsetzen (Bild 6).
■ Schrauben gut handfest anziehen.
■ Kühlflüssigkeit ergänzen, System entlüften.

Thermostat prüfen
Falls man sich nicht sicher ist, ob der Thermostat richtig funktioniert, und kein neuer Thermostat zur Hand ist, kann man ihn prüfen. Vorher reinigen (siehe dazu »Sicherheitshinweise und Tipps« am Anfang dieses Kapitels).

Dazu werden benötigt (Bild 7): Eine elektrische Heizplatte (oder Gasflamme/Gasherd oder Campingkocher), ein mittelgroßer Topf mit 5 Liter Fassungsvermögen, der zur Hälfte mit Wasser gefüllt wird, ein Stück stabile Schnur, ein Reifenmontiereisen (großer Schraubenschlüssel geht auch) und ein großes Thermometer mit einem Messbereich bis mindestens 100 °C.
1. Gehäusedeckel und Thermostat auf Risse, Klemmstellen, Kalkablagerungen und defekte Feder untersuchen. Ist der Thermostat sichtbar defekt, kann man sich die Prüfung sparen!
2. Öffnungstemperatur des Thermostatventils messen (Bild 7):
2.1. Schnur durch den Flansch des Thermostats ziehen und ihn daran frei schwebend in den Wassertopf hängen.
■ Thermostat und Thermometer dürfen das Metallgefäß nicht berühren, sonst werden die Messergebnisse verfälscht!
2.2. Wasser erwärmen und den Temperaturanstieg am Thermometer verfolgen.
2.3. Thermostat muss bei 70 °C beginnen zu öffnen und bei 75 °C voll geöffnet sein.
4. Fehlerhaften Thermostat erneuern.

Bilder 5, 6 und 7: Im Lauftext sind die zu den Bildern gehörenden Arbeitsschritte nummeriert beschrieben.

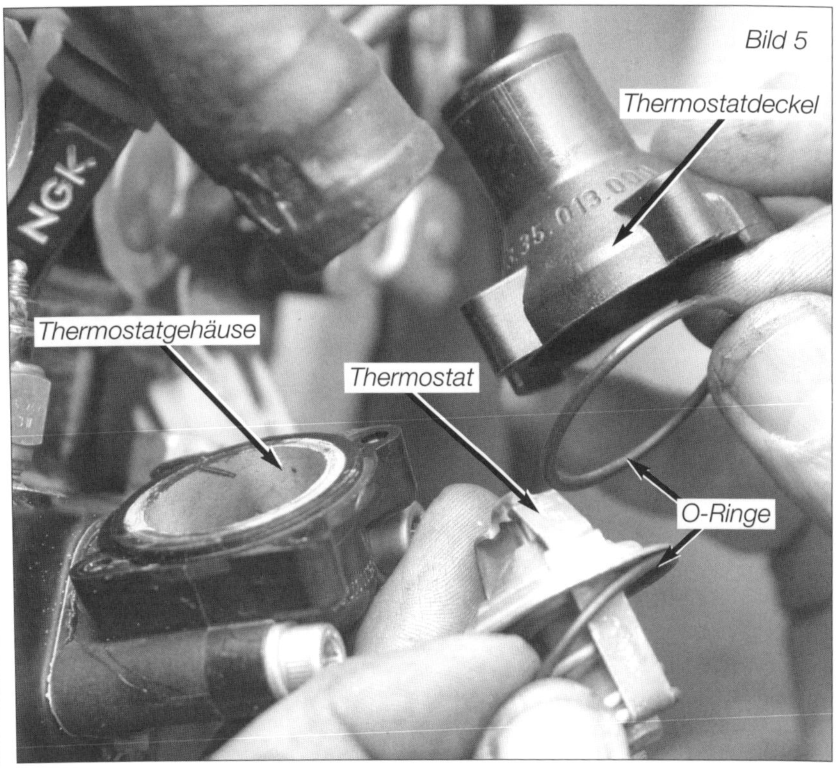

Bild 5

Bild 6

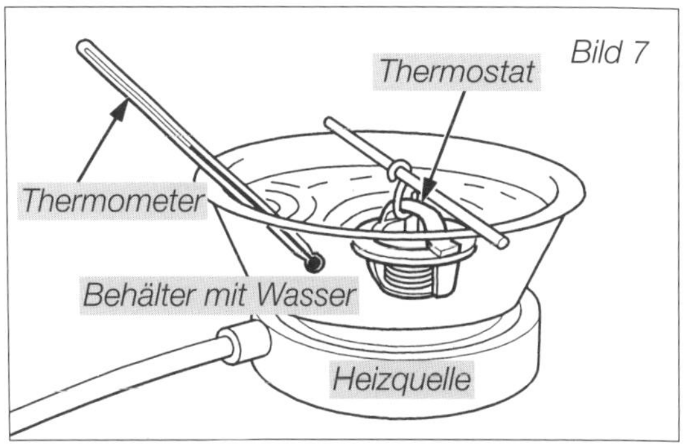

Bild 7

Sichtprüfung | Messen

Kühlsystem prüfen

Kühlsystem

Wenn Verlust von Kühlflüssigkeit festgestellt wird und man weiß nicht, wohin sie verschwindet, sollte man in zusammengebautem Zustand eine Prüfung des gesamten Kühlsystems auf Dichtheit unter maximal 1,4 bar Druck mit einem Kühlerprüfgerät durchführen. Bei dieser Prüfung muss der mit dem Kühlerprüfgerät in das Kühlsystem eingebrachte Druck mindestens 10 Sekunden lang gehalten werden.

Wird der Druck nicht gehalten, das Leck (oder die Lecks) lokalisieren und beheben.

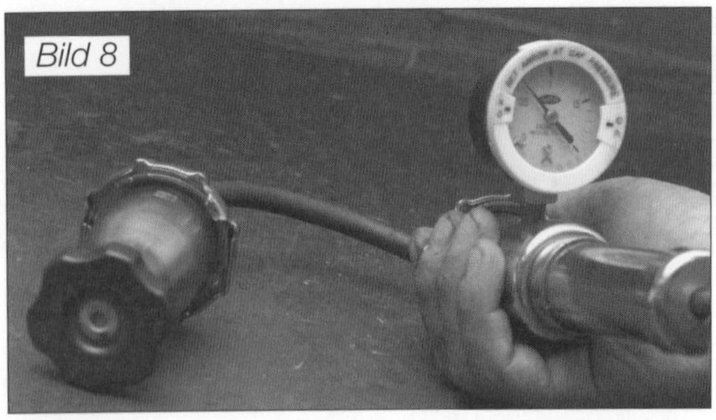

Bild 8: Der Kühlsystemdeckel muss einen Prüfdruck von 1,4 bar mindestens 10 Sekunden lang halten.

Bild 9: Abgebauten Kühler unter fließendem Wasser mit einer Wurzelbürste reinigen und mit Druckluft durchblasen.

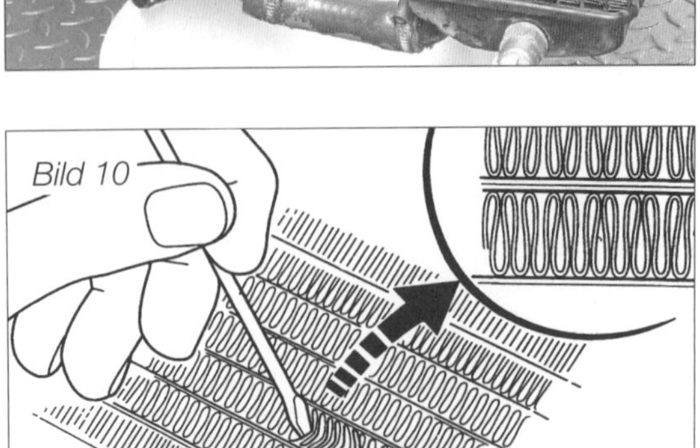

Bild 10: Verbogene Kühlerlamellen mit einem kleinen Schraubenzieher vorsichtig gerade biegen.

Öffnungsdruck Kühlerdeckel

1. Dichtflächen des Kühlerdeckels anfeuchten, Deckel am Testgerät anschließen (Bild 8).

2. Druck bis mindestens 1,4 bar aufbauen. Testgerät dabei ruhig halten.

3. Deckel muss den aufgebauten Druck mindestens 10 Sekunden lang halten.

4. Falls der Druck nicht gehalten wird, den Deckel erneuern.

Kühler abbauen

1. Tank abbauen. Stecker des Lüftermotorschalters rechts am Kühler abziehen.

2. Kühlmittel ablassen. Schlauch vom linken Kühler unten zum Zylinder am Kühler abziehen, langen Schlauch vom Kühler oben zur Wasserpumpe an der Wasserpumpe abziehen, oberen Verbindungsschlauch und Überlaufschlauch vom Kühler abziehen.

3. Befestigungsschrauben der Kühlers ausdrehen. Beide Kühler zusammen abnehmen.

4. Kühlerschutzlamellen abnehmen.

Kühler reinigen, prüfen

1. Unter fließendem Wasser mit einer Wurzelbürste reinigen. Lamellen dabei nicht verbiegen!

2. Mit Druckluft allen Schmutz aus den Kühlrippen blasen.

3. Verbogene Rippen und Lamellen mit kleinem (stumpfen!) Schraubenzieher und Spitzzange richten (Bild 10). Teile nicht zu stark biegen!

■ Wenn die Lamellen so stark verbogen sind, dass ein großer Teil des Kühlluftdurchgangs verschlossen ist, sollte ein neuer Kühler angeschafft werden.

4. Kühler mit einem Kühlerprüfgerät auf Dichtheit prüfen. Wenn undichte Stellen festgestellt werden, diese reparieren lassen.

■ Kühler können in Spezialbetrieben geschweißt werden. Im örtlichen Telefonbuch unter »Kühlerbau« nachsehen. Auch Werkstätten, in denen Kühlaggregate (»Kälte- und Klimaanlagenbau«) gewartet und repariert werden, können Alukühler fachgerecht schweißen.

Kühler anbauen

Anbau des Kühlers in umgekehrter Reihenfolge des Ausbaus. Dabei besonders beachten:

■ Kühlerventilator (falls demontiert) anbringen.

■ Gummitüllen in der Kühlerbefestigung müssen vorhanden und in Form sein.

Wichtig: Kühler niemals ohne die vibrationshemmenden Gummitüllen anbauen, sonst reißen die Befestigungslaschen!

■ Schläuche aufschieben, Schellen in richtige

Position bringen und gut handfest anziehen.
■ Stecker auf Kühlerventilatorschalter aufstecken.
Nach Abschluss aller Arbeiten alle Schläuche und Schlauchschellen auf korrekten Sitz prüfen. Motor laufen lassen, auf Betriebstemperatur bringen, alle Schlauchanschlüsse prüfen: Es darf keine Kühlflüssigkeit auslaufen!

Kühlerventilator

Wenn der Motor überhitzt, kann neben einem klemmenden Thermostatventil (siehe Text weiter vorne) ein nicht anlaufender Kühlerventilator der Grund sein.

Dafür kommen drei Bauteile in Betracht:
1. Sicherung (10 Ampere) des Kühlerventilators, sie sitzt im Sicherungskasten (siehe Bild 3 in Kapitel 34 »Sicherungen · Relais · Stecker«).
2. Kühlerventilatormotor-Schalter (»Thermoschalter«), der bei 85 °C Masse herstellt, er ist rechts unten im Kühler eingeschraubt (Bild 11).
3. Kühlerventilatormotor.

Problem: Kühlerventilator schaltet sich nicht ein.
Prüfung: Motor auf Temperatur ca. 80 °C warm laufen lassen, dann Motor AUSschalten.
1. Kabelstecker am Thermoschalter kurzschließen (»überbrücken«).
2. Zündung EINschalten: Wenn sich jetzt der Ventilator dreht, ist sein Motor in Ordnung. Dann die Kabelanschlüsse am Thermoschalter prüfen.
2.1. Ist der Steckanschluss wider Erwarten nicht korrodiert, dann ist wahrscheinlich der Thermoschalter defekt und muss erneuert werden.
3. Vorher jedoch noch den Ventilatormotor prüfen, ob er sich überhaupt dreht: 12-Volt-Batterie über Hilfskabel mit den Kabelanschlüssen des Lüftermotors verbinden, er muss sich drehen. Ist er defekt, muss er erneuert werden.

Problem: Kühlerventilator schaltet nicht ab, läuft auch bei kaltem Motor (oder sogar wenn der Motor AUSgeschaltet ist).
Prüfung:
1. Zündung AUSschalten.
2. Kabelstecker am Thermoschalter abziehen.
3. Zündung wieder EINschalten.
3.1. Bleibt der Kühlerventilator immer noch nicht stehen, Kabel zwischen Thermoschalter und Kühlerventilatormotor auf Kurzschluss prüfen.
3.2. Schaltet der Kühlerventilator ab, ist wahrscheinlich der Thermoschalter defekt und muss erneuert werden.

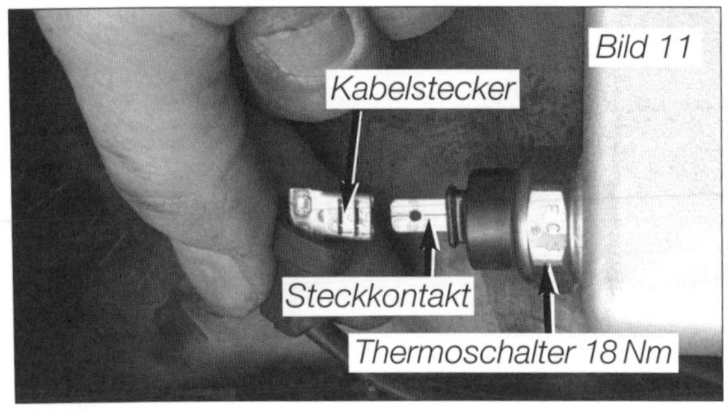

Bild 11: Thermoschalter rechts unten im Kühler.

Thermoschalter austauschen
1. Stecker abziehen, Thermoschalter ausdrehen.
2. Beim Einbau des neuen Thermoschalters einen neuen Dichtring verwenden.
2.1. Gewinde des Thermoschalters dünn mit Silikondichtmasse einstreichen, eindrehen und mit 18 Nm festziehen.

Wasserpumpe reparieren

Die Wasserpumpe muss repariert werden, wenn entweder Öl in der Kühlflüssigkeit oder Kühlflüssigkeit im Öl festgestellt wird.
■ Wenn **Öl in der Kühlflüssigkeit** frühzeitig festgestellt wird, schwimmt das Öl noch als Schicht oder Fettaugen auf der Kühlflüssigkeit. Wenn das Öl schon vor längerer Zeit in die Kühlflüssigkeit eingedrungen ist, dann ist es mit der Kühlflüssigkeit »emulgiert« (also untrennbar verbunden). Man spürt mit Öl versetzte Kühlflüssigkeit, wenn man sie zwischen den Fingerspitzen verreibt: Sie ist stark schmierig.
■ Ein Indiz für **Kühlflüssigkeit im Öl** ist, wenn der Kühlflüssigkeitsstand absinkt, der Ölstand ansteigt und am Ölmessstab heller, wässriger Schaum hängt.
■ Tritt ein solcher Schaden auf, müssen die Wasserpumpe repariert und auch Kühlflüssigkeit und Motoröl erneuert werden.

Wasserpumpe öffnen und kontrollieren
1. Linke Seitenverkleidung des Tanks abbauen. Kühlflüssigkeit ablassen.
2. Schrauben des Wasserpumpendeckels lösen und ausdrehen, Deckel abnehmen – darauf achten, dass die Flächendichtung nicht zerreißt!
3. Wasserpumpe kontrollieren:
3.1. Wenn die Wasserpumpe innen schmierig-ölig ist, ist die Wasserpumpendichtung defekt.
3.2. Wenn kaugummiartige Rückstände am Flügelrad kleben (Bild 12), ist dies ebenfalls ein Indiz für Öl in der Kühlflüssigkeit.
4. Rückstände entfernen, Schraube ausdrehen, Flügelrad abziehen (Bild 13). An der jetzt freien

Sichtprüfung Messen

Wasserpumpenwelle wackeln: Wenn Luft spürbar ist, sind auch die beiden Kugellager der Wasserpumpenwelle defekt.

Bild 12

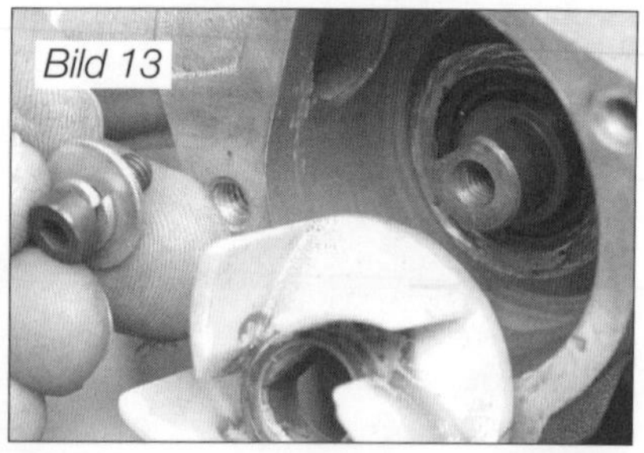
Bild 13

Im Lauftext sind die zu den Bildern 12 bis 17 und 18 bis 25 gehörenden Arbeitsschritte nummeriert beschrieben.

Bild 14

Bild 15

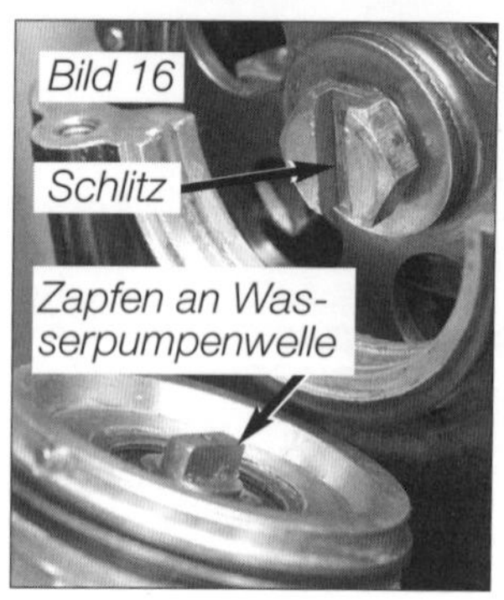

Bild 16

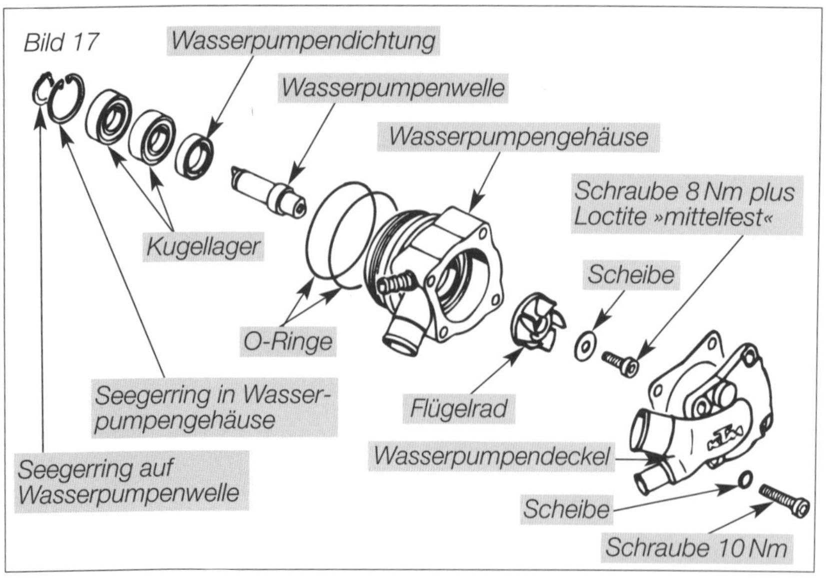

Bild 17

Hinweise:

■ Wenn die Kugellager defekt sind, ist auch die Wasserpumpendichtung defekt.

■ Wenn nur die Wasserpumpendichtung defekt ist, müssen auch die beiden Kugellager erneuert werden, denn zum Erneuern der Wasserpumpendichtung müssen die Kugellager aus dem Wasserpumpengehäuse gepresst und können danach nicht mehr verwendet werden.

Wasserpumpe ausbauen

1. Motorrad sicher aufbocken. Seitenverkleidungen und Tank abbauen. Motoröl ablassen. Vergaser abschrauben und ablegen (Bild 14). Motorseitendeckel über der Kupplung abschrauben.

2. Beide Ventildeckel abschrauben.

3. Zylinderkopf-Oberteil abschrauben:

3.1. Zuerst die Kurbelwelle auf OT stellen: Einen 30er-Ringschlüssel auf die Kurbelwellenmutter setzen und die Kurbelwelle langsam so drehen, bis im Fenster rechts am Motordeckel über der Lichtmaschine die Zündmarkierung erscheint.

3.2. An den Kipphebeln prüfen, ob beide Ventile Spiel haben.

■ Wenn sie auf Druck stehen, die Kurbelwelle eine Umdrehung weiter drehen, auf OT stellen. Jetzt müssten beide Kipphebel Ventilspiel haben.

3.3. Die 11 Schrauben ringsum am Zylinderkopf-Oberteil lösen und ausschrauben, Zylinderkopf-Oberteil nach oben abnehmen (Bild 15), dabei nicht verkanten! Zylinderkopf-Oberteil nach rechts herausnehmen.

4. Wasserpumpe herausnehmen:

4.1. Dazu die Kurbelwelle vorsichtig so drehen, dass der Zapfen der Wasserpumpenwelle senkrecht steht und aus dem Schlitz in der Nockenwellenschraube (Bild 16) nach oben herausgezogen werden kann.

■ Wasserpumpe exakt nach oben aus ihrem Lagersitz herausnehmen! Ggf. mit einem Plastik- oder Aluhammer von unten sanft nachhelfen.

Ersatzteile kaufen

1. Verwenden Sie nur originale KTM-Kugellager und -Wasserpumpendichtung.

2. Die Kugellager sind beidseitig geschlossene Lager 28x12x8. Früher wurden einseitig geschlossene Lager verwendet, aber die beidseitig geschlossenen sind besser und sollten deswegen verwendet werden.

3. Die Wasserpumpendichtung ist eine Art doppellippiger Simmerring 24x15x7.

4. Kaufen Sie auch eine neue Wasserpumpenwelle, das passt gut zu den neuen Lagern und Wasserpumpendichtung.

Wasserpumpe zerlegen

Zeichnung in Bild 17 zu Hilfe nehmen. Bei allen Arbeiten mit dem erwärmten Wasserpumpengehäuse hitzefeste Handschuhe tragen!

1. Wasserpumpendeckel und Flügelrad abschrauben (wenn diese Teile nicht schon abgebaut sind, siehe Text »Wasserumpe öffnen und kontrollieren« weiter vorne).

2. Seegerring von Wasserpumpenwelle abbauen (Bild 18).

3. Mit einem Durchschlag die Wasserpumpenwelle austreiben.

4. Seegerring aus Wasserpumpengehäuse ausbauen (Bild 19).

5. Wasserpumpengehäuse auf eine Heizplatte legen und auf Stufe II (mittlere Stufe) langsam bis ca. 80 °C erwärmen (Bild 20).

6. Wasserpumpengehäuse von der Heizplatte herunternehmen und Simmerring zusammen mit den Lagern im Schraubstock ausdrücken:

6.1. Bild 21: Saubere, nicht vermackte Alubacke auf einer Seite einlegen. Passende Nuss auf dem Simmerring ansetzen, Wasserpumpengehäuse und Ausdrücknuss zusammen zwischen die Schraubstockbacken einsetzen, Simmerring und Lager so weit es geht aus ihren Sitzen drücken.

■ Weil der Freiraum auf der Außenseite des Wasserpumpengehäuses in der Tiefe begrenzt ist, Lager und Simmerring so weit ausdrücken, bis das erste Lager die Alubacke erreicht.

6.3. Dann das Wasserpumpengehäuse aus dem Schraubstock nehmen, fest in der Hand halten und über die Nuss mit kurzen, trockenen Hammerschlägen den Simmerring und die beiden Lager ganz austreiben (dazu brauchen Sie noch zwei zusätzliche Hände eines Helfers!).

■ Wasserpumpengehäuse ist noch warm, Lager und Simmerring lassen sich leicht austreiben.

7. Wasserpumpengehäuse gut reinigen, Dichtflächen und Nuten von alten Dichtresten befreien. Lagersitze kontrollieren, ob sie sauber und frei sind von Beschädigungen, also ringsum glatt.

7.1. Eventuell vorhandene Grate mit feinem Schmirgelpapier punktgenau entfernen.

Wasserpumpe zusammenbauen

In Bild 22 sind die neuen Teile in Einbaurichtung dargestellt.

1. Neue Wasserpumpendichtung fettfrei reinigen (Bremsenreiniger). Loctite 648 »Fügen Welle-Nabe« auf die Außenseite geben (Bild 23).

2. Wasserpumpengehäuse mit der Innenseite auf die Heizplatte legen, auf max. 80 °C anwärmen.

3. Wasserpumpengehäuse mit der Außenseite nach unten auf eine saubere Hartholzplatte legen, Simmerring mit der Aufschrift nach außen exakt an seiner Bohrung ansetzen und mit einer passenden Nuss (Außendurchmesser 23 mm) zentrisch eindrücken.

■ Das geht mit Handkraft (Bild 24), NICHT mit dem Hammer einschlagen!

3.1. Mit einer Lupe kontrollieren, ob der Simmerring sauber ganz unten sitzt (Bild 25).

4. Kugellager einbauen:

4.1. Erstes Kugellager sauber an seinem Sitz ansetzen, mit passender Nuss (Außendurchmesser 27 bis 27,5 mm) über kurze, trockene Hammerschläge eintreiben.

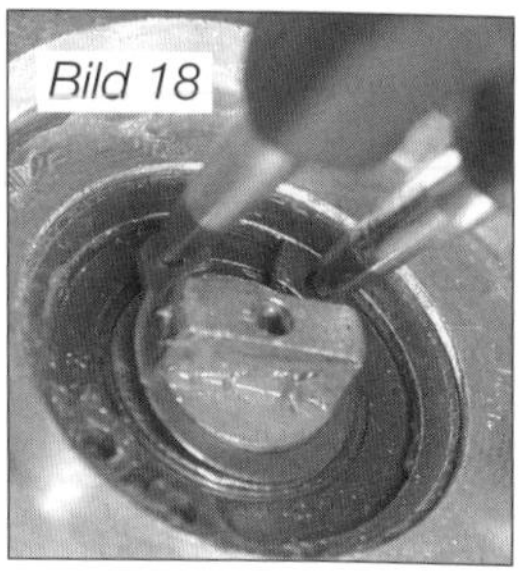
Bild 18

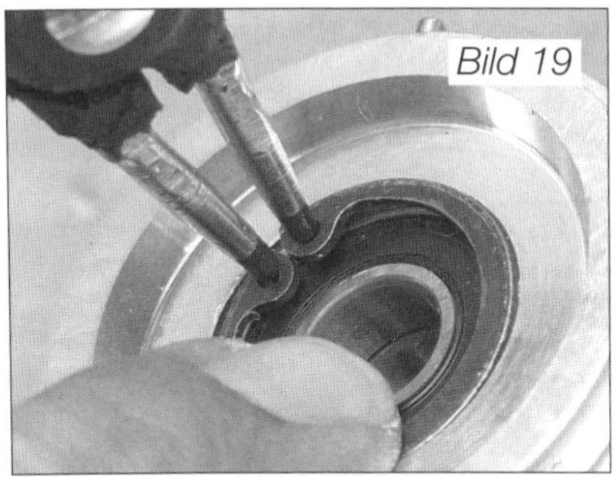
Bild 19

Bild 20

Bild 21

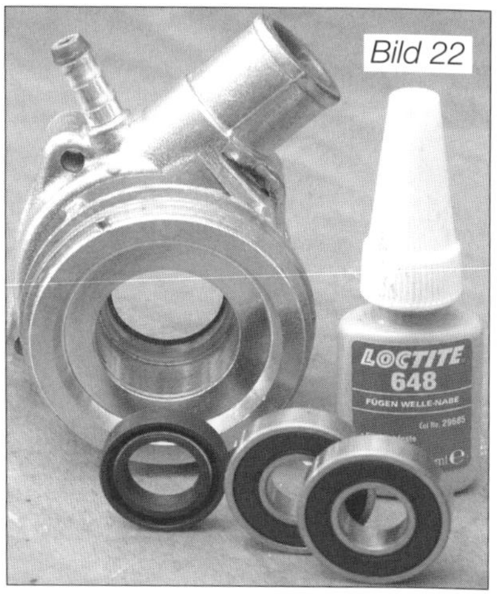

Bild 22

Bild 23

Bild 24

Bild 25

Sichtprüfung Messen

Bild 26: Einpressen der Kugellager mit einer passenden Nuss im Schraubstock.

Bild 27: Mit Silikondichtmittel eine feine Raupe auf die Dichtfläche des Zylinderkopfs legen.

Bild 28: Einbau der Wasserpumpe mit vorderem Bund zur Dichtfläche und Stift nach oben.

Bild 29: Anziehdrehmomente der 11 Befestigungsschrauben des Zylinderkopf-Oberteils.

■ Oder mit einer passenden Nuss im Schraubstock eindrücken (Bild 26).

4.2. Mit dem zweiten Lager ebenso verfahren: Lager so weit eintreiben, bis es Kontakt zum ersten Lager hat.

5. Seegerring einbauen: Scharfe Kante nach außen und darauf achten, dass er exakt in seiner Nut sitzt (Bild 19).

6. Wasserpumpenwelle einbauen:

6.1. Simmerring innen zwischen den Dichtlippen mit leichtem Wälzlagerfett einschmieren.

6.2. Wasserpumpenwelle von der Seite des Simmerrings in diesen und die Kugellager einführen, ganz durchschieben.

6.3. Seegerring auf die Wasserpumpenwelle montieren: Scharfe Kante nach außen, er muss exakt in seiner Nut sitzen (Bild 18).

6.4. Wasserpumpen-Flügelrad aufbauen: Auf die Welle stecken, große Scheibe auf die Schraube schieben, einen Tropfen Loctite 243 »mittelfest« auf das Schraubengewinde geben, Schraube eindrehen und mit 8 Nm festziehen.

7. Wasserpumpendeckel mit Dichtung montieren, Schrauben mit 10 Nm festziehen.

8. Wenn die vorhin abgezogenen O-Ringe noch einwandfrei sind: Reinigen und exakt in ihre Nuten einsetzen. Der dicke Ring kommt in die hintere Nut, der dünne in die vordere.

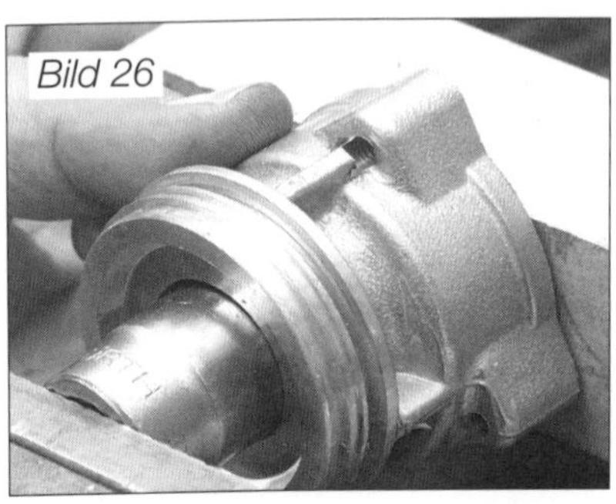

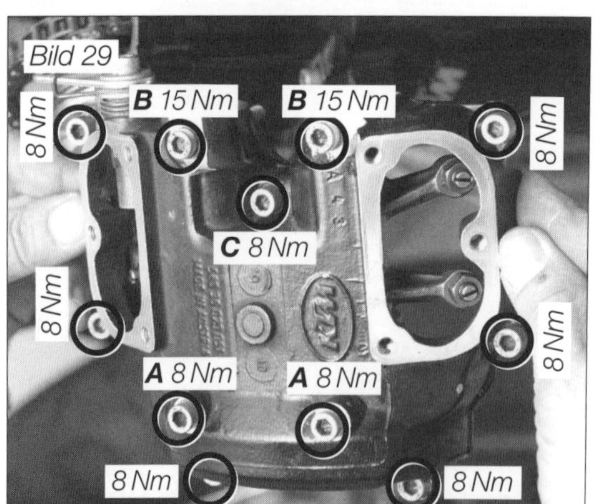

Wasserpumpe einbauen

1. Sitz der Wasserpumpe im Zylinderkopf reinigen. Etwas dickes Fett auf den Bund der Wasserpumpe und die O-Ringe geben.

2. Kontrollieren, ob der Schlitz in der Nockenwellenkettenrad-Befestigungsschraube senkrecht steht (Bild 16).

3. Wasserpumpenwelle senkrecht ausrichten, Wasserpumpe ansetzen und so nach unten in ihren Sitz drücken, dass die vordere Nase am Wasserpumpengehäuse bündig ist zur vorderen Dichtfläche.

3.1. Der kleine Fixierstift im Bund (Bild 28) muss in Flucht zur Zylinderachse nach oben zeigen.

4. Zylinderkopf-Oberteil aufsetzen:

4.1. Dichtflächen an Zylinderkopf-Oberteil und Zylinderkopf metallisch sauber reinigen mit Bremsenreiniger.

4.2. Eine feine Raupe Silikondichtmittel auf die untere Dichtfläche legen (Bild 27), ca. 10 Minuten ablüften lassen.

■ Anstatt Silikondichtmittel können Sie auch »Three Bond Dichtmasse 3090.98« verwenden.

4.3. Passhülse im Bereich der Zündkerze montieren.

4.4. Zylinderkopf-Oberteil von rechts anführen und exakt senkrecht aufsetzen.

■ **Beachten:** Fixierstift oben im Bund des Wasserpumpengehäuses (Bild 28) muss in die Bohrung im Zylinderkopf-Oberteil eingreifen.

5. Zylinderkopf-Oberteil festschrauben:

5.1. Wichtig: Die 5 Schrauben ***A***, ***B***, ***C*** in Bild 29 werden mit Kupferdichtringen montiert.

5.2. Alle 11 gereinigten Befestigungsschrauben etwas einölen, einschrauben und handfest anziehen. Darauf achten, dass sich das Zylinderkopf-Oberteil gleichmäßig aufschiebt.

5.3. Schrauben festziehen:

■ Die 4 Schrauben ***A*** und ***B*** in Bild 29 in mehreren Schritten über Kreuz auf 8 Nm festziehen.

■ Danach die 2 Schrauben ***B*** mit 15 Nm festziehen.

5.4. Restliche 7 Schrauben mit 8 Nm festziehen.

5.5. Hinweise für die Modelle ab 2003:

■ Schrauben M6 mit 10 Nm festziehen.

■ Schrauben M7 mit 15 Nm festziehen.

6. Maschine fertig machen:

6.1. Ventilspiel kontrollieren, ggf. einstellen.

6.2. Vergaser aufbauen.

6.3. Kühlflüssigkeit siehe Texte weiter vorne.

6.4. Kupplungsdeckel anbringen.

6.5. Motoröl einfüllen nicht vergessen; am besten auch gleich neue Ölfilter montieren!

6.6. Restliche Teile montieren.

Kupplung

In diesem Kapitel: Kupplungszug wechseln · Kupplung aus- und einbauen, Bauteile prüfen und vermessen · Kupplungsnabe und Kupplungskorb aus- und einbauen.

Kupplungsbetätigung

Bis Modelljahr 2003 sind alle LC4-Kupplungen über Seilzug betätigt, ab 2003 sind einige Modelle mit hydraulisch betätigten Kupplungen ausgerüstet. Für Arbeiten an der hydraulischen Kupplung, wie z. B. Kupplungsflüssigkeit kontrollieren, auffüllen und wechseln, gelten die vergleichbaren Arbeitsschritte wie bei den Bremsen.

Kupplungs-Hydraulikflüssigkeit

KTM schreibt als Kupplungs-Hydraulikflüssigkeit ausdrücklich biologisch abbaubares Hydrauliköl SAE 10 vor, z. B. »Motorex Kupplungs-Fluid 75«. Keinesfalls dürfen Bremsflüssigkeit oder mineralisches Hydrauliköl verwendet werden.

Der Stand der Kupplungs-Hydraulikflüssigkeit im Vorratsbehälter des Geberzylinders oben am Lenker soll 4 mm unter der Oberkante liegen; der Behälter muss dazu waagerecht stehen.

Zur Entlüftung der Kupplungshydraulik soll das KTM-Spezialwerkzeug »Entlüftungsspritze« (Bestellnummer 503.29.050.000) verwendet werden; es kann beim KTM-Händler gekauft werden. Mit dieser (gefüllten) Entlüftungsspritze wird vom Nehmerzylinder unten am Motor frische Kupplungs-Hydraulikflüssigkeit in die Leitung gedrückt (Bild 1) und oben am Vorratsbehälter der Handpumpe abgesaugt, bis sie ca. 4 mm unter der Oberkante des Vorratsbehälters liegt. Wenn diese Spritze nicht zur Verfügung steht, kann man auch mit Schlauch und Glas entlüften (siehe Kapitel 9 »Bremsen«).

Neuen Kupplungszug einbauen

Wenn der Kupplungszug reißt, liegt es meistens daran, dass er schlecht gepflegt wurde oder falsch verlegt ist. Im Notfall kann man einen Innenzug reparieren, indem entweder ein neuer Nippel an den alten Bowdenzug angeschraubt (nur im Notfall machen!), angelötet oder ein neuer Innenzug angefertigt wird.

In einem solchen Fall kontrollieren Sie die alte Außenhülle ganz genau auf Knicke und Reibstellen, wo sich der alte Innenzug aufgescheuert haben könnte und deswegen gerissen ist:

■ Wenn die Außenhülle geknickt ist, kann sie vorsichtig wieder in Form gebracht werden.

■ Wenn die Außenhülle gerissen oder auseinandergezogen ist, kann man sie nicht reparieren.

Alten Zug ausbauen

1. Gummitülle über dem Einsteller am Handhebel (Bild 2) zurückziehen, Einstellschraube ganz weit eindrehen. Schlitz so positionieren, dass er sich mit dem Schlitz im Handhebel deckt.
2. Gummitülle unten auf dem Zug zurückziehen.
3. Nippel aus der Lasche am Kupplungshebel unten am Motor aushängen (Bild 3).
4. Endstück der Zughülle aus dem Widerlager ausziehen, ggf. mit einem Schraubenzieher ausdrücken (Bild 4).
5. Nippel aus dem Handhebel nehmen. Kupplungszug NOCH NICHT herausziehen!

Neuen Zug einbauen

1. Wenn der alte Kupplungszug serienmäßig verlegt war: Neuen Kupplungszug parallel zum alten verlegen. Wichtig ist, dass er so verlegt wird, dass er bei vollem Lenkeinschlag rechts und links nirgendwo ansteht, spannt oder Kabel einquetscht.
2. Nippel in oberen Kupplungshebel einhängen, Zug durch Schlitz des Handhebels und der Einstellschraube einführen.
3. Nippel in die Lasche des Kupplungshebels unten am Motor einhängen (Bild 3).
4. Endstück der Zughülle in das Widerlager am Motor einsetzen.
5. Alten Kupplungszug ausziehen. Kupplungsspiel am Handhebel einstellen (siehe Kapitel 4 »Einstellungen«). Gummitüllen unten und oben richtig aufsetzen.

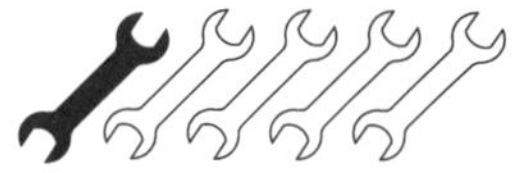

Bild 1: Mit biologisch abbaubarem Hydrauliköl gefüllte Entlüftungsspritze auf dem Entlüfternippel des Kupplungs-Nehmerzylinders unten am Motor.

Bilder 2, 3 und 4: Ausbau des Kupplungszugs:

■ Gummitülle über dem Einsteller am Handhebel zurückziehen, Einsteller so weit es möglich ist in das Hebelwiderlager eindrehen.

■ Nippel aus der Lasche am unteren Kupplungshebel aushängen.

■ Endstück der Zughülle aus dem Widerlager ausziehen oder ausdrücken.

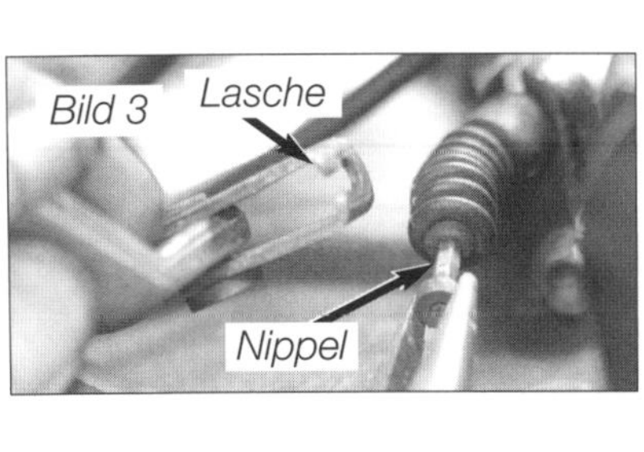

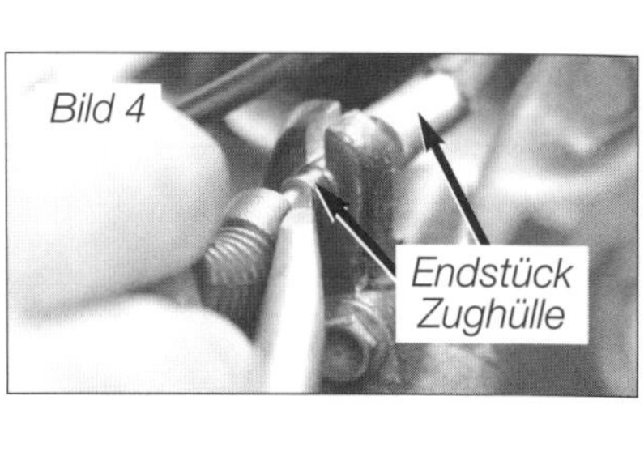

Bilder 5 bis 12: Im Lauftext sind die zu den Bildern gehörenden Arbeitsschritte nummeriert beschrieben.

Bild 5

Bild 6

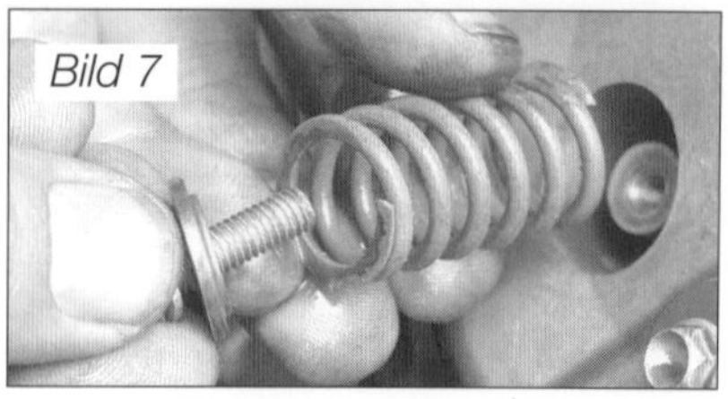
Bild 7

Bild 8

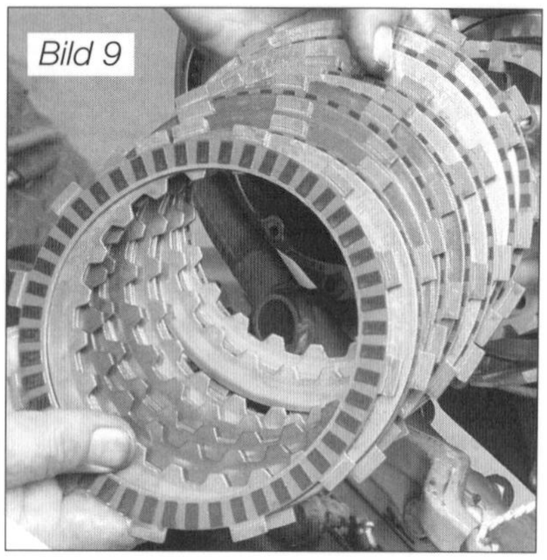
Bild 9

Bild 10

Bild 11

Bild 12

Kupplung aus- und einbauen

Die Kupplungs-Reib- und Stahlscheiben kann man mit normalem Werkzeug wechseln. Wenn Kupplungskorb oder Kupplungsnabe defekt sind, müssen sie abgebaut werden, wozu das Spezialwerkzeug »Kupplungshalter« nötig ist (Bild 11).

Wichtig: Maschine zum Arbeiten an der Kupplung auf Montageständer sicher aufbocken.

Trick: Falls sich unterwegs auf Tour ein Kupplungsschaden einstellt, kann man die Maschine auch auf die rechte Seite legen, dann braucht das Motoröl nicht abgelassen zu werden.

Kupplungsscheiben ausbauen

1. Motoröl ablassen. Schalthebel und Kickstarter abbauen.
2. Schrauben im Kupplungsdeckel ringsum Schritt für Schritt lösen, dann ganz ausdrehen.
3. Gehäusedeckel abnehmen: Wenn er über die Dichtung auf dem Gehäuse verklebt ist: Mit einem Gummihammer ringsum leicht auf den Deckel klopfen, gleichzeitig am Deckel ziehen.
3.1. Deckel abnehmen (Bild 5). Auf Passhülsen links und unten achten (Kreise in Bild 5).
4. Kupplungsfeder-Schrauben schrittweise öffnen und über Kreuz ausdrehen (Bild 6). Federn herausnehmen (Bild 7).
6. Reib- und Stahlscheiben entnehmen (Bild 8), in der Reihenfolge des Ausbaus ablegen (Bild 9).
7. Wenn der O-Ring auf der Kupplungsnabe in Ordnung ist, kann er montiert bleiben.
Hinweis: Wenn nur die Kupplungs-Stahl- und Reibscheiben erneuert werden, braucht die Kupplung nicht weiter zerlegt zu werden. Lesen Sie dann weiter im Text unter »Kupplung prüfen« und »Kupplungsscheiben einbauen«.

Kupplungsnabe und -korb abbauen

1. Umgebogene Seite des Sicherungsblechs mit einem kleinen Meißel unter Zuhilfenahme eines Hammers von der Anlagefläche der Kupplungsnabenmutter lösen (Bild 10) und flachbiegen, damit die Nuss zum Öffnen der Mutter sauber angesetzt werden kann.

Bild 13

■ Wenn das Sicherungsblech nicht gebrochen ist, kann es wieder verwendet werden.
2. Kupplungshaltewerkzeug auf der Kupplungsnabe ansetzen (Bild 11).
3. Kupplungsnabenmutter mit einer exakt auf die Mutter passende Sechskantnuss öffnen (Bild 12), Mutter und Scheibe abnehmen (Bild 13).
Wichtig: Niemals versuchen, die Mutter mit einem Gabelschlüssel zu öffnen!
4. Kupplungsnabe abziehen: Mit den Händen packen, wackeln und ziehen, ggf. mit Plastikhammer leicht auf die Getriebewelle klopfen (Bild 14).
4.1. Anlaufscheibe und Kupplungskorb abziehen (Bild 15), das geht leicht.
4.2. Von der Welle abziehen: Nadellager und Bundbuchse (Bild 16). Teile reinigen

Kupplung prüfen und vermessen

1. Kupplungsfedern messen: Verschleißgrenze ungespannte Länge 34,5 mm (Bild 17); eine neue Feder ist 37 mm lang (SMC 660: 31,5/33,5 mm)
2. Reib- und Stahlscheiben putzen, jede an mindestens vier Stellen messen (Bild 18).
■ Dicke der Reibscheiben........ 2,50 bis 2,70 mm
■ Dicke der Stahlscheiben .... 1,50 mm
3. Stahlscheiben auf Richtplatte mit Fühlerlehre auf Verzug prüfen (Bild 19). Sind sie mehr als 0,2 mm verzogen oder an ihren Oberflächen blau verfärbt, müssen sie erneuert werden.
4. An Kupplungskorb (Bild 20) und Kupplungsnabe (Bild 21) sind Druckstellen. Bis zu einer gewissen Tiefe sind das normale Gebrauchsspuren. Sind die Riefen, Kerben, Scharten oder aufgeworfenen Kanten außergewöhnlich ausgeprägt, müssen Kupplungsnabe, Kupplungskorb, Reib- und Stahlscheiben erneuert werden.
■ Aufgeworfene Kanten an den Klauen der Reibscheiben (Bild 22) können abgefeilt werden. Kanten nicht stark brechen, sonst wird die Anlagefläche zu schmal und die Klauen schlagen sich im Kupplungskorb rasch wieder ein.
5. Kugellager in der Druckplatte muss sich leicht drehen lassen, darf keine starken Geräusche von sich geben und keine Luft haben.
6. Buchse im Kupplungskorb und Getriebwelle dürfen keine Riefen oder Fresspuren haben.

Kupplungskorb und -nabe montieren

1. Bundbuchse und Nadellager mit frischem Motoröl einölen, auf Getriebewelle schieben.
2. Kupplungskorb auf Nadellager auf Getriebewelle schieben. Anlaufscheibe aufschieben.
3. Kupplungsnabe auf Keilnuten der Getriebewelle schieben: Exakt ansetzen, ggf. mit Kunststoffhammer sanft aufklopfen.
4. Sicherungsscheibe (Bild 13) aufstecken. Einen Tropfen Loctite 243 »mittelfest« in das Gewinde der Mutter geben (Bild 23), Mutter aufdrehen.

Bild 14

Bilder 14 bis 22: Im Lauftext sind die zu den Bildern gehörenden Arbeitsschritte nummeriert beschrieben.

Bild 15

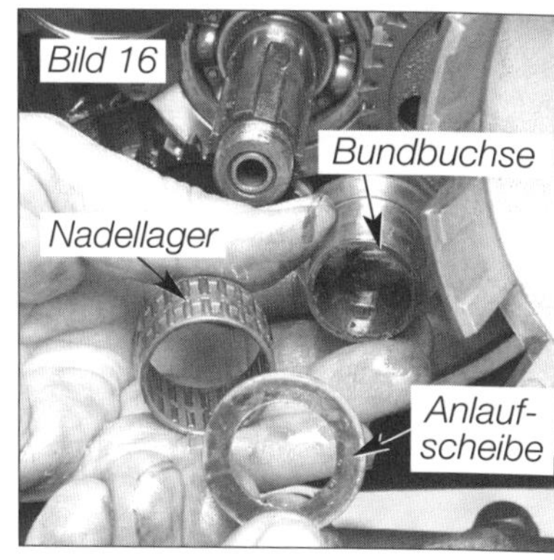

Bild 16

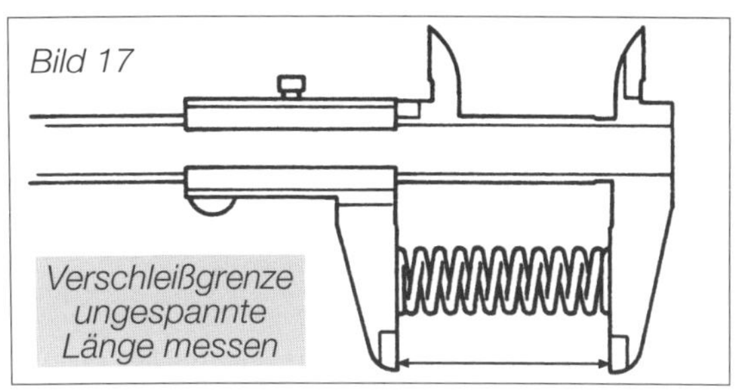

Bild 17

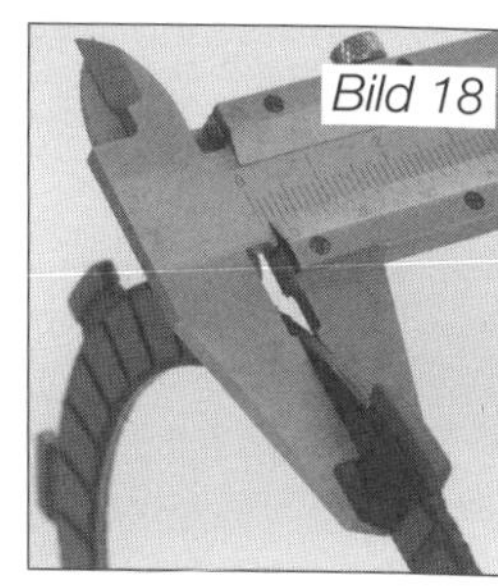
Bild 18

Bild 19

Bild 20

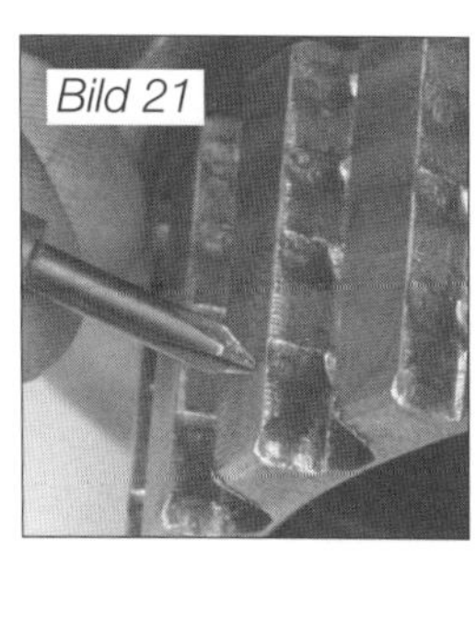
Bild 21

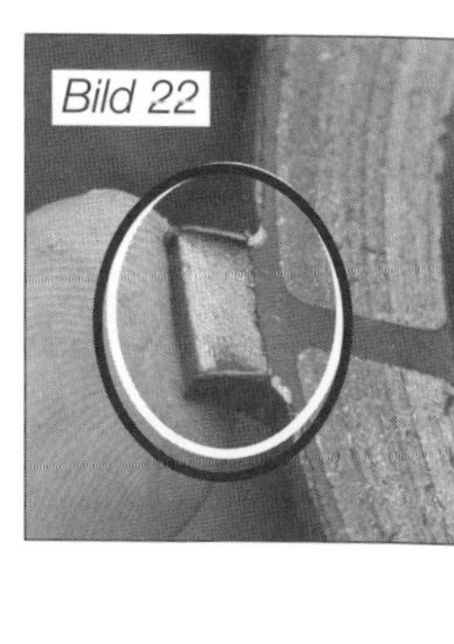
Bild 22

Sichtprüfung Messen

Bilder 23 bis 29 siehe Lauftext

Bild 23

5. Spezialwerkzeug Kupplungshalter auf der Kupplungsnabe ansetzen (Bild 11), Mutter mit 100 Nm festziehen (Bild 12).
6. Eine freie Fläche der Sicherungsscheibe gegen eine Fläche der Mutter umbiegen, dicht anlegen.

Kupplungsscheiben einbauen

1. Neue Stahl- und Reibscheiben satt mit frischem Motoröl einölen.
2. Kupplungsreibscheibe mit Innendurchmesser 117 mm zuerst einschieben, auf O-Ring setzen.
3. Stahlscheibe – Reibscheibe – usw. einsetzen.
4. Kupplungsdruckplatte aufsetzen: Bohrung (Bild 25) muss auf runden Zapfen im Kupplungskorb (Bild 26) ausgerichtet werden.
4. Kupplungsfedern einsetzen, Schrauben mit Federteller eindrehen (Bild 7), ringsum Schritt für Schritt festdrehen, endgültig mit 9 Nm festziehen.

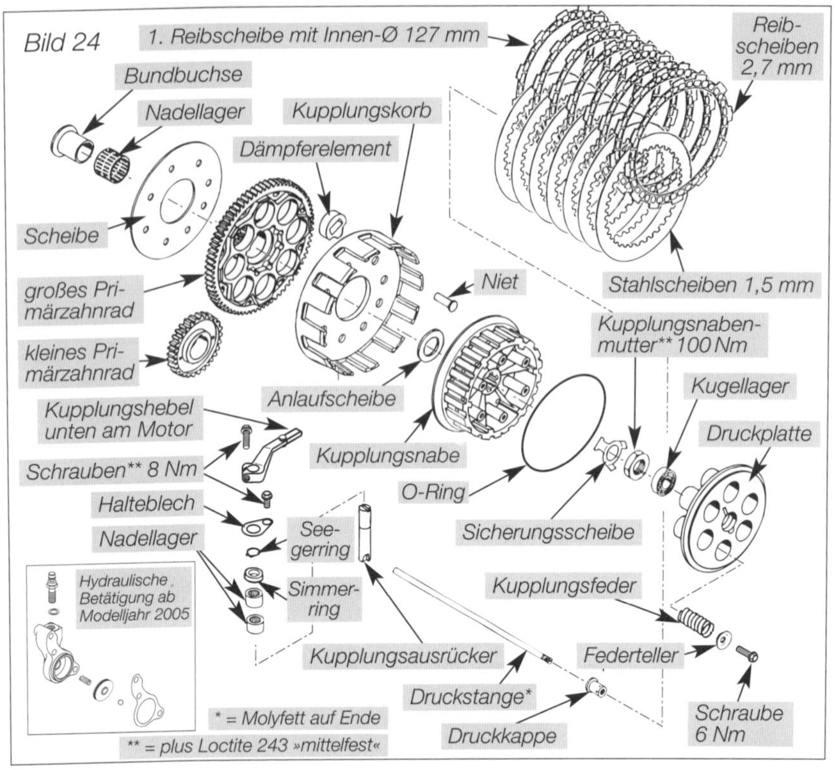

Bild 24

5. Grundeinstellung der Kupplung:
Schlitz im Kupplungsausrücker muss exakt in Fahrtrichtung stehen (KTM sagt »parallel zur Gehäusedichtfläche«).
6. Falls nicht:
6.1. Klemmschraube des Kupplungshebels auf dem Kupplungsausrücker lösen.
6.2. Kupplungsausrücker in Fahrtrichtung stellen (Bild 27), Kupplungshebel dabei festhalten.
6.3. Splint im Kugellager in der Mitte der Kupplungsdruckplatte (Bild 28) an den Enden gerade biegen und ausziehen.
6.4. Einsteller eindrehen, bis leichter Widerstand spürbar ist (oder ausdrehen, bis der Widerstand nachlässt!) und der Schlitz im Kupplungseinsteller exakt in Fahrtrichtung steht.
6.5. Klemmschraube des Kupplungshebels auf dem Kupplungsausrücker ausdrehen, einen Tropfen Loctite 243 »mittelfest« ans Gewinde geben, eindrehen und mit 8 Nm festziehen.
■ Dabei den Kupplungshebel in die richtige Position zum Kupplungszug bringen!
6.6. Splint einbauen, Enden umbiegen (Bild 28).
7. Gehäusedeckel aufbauen:
7.1. Wenn die Dichtung noch in Ordnung ist, kann sie wieder verwendet werden. Dichtflächen am Deckel gut reinigen.
7.2. Passbuchsen in ihre Bohrungen einsetzen.
7.3. Eine kleine Menge Molybdänfett auf die Druckkappe am Ende der Druckstange geben.
7.4. Deckel ansetzen und exakt aufschieben. ggf. mit Plastikhammer nachhelfen, bis Dichtflächen Kontakt haben.
7. Schrauben eindrehen:
7.1. Schraube links vorne oben neben dem Öleinfüllgewinde und die über der Kickstarterwelle werden mit Kupferdichtringen eingebaut.
7.2. Mit der obersten Schraube wird der Kickstarteranschlag befestigt.
7.3. Schrauben ringsum in kleinen Schritten nacheinander bis auf 8 Nm festziehen.
8. Kupplungsspiel fein einstellen.
Öl einfüllen.

Bild 25

Bild 26

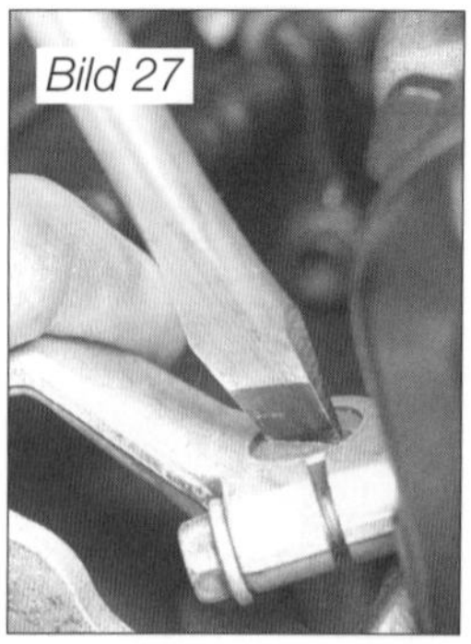
Bild 27

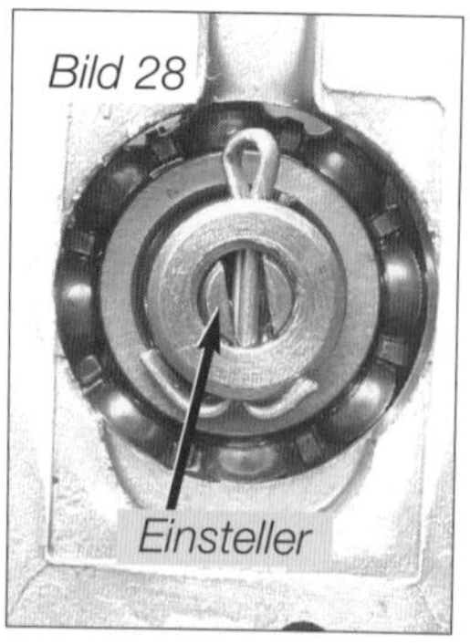

Bild 28

Bild 29

Schaltung

In diesem Kapitel: Schaltprobleme und deren Ursachen · Innere Schaltungsprobleme.

Schaltung

Der LC4-Motor hat eine zuverlässige Schaltung in einem stabilen, robusten Getriebe; es sind weder typische Probleme oder gar Schadensherde an Schaltautomaten, Schaltgabeln oder Getriebezahnrädern bekannt.

Schaltprobleme und deren Ursachen

Wenn die Schaltung und das Getriebe Probleme machen, kann das allerdings auch ganz banal an der Kupplung liegen.

Problem: Es kracht beim Schalten, weil die Kupplung nicht richtig ausrückt.
Mögliche Ursachen:
Kupplungszug teilweise gerissen, gelängt
Kupplungshebel zu geringer Hebelweg
Kupplungsscheibe(n) verzogen
Kupplungsnabenmutter locker
Kupplungsausrückmechanismus defekt
falsche Ölviskosität (zu dickes Öl)

Problem: Getriebe schwer schaltbar
Mögliche Ursachen:
zu viel Spiel im Kupplungszug, Kupplung rückt nicht aus, Schaltwelle schwergängig

Problem: Beim Anfahren fühlt es sich an, als würde der Gang herausspringen, aber es rupft die Kupplung.
Mögliche Ursachen:
Klauen der Kupplungs-Reibscheiben im Kupplungskorb eingeschlagen
Verzahnung der Kupplungs-Stahlscheiben auf der Kupplungsnabe eingeschlagen
Hinterrad-Antriebskette zu lose, sie springt über die Zähne der Kettenräder

Schalthebel wackelt

■ **Prüfen:** Ist die Klemmschraube des Schalthebels gut festgezogen? Falls nicht: Festziehen mit 16 Nm, das entspricht »gut handfest«.
■ **Prüfen:** Sind die Innenverzahnung im Schalthebel sowie die Außenverzahnung der Schaltwelle noch einwandfrei?
Wenn die Klemmschraube lange Zeit lose war, sind wahrscheinlich beide Verzahnungen beschädigt.
■ **Problem beseitigen:** Schalthebel abschrauben. Verzahnung mit einer Messingbürste abputzen, etwas Fett an die Verzahnung geben, Schalthebel sauber aufstecken, neue Klemmschraube eindrehen und gut handfest anziehen.
■ **Beachten:** Die Einstellung des Schalthebels ist in Kapitel 4 »Einstellungen« beschrieben.

Innere Schaltungsprobleme

Problem: Es kracht beim Schalten, obwohl die Kupplung sicher ausrückt.
Mögliche Ursachen:
Schaltklauen verbogen
Schaltwalze schwergängig
Klauen an den Getriebezahnrädern defekt
Lager der Getriebewellen defekt
Lösung: Zur Behebung solcher Probleme muss der Motor zerlegt werden, was in diesem Buch nicht erklärt wird.

Problem: Schalthebel geht nicht von selbst in seine Nulllage zurück.
Mögliche Ursachen:
Schaltwelle verbogen
Schaltfeder hat Spannung verloren (sie ist lahm)

Problem:
Gänge lassen sich nicht exakt einlegen.
Mögliche Ursache:
Enden der Schaltklinke abgenutzt

Problem: Gänge lassen sich zwar einlegen, springen jedoch immer wieder heraus.
Mögliche Ursache:
Arretierhebel-Rolle abgenutzt
Arretierhebel-Feder gelängt oder gebrochen

Zur Lösung innerer Schaltungsprobleme muss der Motor zerlegt werden, weil man bei zusammengebautem Motor nicht an die inneren Schaltbauteile und das Getriebe kommt.

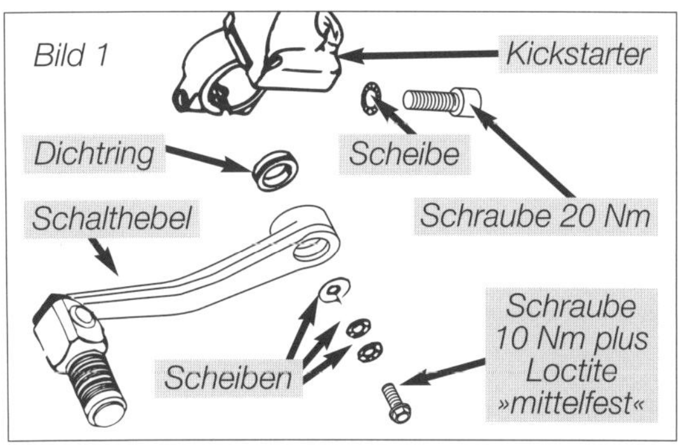

Bild 1: Der Schalthebel sitzt auf der verzahnten Schaltwelle und wird mit einer M6-Schraube befestigt. Wenn sich die Verschraubung löst, wackelt der Schalthebel und das Getriebe lässt sich nicht mehr sauber schalten. Auch die Verzahnung leidet darunter.

■ Deswegen die Schraube mit den Scheiben einbauen (Bundscheibe zum Schalthebel hin!) und etwas Schraubenkleber Loctite »mittelfest« ans Gewinde geben.

■ Der Dichtring muss mit dem dicken Bund nach innen auf die Schaltwelle in die Kickstarterwelle eingeschoben werden.

Anlasser

In diesem Kapitel: Anlasser auf Funktion prüfen · Motorrad durch Anschieben starten · Motor fremdstarten · Anlasserrelais und Diode prüfen · Anlasser ausbauen, zerlegen, prüfen, einbauen · Anlasserfreilauf ausbauen, prüfen, einbauen.

Korrespondenzkapitel: ■ 16 »Batterie« ■ 17 »Ladesystem« ■ 35 »Schaltpläne« ■ 34 »Sicherungen · Relais · Stecker«

Anlasser

Anlasser auf Funktion prüfen

Falls der Anlasser nicht reagiert, wenn der Starterknopf betätigt wird, zuerst Folgendes prüfen:

■ Steht der Motorabstellschalter (»Killschalter«) am Lenker auf ON?

■ Ist der Leerlauf sicher eingelegt? Nicht immer ist der Leerlauf auch drin, wenn das grüne Licht im Armaturenbrett leuchtet!

■ Ist der Seitenständer hochgeklappt? Wenn

sich der Anlasser beim Betätigen des Starterknopfes nicht drehen will, mit ganz gezogenem Kupplungshebel noch einmal versuchen.

Batterie defekt?

Wenn der Motor gestern noch problemlos ansprang, aber heute nicht mehr, ist möglicherweise die Batterie hinüber. Das kann ziemlich plötzlich passieren.

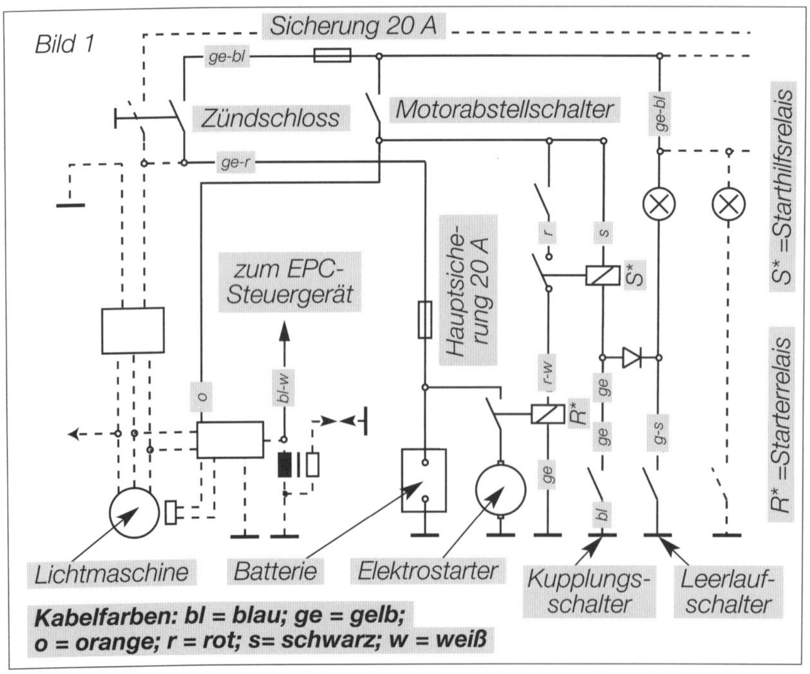

Bild 1: Blockschaltbild der Anlasserelektrik.

Es kann aber auch sein, dass der Strom irgendwo auf seinem Weg von der Batterie über den Anlasserschalter schlechten Kabelkontakt hat. Alle entsprechenden Steckverbindungen auf sicheren Sitz, Korrosion an den Kontaktzungen und Steckverbindungen, Kabelanschlüsse an Batterie, sichere Verbindung der Massekabel zum Rahmen sowie Sicherungen überprüfen (siehe Bild 1 sowie die Kapitel 16 »Batterie«, 17 »Ladesystem« und 34 »Sicherungen · Relais · Stecker«).

Motorrad anschieben

Wenn der Motor weder mit dem Elektro- noch dem Kickstarter anspringt, kann er möglicherweise noch einmal durch Anschieben gestartet werden. Wichtig ist dabei, dass eine 12-Volt-Batterie eingebaut ist, und sei diese noch so schwach, denn mit ausgebauter Batterie lässt sich der Motor auch durch Anschieben nicht starten

1. Zündung ein, Motorabstellschalter auf ON.

2. Zweiten Gang einlegen und Kupplung ziehen. Motorrad mit gezogener Kupplung etwas zurückschieben, um sicherzugehen, dass die Kupplung auch wirklich trennt.

3. Fahrer neben der Maschine, Hände am Lenker, Kupplung und Dekohebel ziehen. Hinten hilft ein Freund: Gleichzeitig schieben!

4. Fahrer springt in den Sitz und lässt gleichzeitig die Kupplung los – Motor müsste kommen.

5. Falls der Motor anspringt, ihn mit kurzen Gasstößen am Leben halten und nicht unter 2000/min kommen lassen.

Motor fremdstarten

Liefert die Batterie nicht genügend Strom zum Starten, kann man den Motor mit Hilfe einer externen Stromquelle fremdstarten, zum Beispiel mit der Batterie eines anderen Motorrades oder der eines Autos. Batterieanschlüsse siehe Kapitel 16 »Batterie«.

Wichtig: Die Stromquelle muss eine Spannung von 12 Volt liefern. Ein LKW mit 24-Volt-System taugt also nicht zum Fremdstarten. Der Strom wird mittels Startkabel an die eigenen Batterieanschlüsse übertragen. Die Zangen der Fremdstartkabel dürfen nicht zu groß sein, sonst ist es schwierig, die relativ kleinen Anschlüsse der LC4-Batterie sicher anzuschließen. Im Motorrad-Fach- und Zubehörhandel gibt es Fremdstartkabel mit entsprechend kleinen Zangen.

1. Minuspole der fremden Stromquelle und der LC4-Batterie mit Startkabel verbinden.
2. Gummikappen der Pluspolanschlüsse zurückschieben. Mit dem anderen Startkabel beide Pluspole verbinden.
■ Motor der Starthilfe gebenden Maschine mit erhöhter Leerlaufdrehzahl laufen lassen (3000 bis 4000/min).
3. Motor der LC4 starten. Läuft der Motor, die Starthilfekabel abnehmen.
■ Zuerst Pluskabel abklemmen, dann Minuskabel. Gummikappen wieder auf die Batterie-Pluspolanschlüsse schieben.

Hinweis: Motor der LC4 nicht sofort wieder ausschalten. Die Batterie hat noch nicht wieder genug Strom, den Motor aus eigener Kraft zu starten – die Prozedur war dann umsonst.

Ist die Batterie funktionstüchtig und verfügt über korrekten Säurestand, wird sie von der Lichtmaschine geladen. Dennoch sollte die Batterie bei nächster Gelegenheit an ein Ladegerät gehängt werden (siehe Kapitel 16 »Batterie«).

Anlasserrelais und Diode

Starthilfsrelais prüfen

1. Scheinwerfermaske abbauen, Starthilfsrelais (siehe Bild 3 und Kapitel 34 »Sicherungen · Relais · Stecker«) ausbauen.
2. Starthilfsrelais wie in Bild 2 gezeigt an eine 12-Volt-Batterie und ein Ohmmeter anschließen.
3. Durchgang zwischen den Klemmen A und B messen:
3.1. Anzeige 0 Ω = Starthilfsrelais ist in Ordnung.
3.2. Anzeige ∞ Ω = Starthilfsrelais ist defekt.

Funktionskontrolle des Starthilfsrelais

1. Starthilfsrelais aus der Halterung ziehen.
2. Ohmmeter oder Durchgangsprüfer an die Kabel rot und rot/weiß des Starthilfsrelais anklemmen.
3. Zündung EINschalten, das Starthilfsrelais muss unter folgenden Bedingungen schalten, wobei ein leises Klicken zu hören ist und das Messgerät Durchgang anzeigt:
3.1. Gang einlegen, Kupplungshebel langsam ziehen: Bei ca. halbem Hebelweg muss das Starthilfserelais schalten.
■ Wenn es nicht schaltet, den Kupplungsschalter überprüfen.
■ Während des Tests die Leerlaufkontrolllampe beobachten, die darf nicht aufleuchten. Falls sie doch aufleuchtet, die Diode überprüfen.

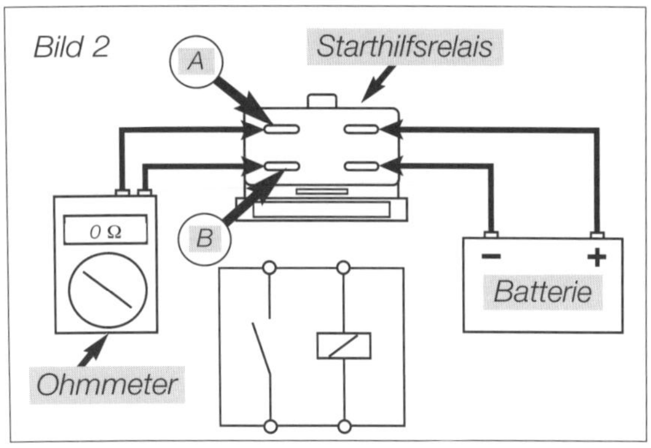

Bild 2: Starthilfsrelais prüfen.

3.2. Getriebe in Leerlauf schalten, Kupplungshebel langsam lösen: Starthilfsrelais muss dabei schalten.
3.3. Gegenprobe: Gang einlegen, Starthilfsrelais muss ausschalten.
■ Wenn das Starthilfsrelais nicht schaltet, Diode und Leerlaufschalter prüfen.

Diode prüfen

1. Die Diode leitet den Strom nur in die durch den Pfeil im Schaltzeichen angegebene Richtung. In die Gegenrichtung lässt sie keinen Strom durch.
2. Diode ausbauen: Sie sitzt vorne unter der Scheinwerfermaske (siehe Bild 3 und Kapitel 34 »Sicherungen · Relais · Stecker«). Diode aus dem 2-poligen Stecker ziehen.
3. Diode über die beiden Anschlüsse auf Stromdurchgang prüfen, in der Gegenrichtung ebenfalls.
4. Diode ist defekt, wenn sie entweder keinen Durchgang in beide Richtungen hat oder Durchgang in beide Richtungen.

Anlasserrelais prüfen

Das Anlasserrelais sitzt rechts im hinteren Dreieck des Heckrahmens (siehe Bild 4 und Kapitel 34 »Sicherungen · Relais · Stecker«). Vor dem Ausbau eine Hörprobe machen: Zündung EINschalten, Anlasserknopf betätigen und genau darauf achten, ob ein Klicken aus dem Relais zu hören ist. Falls ja, ist das Relais in Ordnung; falls nein, ist es entweder defekt oder bekommt keinen Strom.

1. Kabelstecker des Anlasserrelais abziehen.
2. Anlasserrelais wie in Bild 5 gezeigt an eine 12-Volt-Batterie und ein Ohmmeter anschließen.
3. Durchgang an den beiden Kabelklemmen messen:
3.1. Anzeige 0 Ω = Anlasserrelais ist in Ordnung.
3.2. Anzeige ∞ Ω = Anlasserrelais ist defekt.

Bild 3: Einbaulage der Diode vorne unter der Scheinwerfermaske neben dem Anlasserhilfsrelais.

Bild 4: Einbaulage des Anlasserrelais rechts hinten im Heckrahmen.

Sichtprüfung Messen

Bilder 5 bis 7: Im Lauftext sind die zu den Bildern gehörenden Arbeitsschritte nummeriert beschrieben.

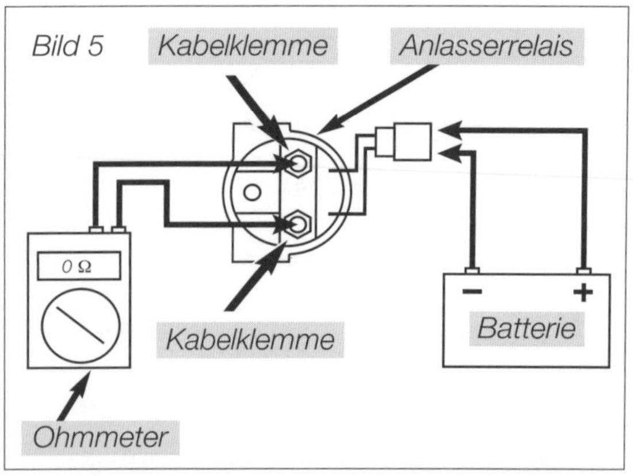

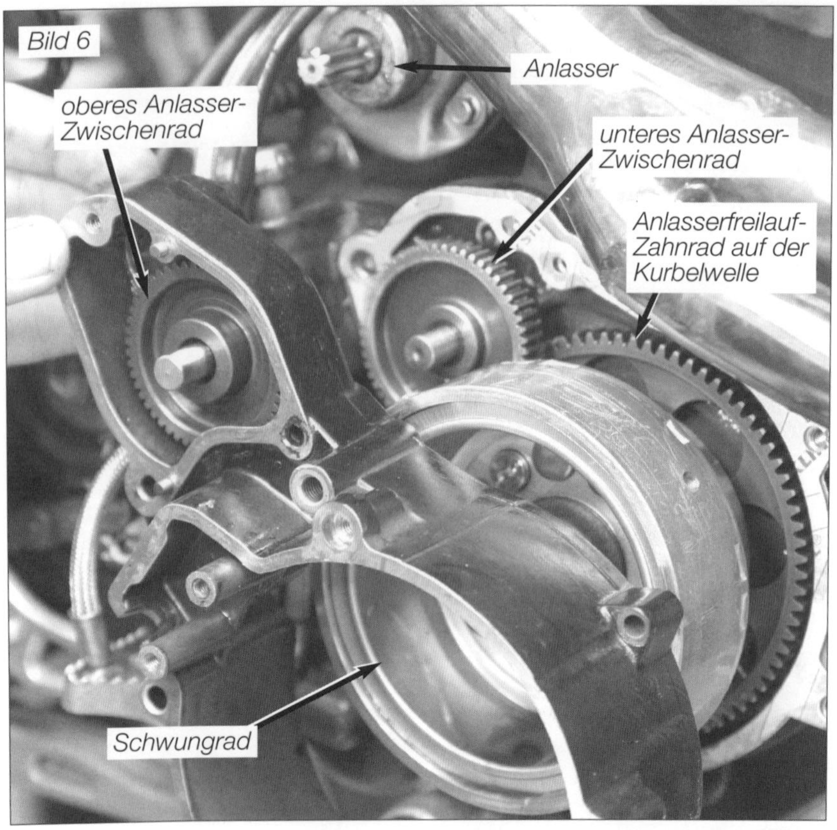

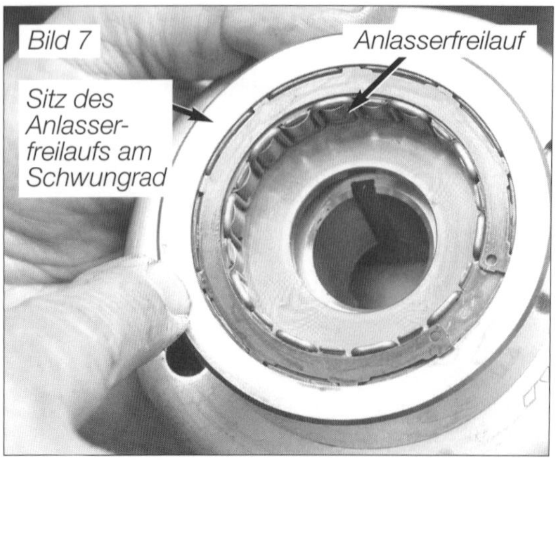

Anlasserfreilauf

Der Anlasserfreilauf sitzt in einem Bund hinten am Schwungrad. Der Anlasserfreilauf kann schon einmal kaputt gehen, während an den beiden Zwischenzahnrädern, die zur Übertragung der Drehbewegung vom Anlassermotor zum Freilauf nötig sind, nichts kaputt geht.

Defekten Anlasserfreilauf erkennen
Wenn der Anlasserfreilauf kaputt ist, dreht der Anlasser alleine durch, wenn der Starterknopf gedrückt wird; die Kurbelwelle dreht sich also nicht. Dann sind die Freilaufrollen defekt oder haben sich in die Oberfläche des Mitnehmerbundes am großen Anlasserzahnrad eingearbeitet (»Rattermarken«). Ein solcher Defekt kündigt sich schrittweise an: Der Anlasser dreht erst manchmal leer, dann greift er wieder, dann zwei- bis dreimal leer, dann greift er wieder, bis dann überhaupt nichts mehr geht und der Anlasser nur noch hohl dreht.

Werkzeuge und Anziehdrehmomente

Die LC4-Modelle haben verschiedene Schwungräder (Rotoren): Zwei von Kokusan, eine von SEM. Die ganz alten LC4-Motoren haben SEM-Zündanlagen. Zum Ab- und Anbau gibt es verschiedene KTM-Spezialwerkzeuge (Rotorhalter und Abzieher) sowie zwei verschiedene Anziehdrehmomentwerte für die (verschieden große) Bundmutter auf dem Kurbelwellenstumpf.
Wichtig: Bevor Sie mit Montagearbeiten am Schwungrad beginnen, versichern Sie sich, welches an Ihrem Motorrad aufgebaut ist (im Fahrzeughandbuch nachsehen oder den KTM-Händler fragen!). Grob betrachtet: Der Gewindedurchmesser auf dem Kurbelwellenstumpf ist entscheidend für das Erkennen, welches Schwungrad montiert ist bzw. mit welchem Anziehdrehmoment die Bundmutter festgezogen wird: M16x1,5 mit 150 Nm, M12x1 mit 60 Nm.

Rotor Kokusan 4K-2:
Schwungrad-Halteschlüssel Nr. 584.29.012.000
Schwungradabzieher Nr. 584.29.009.000
Schutzkappe Nr. 584.29.031.000
Anziehdrehmoment Bundmutter M16x1,25 (Linksgewinde) 150 Nm
Wichtig: Zum Lösen und Festziehen der Bundmutter darf die Kurbelwelle mit der Blockierschraube NICHT blockiert werden!

Rotor Kokusan 4K-3:
Schwungradabzieher Nr. 584.29.009.000
Anziehdrehmoment Bundmutter M12x1
(Linksgewinde) 60 Nm
Wichtig: Zum Lösen und Festziehen der Bundmutter darf die Kurbelwelle mit der Kurbelwellenfixierschraube Nr. 580.30.080.000 blockiert werden!

Rotor SEM:
Schwungradabzieher Nr. 580.12.009.000
Schutzkappe Nr. 510.12.009.000
Anziehdrehmoment Bundmutter M12x1
(Linksgewinde) 60 Nm
Wichtig: Zum Lösen und Festziehen der Bundmutter darf die Kurbelwelle mit der Kurbelwellenfixierschraube Nr. 580.30.080.000 blockiert werden!

Schwungradhalter

Sowohl zum Lösen der Bundmutter M16x1,25 als auch Festziehen mit 150 Nm darf die Kurbelwelle NICHT mit der Kurbelwellenfixierschraube blockiert werden. Wenn kein entsprechendes KTM-Spezialwerkzeug »Schwungrad-Halteschlüssel« zur Verfügung steht, empfehlen wir, einen Standard-Schwungradhalter zu benutzen (Bild 8), den gibt's im Kfz-Werkzeughandel.

Schlagschrauber, Drehmomentschlüssel

Die Bundmutter M16x1,25 ist mit 150 Nm festgezogen und deswegen nur mit einer exakt passenden Nuss und einer Verlängerung zu öffnen. Auch die »nur« 60 Nm der Bundmutter M12x1 sind nicht zu unterschätzen. Deswegen empfehlen wir, die Mutter mit einem Schlagschrauber zu öffnen (Bild 8). Zum Festziehen wird selbstverständlich ein Drehmomentschlüssel benötigt, bei dem sich mindestens 150 Nm (bzw. 60 Nm) einstellen lassen (Bild 9).

Schwungradabzieher

Je nach Schwungradtyp wird ein spezieller Abzieher (Bild 10) benötigt (siehe Text weiter vorne). Die aufgeführte »Schutzkappe« ist zur Schonung des Kurbelwellenstumpfs wichtig; sie wird zwischen Abzieherschraube und Kurbelwelle eingesetzt, um Beschädigungen der Kurbelwelle beim Abziehen zu vermeiden. Aus einem harten Stück Stahl kann man sich eine solche Zwischenlage auch selbst machen (z. B. aus einer 10.9er-Schraube).
Wir empfehlen, zum Abziehen des Schwungrads mit dem Abzieher ebenfalls einen Schlagschrauber zu benutzen. Vor allem das Schwungrad Kokusan 4K-2 sitzt sehr fest, weil seine Bundmutter mit 160 Nm festgezogen war. Wenn normale Schraubenschlüssel benutzt werden, lässt sich das Schwungrad kaum abziehen!

Hinweis: Wenn Sie weder Schwungradhalter noch Schwungradabzieher (Bilder 8, 9 und 10) zur Verfügung haben, versuchen Sie nicht, mit einem Klauenabzieher oder einem nicht exakt passenden Abzieher das Schwungrad abzuziehen. Entweder es geht zu Bruch oder es verbiegt sich und wird damit unbrauchbar. Versuchen Sie auch niemals, das Schwungrad mit dem Hammer abzuklopfen! Im Zweifelsfalle überlassen Sie das Abziehen des Schwungrads dem KTM-Händler, er hat Spezialwerkzeuge.

Bild 8

Bild 8: Spezialwerkzeug Schwungradhalter auf Rotor aufgespannt.

■ *Zum Lösen der Bundmutter empfehlen wir einen Schlagschrauber zu benutzen, denn die Mutter ist mit bis zu 150 Nm festgezogen!*

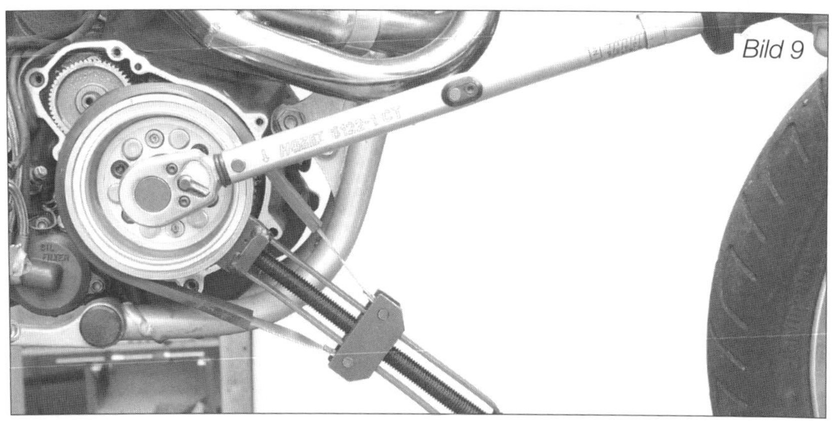
Bild 9

Bild 9: Zum Festziehen wird ein Drehmomentschlüssel benötigt.

Bild 10

Bild 10: Zum Abziehen des Schwungrads wird ein spezieller, exakt auf das Gewinde der Rotornabe passender Abzieher benötigt.

Sichtprüfung Messen

Bilder 11 bis 16: Die zu den Bildern gehörenden Arbeitsschritte siehe Lauftext.

Anlasserfreilauf ausbauen

1. Rechten Motorseitendeckel abbauen:

1.1. Motoröl ablassen.

1.2. Ritzelabdeckung abschrauben. Hohlschraube der Ölleitung über dem Motorseitendeckel lösen, ausschrauben, Ölleitung zur Seite rücken.

1.3. Die vier Befestigungsschrauben des Motordeckels ausdrehen, mit einem Alu- oder Kunststoffhammer den Deckel durch leichtes Klopfen (Bild 11) lösen und abnehmen (Bild 12).

■ **Wichtig:** Deckel lässt sich wegen Magnetkraft der Statorspulen nur störrisch abnehmen!

2. Oberen Deckel abnehmen (Bild 13): Die drei Schrauben ausdrehen, mit Alu- oder Kunststoffhammer einen leichten Schlag auf den Deckel geben, damit er sich löst, und abnehmen.

3. Zündgeber ausbauen (Bild 14): Schrauben ausdrehen, Zündgeber und Kabeltülle vorsichtig herausziehen, zur Seite hängen.

4. Großen Seitendeckel abbauen (Bild 15):

4.1. Befestigungsschrauben ausdrehen, mit Alu- oder Kunststoffhammer leichte Schläge ringsum auf den Deckel geben, damit er sich löst, mit beiden Händen wackeln und abziehen. Auf die beiden Passhülsen (Kreise in Bild 15) achten!

5. Schwungrad abziehen wie in Text und Bild auf den Seiten zuvor beschrieben.

5.1. Scheibenfeder (»Woodruff-Keil«) aus ihrer Nut nehmen.

6. Unteres Anlasser-Zwischenrad und Anlasserfreilauf-Zahnrad vom Kurbelwellenstumpf abziehen, Nadellager abnehmen.

6.1. Ggf. das obere Anlasser-Zwischenrad aus dem Deckel ausbauen: Achse ausziehen, Zahnrad herausnehmen.

Bild 11

Bild 12

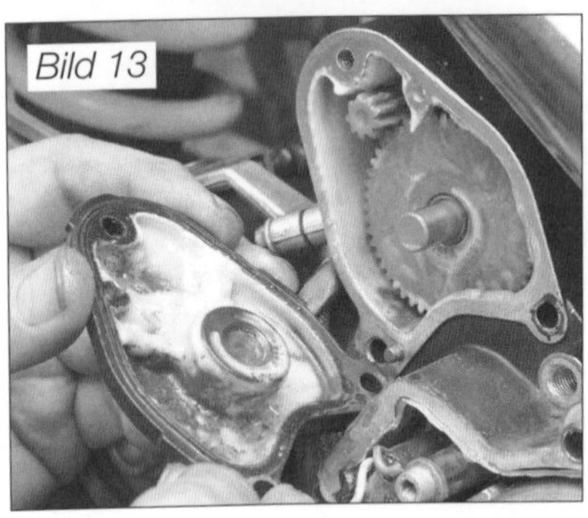
Bild 13

Bild 14

Bild 15

Anlasserfreilauf prüfen

1. Wenn das große Zahnrad in den Anlasserfreilauf eingesetzt wird (Bilder 17, 18), muss es...

■ ...sich im Uhrzeigersinn (rechts herum) gleichmäßig drehen lassen und

■ ...entgegen dem Uhrzeigersinn (links herum) sperren.

2. Bund des großen Zahnrads und Freilaufrollen (Bilder 7 und 19) auf An- und Einlaufstellen, Bruch und blaue Stellen kontrollieren.

3. Anlasserfreilauf ausbauen:

3.1. Sicherungsring mit einer Seegerringzange ausbauen (Bild 20).

3.2. Anlasserfreilauf herausnehmen (Bild 21).

4. Den am Schwungrad angeschraubten Flansch

Bild 16

innen (wo die Rollen des Anlasserfreilaufs angreifen) auf An- und Einlaufstellen, Rattermarken und blaue Stellen kontrollieren.
4.1. Die Innenfläche muss ganz glatt sein!
Hinweis: Meistens ist nur der Anlasserfreilauf defekt und muss ausgewechselt werden.

Flansch auswechseln

Wenn der Flansch defekt sein sollte, wird er folgendermaßen ausgetauscht:
1. Schwungrad auf Flanschseite auf Heizplatte legen, langsam auf maximal 80 °C erwärmen.
2. Flansch abnehmen:
2.1. Die sechs Inbusschrauben öffnen und ausdrehen.
2.2. Mit Alu- oder Kunststoffhammer seitlich auf den Flansch klopfen und ihn so vom Schwungrad lösen.
3. Anlageflächen und Gewindebohrungen gut reinigen (Bremsenreiniger).
4. Anlageflächen an Flansch und Schwungrad mit Loctite 648 bestreichen, passgenau aufeinander setzen.
5. Neue Befestigungsschrauben (Güteklasse 12.9) verwenden. Gewinde der Schrauben mit Loctite 648 bestreichen, eindrehen, über Kreuz festziehen bis auf 18 Nm.

Anlasserfreilauf einbauen

1. Rollen des Freilaufs gut mit Motoröl einölen.
2. Freilauf so in den Flansch einsetzen, dass der innere Bund nach außen zeigt (Bild 21).
3.1. Sicherungsring mit einer Seegerringzange einbauen (Bild 20).
4. Großes Zahnrad in Freilauf stecken (Bild 18).

Schwungrad aufbauen

1. Nadellager auf der Kurbelwelle gut einölen.
2. Außenkonus der Kurbelwelle ölfrei reinigen, Scheibenfeder in ihre Nut einsetzen.
2. Innenkonus im Schwungrad ölfrei reinigen. Schwungrad möglichst zentrisch aufschieben: Zuerst packt das Nadellager an, dann Nut im Innenkonus auf Scheibenfeder ausrichten und Schwungrad unter leichtem Druck aufschieben.
3. Mutter und Unterlagscheibe mit Motoröl einölen, Scheibe aufschieben, Mutter aufdrehen.
4. Schwungradhalter auf Schwungrad spannen, gut festhalten, Mutter (Linksgewinde!) mit dem vorgeschriebenen Anziehdrehmoment festziehen.

Großen Seitendeckel aufbauen

1. Wenn das untere Anlasser-Zwischenrad ausgebaut ist: Achse aus der Bohrung im Gehäuse ziehen, Nadellager gut einölen, Zwischenrad ansetzen, Achse wieder einschieben.
2. Wenn das obere Anlasser-Zwischenrad aus dem großen Seitendeckel gebaut ist: Nadellager gut einölen, Zwischenrad richtig herum einsetzen (Einbaulage siehe Bild 6), Achse einschieben.
3. Deckel anbringen (Bild 15):
3.1. Alte Dichtung abnehmen, Passflächen reinigen (Bremsenreiniger), neue Dichtung auflegen.
3.2. Passhülsen einsetzen (Kreise siehe Bild 15).
3.3. Deckel in Aufbauposition ansetzen.
3.4. Zwischenräder etwas hin und her bewegen, damit sie sauber ineinander eingreifen.
3.4. Deckel ganz aufschieben, Befestigungsschrauben eindrehen und mit 8 Nm festziehen.
4. Zündgeber einbauen (Bild 14): Etwas Silikondichtmasse in den Schlitz der Gummitülle geben, Gummitülle und Zündgeber zusammen in ihren Sitz schieben, Schrauben handfest anziehen.
5. Oberen Deckel (Bild 13) aufbauen: Sitzt der O-Ring richtig in der Nut? Etwas dickes Fett auf die Dichtfläche geben.
6. Ölleitung anbauen: Neue Dichtscheiben verwenden, Hohlschraube mit 10 Nm festziehen.
7. Deckel mit Statorspulen aufbauen: Dichtflächen säubern, neue Dichtung auflegen, Deckel vorsichtig ansetzen (Magnetkraft!), Schrauben eindrehen und mit 8 Nm festziehen. Ritzelabdeckung anschrauben.
8. Öl einfüllen nicht vergessen!

Bilder 17 bis 21: Im Lauftext sind die zu den Bildern gehörenden Arbeitsschritte nummeriert beschrieben.

Bild 17

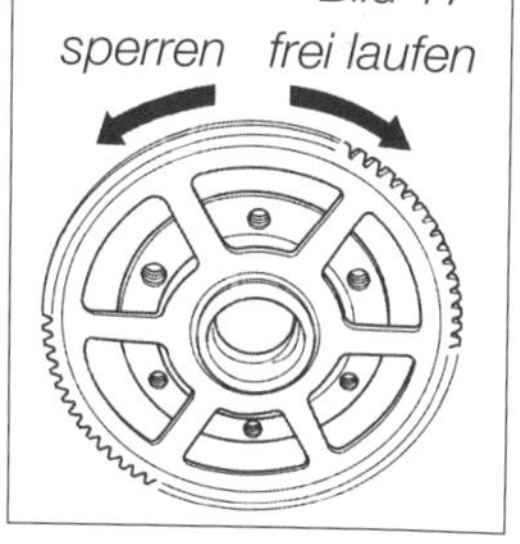

Bild 18

Bild 19

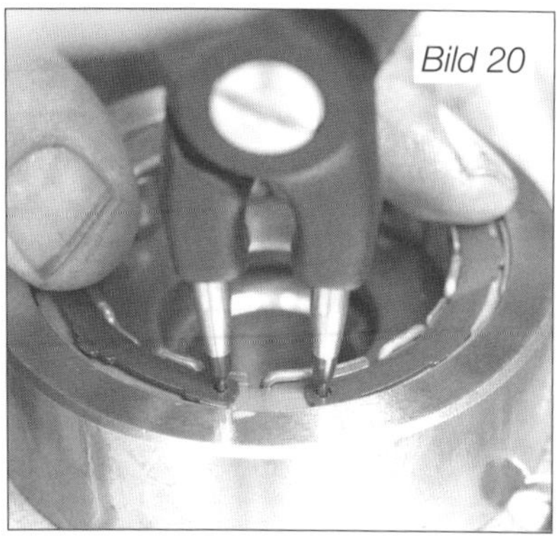

Bild 20

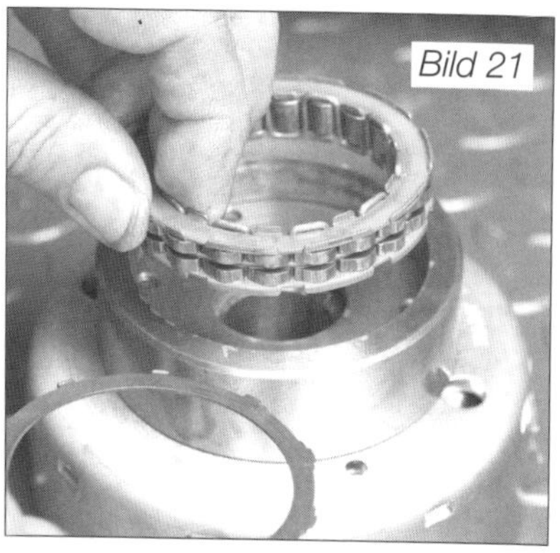

Bild 21

Ventilspiel

In diesem Kapitel: Ventiltrieb · Ventilspiel prüfen und einstellen.

Bilder 1, 2 und 3: Im Lauftext sind die zu den Bildern gehörenden Arbeitsschritte nummeriert beschrieben.

Bild 1

Bild 2

Ventiltrieb

Der Einzylinder-Viertakter der LC4 ist mit einer obenliegenden, kettengetriebenen Nockenwelle ausgestattet. Über gegabelte Doppelkipphebel mit Einstellschrauben werden die Ventile geöffnet und von Ventilfedern geschlossen (Bild 3).

Zur Verringerung der Reibung sind Kugellager an den Kipphebeln angebaut, die auf den Nockenbahnen abrollen. Durch diese »Rollenkipphebel« wird die Reibung gegenüber einer Gleitlagerung um ca. 40 % verringert.

Ventilspiel

Ein gewisses Spiel zwischen Ventilkopf und Ventilspiel-Einstellschraube (Bild 3) ist nötig, damit die Ventile den Brennraum bei allen Betriebstemperaturen dicht abschließen, kein Gas unkontrolliert entweicht und die Wärme am Ventilsitz gut abgeleitet werden kann.

Von richtiger Wartung und Pflege hängt das Wohl und Wehe des Ventiltriebs entscheidend ab:

- Wenn das Ventilspiel zu weit ist, besteht die Gefahr der Pittingbildung auf dem Ventilkopf sowie des Einschlagens der Ventilsitze.
- Wenn das Ventilspiel zu eng ist, besteht die Gefahr, dass die Ventilsitze einschlagen und verbrennen.

Bild 3

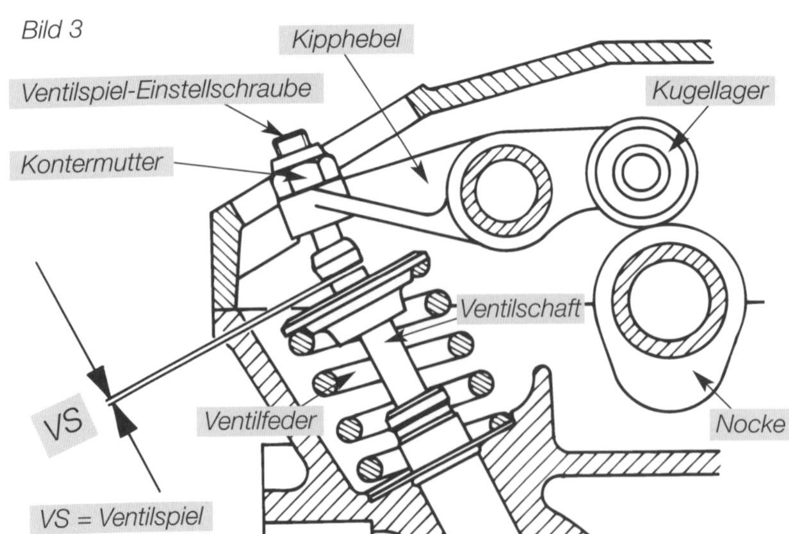

Das Ventilspiel muss bei jeder Inspektion überprüft und, wenn notwendig, eingestellt werden. Es wird bei kaltem Motor (höchstens 35 °C, entspricht in etwa »handwarm«) kontrolliert und ggf. eingestellt.

Wichtig: Wenn eine LC4 unter Wettbewerbsbedingungen gefahren wird, muss das Ventilspiel nach jedem Lauf kontrolliert und ggf. eingestellt werden. Denn in der Regel wird das Ventilspiel kleiner, weil sich ein Ventil in den Ventilsitz speziell bei hoher Belastung (= hohe Dauerdrehzahlen) etwas einarbeitet. Man kann also keinesfalls nach Gehör urteilen, ob die Ventile eine Einstellung nötig haben, denn das berüchtigte Ventilklappern aus dem Bereich des Zylinderkopfs wird ja eher leiser, wenn das Ventilspiel enger wird.

Einstellwerte

- Motor 400 ccm ....Ein- und Auslass 0,20 mm
- Motoren mit 540, 620, 625, 640 und 660 ccm ....Ein- und Auslass 0,15 mm

Anziehdrehmomente:

- Kontermutter Einstellschraube ....20 Nm
- Inbusschrauben Ventildeckel ....10 Nm

Zum Ventileinstellen benötigte Werkzeuge

- Inbusschlüssel SW5 (für M6)
- Zwei Flachschraubenzieher: Einen sehr langen (für die Einlassventile) und einen sehr kurzen (für die Auslassventile).
- Abgekröpfter 11er-Ringschlüssel
- Fühlerlehre mit mindestens 0,10, 0,15, 0,20, 0,25 mm Dicke

Bei der Suche des oberen Totpunktes (OT) des Kolbens bitte beachten:

- Bei unserem Fotomodell LC4 640 SM ist die OT-Markierung auf dem Lichtmaschinenrotor (Bild 1) durch ein Sichtfenster im rechten Motordeckel (Bild 2) zu sehen.
- Bei früheren Modellen ist an Stelle dieses Sichtfensters ein Schraubstopfen angebracht, der mit einem breiten Schlitzschraubenzieher ausgedreht werden muss.
- Bei einigen 620/640er-Motoren ist eine Bohrung (Ø 2 mm) im Rotor, die bei OT mit der Kerbe auf dem Stator fluchten muss.
- Bei einigen 400er-Motoren ist eine Kerbe auf dem Rotor und eine auf dem Stator.
- Durch Rückwärtsdrehen des Hinterrades bei AUSgebauter Zündkerze und AUSgeschalteter Zündung im 5. Gang werden diese Markierungen zueinander in Deckung gebracht und so OT

gesucht bzw. eingestellt. _Rückwärts_drehen deswegen, weil bei Vorwärtsdrehen der Fliehkraft-Ventilausheber (bei den Modellen mit automatischer Dekompressionseinrichtung) ein Auslassventil niederdrücken würde und eine Ventilspielprüfung und Einstellung nicht möglich ist.

Ventilspiel prüfen

1. Motorrad sicher aufbocken. Benzinhahn ZU, Zündung AUS (Zündschlüssel am besten abziehen!). Sitzbank abnehmen, Tank abbauen. Zündkerze ausschrauben.

2. Beide Ventildeckel abschrauben. Am vorderen Deckel den Zug des Dekohebels aushängen.

3. Oberen Totpunkt (OT) des Kolbens einstellen:

3.1. Auf dem Lichtmaschinenrotor ist eine »I«-Markierung angebracht, die im Sichtfenster des rechten Motorseitendeckels zu sehen sein muss.

3.2. Zum Einstellen des Kolbens auf OT den 5. Gang einlegen, Hinterrad langsam rückwärts drehen, bis Markierung im Sichtfenster erscheint.

4. Beachten, dass der Kolben nur jede zweite Umdrehung im Kompressions-OT steht, in dem beide Kipphebel in Ruhestellung sind und etwas Spiel zwischen Ventileinstellschraube und Ventilkopf ist: An beiden Kipphebeln wackeln.

4.1. Hat einer der Kipphebel Druck, dann steht der Kolben im Auslass-OT. Die Kurbelwelle muss um 360 Grad gedreht werden, damit der Kolben im Verdichtungs-OT zum Stillstand kommt: Entsprechend am Hinterrad drehen.

5. Ventilspiel Einlass/Auslass 0,15 mm prüfen:

5.1. Eine 0,10er-Fühlerlehre etwas einölen und zwischen Einstellschraube und Ventilkopf schieben.

5.2. Wenn sich diese 0,10er-Fühlerlehre leicht durchziehen lässt, eine 0,15er nehmen und das Spiel wiederholen.

■ Wenn sich auch die 0,15er-Fühlerlehre »satt schleifend« durchziehen lässt, aber eine 0,20er nicht, dann ist das Ventilspiel in Ordnung und muss nicht eingestellt werden.

■ Wenn sich die 0,15er-Fühlerlehre nicht durchziehen lässt, ist das Ventilspiel zu eng und muss eingestellt werden.

5.3. So lange mit verschieden dicken Fühlerlehren prüfen, bis eine gefunden ist, die sich zwischen Ventilkopf und Ventilspiel-Einstellschraube »satt schleifend« durchziehen lässt. Dies nennt man »Ist-Ventilspiel«.

■ Wenn das Ist-Ventilspiel zu weit oder zu eng ist, muss es eingestellt werden.

Ventilspiel einstellen

1. Kontermutter der Ventilspiel-Einstellschraube mit einem abgekröpfen 11er-Ringschlüssel um ca. 1/4 Umdrehung lösen.

1.1. Ringschlüssel auf der Kontermutter stecken lassen!

2. Ventilspiel-Einstellschraube mit Schlitzschraubenzieher etwas lösen (Bild 4).

3. Eine 0,15er-Fühlerlehre zwischen Einstellschraube und Ventilkopf einschieben.

3.1. Ventilspiel-Einstellschraube mit Gefühl eindrehen und dabei gleichzeitig die Fühlerlehre hin und her bewegen, bis sie ganz leicht klemmt.

4. Mutter kontern:

4.1. Ventilspiel-Einstellschraube mit dem Schraubenzieher auf Zug in Position halten (Bild 5).

4.2. Kontermutter mit 20 Nm festziehen (entspricht etwa »gut handfest«).

■ Kontermutter nicht zu stark festziehen!

5. Nach dem Kontern der Mutter das Ventilspiel noch einmal prüfen.

6. Ventildeckel aufschrauben (10 Nm): Wenn die Ventildeckeldichtung noch in Ordnung ist, kann sie noch einmal verwendet werden. Wenn sie zerrissen ist, neue Dichtung einbauen (mit dem Aufdruck nach oben auflegen).

7. Abgebaute Teile wieder anbauen.

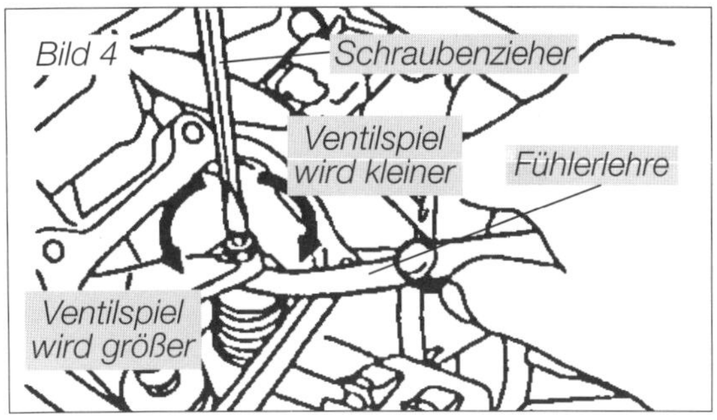

Bilder 4 und 5: Im Lauftext sind die zu den Bildern gehörenden Arbeitsschritte nummeriert beschrieben.

Zylinderkopf

In diesem Kapitel: Zylinderkopf ab- und aufbauen · Zylinderkopfschäden · Ventile aus- und einbauen · Ventile einschleifen.

Zu diesem Kapitel empfehlen wir die Korrespondenzkapitel 6 »Verkleidung · Rahmen · Tank«, 22 »Auspuffanlage«, 23 »Motoröl · Ölwechsel«, 24 »Kühlsystem« und dort speziell den Absatz »Wasserpumpe aus- und einbauen« sowie 28 »Ventilspiel«.

Bilder 1 bis 6: Im Lauftext sind die zu den Bildern gehörenden Arbeitsschritte nummeriert beschrieben.

Bild 1

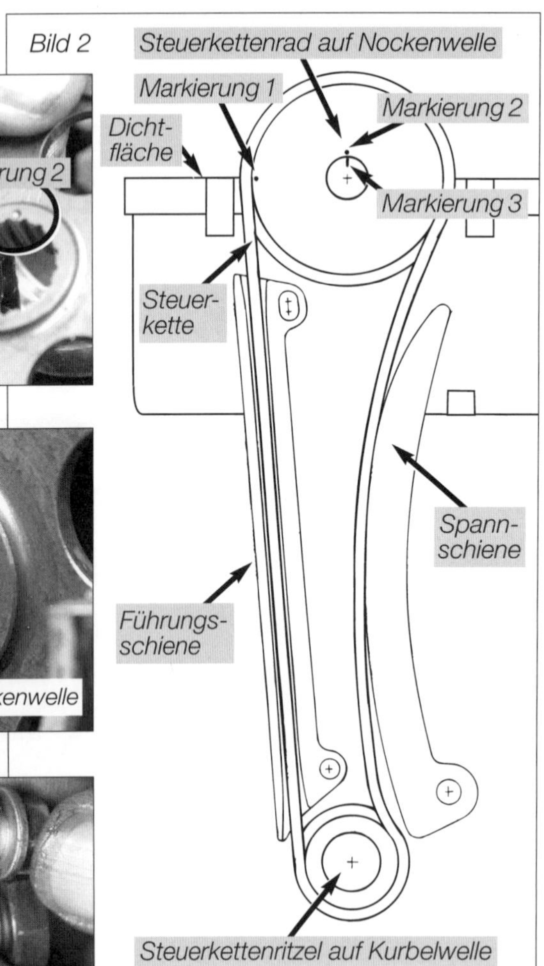

Bild 2

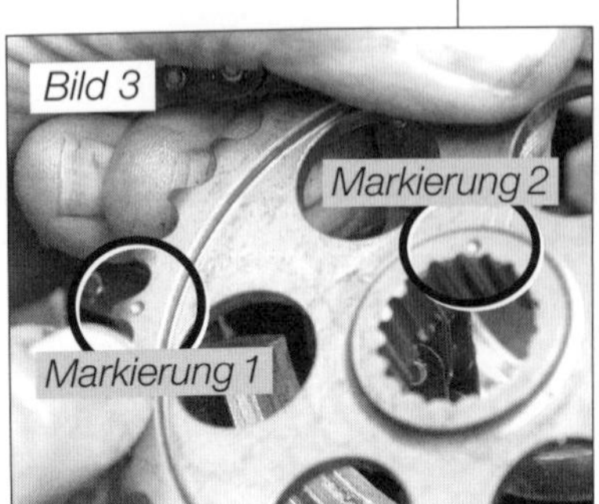

Bild 3

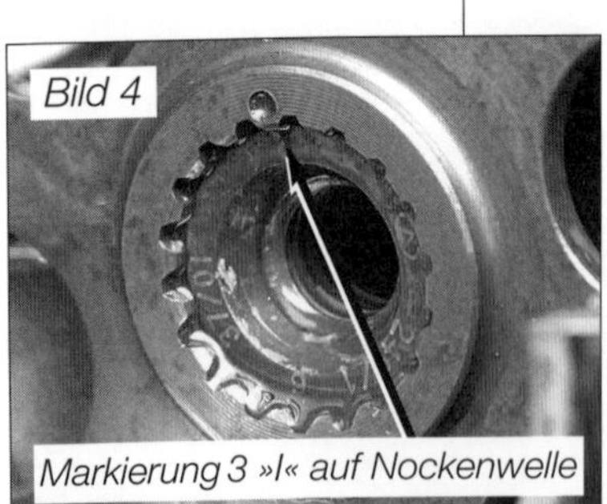

Bild 4

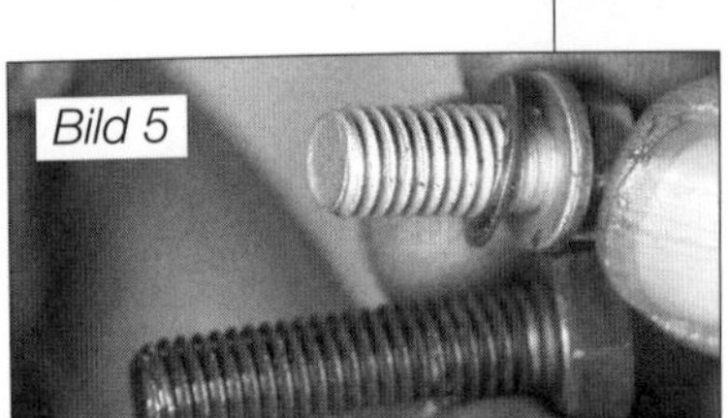

Bild 5

Zylinderkopf ab- und aufbauen

Zylinderkopf abbauen

Alle Vorarbeiten, bis man an die Befestigungsschrauben des Zylinderkopfs gelangt, sind im Kapitel 24 »Kühlsystem« unter dem Absatz »Wasserpumpe reparieren« (Seite 145) und dort speziell unter »Wasserpumpe ausbauen« (Seite 146) beschrieben. Zusätzlich muss noch der Auspuff komplett abgeschraubt werden.

Wenn diese Arbeitsschritte erledigt sind:

1. Kolben auf OT stellen:

1.1. Kurbelwelle so drehen (Bild 1), dass sich Körnermarkierung auf Steuerkettenrad (Markierung 1 in den Bildern 2 und 3) mit vorderer Dichtfläche deckt (Bild 2).

2. Kurbelwelle im OT fixieren:

2.1. Vorne links unten am Kurbelgehäuse findet sich eine nach vorne eingebaute Schraube, von der man nur den Inbuskopf und die darunter liegende Kupferscheibe sieht: Das ist die »Kurbelwellen-Fixierschraube« (Bild 4).

2.2. Diese Kurbelwellen-Fixierschraube ausdrehen und die Kupferscheibe 8x14x3 abnehmen.

2.3. Kurbelwellen-Fixierschraube ohne die Kupferscheibe wieder in das Gewinde eindrehen.

Wichtig: Bei manchen Motoren ist eine Sechskantschraube M8x16 mit einer Kupferscheibe 8x12x1 (Bild 5) als Kurbelwellen-Fixierschraube eingebaut. Bei diesen Motoren wird die Kurbelwelle nicht mit der eingebauten Sechskantschraube durch Weglassen der Kupferscheibe 8x12x1 fixiert, sondern mit einer anderen M8-Schraube mit Gewindelänge von mindestens 25 mm (untere Schraube in Bild 5)!

■ KTM schreibt folgende Spezialschraube vor: Bestellnummer 580.30.080.000

2.4. Wenn die Kurbelwellen-Fixierschraube von Hand (!) weit genug eingedreht ist, wird leichter Widerstand spürbar: Kurbelwelle ganz wenig hin und her bewegen und gleichzeitig die Kurbelwellen-Fixierschraube weiter festziehen: Sie rastet

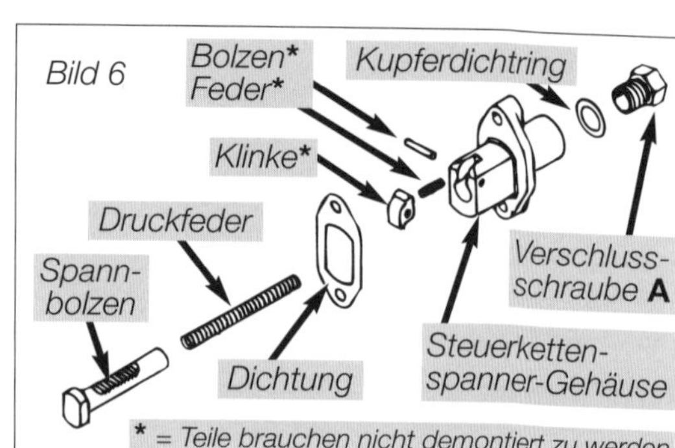

Bild 6

in einer Aussparung der Kurbelwelle ein.
2.5. Wenn die Kurbelwellen-Fixierschraube eingerastet ist, mit 25 Nm festziehen.
3. Verschlussschraube des Steuerkettenspanners (**A** in den Bildern 6 und 7) ausschrauben, Dichtring abnehmen. Druckfeder herausziehen.
4. Beide Befestigungsschrauben des Steuerkettenspanners (**B** in Bild 7) lösen und ausdrehen, Steuerkettenspanner herausziehen. Steuerkettenspanner nicht weiter zerlegen (siehe dazu die mit »*« bezeichneten Teile in Bild 6).
5. Nockenwelle ausbauen:
5.1. Befestigungsschraube des Steuerkettenrads lösen (Bild 8), ausdrehen und mit beiden Scheiben (Unterlag- und Zahnscheibe) entfernen.
5.2. Sprengring, der vor dem Kugellager der Nockenwelle (Bild 9) in einer Nut sitzt, mit einem Schraubenzieher nach oben aus der Nut herausziehen und auf der Nockenwelle abhängen.
5.3. Nockenwelle am Nadellager etwas hoch heben, kippen (Bild 10), Nadellager abziehen.
5.4. Steuerkettenrad mit einer Hand halten, mit der anderen Hand die Nockenwelle aus dem Steuerkettenrad ziehen und samt Rillenkugellager und Sprengring herausnehmen (Bild 11).
5.5. Steuerkette mit einer Hand halten, mit der anderen Hand Steuerkettenrad herausnehmen.
6. Befestigungsschraube der Steuerkettenführungsschiene lösen (**C** Bild 12) und ausdrehen, Dichtscheibe abnehmen.
7. Die beiden Schrauben außen am Steuerkettenschacht (**D** in Bild 12) lösen und ausdrehen.
7.1. Die beiden Bundmuttern vorne und hinten am Zylinder (Bild 13) lösen und abdrehen.
8. Die vier Bundschrauben (Bild 14), mit denen der Zylinderkopf auf dem Zylinder befestigt ist, über Kreuz lösen, ausdrehen und mit Dichtscheiben abnehmen.
9. Zylinderkopf abnehmen: Wenn er nicht will, mit einem Alu- oder Kunststoffhammer von unten nach oben ganz leichte Schläge darauf geben.

Zylinderkopf aufbauen

1. Dichtflächen an Zylinderkopf und Zylinder reinigen, Dichtungsreste mit stumpfem Schaber, Bremsenreiniger und rauem Lappen abkratzen. **Wichtig:** KEIN Schmirgelpapier benutzen!
2. Brennraum im Zylinderkopf reinigen, Kolbenboden ebenfalls: Bremsenreiniger benutzen und eine harte Wurzelbürste (KEINE Stahlbürste!) sowie raue Lappen.
3. Beide Passhülsen in der Dichtfläche des Zylinderkopfs auf korrekten Sitz prüfen (wenn sie in ihren Bohrungen im Zylinderkopf feststecken, ist das auch in Ordnung, siehe Kreise in Bild 15!).

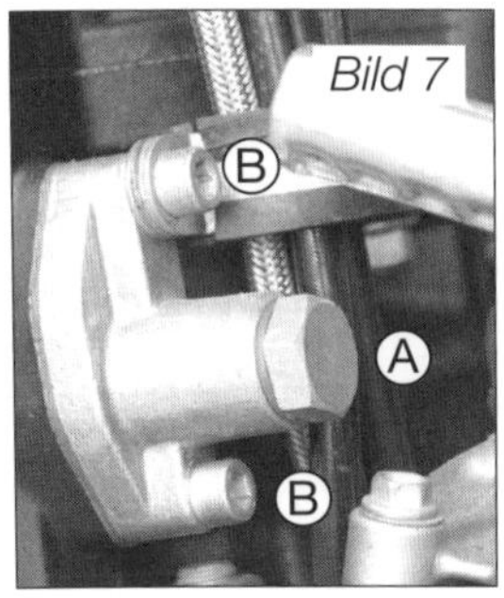

Bilder 7 bis 15: Im Lauftext sind die zu den Bildern gehörenden Arbeitsschritte nummeriert beschrieben.

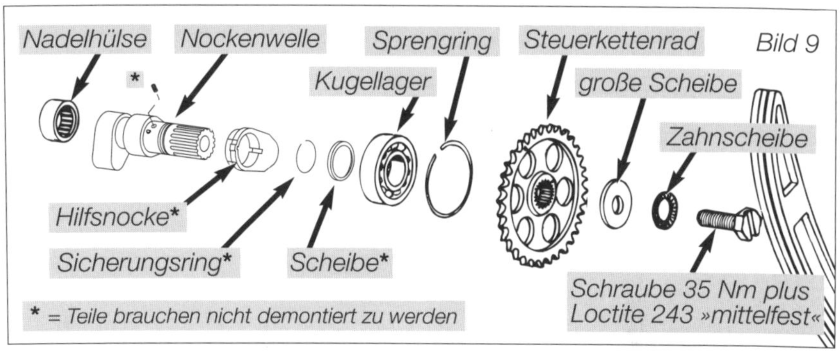

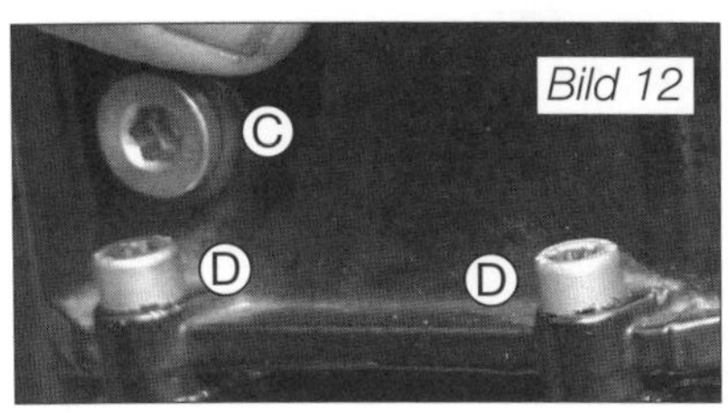

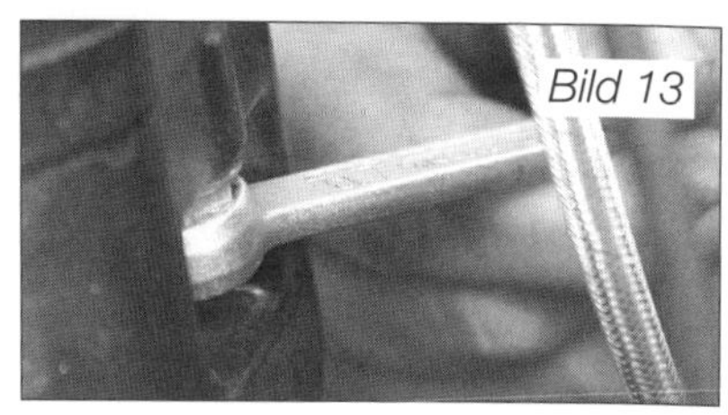

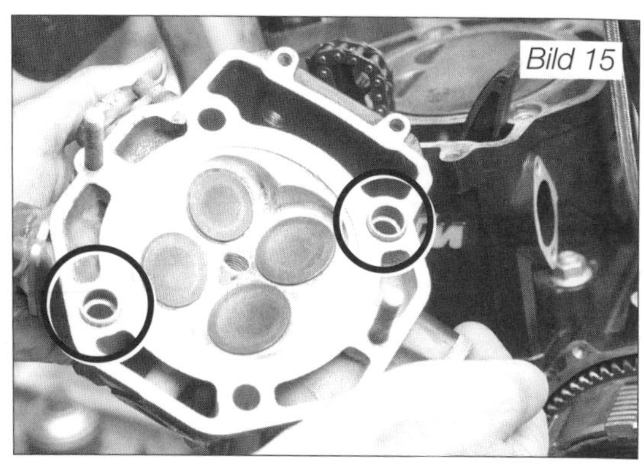

Sichtprüfung Messen

4. Neue Zylinderkopfdichtung auflegen mit der Aufschrift nach oben (Bild 16).
4.1. Zylinderkopf aufsetzen (Bild 17).
5. Die 4 Bundschrauben reinigen, Gewinde und Sitzfläche gut einölen (Bild 18) und mit neuen Kupferdichtscheiben (Bild 19) eindrehen.
Wichtig: Ab Modelljahr 2004 sind Stahlscheiben anstatt der Kupferdichtscheiben montiert.
6. Schrauben festziehen:
6.1. Bundschrauben erster Anziehgang 10 Nm über Kreuz.
6.2. Beide M6-Schrauben außen am Steuerkettenschacht eindrehen und mit 10 Nm festziehen.
6.3. Bundschrauben zweiter Anziehgang 25 Nm über Kreuz.
6.3. Bundschrauben dritter Anziehgang 50 Nm über Kreuz.
Hinweis: 53 Nm ab Modelljahr 2004.
7. Beide Bundmuttern vorne und hintem am Zylinder montieren und »sehr gut handfest« anziehen (ca. 40 bis 50 Nm, aber mit einem Drehmomentschlüssel kommt man da kaum ran!).
8. Befestigungsschraube der Steuerkettenführungsschiene reinigen, neue Kupferdichtscheibe aufstecken, Gewinde mit Loctite 243 »mittelfest« bestreichen (Bild 20).
8.1. Durch die Bohrung im Zylinderkopf peilen: Bohrung in der Steuerkettenführungsschiene in Flucht dazu bringen, Schraube eindrehen und mit 30 Nm festziehen (Bild 21).
9. Nockenwelle montieren:
9.1. Steuerkettenrad so in die Steuerkette einsetzen, dass das vordere Kettentrum gespannt ist und sich die Körnermarkierung 1 mit der vorderen Dichtfläche deckt (Bilder 2 und 22).
Wichtig: Prüfen, ob die Steuerkette richtig in der Verzahnung des Steuerkettenritzels unten auf der Kurbelwelle (Bild 2) sitzt!
9.2. Knebel aus dem Nusskasten durch das Steuerkettenrad stecken, ablegen (Bild 23) und den Sprengring auf den Knebel setzen (Bild 23).
9.3. Wenn das Kugellager von der Nockenwelle abgezogen war: Die Scheibe mit dem Bund nach innen auf die Nockenwelle schieben (Bild 24), dann Kugellager auf die Nockenwelle schieben.
9.4. Kugellager einölen, Nadellager einölen und aufstecken. Nockenwelle von hinten an die innere Verzahnung des Steuerkettenrads anführen

Bild 16

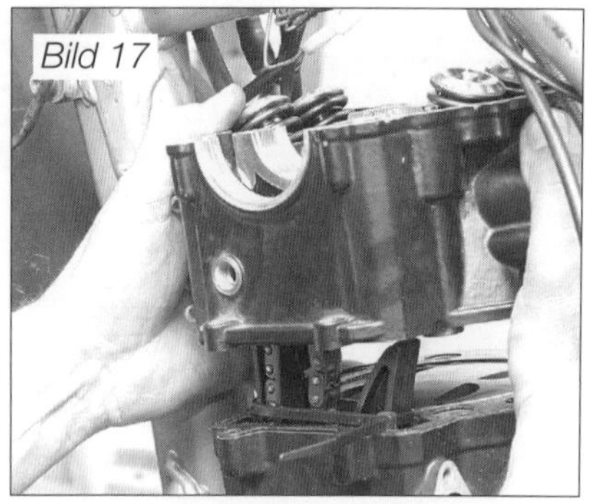
Bild 17

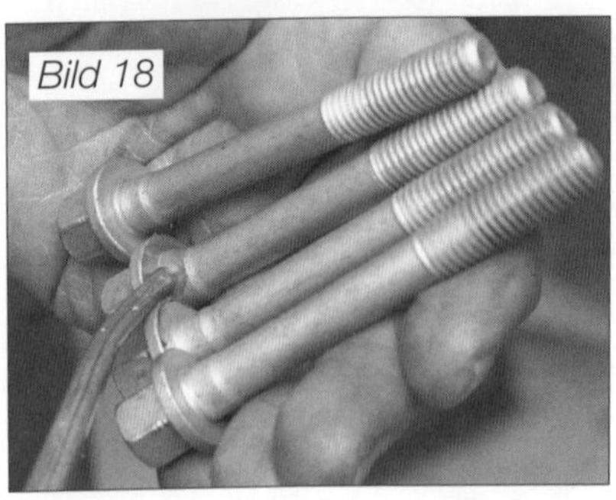
Bild 18

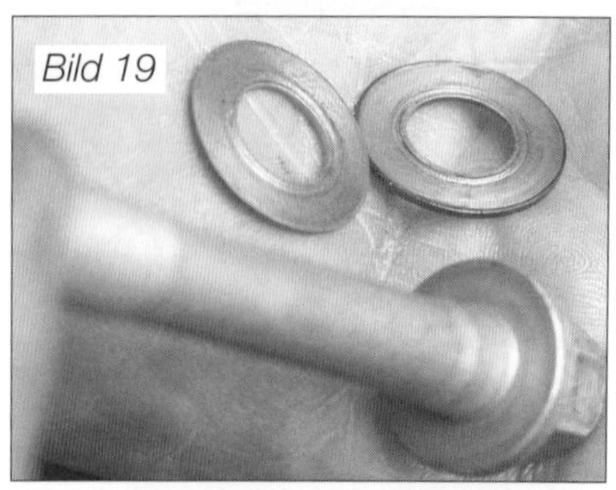
Bild 19

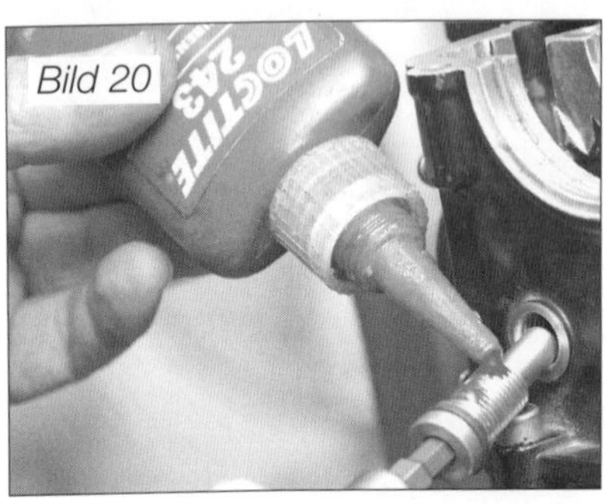

Bild 20

Bild 21

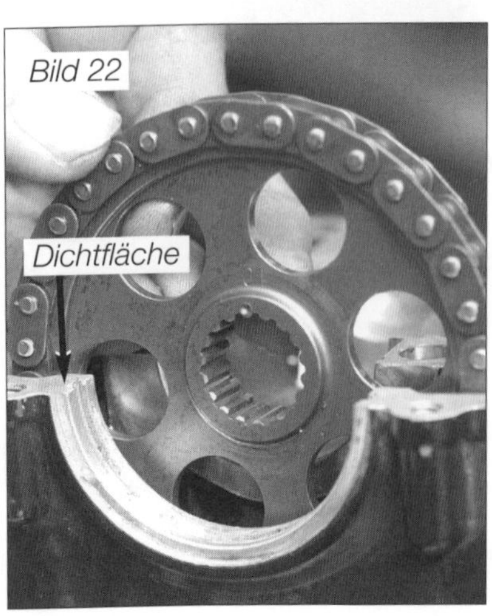

Bild 22

Bild 23

Bild 24

(Knebel schrittweise zurückziehen, Bild 25) und so einführen, dass die »I«-Markierung oben ist und sich mit der Markierung auf der inneren Verzahnung deckt (Bild 26).

9.5. Kugel- und Nadellager der Nockenwelle in ihre Sitze im Zylinderkopf drücken, Sprengring in die Nut vor dem Kugellager eindrücken: Offene Seite des Sprengringes soll nach rechts oder links zeigen.

9.6. Mit einem Bolzen in den noch offenen Schacht des Steuerkettenspanners einfahren, auf die Spannschiene drücken und damit die Steuerkette provisorisch spannen: Prüfen, ob die Markierungen stimmen:

- Körnermarkierung außen auf Steuerkettenrad muss sich mit vorderer Dichtfläche decken (Markierung »1« in den Bildern 2 und 3).
- Innere Markierung auf Steuerkettenrad muss sich mit Markierung auf Nockenwelle decken (Markierungen »2« und »I« in den Bildern 2, 3, 4).

10. Innengewinde in Nockenwelle und Außengewinde der Schraube entfetten (Bremsenreiniger), Schraube mit Zahnscheibe und Unterlegscheibe bestücken, Gewinde der Schraube mit Loctite 243 »mittelfest« bestreichen (Bild 27), Schraube eindrehen und mit 35 Nm festziehen (Bild 28).

11. Steuerkettenspanner montieren:

11.1. Spannbolzen zurückdrücken: Klinke entlasten (Bild 29), Druck auf den Spannbolzen geben, Spannbolzen ganz zurückdrücken (Bild 30).

11.2. Steuerkettenspanner mit Klinke nach oben einsetzen (Bild 30a), Schrauben mit neuen Kupferdichtringen eindrehen, mit 8 Nm festziehen.

11.3. Druckfeder einschieben, Verschlussschraube mit neuem Kupferdichtring montieren und mit 20 Nm festziehen.

12. Kurbelwellenfixierschraube ausdrehen.

12.1. Je nach Typ entweder mit der Kupferscheibe 8x14x3 wieder eindrehen oder die Verschlussschraube mit Kupferscheibe 8x12x1 eindrehen. Mit 25 Nm festziehen.

Wichtig: Drehen Sie jetzt den Motor einige Male mit dem auf die Kurbelwelle aufgesetzten Schlüssel (Bild 1) langsam durch und prüfen so, ob sich alles frei dreht und die Steuerzeiten stimmen, also keine Ventile anstehen!

Wenn alles ok ist, den Kolben wieder auf OT stellen (siehe Anfang dieses Kapitels unter «Zylinderkopf abbauen«. Dann wechseln Sie bitte zum Kapitel 24 »Kühlsystem«, letzten Absatz »Wasserpumpe einbauen« auf Seite 148 und bauen den Motor komplett zusammen. Auspuff anbauen siehe Kapitel 22 »Auspuffanlage«.

Zylinderkopf prüfen

Wird ein Viertaktmotor zu heiß, weil z. B. die Kühlung ungenügend war (z. B. zu geringer Kühlmittelstand, Kühlung ausgefallen, langsame Fahrt in tiefem Sand oder Schlamm über lange Zeit), kann die Zylinderkopfdichtung durchbrennen. Den Ab- und Aufbau des Zylinderkopfs zum Einbau einer neuen Zylinderkopfdichtung haben wir hier in diesem Kapitel schon beschrieben.

Wenn der Zylinderkopf abgebaut ist, muss er vermessen und geprüft werden.

Bilder 16 bis 24 auf der vorherigen und 25 bis 30a auf dieser Seite: Im Lauftext sind die zu den Bildern gehörenden Arbeitsschritte nummeriert beschrieben.

Bild 25

Bild 26

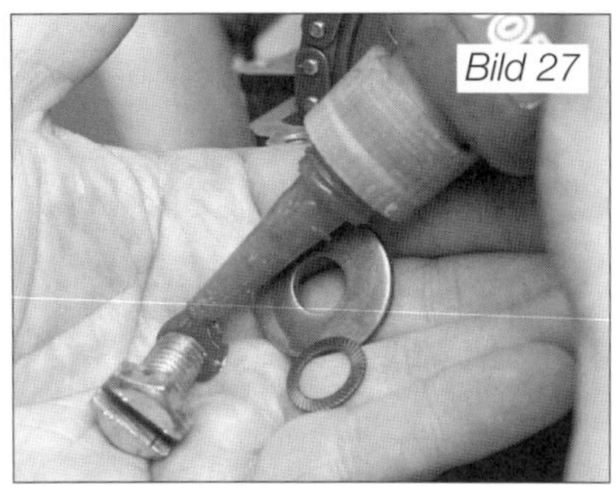
Bild 27

Bild 28

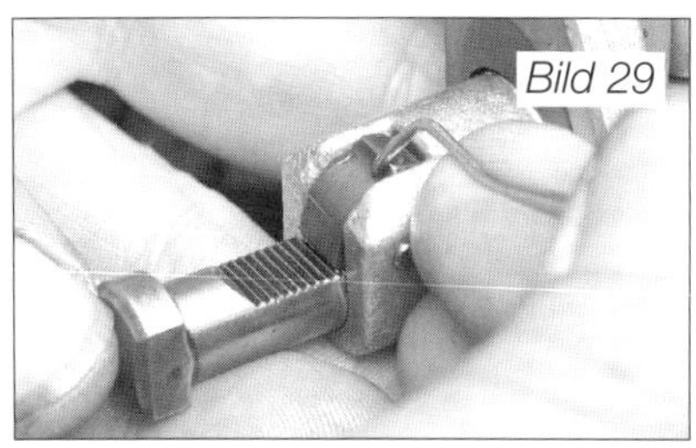
Bild 29

Bild 30

Bild 30a

Sichtprüfung Messen

Bilder 31 bis 37 auf dieser und 38 bis 42 auf der nächsten Seite: Im Lauftext sind die zu den Bildern gehörenden Arbeitsschritte nummeriert beschrieben.

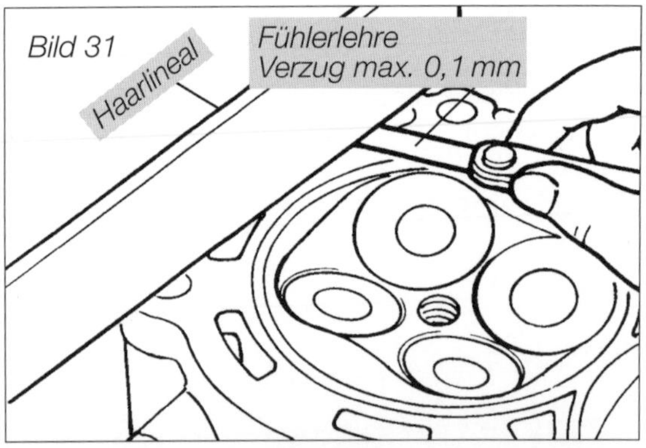

Bild 31

Bild 32

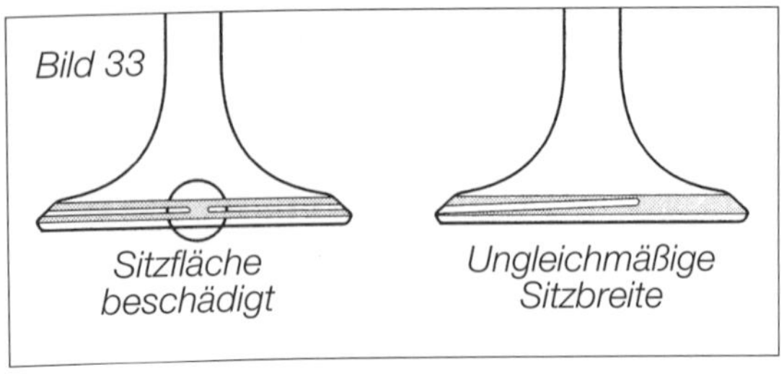

Bild 33

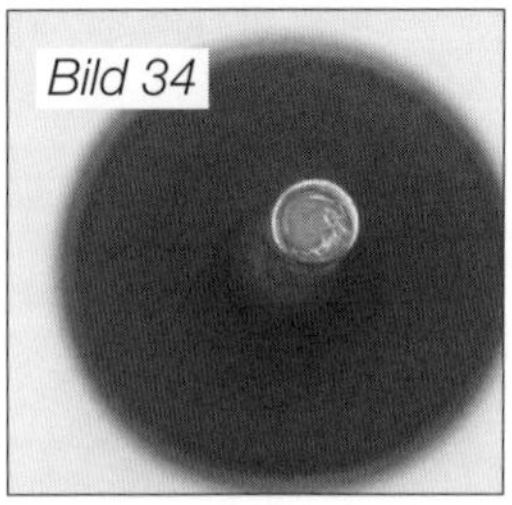

Bild 34

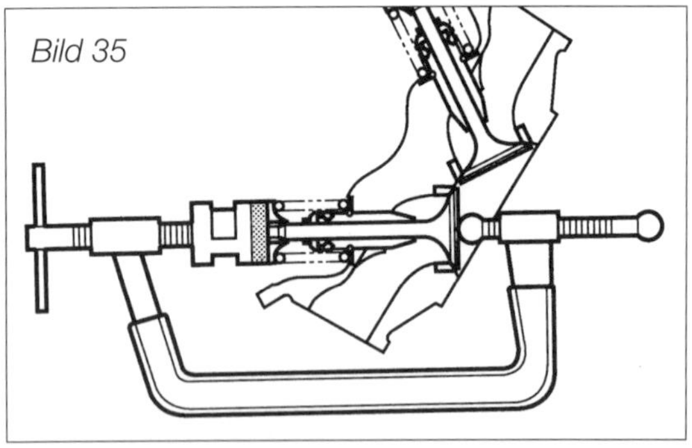

Bild 35

Bild 36

Bild 37

Zylinderkopf prüfen

1. Dichtfläche mit einem Haarlineal auf Ebenheit prüfen (Bild 31). Plan- und Dichtflächen müssen dazu absolut fettfrei und sauber sein.

1.1. Maximal zulässiger Verzug 0,1 mm.

■ Eine verzogene Dichtfläche kann in einer Dreherei oder Fräserei geplant werden.

2. Dichtheit des Ventilsitzes bei eingebautem Ventil überprüfen: Zylinderkopf so halten, dass das zu prüfende Ventil senkrecht steht, Kraftstoff in den Ein- oder Auslasskanal gießen: Am Ventilsitz darf nichts auslaufen.

3. Schließt ein Ventil nicht einwandfrei dicht ab (Bild 32) muss der Ventilsitz nachgearbeitet (»geläppt«) werden. Es ist zu empfehlen, alle Ventile auszubauen und alle Ventilsitze nachzuläppen.

4. Genügt ein Einläppen nicht, weil der Ventilsitz zu stark eingeschlagen oder das Ventil beschädigt ist (Bild 33), muss das Ventil entweder erneuert, seine Dichtfläche überschliffen und der Ventilsitz nachgefräst oder ein neuer Ventilsitzring eingebaut werden.

5. Wenn ein Ventilkopf eingeschlagen ist (Bild 34), etwa weil der Motor längere Zeit mit zu weitem Ventilspiel gefahren wurde, muss nicht nur das (möglicherweise einzige defekte) Ventil, sondern alle erneuert werden.

6. Wenn im Extremfall ein Zylinderkopf gerissen ist, kann er, je nach Art des Schadens, geschweißt werden. Solche Arbeiten kann ein Spezialbetrieb durchführen (KTM-Händler fragen).

Ventile aus- und einbauen

Dazu wird das Spezialwerkzeug »Ventilfederspanner« (Bild 35) benötigt.

1. Zylinderkopf auf weicher Unterlage ablegen.

2. Ventilfederspanner ansetzen:

■ Gegenhalter am Ventilteller ansetzen.

■ Ventilfederaufsatz auf den Ventilfederteller.

3. Feder zusammendrücken, Ventil gegenhalten, Ventilkeile mit Magnet entnehmen (Bilder 36 und 37), Ventil herausziehen.

Wichtig: Gleich nach dem Ausbau eines Ventils dieses mit einem ölfesten Stift markieren, damit man beim Zusammenbau weiß, wo welches Ventil wieder eingebaut werden muss.

Beim Einbau des Ventils jeden Ventilkeil mit etwas Fett auf einen Schraubenzieher kleben und in den Sitz des Ventiltellers einsetzen, dann den Ventilspanner langsam entlasten.

■ Darauf achten, dass die Keile richtig einrasten.

Wenn die Ventile ausgebaut sind, sollen die Ventilschäfte und die Ventilführungen vermessen werden. Die dazu nötigen Messwerkzeuge wie Mikrometerschraube, Innentaster oder Grenzlehrdorn sind in den meisten Hobbywerkstätten nicht vorhanden. Geben Sie das Vermessen des Zylinderkopfs sowie eventuelles Wechseln von Ventilsitzringen und Ventilführungen beim KTM-Händler oder einer Motoren-Fachwerkstatt in Auftrag.

Ventile einschleifen

Für diese Arbeit werden benötigt:

- Ventileinschleifer, das ist ein Holzstab mit Saugnapf (Bild 41).
- Ventilschleifpaste in den Körnungen grob, mittel und fein. Für ein leichtes Einschleifen genügt die Feine. Sind die Ventile deutlich undicht, beginnt man mit der Groben, dann die Mittlere und zum Finish die Feine.

Ventile reinigen

Bevor man ein Ventil einschleift, müssen die Verbrennungsrückstände an Ventilteller und Ventilschaft entfernt werden. Das Ventil mit einem Schleifkissen reinigen (Bild 38), nicht mit einer Stahlbürste oder einem scharfen Schaber.

Ausnahme: Um groben Dreck zu entfernen, das Ventil in eine Bohrmaschine einspannen und mit feinem Schmirgelpapier sauber schleifen.

Achtung: Ventilschaft nicht im Bereich der Ventilführung schleifen (Bild 39), diesen Bereich vorher mit Klebestreifen abgrenzen.

Ventil einschleifen

Zylinderkopf so ablegen, dass die Ventilführung senkrecht steht (Bild 41).

1. Eine Fingernagelspitze Schleifpaste auf die Sitzfläche des Ventils geben (Bild 40) und etwas Öl auf den Ventilschaft auftragen.

2. Ventil einführen und mit gleichzeitiger Hub- und Drehbewegung den Ventilsitz gleichmäßig einschleifen (Bild 41).

3. Immer wieder zwischendurch die Sitzfläche reinigen und das Tragbild ansehen. Ein gut eingeschliffener Ventilsitz hat eine gleichmäßig matte, graue Oberfläche (Bild 42).

Zur endgültigen Kontrolle, ob der Ventilsitz dicht ist, eine Flüssigkeitskontrolle durchführen, wie unter »Zylinderkopf prüfen« erklärt.

- Wenn der Ventilsitz dicht ist, läuft keine Flüssigkeit durch. Wenn doch, muss das Einschleifen wiederholt werden.

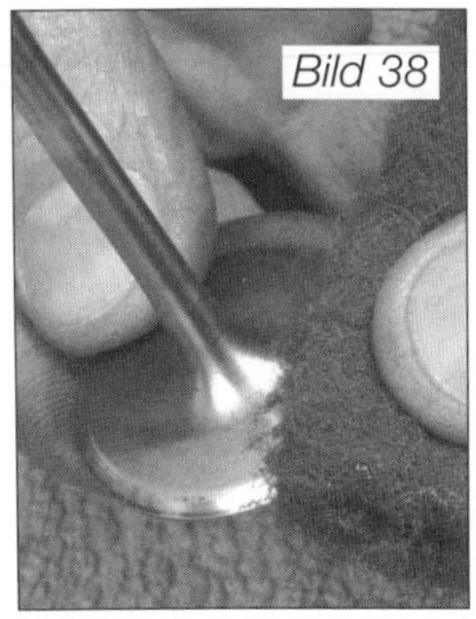
Bild 38

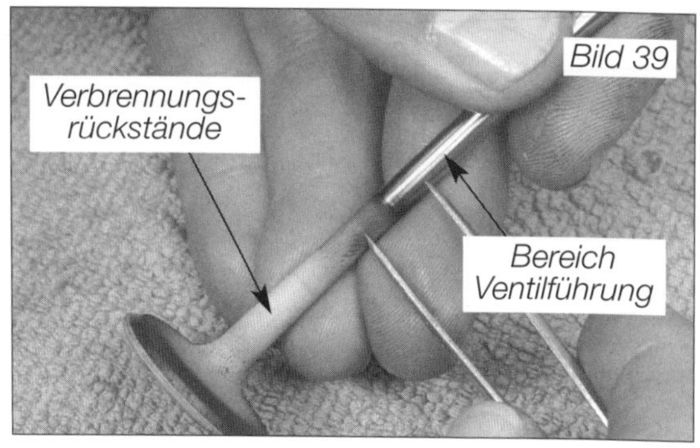

Bild 39

Wenn das Ventil auch durch erneutes Einschleifen nicht dicht wird, oder der Sitzring keine gleichmäßige Sitzfläche bekommt, ist vermutlich der Sitzring verzogen und damit defekt. Das Auswechseln eines Sitzringes ist eine Arbeit für die Fachwerkstatt.

Bild 40

Tipp: Fragen Sie dazu einen KTM-Händler, er hat mit einer solchen Beurteilung genügend Erfahrung, denn in manchen Fällen kann eine leichte Undichtigkeit akzeptiert werden.

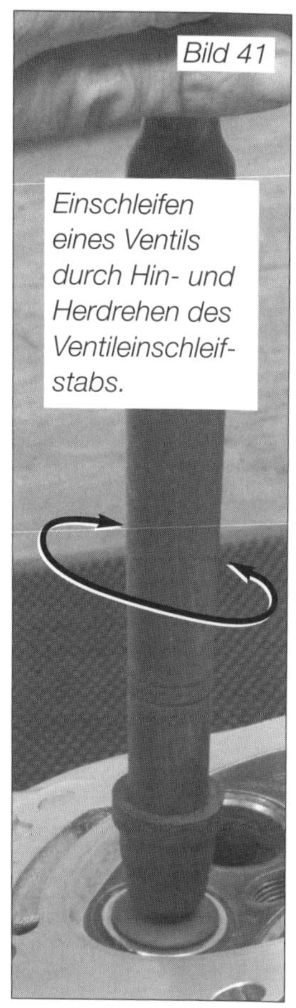

Bild 41

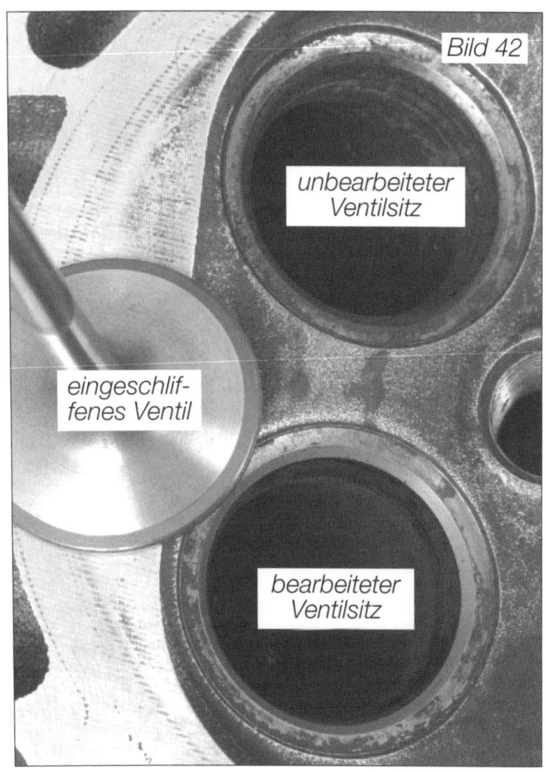

Bild 42

Störungssuche

In diesem Kapitel: Störungssuche in Motor, Kraftübertragung, Fahrwerk, Elektrik, Beleuchtungsanlage.

Wenn Ihre KTM Enduro oder Supermoto heftige Mucken zeigt, kann der folgende Text helfen, Fehler aufzuspüren. Sorgfältig Punkt für Punkt durchgelesen ist er eine gute Hilfe bei der Störungssuche.

Wenn Sie in den Text einsteigen, werden Sie feststellen, dass sich einige Textpassagen unter »Mögliche Gründe« bei verschiedenen Fehlerursachen wiederholen. Dies hat seinen Grund darin, dass sich mögliche Fehlerquellen verzahnen können und eine Negativkette bilden.

Beispiel: Wenn ein Motor nach Durchführung einer Wartungsarbeit nicht mehr anspringt, können folgende Fehler zusammenkommen: zu wenig Benzin im Tank, Sprit- und Entlüftungsleitungen nicht richtig angeschlossen und Zündkerze gibt keinen Funken ab, weil der Zündkerzenstecker nicht richtig aufgesteckt ist. Oder bei einem Fehler in der Motorelektronik kann irgendwo ein Kabel durchgescheuert oder gebrochen sein, das man nicht auf Anhieb sieht. Dann ist der Elektrospezialist gefragt, der alle Kabel und Steckplätze mit Spezialgeräten durchmisst.

Sollte an Ihrer Maschine ein Elekto-»Fips« auftauchen und Sie haben keine elektrischen Kenntnisse, dann konsultieren Sie bitte zuerst einen KTM-Händler oder einen entsprechenden Kraftfahrzeug-Elektrodienst (z. B. »Bosch Dienst«), bevor Sie zu Elektrozange und Lötkolben greifen und den Kabelbaum bearbeiten. In diesem Sinne: Frohes Fehlersuchen!

Motor

Fehler: Motor wird vom Elektrostarter durchgedreht, springt aber nicht an

Mögliche Ursachen:

- kein Kraftstoff im Tank
- Benzinhahn geschlossen: öffnen bzw. auf »Reserve« stellen
- Kraftstoff verunreinigt oder von schlechter Qualität
- Kraftstoff gelangt nicht in den Vergaser → *Kapitel* 6 21
- Kraftstofffilter/-schlauch verstopft → *Kapitel* 6 21
- Kraftstoff gelangt nicht in den Ansaugtrakt → *Kapitel* 21
- Motor mit Kraftstoff überflutet (»ersoffen«) → *Kapitel* 6 21
- kein Funke an der Zündkerze → *Kapitel* 18
- Luftfilter zugesetzt → *Kapitel* 20
- Zünd-/Motorelektronik defekt → *Kapitel* 19 34
- Kompression zu niedrig: Zündkerze lose, Kolbenringe verschlissen, Ventile blasen durch, Zylinderkopfdichtung defekt → *Kapitel* 19 29
- Wasser im Vergaser, Düsen verstopft → *Kapitel* 21

Bild 1

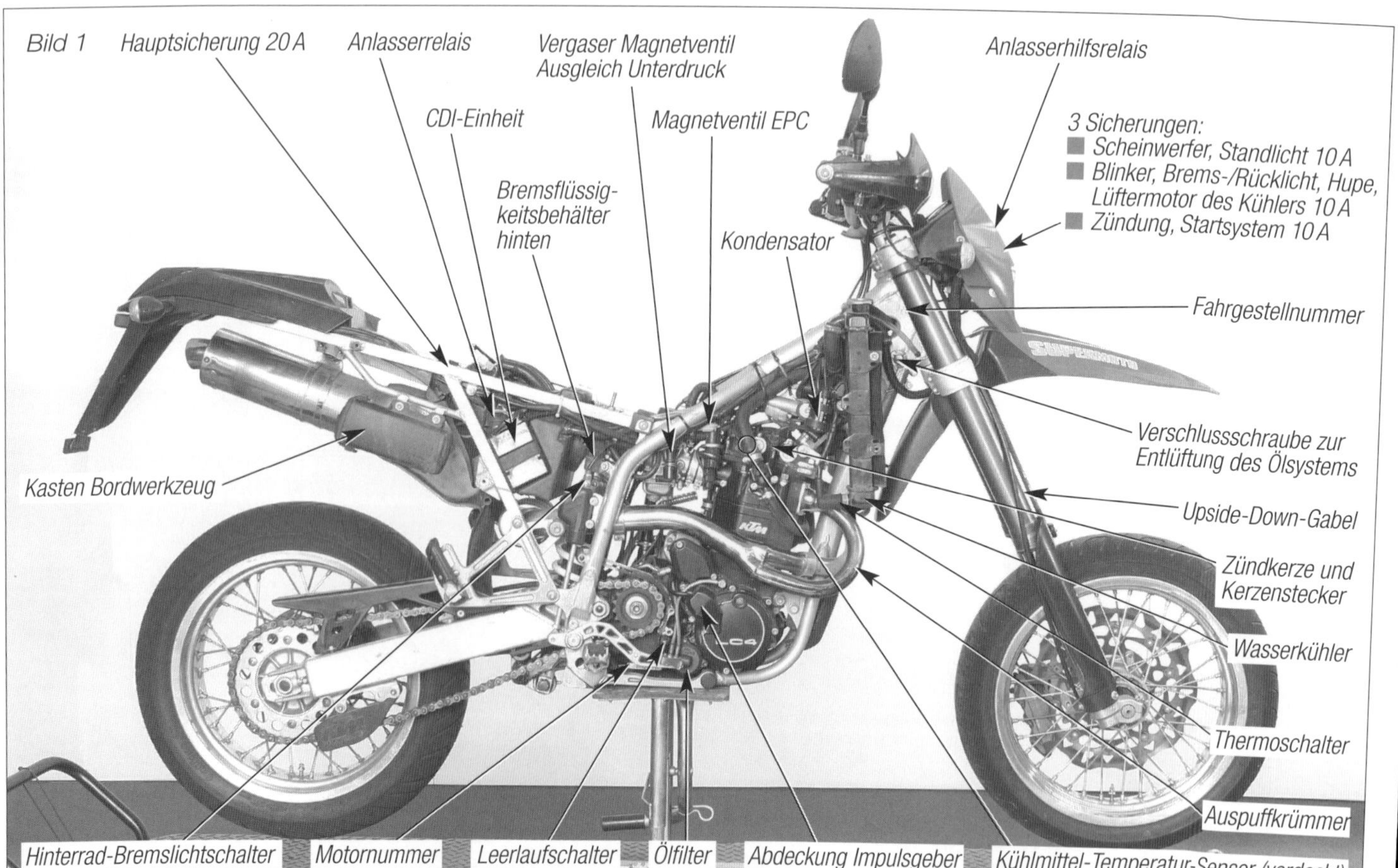

- Steckverbinder von CDI-Einheit, Impulsgeber oder Zündgeber defekt → Kapitel 19 34
- Seitenständer ausgeklappt oder defekt → Kapitel 6
- Zündkerzenstecker oder Zündkerze defekt → Kapitel 18

Fehler: Elektrostarter dreht nicht durch
Mögliche Ursachen:
- Batteriespannung zu niedrig → Kapitel 16
- Schlechter Kontakt im Anlasserknopf → Kapitel 27
- Störung am Anlassersperr- (Not-Aus-) Schalter → Kapitel 27
- Anlasser schadhaft → Kapitel 27
- Startrelais/Anlassersicherung defekt → Kapitel 27 34

Fehler: Motor springt schlecht an, geht sofort aus
Mögliche Ursachen:
- Kraftstoff verschmutzt: Dreck im Tank, in den Kraftstoffleitungen, im Vergaser → Kapitel 6 21
- Motorsteuergerät defekt → Kapitel 19
- Leerlaufdrehzahl falsch eingestellt (zu niedrig) → Kapitel 21
- Tankentlüftungsschlauch geknickt/verstopft → Kapitel 6
- Startventil (Choke) hängt → Kapitel 21
- Falschluft wird angesaugt: z. B. Vergaser, Drosselklappenkörper oder Ansaugstutzen lose → Kapitel 21
- Zündanlage hat Unterspannung → Kapitel 19
- Zündkerze defekt: falscher Elektrodenabstand, Kerze hat Massenschluss → Kapitel 18

- Anschlusskabel oder Verbindungsstecker der Zündspule beschädigt: in sich gebrochen, Kerzenstecker ist nicht richtig auf die Zündkerze aufgesteckt → Kapitel 18 19

Fehler: Unrunder Leerlauf
Mögliche Ursachen:
- Ventilspiel nicht korrekt: zu weit oder zu eng → Kapitel 28
- Zündsystem defekt → Kapitel 19
- Zündkerze defekt: zu geringer oder zu großer Elektrodenabstand, Kerze hat Massenschluss → Kapitel 18
- Zündkerzenstecker bzw. Zündspule hat keinen richtigen Kontakt zu den Zündkerzen → Kapitel 18 19
- Motorsteuergerät (EPC) defekt → Kapitel 19
- Benzinstand im Vergaser zu hoch → Kapitel 21
- Leerlauf falsch eingestellt → Kapitel 21
- Kraftstoff verschmutzt: Dreck im Tank, in den Kraftstoffleitungen, im Vergaser → Kapitel 6 21

Fehler: Ruckeln/Zündaussetzer beim Beschleunigen
Mögliche Ursachen:
- Kraftstoff verschmutzt: Dreck im Tank, in den Kraftstoffleitungen, im Vergaser → Kapitel 6 21
- Zündkerze: falscher Elektrodenabstand oder Wärmewert → Kapitel 18
- Kerzenstecker nicht richtig angebracht → Kapitel 18
- Zündkerzenstecker schlägt durch → Kapitel 18

Bild 2

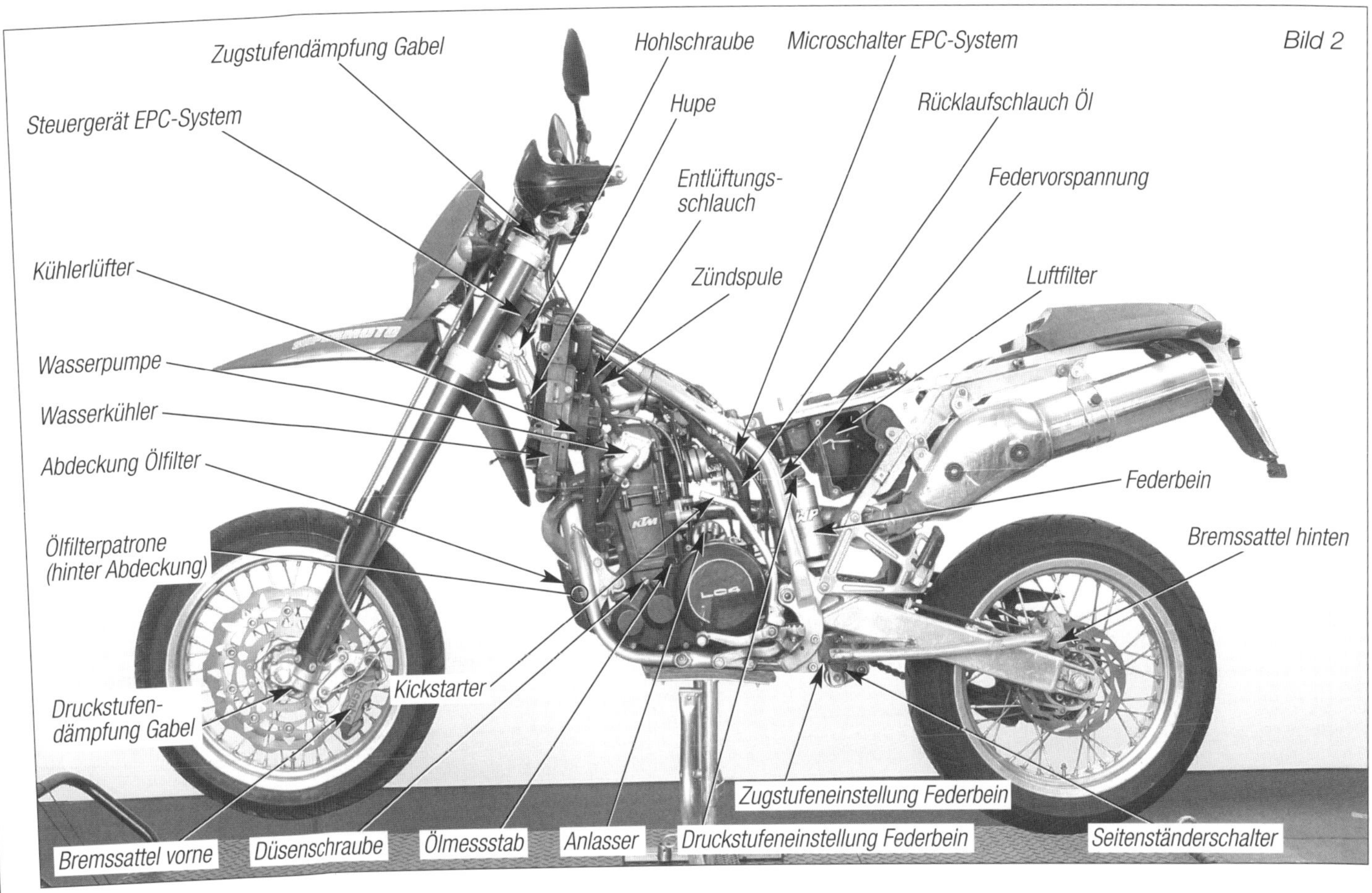

- Feuchtigkeit bzw. Kontaktproblem in den Steckverbindungen der Motorelektrik → *Kapitel* 19
- Vergaser falsch eingestellt → *Kapitel* 21
- Schwimmernadelventil undicht → *Kapitel* 21
- Schwimmer undicht → *Kapitel* 21
- Chokeseilzug hat kein Spiel → *Kapitel* 21
- Membrane des Gasschiebers defekt → *Kapitel* 21
- Undichtigkeiten am Vergaser → *Kapitel* 21
- lockere Vergaserdüsen → *Kapitel* 21

Fehler: Motor patscht, produziert Fehlzündungen
Mögliche Ursachen:
- Zündsystem defekt → *Kapitel* 19
- falscher Elektrodenabstand der Zündkerze → *Kapitel* 18
- Sicherung defekt → *Kapitel* 34
- Luftfilterkastenanschlüsse Nebenluft (Falschluft) → *Kapitel* 20 21
- Ansaugstutzen rissig, gebrochen, lose bzw. nicht richtig befestigt (Falschluft) → *Kapitel* 21

Fehler: Motor hat keinen Leerlauf
Mögliche Ursachen:
- Leerlaufdüse verstopft → *Kapitel* 21
- Zündkerze oder Zündanlage defekt → *Kapitel* 18 19
- Einstellschrauben am Vergaser falsch eingestellt → *Kapitel* 21

Fehler: Geringe Leistung und hoher Verbrauch
Mögliche Ursachen:
- Luftfilter verdreckt, Luftansaugsystem verstopft → *Kapitel* 20
- Zündsystem defekt → *Kapitel* 19
- Motorsteuergerät defekt → *Kapitel* 19 34
- Schwimmer undicht → *Kapitel* 21
- Membrane des Gasschiebers defekt → *Kapitel* 21
- Ventilspiel zu gering → *Kapitel* 28
- Handdekompressionsseilzug zu knapp eingestellt

Fehler: Motor zieht nicht richtig, wird zu heiß
Mögliche Ursachen:
- zu wenig Kühlflüssigkeit im Kühlsystem, Kühlgebläse schaltet nicht ein → *Kapitel* 24
- Kühlerlamellen stark verschmutzt → *Kapitel* 24
- Thermoschalter defekt → *Kapitel* 24
- Schaumbildung im Kühlsystem → *Kapitel* 24
- Kolben im Zylinder hatte einen Klemmer, Motor läuft aber dennoch → *Fachwerkstatt*
- Kraftstoffleitung gequetscht, eingeklemmt → *Kapitel* 6
- Tankbelüftung verstopft, Belüftungsschlauch geknickt oder eingeklemmt → *Kapitel* 6
- Bremse klemmt, gibt Bremse nicht frei, Rad dreht deswegen schwergängig → *Kapitel* 9

Fehler: Motor zieht nicht, raucht aus dem Auspuff
Mögliche Ursachen:
- zu fettes Gemisch: Luftfilter verdreckt, Motorsteuergerät arbeitet nicht richtig, Ölabstreifringe/Kolbenringe lassen Öl in den Verbrennungsraum durch → *Kapitel* 19 20 29

KÜHLSYSTEM

Fehler: Motortemperatur zu hoch
Mögliche Ursachen:
- Luft-Kraftstoff-Gemisch zu mager → *Kapitel* 20 21
- Falschluftansaugung im Ansaugsystem → *Kapitel* 21
- Kühlsystem-Thermostat öffnet zu früh → *Kapitel* 24
- zu wenig Kühlmittel im Kühlsystem → *Kapitel* 24
- Leitungen im Kühlsystem verstopft → *Kapitel* 24
- Luft im Kühlsystem → *Kapitel* 24
- Kühler außen verschmutzt → *Kapitel* 24
- Wasserpumpe defekt → *Kapitel* 24
- Thermostat hängt in geschlossener Stellung → *Kapitel* 24
- Temperaturanzeige defekt → *Kapitel* 24
- Kühlerventilatormotor defekt → *Kapitel* 24
- Kühlerventilator-Thermoschalter defekt → *Kapitel* 24
- Schaumbildung im Kühlsystem → *Kapitel* 24
- Kühlerschlauch geknickt → *Kapitel* 24
- Sicherung des Lüfters defekt → *Kapitel* 24 34
- zu wenig Öl im Motor → *Kapitel* 23
- Ölpumpe defekt oder Ölkreislauf verstopft → *Kapitel* 23
- starke Ölkohleablagerung im Brennraum → *Kapitel* 29

Fehler: Motortemperatur zu niedrig
Mögliche Ursachen:
- Temperaturanzeige defekt → *Kapitel* 24
- Thermostat hängt in geöffnetem Zustand → *Kapitel* 24

Fehler: Kühlsystem leckt
Mögliche Ursachen:
- zu viel Kühlflüssigkeit → *Kapitel* 24
- Wasserpumpe defekt → *Kapitel* 24
- Schlauchverbinder/Schlauchklemme gelockert → *Kapitel* 24
- Kühlerschlauch schadhaft → *Kapitel* 24
- Kühlsystem-Verschlussdeckel defekt → *Kapitel* 24
- Zylinderkopfdichtung defekt → *Kapitel* 29

SCHMIERSYSTEM

Fehler: Ölstand zu niedrig, hoher Ölverbrauch
Mögliche Ursachen:
- zu wenig Öl im Motor → *Kapitel* 23
- Öl läuft aus, Dichtungen lassen Öl durch → *Kapitel* 23
- Zylinder, Kolbenringe und/oder Ölabstreifringe verschlissen, gebrochen oder falsch eingebaut → *Fachwerkstatt*
- Öl wird durch Überdruck im Motorgehäuse aus der Entlüftung gedrückt: verschlissene Kolbenringe, Ventilführungen oder Ventilschaftdichtungen → *Fachwerkstatt*

Fehler: Öl stark verschmutzt oder emulgiert
Mögliche Ursachen:
- Öl oder Ölfilter nicht rechtzeitig gewechselt → *Kapitel* 23
- Zylinderkopfdichtung schadhaft → *Kapitel* 29
- Kolbenringe verschlissen → *Fachwerkstatt*
- Ventilführungen/Schaftdichtungen verschlissen → *Kapitel* 29
- Kühlwasser im Öl: Leck im Kühlsystem → *Kapitel* 23 24 29

Fehler: Öldruck zu niedrig
Mögliche Ursachen:
- Ölstand zu niedrig → *Kapitel* 23
- zu wenig oder falsches Öl im Motor → *Kapitel* 23
- Ölpumpe beschädigt → *Kapitel* 23

Fehler: Öldruck zu hoch
Mögliche Ursachen:
- Ölfilter bzw. Ölkreislauf verstopft → *Kapitel* 23
- falsche Ölviskosität (zu dickes Öl) → *Kapitel* 23

Fehler: Kein Öldruck
Mögliche Ursachen:
- Ölstand zu niedrig → *Kapitel* 23
- Ölpumpe defekt → *Kapitel* 23
- motorinternes Ölleck → *Fachwerkstatt*

Fehler: Ölverbrauch zu hoch
Mögliche Ursachen:
- Entlüftungsschlauch geknickt → *Kapitel* 23
- zu dünnflüssiges Motoröl → *Kapitel* 23
- falsche Ölviskosität → *Kapitel* 23

ZYLINDER, KOLBEN, ZYLINDERKOPF UND VENTILE

Fehler: Zu niedrige oder ungleichmäßige Kompression, schlechtes Anspringen oder geringe Leistung bei niedrigen Drehzahlen
Mögliche Ursachen:
- Ventile falsch eingestellt (zu wenig Spiel) → *Kapitel* 28
- Ventileinstellschraube lose, verschlissen → *Kapitel* 28
- Kipphebel verschlissen → *Fachwerkstatt*
- Ventilsitze verbrannt, Ventil verbogen, sitzt fest → *Kapitel* 29
- falsche Ventilsteuerzeiten durch Montagefehler → *Kapitel* 29
- Nockenwelle defekt, abgenutzt → *Kapitel* 29
- Ventilfeder gebrochen → *Kapitel* 29
- Zylinderkopfdichtung undicht → *Kapitel* 29
- Zylinderkopf verzogen oder gerissen → *Kapitel* 29
- Ventilsitze undicht, Führungen ausgeschlagen → *Kapitel* 29
- Zylinder oder Kolben verschlissen → *Fachwerkstatt*
- Kolbenringe verklebt, verschlissen, gebrochen → *Fachwerkstatt*

Fehler: Zu hohe Kompression, Überhitzen oder Klopfen
Mögliche Ursachen:
- übermäßige Ölkohleablagerung an der Kolbenoberseite oder im Brennraum → *Kapitel* 29

Fehler: Starke Geräuschentwicklung
Mögliche Ursachen:
- Ventile falsch eingestellt: zu viel Spiel → *Kapitel* 28
- Ventilfeder gebrochen, ermüdet → *Kapitel* 29
- Nockenwelle beschädigt → *Kapitel* 29
- Nockenwellenkette lose, verschlissen → *Kapitel* 29
- Steuerkettenspanner defekt → *Kapitel* 29
- Zylinder und/oder Kolben verschlissen → *Fachwerkstatt*
- Kolben gebrochen → *Fachwerkstatt*
- Kolbenbolzen oder Kolbenbolzenbohrung verschlissen → *Fachwerkstatt*
- Pleuellager verschlissen, Pleuel verbogen → *Fachwerkstatt*
- Kurbelwellenhaupt- oder Getriebelager verschlissen → *Fachwerkstatt*

Fehler: Starke Rauchentwicklung
Mögliche Ursachen:
- zu viel Motoröl im Motor, wird über die Motorentlüftung in den Luftfilterkasten gedrückt und dort wieder angesaugt → *Kapitel* 20 23
- Zylinder oder Kolben verschlissen → *Fachwerkstatt*
- Kolbenring(e) verschlissen, gebrochen, keine Spannung mehr oder falsch montiert → *Fachwerkstatt*
- Kolben oder Zylinderwand mit Riefen oder Schrammen → *Fachwerkstatt*
- Ventilführungen oder Ventilschäfte abgenutzt → *Kapitel* 29
- Ventilschaftdichtung(en) defekt → *Kapitel* 29

Fehler: Motor überhitzt
Mögliche Ursachen:
- starke Ölkohleablagerung im Brennraum → *Kapitel* 29
- zu wenig Öl im Motor → *Kapitel* 23
- zu wenig Kühlflüssigkeit → *Kapitel* 24

Kraftübertragung

Fehler: Antrieb rutscht beim Beschleunigen durch
Mögliche Ursachen:
- Graphit- oder Molybdänzusatz im Öl → *Kapitel* 23
- Kupplungsbeläge verschlissen, abgenutzt oder ausgebrochen → *Kapitel* 25
- Kupplungsfedern ermüdet → *Kapitel* 25
- Kupplungs-Scheibe(n) verzogen, verschlissen → *Kapitel* 25

Fehler: Kupplung rückt nicht aus
Mögliche Ursachen:
- Kupplungsscheibe(n) verzogen → *Kapitel* 25
- Kupplungs-Ausrückmechanismus defekt → *Kapitel* 25

Fehler: Antrieb rupft
Mögliche Ursachen:
- Kupplungsscheiben-Klauen eingeschlagen → *Kapitel* 25
- Kupplungsreibscheiben-Belag ausgebrochen, verbrannt → *Kapitel* 25

Fehler: Motorrad ruckelt bei langsamer Fahrt, unregelmäßiges Geräusch der Kette
Mögliche Ursachen:
- Kette verzogen, unregelmäßig gelängt → *Kapitel* 10
- Lager im Antrieb ausgeschlagen → *Kapitel* 10
- Hinterradlager ausgeschlagen → *Kapitel* 8

Fehler: Motorrad schiebt sich schwer, dabei knackendes Geräusch
Mögliche Ursachen:
- Getriebelager defekt → *Fachwerkstatt*
- Radlager defekt → *Kapitel* 8
- Achse verbogen → *Kapitel* 8
- Bremsen defekt: Bremskolben festgefressen, Bremsbeläge in den Bremssätteln nicht freigängig → *Kapitel* 9

Fahrwerk

LENKUNG UND FRONTPARTIE

Fehler: Lenkung schwergängig
Mögliche Ursachen:
- Reifenluftdruck zu niedrig → *Kapitel* 7
- Bowdenzüge oder Kabel falsch verlegt → *Kapitel* 4 6
- starke Verschmutzung im Bereich des Lenkkopflagers → *Kapitel* 12 13
- Fremdteile im Bereich Gabel, Gabelbrücken, Lampenmaske → *Kapitel* 13
- Lenkkopflager zu fest angezogen → *Kapitel* 12
- Lenkkopflager schadhaft, z. B. Lagerrollen in Sitz eingeschlagen oder gebrochen → *Kapitel* 12

Fehler: Motorrad zieht nach einer Seite
Mögliche Ursachen:
- Gabelbeine verzogen/ungleich eingestellt → *Kapitel* 13
- Gabelstandrohr(e) und/oder Tauchrohr(e) verbogen → *Kapitel* 13
- Vorderachse verbogen → *Kapitel* 8 13
- Rad falsch eingebaut → *Kapitel* 8
- Lenkkopflager defekt → *Kapitel* 12
- Rahmen verzogen → *Fachwerkstatt*
- Radlager ausgeschlagen → *Kapitel* 8
- Schwingenlager verschlissen → *Kapitel* 14
- Hinterradschwinge verbogen, Hinterrad läuft aus der Spur → *Kapitel* 14 8

Fehler: Vorderrad flattert
Mögliche Ursachen:
- Rad verzogen, hat zu viel Seitenschlag (»eiert«) → *Kapitel* 8
- Vorderradlager ausgeschlagen, defekt (Kugeln gebrochen) → *Kapitel* 8
- Reifen falsch montiert, sitzt nicht richtig in der Felge (»eiert«), Laufrichtung nicht beachtet → *Kapitel* 7
- Reifen defekt oder unwuchtig → *Kapitel* 7
- Tauchrohre der Gabel zueinander verspannt/verklemmt, Gabel kann nicht federn → *Kapitel* 13
- Lenkkopf, Achse und Klemmschrauben lose → *Kapitel* 12 13

TELEGABEL UND FEDERUNG

Fehler: Federung zu weich
Mögliche Ursachen:
- Gabeltragfedern ermüdet → *Kapitel* 13
- zu wenig Gabelöl/falsche Viskosität (zu dünnes Öl) → *Kapitel* 13
- zu geringer Reifendruck → *Kapitel* 7

Fehler: Federung zu hart
Mögliche Ursachen:
- Gabelbeine verbogen/verzogen (deutet auf Unfall/Sturz hin) → *Kapitel* 13
- Gabelöl: zu viel, zu dick → *Kapitel* 13
- Gabeldämpfung verstopft → *Kapitel* 13
- zu hoher Reifendruck → *Kapitel* 7
- Vorderradachse verbogen → *Kapitel* 8
- Gabelbeine in den Gabelbrücken verspannt → *Kapitel* 13

Fehler: Geräusche beim Einfedern
Mögliche Ursachen:
- Bowdenzug knarzt an Kante (falsch verlegt) → *Kapitel* 4
- Gabelgleitrohre/Führungsbuchsen abgenutzt → *Kapitel* 13
- zu wenig Gabelöl → *Kapitel* 13
- Vorderradgabel-Anbauteile lose: Gabelbrücken, Kotflügel, Vorderachse → *Kapitel* 13
- Gabelinnereien lose, gebrochen → *Kapitel* 13

RÄDER

Fehler: Trommeln oder seitliches Flattern des Rades
Mögliche Ursachen:
- Felge verzogen, starker Seitenschlag (»eiert«) → *Kapitel* 8
- Reifen defekt oder unwuchtig → *Kapitel* 7
- zu geringer Reifendruck → *Kapitel* 7
- Reifen sitzt nicht richtig in der Felge → *Kapitel* 7
- Radschrauben und Muttern lose → *Kapitel* 8
- Radlager gebrochen, Lagersitz ausgeschlagen → *Kapitel* 8
- Schwingenlagerung lose, zu viel Axial- oder Radialspiel, Lagerbuchsen defekt → *Kapitel* 14

Fehler: Rad schwergängig
Mögliche Ursachen:

- Radlager defekt → *Kapitel* 8
- Achse verbogen → *Kapitel* 8
- Bremse schleift → *Kapitel* 9

VORDERRADBREMSE

Fehler: Schlechte Bremsleistung
Mögliche Ursachen:

- Luft im Hydrauliksystem → *Kapitel* 9
- Bremssystem undicht → *Kapitel* 9
- Bremsklötze abgenutzt, verschmutzt, verglast → *Kapitel* 9
- Bremsscheibe verschmutzt, riefig oder »geschirmt«: durch Überhitzung tellerförmig aufgeworfen → *Kapitel* 9
- Bremsscheibe wegen undichtem Radlager-Simmerring mit Fett verschmiert → *Kapitel* 9
- Kolben im Bremssattel schwergängig → *Kapitel* 9
- Bremskolben-Dichtringe im Bremssattel gebrochen, gequollen, verschlissen → *Kapitel* 9

Fehler: Bremshebel wippt, pumpt, pulsiert (»Bremse rubbelt«)
Mögliche Ursachen:

- Bremsscheibe hat zu viel Seitenschlag (»eiert«) → *Kapitel* 9
- Bremsscheibe unterschiedlich dick (ab 2/100 mm können Probleme auftreten) → *Kapitel* 9
- Bremsscheibe verzogen, gerissen → *Kapitel* 9
- Bremsscheiben-Befestigungsschrauben lose → *Kapitel* 9
- Bremskolben im Bremssattel einseitig fest → *Kapitel* 9
- Bremsbelag falsch, Trägerplatte zu klein, zu viel Spiel im Bremssattel → *Kapitel* 9

Fehler: Bremse schleift
Mögliche Ursachen:

- Bremsbelag/Bremsscheibe verschmutzt → *Kapitel* 9
- Rad nicht korrekt eingebaut → *Kapitel* 8
- Bremsschlauch bzw. Hydrauliksystem verstopft → *Kapitel* 9
- Bremsscheibe verzogen oder verformt → *Kapitel* 9
- Bremskolben abgenutzt oder hängt im Bremssattel → *Kapitel* 9
- Bremskolben im Bremssattel einseitig fest → *Kapitel* 9

Fehler: Nachlassende Bremswirkung unter starker Belastung (z. B. bei Passabfahrten), Hebelweg wird länger, Bremse wird »teigig«
Mögliche Ursachen:

- Bremsflüssigkeit überaltert, sie »kocht sich auf« → *Kapitel* 9
- Bremsbeläge schräg/total abgenutzt → *Kapitel* 9
- Bremsbeläge ausgebrochen oder von der Trägerplatte gerissen → *Kapitel* 9

Fehler: Bremse quietscht, hat zu wenig Bremsleistung
Mögliche Ursachen:

- Bremsbeläge verölt, verglast oder abgenutzt → *Kapitel* 9
- Bremsbeläge im Bremssattel fest: verschmutzt, falsche Beläge mit zu großer Trägerplatte → *Kapitel* 9
- Bremsbelagplatte zu groß, zu wenig Seitenspiel → *Kapitel* 9
- Bremskolben im Bremssattel festgefressen → *Kapitel* 9
- Bremskolben-Dichtringe in den Bremssätteln gebrochen, gequollen oder verschlissen → *Kapitel* 9
- Bremskolben im Bremssattel einseitig fest → *Kapitel* 9

HINTERRADAUFHÄNGUNG UND FEDERUNG

Fehler: Federung zu weich
Mögliche Ursachen:

- Reifendruck zu niedrig → *Kapitel* 7
- Federvorspannung falsch eingestellt → *Kapitel* 11 14
- Dämpferzugstufe zu weich → *Kapitel* 11 14
- Stoßdämpfer undicht → *Kapitel* 14

Fehler: Federung zu hart
Mögliche Ursachen:

- Reifendruck zu hoch → *Kapitel* 7
- Federvorspannung falsch eingestellt → *Kapitel* 11 14
- Dämpferzugstufe zu hart eingestellt → *Kapitel* 11 14
- Stoßdämpferlager defekt → *Kapitel* 14
- Stoßdämpferstange verbogen → *Kapitel* 14
- Schwingenlager defekt → *Kapitel* 14
- Schwingenanlenkung verbogen → *Kapitel* 14

Fehler: Geräusche beim Einfedern (Knacken)
Mögliche Ursachen:

- Schwingenlager defekt oder falsch angezogen → *Kapitel* 14
- Bolzen der Federbeinaufhängung lose → *Kapitel* 14
- Schmutz, Korrosion in den Lagerstellen der Hinterradfederung → *Kapitel* 14
- Teile der Hinterradfederung lose → *Kapitel* 14
- Feder gebrochen, Windungen zueinander verschoben, reibt am Gehäuse → *Kapitel* 14

Elektrik

BATTERIE UND LADESYSTEM

Fehler: Kein Strom trotz eingeschalteter Zündung
Mögliche Ursachen:

- Batterie leer oder altersbedingt funktionsunfähig (ab zwei Jahre Nutzungsdauer droht Totalzusammenbruch) → *Kapitel* 16
- Säurestand zu niedrig, spezifische Säuredichte zu gering → *Kapitel* 16

- Plus- oder Minuskabel lose oder nicht richtig an die Batteriepole angeschlossen ➔ *Kapitel* 16
- Massekabel in sich gebrochen oder hat keine zuverlässige Masseverbindung (»schlechter Kontakt«) ➔ *Kapitel* 16
- Kontakte der Steckverbindungen korrodiert ➔ *Kapitel* 16
- Kontaktstellen sulfatiert ➔ *Kapitel* 16
- Hauptsicherung durchgebrannt, gebrochen, Kontaktflächen korrodiert ➔ *Kapitel* 34
- Störung im Ladekreis ➔ *Kapitel* 17
- Zündschalter (Zündschloss) defekt ➔ *Kapitel* 19 34

Fehler: Schwacher Strom bei eingeschalteter Zündung, Anlasser dreht langsam durch, Motor springt nicht an
Mögliche Ursachen:
- Batterie leer, zu niedrige Spannung (nicht aufgeladen) ➔ *Kapitel* 16
- Säurestand zu niedrig, spezifische Säuredichte zu gering ➔ *Kapitel* 16
- Störung im Ladesystem ➔ *Kapitel* 16 17
- Batterieanschlüsse lose ➔ *Kapitel* 16
- Anlasserkabel lose ➔ *Kapitel* 27

Fehler: Schwacher Strom bei laufendem Motor
Mögliche Ursachen:
- Batterie unzureichend geladen ➔ *Kapitel* 16
- Säurestand zu niedrig, spezifische Säuredichte zu gering ➔ *Kapitel* 16
- Batterie hat eine oder mehrere »tote« Zellen ➔ *Kapitel* 16
- Störung im Ladekreis ➔ *Kapitel* 17
- Kontakte der Steckverbindungen korrodiert ➔ *Kapitel* 17 34
- Regler/Gleichrichter defekt ➔ *Kapitel* 17

Fehler: Zeitweilig aussetzender Strom
Mögliche Ursachen:
- lose Kabelanschlüsse (»Wackelkontakte«) ➔ *Kapitel* 17 34
- Sicherung(en) defekt ➔ *Kapitel* 34
- Kurzschluss in der Anlage: Kabelbaum. Stecker um Stecker trennen, bis der entsprechende Kabelbaumabschnitt lokalisiert ist ➔ *Kapitel* 17 19 35

Fehler: Störung im Ladekreis
Mögliche Ursachen:
- Kabel oder Anschlüsse lose, gerissen oder kurzgeschlossen (Isolation durchgescheuert) ➔ *Kapitel* 17
- Regler oder Generator defekt ➔ *Kapitel* 17

ZÜNDSYSTEM

Fehler: Motor wird durchgedreht, springt aber nicht an
Mögliche Ursachen:
- kein Funke an der Zündkerze/Zündkerze defekt ➔ *Kapitel* 18
- Zündspule defekt ➔ *Kapitel* 19
- Motorsteuergerät defekt ➔ *Kapitel* 19

Fehler: Kein Funke an den Zündkerzen
Mögliche Ursachen:
- Motorabstellschalter auf »Off«/defekt ➔ *Kapitel* 18 19
- Stromkreisunterbrechung bzw. Kontaktmangel durch schlecht angeschlossene(s) oder gerissene(s) Kabel ➔ *Kapitel* 19
- Zündimpulsgeber defekt ➔ *Kapitel* 19
- Zündschloss defekt ➔ *Kapitel* 34 35
- Seitenständerschalter defekt ➔ *Kapitel* 5 35
- Zündspule defekt ➔ *Kapitel* 19
- Batterie nicht ausreichend geladen ➔ *Kapitel* 16

Fehler: Motor springt zwar an, läuft aber stotternd oder dreht nicht hoch
Mögliche Ursachen:
- Zündkerzen-Elektrodenabstand zu groß ➔ *Kapitel* 18
- Zündkerzen verrußt oder verölt (»nass«) ➔ *Kapitel* 18
- Zündkerzenstecker lose, Zündkerze nicht richtig festgezogen ➔ *Kapitel* 18
- Zündspule oder Zündkerze defekt ➔ *Kapitel* 18 19
- Stromkreisunterbrechung oder Kurzschluss ➔ *Kapitel* 19 34 35
- loses oder blankes Kabel im Kabelbaum ➔ *Kapitel* 19
- Wackelkontakt, loses Kabel in einem Schalter ➔ *Kapitel* 19
- Zündkabel defekt ➔ *Kapitel* 19
- falscher Zündzeitpunkt ➔ *Kapitel* 19
- Motorsteuergerät, Sensoren defekt ➔ *Kapitel* 19
- Defekt im Kraftstoffsystem ➔ *Kapitel* 6 21
- Steuerzeiten falsch ➔ *Kapitel* 29

ELEKTROSTARTER

Fehler: Startermotor dreht sich nicht
Mögliche Ursachen:
- Batterie entladen (»schwach«) ➔ *Kapitel* 16
- Zündschalter (»Starterknopf«) defekt, Kontaktschwäche im Gehäuse oder im Kabelbaum ➔ *Kapitel* 27 34
- Motorabstellschalter auf »Off«
- Sicherung durchgebrannt ➔ *Kapitel* 34
- Anlasserrelais defekt ➔ *Kapitel* 27
- Stromkreisunterbrechung/Kontaktschwäche durch loses oder abgetrenntes Kabel ➔ *Kapitel* 27 34
- Anlassersicherung oder Hauptsicherung defekt ➔ *Kapitel* 27 34

Fehler: Startermotor dreht Motor nur langsam durch
Mögliche Ursachen:
- zu schwache Batterie → *Kapitel* 16
- Batteriekabel schlecht angeschlossen → *Kapitel* 16
- Startermotor/-freilauf klemmt, defekt → *Kapitel* 27
- altes zähes Öl (im Winterbetrieb) → *Kapitel* 23

Fehler: Startermotor läuft, ohne den Motor durchzudrehen
Mögliche Ursachen:
- Starterkupplung defekt → *Kapitel* 27
- Zahnräder des Startermotors/Einrückritzels defekt → *Kapitel* 27
- Startermotor läuft rückwärts: Gehäuse falsch zusammengebaut oder Klemmen falsch angeschlossen → *Kapitel* 27
- Starterkupplung defekt → *Kapitel* 27

Fehler: Anlasserrelais »klickt«, Motor wird vom Anlasser aber nicht durchgedreht
Mögliche Ursachen:
- Anlasserkabel schlecht angeschlossen/defekt → *Kapitel* 27
- Anlasser defekt → *Kapitel* 27
- Anlasserrelais defekt → *Kapitel* 27
- Kurbelwelle dreht sich nicht wegen Motorproblemen → *Fachwerkstatt*

Beleuchtung

Fehler: Schwaches Licht
Mögliche Ursachen:
- Schlechte oder verschmutzte elektrische Kontakte → *Kapitel* 3 15
- Scheinwerferlampe mit zu hoher Nennspannung → *Kapitel* 15
- Schwungrad entmagnetisiert → *Fachwerkstatt*

Abhilfe:
- Verbindungen prüfen, Anschlüsse blank putzen → *Kapitel* 34
- Glühlampenstärke überprüfen, Lampe erneuern → *Kapitel* 15
- Magnete aufmagnetisieren lassen → *Fachwerkstatt*

Fehler: Scheinwerfer-/Rücklichtlampe brennt immer wieder durch
Mögliche Ursachen:
- Schlechte Masseverbindungen → *Kapitel* 15
- Vibrationen oder Wackelkontakte in der Zuleitung → *Kapitel* 15
- Scheinwerferlampe mit zu geringer Wattzahl eingebaut → *Kapitel* 15
- Stromführendes Kabel hat Masseschluss → *Kapitel* 15 35

Abhilfe:
- Masseverbindungen überprüfen, Anschlüsse blank putzen → *Kapitel* 34 35
- Verbindungen und Schalter prüfen → *Kapitel* 34 35
- Glühlampe überprüfen, Lampe mit vorgeschriebener Wattstärke einbauen → *Kapitel* 15
- Stromführendes Kabel auf Massekontakt(e) überprüfen, isolieren → *Kapitel* 34 35

Fehler: Rücklicht brennt nicht
Mögliche Ursachen:
- Lampe defekt → *Kapitel* 15
- Ladeeinheit überprüfen → *Kapitel* 16 17

Fehler: Beleuchtung komplett ausgefallen
Mögliche Ursachen:
- Zündschloss oder Lichtschalter defekt, Kabelstrang defekt, Lüsterklemmenverbindung defekt → *Kapitel* 34 35

Abhilfe:
- Kabelstrang zum Schalter untersuchen, Zündschloss und Schalter überprüfen → *Kapitel* 34 35

Fehler: Scheinwerfer- oder Rücklichtlampe brennt nicht
Mögliche Ursachen:
- Glühlampe(n) defekt, Sitz korrodiert → *Kapitel* 15
- Schlechte Masseverbindung → *Kapitel* 15 34 35
- Kabelstrang zur Lampe unterbrochen → *Kapitel* 15 34 35

Abhilfe:
- Glühlampe erneuern, Korrosion beseitigen → *Kapitel* 15
- Masseverbindung mit Hilfskabel überbrücken, sicheren Massekontakt schaffen → *Kapitel* 15 34 35
- Prüfung durch Hilfskabel/Kabelstrang erneuern → *Kapitel* 34 35

Fehler: Eingeschaltete Lampen leuchten nicht
Mögliche Ursachen:
- Glühlampe(n) defekt, Sitz korrodiert → *Kapitel* 15
- Sicherungen durchgebrannt → *Kapitel* 34
- Spannungsregler defekt → *Kapitel* 17

Raum für Notizen

Technische Daten und Verschleißmaße

MODELLE

640 LC4 Supermoto: Allroundmotorrad im Supermoto-Stil mit 17-Zoll-Vorder- und Hinterrad

640 LC4: Allroundmotorrad im Endurostil mit 21-Zoll-Vorderrad und 18-Zoll-Hinterrad

640 LC4 Adventure: Reisetaugliches Allroundmotorrad im Endurostil mit 28 Liter Tank und entsprechender Tourenausrüstung

640 Duke: »Funbike« für die Stadt und für kleine Sträßchen

400/620 SX, SC (Super Competition) und 620 Supermoto: Enduro und Sport-Enduro als sportliche Aushängeschilder sowie Supermotoausführung auf Basis des 400 bzw. 620 LC4 Motors ohne Elektrostarter (bis Modelljahr 2001)

625 SC, 625 SC Supermoto: Nachfolgemodell der 620er mit 624 cm^3 ab Modelljahr 2002

MOTOR 640 LC4

Leistung Modelljahr 2006: 54 PS (40 kW) bei 7000/min, maximales Drehmoment 55 Nm bei 5500/min (Supermoto 60 Nm bei 5750/min)

Leistung Modelljahr 2002: 49 PS (36 kW) bei 7500/min, maximales Drehmoment 52 Nm bei 5500/min

Motorbauart: Flüssigkeitsgekühlter Viertakt-Einzylinder, zahnradgetriebene Ausgleichswelle
Bohrung x Hub .... 101 x 78 mm
Hubraum .... 625 cm^3
Verdichtung .... 11,0 : 1

Gassteuerung: Vier Ventile, über eine kettengetriebene, oben liegende Nockenwelle und Kipphebel betätigt

Kraftstoffsystem: Mikuni Gleichdruckvergaser, Typ BST40-266, Durchmesser 40 mm (640 LC4, Supermoto, Modelljahr 2004, 2003); Typ BST40-225 (640 LC4, Supermoto, Adventure, Modelljahr 2002, 2001, 2000,1999, 1998); Dellorto Gleichdruckvergaser PHM 40 SD (640 Duke, Adventure Modelljahr 1998)
Leerlaufdrehzahl 1400 bis 1500/min
Trockenluftfilter, Filterpapier mit Öl getränkt

■ Grundeinstellung Mikuni BST40-266:
Hauptdüse: 152,5
Nadeldüse: X-6 689
Leerlaufdüse: 45
Düsennadel: 6G5
Nadelposition: 3. von oben
Gemischregulierungsschraube offen: 2,25

■ Grundeinstellung Mikuni BST40-225 (Modelljahr 2002, LC4, Supermoto und Adventure):
Regulierungsnummer: 090298
Hauptdüse: 142,5
Nadeldüse: 689 X-6
Leerlaufdüse: 45
Düsennadel: 6G5
Nadelposition: 3. von oben
Gemischregulierungsschraube offen: 2,25

■ Grundeinstellung Dellorto PHM 40 SD:
Regulierungsnummer: 210198
Hauptdüse: 155
Nadeldüse: DR 268
Leerlaufdüse: 45
Düsennadel: K 51
Nadelposition: 4. von oben
Gemischregulierungsschraube offen: 1,5 Umdrehungen
Gasschieber: 40
Startdüse: 55
Drosselung: Schieberanschlag 28 mm

Kraftstoff: Super bleifrei mit mindestens 95 Oktan (ROZ)

Auspuffanlage: 2-in-1-Auspuffanlage aus Edelstahl.

KRAFTÜBERTRAGUNG

Primärantrieb: Zahnräder, Z 79/31

Kupplung: hydraulisch betätigte Mehrscheibenkupplung im Ölbad

Kupplungsspiel: Am Kupplungshebel außen gemessen 1 bis 3 mm

Kupplungs-Druckfeder: 6 Stück; Ungespannte Länge 37,0 mm, Verschleißgrenze 34,5 mm

Kupplungs-Reibscheiben: 8 Stück, Dicke 2,7 mm, dürfen keine Vertiefungen aufweisen

Kupplungs-Stahlscheiben: 7 Stück, Dicke 1,5 mm, Verschleißgrenze 2,5 mm

Getriebe: Fünfganggetriebe
Abstufungen:
- 1. Gang: Z 35/14
- 2. Gang: Z 24/15
- 3. Gang: Z 21/18
- 4. Gang: Z 19/20
- 5. Gang: Z 18/22

Hinterradantrieb
Kettenräder Z 42/16 bei der 640 LC4;
Z 42/17 bei der LC4 SM Supermoto
Rollenkette 5/8 x 1/4 mit X-Ringen zwischen den Laschen

- Kontrolle Kettenspannung: Unteres Kettentrum ca. 30mm hinter dem Kettenschleifschutz nach oben an die Schwinge drücken, obere Kettenseite muss nun straff gespannt sein:
- Kettenverschleiß über 18 Glieder gemessen 272 mm

SCHMIERSYSTEM UND MOTORÖL

Schmiersystem: Trockensumpfschmierung mit zwei Eatonölpumpen

Motoröl: SAE 10W40, SAE 10W50, SAE 15W40 oder SAE 15W50, Sorte API der Service-Klassifikationen SG, SH oder höher

Ölfüllmengen:
bei Ölwechsel ohne Filterwechsel .... 1,4 Liter
bei Ölwechsel ohne Filterwechsel ab Mj. 2003 .... 1,5 Liter
bei Ölwechsel mit Filterwechsel und Rahmen .... 2,1 Liter

Maximaler Ölverbrauch .... 0,8 Liter auf 1000 km

Überdruck-/Bypassventil
Mindestlänge Druckfeder .... 25 mm

Ölpumpe Verschleißmaße
Zahnspitzenspiel Innen- zu Außenrotor
Verschleißgrenze .... 0,20 mm
Spiel Außenrotor zu Gehäuse
Verschleißgrenze .... 0,20 mm

ZÜNDUNG

Zündung: kontaktlose DC-CDI Zündanlage mit digitaler Zündverstellung, Typ KOKUSAN

Zündzeitpunkt: 38 Grad vor OT bei 6000/min, Zündverstellung elektonisch

Zündkerze
Standard LC4, Supermoto (bis 2003) .... NGK DPR 8 EA9
Standard LC4, Supermoto (ab 2004) .... NGK DCPR 8 E
Elektrodenabstand .... 0,9 mm

Zündkerzenstecker: Gummi
Widerstand (bei 20 °C) .... 3,0 bis 7,5 kΩ

Zündspule:
Primärwicklungs-Widerstand (bei 20 °C)
blau/weiß – Masse .... 0,425 bis 0,575 Ω
Sekundärwicklungs-Widerstand (bei 20 °C)
blau/weiß – Zündkabel .... 10,80 bis 16,20 kΩ

FAHRZEUGELEKTRIK

Batterie: YTX9-BS (MF) wartungsfrei, 12 Volt/8,6 Ah

Spannungsprüfung (Messtemperatur 20 °C)
voll geladen .... mehr als 12,7 Volt
ladebedürftig .... bei weniger als 12,7 Volt
Ladezeit mit 0,8 Ampere .... max. 10 Stunden

Lichtmaschine: Drehstromgenerator auf Kurbelwellenzapfen, 12 Volt 200 Watt

Elektrostarter: Hersteller Mitsuba, Typ SM-13, Leistung 0,8 kW (1,1 PS)
Länge der Kohlebürsten .... 12,5 mm
Verschleißgrenze .... 5 mm
Federkraft der Bürstenfedern .... 7,65 bis 10,01 N
Kollektordurchmesser .... 28 mm
Verschleißgrenze .... 27 mm
Unterschneidung der Kollektorisolierung .... 0,7 mm
Widerstand der Ankerwicklung (bei Messtemperatur 20 °C)
(Kollektor/Isolierung) .... 0,025 bis 0,035 Ω

Sicherungen
Hauptsicherung .... 20 Ampere
Scheinwerfer, Standlicht .... 10 Ampere
Blinker, Bremslicht, Hupe, Kühlerlüfter .... 10 Ampere
Zündung, Startsystem .... 10 Ampere

BELEUCHTUNG

Lampen
Fernlicht/Abblendlicht ..... H4 12 V/60/55 W, Sockel P43t (1 St.)
Standlicht .... 12 V/5 W, Sockel W2,1x9,5d (1 St.)
Blinklampen .... 12 V/10 W, Sockel Ba15s (4 St.)
Brems-/Rücklichtlampe .... 12 V/21/5 W, Sockel BaY15d (1 St.)
Kontrolllampen .... 12 V/5 W, Sockel W2x4,6d (4 St.)
Kennzeichenbeleuchtung .. 12 V/5 W, Sockel W2,1x9,5d (1 St.)

KÜHLSYSTEM

Bauart: Flüssigkeitskühlung mit 2 Aluminium-Wabenkühler, Kühlmittelvolumen 1,0 Liter, thermostatgesteuert, Thermostat öffnet bei 70 °C, Kühlerventilator schaltet sich ein bei 85 °C, Kontrollleuchte leuchtet auf bei 105 °C Temperatur der Kühlflüssigkeit.

Kühlmittel: Qualitätsfrostschutzmittel auf Äthylenglykol-Basis mit Korrisionsschutz-Additiv für Aluminiummotoren, Mischungsverhältnis 40 % Frostschutz mit 60 % destilliertem Wasser.

Kühlerlüfter: Hersteller SPAL, Italien, Typ VA32-A101-62A

FAHRWERK

Rahmen: Zentralrohrrahmen aus Chrom-Molybdän-Stahlrohren mit intergriertem Öltank. Rahmenheck angeschraubt.

640 LC4
- *Steuerkopfwinkel:* 62 Grad (62,5° Mj. 2002)
- *Nachlauf:* 128 mm (124 mm Mj. 2002)

640 LC4 Supermoto
- *Steuerkopfwinkel:* 63 Grad
- *Nachlauf:* 99 mm (93 mm Mj. 2002)

Federung vorne: Upside-Down Gabel von White Power Detailangaben zur Telegabel (Modelljahr 2004):

640 LC4
- *Federweg:* 275 mm
- *Gabeltyp:* 4357 MXMA
- *Standardeinstellungen:* WP 0518Y737
- *Druckstufendämpfung:* 20
- *Zugstufendämpfung:* 12

640 LC4 Supermoto
- *Federweg:* 265 mm
- *Gabeltyp:* 4860 MXMA
- *Standardeinstellungen:* WP 1418Y750
- *Druckstufendämpfung:* 20
- *Zugstufendämpfung:* 15

- *Telegabelöl: SAE 5 oder gleichwertiges Gabel- bzw. Stoßdämpferöl*
- *Füllmengen je Gabelbein (Ölstand von der Oberkante des voll eingeschobenen Standrohres ohne Gabeltragfeder):* 140 mm / 110 mm

640 LC4
- *Feder:* 4,2 N/mm
- *Federvorspannung:* 5 mm

640 LC4 Supermoto
- *Feder:* 4,4 N/mm
- *Federvorspannung:* 28 mm

Gabeltragfeder: Einbaurichtung mit den engeren Wicklungen nach oben

Federung hinten: Nadelgelagerte Kastenschwinge aus Aluminium. Zentralfederbein (WP BAVP), über einen Umlenkhebel zum Rahmen hin und zwei Zugstreben vom Umlenkhebel zur Schwinge hin betätigt (Pro Lever Anlenkung). Standardeinstellungen (Modelljahr 2004):

640 LC4
- *Federweg:* 290 mm
- *Gabeltyp:* WP 0118Y734
- *Druckstufendämpfung:* 3
- *Zugstufendämpfung:* 7
- *Federvorspannung:* 23,5 mm
- *Feder:* 66 / 260

640 LC4 Supermoto
- *Federweg:* 300 mm
- *Gabeltyp:* WP 0118Y733
- *Druckstufendämpfung:* 4
- *Zugstufendämpfung:* 8
- *Federvorspannung:* 22 mm
- *Feder:* 70 / 260

Federung vorne: Upside-Down Gabel von White Power Detailangaben zur Telegabel (Modelljahr 2002):

640 LC4
- *Federweg:* 270 mm
- *Gabeltyp:* 4357 MXMA
- *Standardeinstellungen:* WP 0518W714
- *Druckstufendämpfung:* 20
- *Zugstufendämpfung:* 12

640 LC4 Supermoto
- *Federweg:* 270 mm
- *Gabeltyp:* 4860 MXMA
- *Standardeinstellungen:* WP 0518W722
- *Druckstufendämpfung:* 14
- *Zugstufendämpfung:* 14

- *Telegabelöl: SAE 5 oder gleichwertiges Gabel- bzw. Stoßdämpferöl*
- *Füllmengen je Gabelbein (Ölstand von der Oberkante des voll eingeschobenen Standrohres ohne Gabeltragfeder):* 150 mm / 130 mm

640 LC4
- *Feder:* 4,2 N/mm
- *Federvorspannung:* 6 mm

640 LC4 Supermoto
- *Feder:* 5,0 N/mm
- *Federvorspannung:* 9 mm

Federung hinten: Nadelgelagerte Kastenschwinge aus Aluminium. Zentralfederbein (WP BAVP3612), über einen Umlenkhebel zum Rahmen hin und zwei Zugstreben vom Umlenkhebel zur Schwinge hin betätigt (Pro Lever Anlenkung). Standardeinstellungen (Modelljahr 2002):

640 LC4
- *Federweg:* 300 mm
- *Gabeltyp:* WP 0118W724
- *Druckstufendämpfung:* 3
- *Zugstufendämpfung:* 7
- *Federvorspannung:* 23,5 mm
- *Feder:* 66 / 260

640 LC4 Supermoto
- *Federweg:* 300 mm
- *Gabeltyp:* WP 0118W721
- *Druckstufendämpfung:* 5
- *Zugstufendämpfung:* 7
- *Federvorspannung:* 15 mm
- *Feder:* 75 / 260

RÄDER UND REIFEN

Räder: Drahtspeichenräder mit Aluminiumfelgen

Reifen (ohne Schlauch) in den Größen (Modelljahr 2004):

640 LC4
- vorne 90/90-21
- hinten 130/80-18

640 LC4 Supermoto
- vorne 120/70-17
- hinten 160/60-17

- Verschleißgrenze: Mindestprofiltiefe 2 mm

Reifenluftdrücke (bei kalten Reifen)**:**

solo:

640 LC4
- vorne 1,8 bar
- hinten 2,0 bar

640 LC4 Supermoto
- vorne 2,0 bar
- hinten 2,2bar

mit 2 Personen/Zuladung:

640 LC4
- vorne 2,0 bar
- hinten 2,2 bar

640 LC4 Supermoto
- vorne 2,2 bar
- hinten 2,4 bar

BREMSEN

Bremse vorne: Scheibenbremse, gelocht.
Bremsflüssigkeit DOT 5.1 oder DOT 4 (niemals DOT 5!).

Bremsenmaße 640 LC4:
- Scheibendurchmesser 300 mm
- Scheibendicke: darf an dünnster Stelle nicht mehr als 0,4 mm dünner sein als das Nennmaß
- Schwimmsattel mit zwei betätigten Kolben

Bremsenmaße vorne 640 LC4 Supermoto:
- Scheibendurchmesser 320 mm
- Scheibendicke:darf an dünnster Stelle nicht mehr als 0,4 mm dünner sein als das Nennmaß
- Festsattel mit vier betätigten Kolben

Bremse hinten bei beiden Modellen: Scheibenbremse gelocht, Scheibendurchmesser 220 mm. Bremsflüssigkeit DOT 5.1 oder DOT 4.Schwimmsattel mit einem betätigten Kolben.

ABMESSUNGEN UND GEWICHTE

- Tankinhalt 12 Liter, davon 2,5 Liter Reserve
- Radstand 1510 mm ± 10 mm

	640 LC4 (Mj.04)	640 LC4 Supermoto (Mj.04)
Länge	2270 mm	2270 mm
Breite	860 mm	860 mm
Höhe	1480 mm	1480 mm
Bodenfreiheit	310 mm	290 mm
Sitzhöhe	925 mm	910 mm
Trockengewicht	149 kg	149 kg
zul. Gesamtgewicht	350 kg	350 kg
Achslast vorne	150 kg	150 kg
Achslast hinten	200 kg	200 kg

Verschleißmaße Motor

BAUGRUPPE ZYLINDERKOPF

Ventilspiel (bei kaltem Motor, höchstens handwarm)
Einlass .... 0,15 mm
Auslass .... 0,15 mm

Nockenwellen
Lagerzapfendurchmesser (Nadellager)
Verschleißgrenze .... 19,97 mm

Ventile
Durchmesser Ventilteller Einlass .... 36 mm
Durchmesser Ventilteller Auslass .... 32 mm
Durchmesser Ventilteller Auslass (bis einschl. Mj. 02)..... 30 mm
Ventilteller Schlag Verschleißgrenze .... 0,05 mm

Ventilsteuerzeiten
Einlass offen (vor OT) .... 13 Grad
Einlass geschlossen (nach UT) .... 51 Grad
Auslass offen (vor UT) .... 53 Grad
Auslass geschlossen (nach OT) .... 11 Grad

Ventilführungen
Verschleißgrenze .... 7,05 mm

Ventilsitzbreite
Einlass Verschleißgrenze .... 1,5 mm
Auslass .... 2,0 mm

BAUGRUPPE ZYLINDER UND KOLBEN

Zylinder
Verschleißgrenze .... 101,04 mm

Einbauspiel
Kolben geschmiedet
Einbauspiel-Verschleißgrenze .... 0,12 mm
Kolben gegossen
Einbauspiel-Verschleißgrenze .... 0,05 mm

Kolbenringstoßspiel (eingebaut)
1. Kompressionsring Verschleißgrenze .... 0,80 mm
2. Kompressionsring/Minutenring Verschleißgrenze.... 0,80 mm
Ölabstreifring Verschleißgrenze 1,00mm

BAUGRUPPE KURBELWELLE

Pleuel
Pleuelfuß Radialspiel Verschleißgrenze .... 0,05 mm
Pleuelfuß Axialspiel Verschleißgrenze .... 1,10 mm

Kurbelwelle
Axialspiel .... 0,03 bis 0,12 mm
Max. Schlag Grenzwert .... 0,08 mm
Kurbelwellenwangen-Außenmaß (Lageranlauf).. 66 mm ±0,5 mm

Getriebewelle
Axialspiel .... 0,1 bis 0,4 mm

Anmerkung: Von KTM wurden seit der Markeinführung der LC4 im Jahre 1987 unzählige verschiedene Fahrzeugtypen von 350 bis 660 cm3 gebaut. Der Einzylinder-Viertakter kam in so verschiedenen Modelle wie Alltags-Enduro, Hard-Enduro, Wettbewerbs-Enduro, Wüsten-Reise-Enduro, Moto-Cross-Rennmaschine, Alltags-Supermoto und Renn-Supermoto zum Einsatz.

Die Auflistung der technischen Daten aller Modelle hätte den Rahmen dieses Buches gesprengt, weswegen wir uns auf gewisse Basisdaten beschränken mussten und die der überaus populären 640er-Baureihe gewählt haben.

Wichtige Adressen

Dieses Kapitel bietet eine Auswahl wichtiger Adressen für KTM-Fahrer. Wenn Sie spezielles Zubehör, Bekleidung oder ein anderes Produkt suchen, lesen Sie sich in Motorrad-Fachzeitschriften und -Kataloge ein und beachten deren Anzeigenteile.

Telefon- und Faxnummern finden Sie entweder im Telefonbuch oder Sie rufen die entsprechenden Internetseiten auf.

Im Internet finden Sie auch alle KTM-Händler: Gehen Sie auf die Seite der Landesimporteure und klicken dort den Button »Händlersuche« an.

Lieferanten der Produkte, die in diesem Buch in Bild und Text vorgestellt werden, sind in diesem Adressverzeichnis grau unterlegt.

HERSTELLER, IMPORTEURE

KTM Sportmotorcycle AG
Stallhofner Straße 3
A-5230 Mattighofen
www.ktm.at

KTM Sportmotorcycle GmbH
Hohenburger Straße 55
D-92289 Ursensollen
www.ktm. de

KTM Fabag
Zürcher Straße 305
CH-8500 Frauenfeld
www.ktm.ch

HÄNDLER

Die aktuellen Adressen der offiziellen KTM-Händler in Deutschland, Österreich und der Schweiz finden Sie im Internetauftritt von KTM.

VERBÄNDE

Hier erhalten Sie z. B. Auskünfte über Termine von Fahrsicherheits-Lehrgängen und Trainings.

Industrie-Verband Motorrad Deutschland e. V.
Institut für Zweiradsicherheit e. V.
Gladbecker Straße 425
D-45329 Essen
www.ivm-ev.de
www.ifz.de

ZEITSCHRIFTEN

DRIFT Das Supermoto-Magazin
Ostweg 17, D-72229 Rohrdorf
www.dift.de

Enduro
Enduro-Verlagsgesellschaft mbH
Parlerstraße 24
D-73525 Schwäbisch Gmünd
www.enduro-press.de

MOTORRAD, MOTORRAD Katalog, PS – Das Sport-Motorrad Magazin, mopped, MOTORRAD CLASSIC
Motor-Presse Verlag
Leuschnerstraße 1
D-70174 Stuttgart
www.motorradonline.de

Motorradfahrer, Tourenfahrer
Rainer R. Nitschke Verlags-GmbH
Eifelring 28, D-53879 Euskirchen
www.motorradfahrer-online.de

Motorradmagazin MO, Bikers MOTORRAD Katalog, MOTORRAD TEST, MO-Sonderhefte
MO Medien Verlag GmbH
Schrempfstraße 8, D-70597 Stuttgart
www.mo-web.de

MOTORRAD NEWS, Syburger, regionale Motorradhefte
Hertinger Str. 60, D-59423 Unna
www.motorradnet.de

Motorrad Magazin
Sportmagazin Verlag GmbH
Heiligenstädter Lände 29
A-1190 Wien
www.motorrad-magazin.at

Der Reitwagen
Obertriesting 49, A-2572 Kaumberg
www.reitwagen.at

MOTORSPORT aktuell
Postfach, CH-8603 Schwerzenbach

Moto Sport Schweiz
Dammweg 9, Postfach
CH-3001 Bern
www.motosport.ch

ZUBEHÖR, KLEIDUNG, HELME

Acerbis Deutschland GmbH
Fleurystraße 1, D-92224 Amberg
www.acerbis.com

Alpinestars S.p.A.
Viale Enrico Fermi 5
I-31011 Asolo (TV)
www.alpinestars.com

Arai Offroad Mefo Sport GmbH
Mühläckerstraße 1, D-97520 Röthlein
www.arai-deutschland.de

AXO und Corax-Kleidung 2Wheel-Distribution
Im Strässle 6, D-71706 Markgröningen
www.twowheeldistribution.de

Heino Büse Motorradzubehör und Bekleidung
Vennstraße 14, D-52159 Roetgen
www.buese.com

Daytona Schuhfabrik Frey oHG
Bahnhofstraße 5–6
D-84307 Eggenfelden
www.daytona.de

Fox
YOKO Sportartikel Vertriebs GmbH
Am Hirtengarten 30
D-57290 Neunkirchen
www.fox-germany.com

Götz GmbH
Hinter Stöck 38, D-72406 Bisingen
www.goetz-motorsport.de
www.on2wheels.de

Harro Ernst Harr GmbH & Co.KG
Aispach 16, D-72229 Rohrdorf
www.harro.de

Hein Gericke GmbH & Co. KG
Reisholzer Werftstraße 19
D-40589 Düsseldorf
www.hein-gericke.de

IXS Motorcycle Fashion
Neuenburger Straße 33
D-79379 Mülheim/Baden
www.hostettler.de

JF Motorsport GmbH
Dieselstr. 10, D-61239 Ober-Mörlen
www.jfmotorsport.de

Louis Fun Company
Rungedamm 35, D-21035 Hamburg
www.louis.de

Polo Expressversand
Reisholzer Werftstraße 76
D-40589 Düsseldorf
www.polo-motorrad.de

Schwabenleder
Fabrik für Motorradbekleidung GmbH
Fabrikstraße 22, D-73650 Winterbach
www.schwabenleder.de

Thor On Two Wheels
Hinter Stöck 38, D-72406 Bisingen
www.thormx.de

Uvex Sports GmbH & Co. KG
Fichtenstraße 43, D-90763 Fürth
www.uvex.de

WACO
Lederkombis nach Maß, Walter Aust
Anham 2, D-94501 Beutelsbach
www.waco-der-lederschneider.de

AUSPUFFANLAGEN

Akrapovic Auspuffanlagen
JAMparts Fahrzeugtechnik
Vertriebs GmbH
Friedenstr. 2, D-71282 Hemmingen
www.akrapovic.de

Baldes Auspuffanlagen
Am Gewerbepark 3
D-92278 Illschwang
www.baldes-auspuff.de

BSM Auspuffanlagen
Hohlstraße 1, D-65510 Hünstetten
www.bsm-auspuff.de

GPR Racing Auspuffanlagen
Schulgasse 4, D-89611 Obermarchtal
www.gpr-racing.de

Micron Systeme GmbH
Boxdorfer Straße 13
D-90765 Fürth-Sack
www.powercommander.de
Schweiz:
Wet Motos
Route de Neuchâtel 1
CH-2520 La Neuveville

Remus – Forschungs- und Abgasanlagenproduktionsgesellschaft m.b.H.
Dr.-Niederdorfer-Straße 25
A-8572 Bärnbach
www.remus-racing.com

BREMSEN, FAHRWERK, KETTEN

ABM hightech for fun GmbH
Stahlflexleitungen, Bremsentechnik.
Im Gelbstein 25 a, D-79206 Breisach
www.ab-m.de

Brune Motorradsport GmbH
Brembo-Generalvertretung (D, A)
Wöste 6, D-48291 Telgte
www.brunegmbh.de

France Equipement
Bremsbeläge, Scheiben, Leitungen
Beinheimer Straße 25
D-76437 Rastatt-Wintersdorf
www.FranceEquipement.de

G.M.D. Computrack Munich
Fahrwerks-Vermessung, -Einstellung
Gewerbepark Gebäude 3
D-83052 Bruckmühl
www.strassmaier.de

Goodridge Deutschland
Bremsleitungen
Talstraße 227, D-67434 Neustadt
www.goodridge.net

Köster GmbH
Rahmenvermessungen, -reparaturen
Jettinger Str. 10, D-89358 Goldbach
www.motorrad-koester.de

Motorrad Schüller
Enuma-Ketten, Kettenräder, Ritzel
Jahnstr. 10, D-68649 Groß-Rohrheim
www.enuma.de

Öhlins Zupin Moto-Sport
Trostberger Straße 26
D-83301 Traunreut
www.zupin.de

Racetech Hubert Hofmann
Service von Gabeln und Federbeinen
Bellinostr. 22, D-72108 Rottenburg
www.hh-racetech.de

Roadrunner Bikeshop GmbH
Bremsscheiben schleifen
Johannes-Kepler-Straße 1
D-55129 Mainz-Hechtsheim
www.roadrunner-bikeshop.de

Emil Schwarz Präzisionsteile
Präzisions- und Leichtlauflager
Daimlerstraße 8, D-73660 Urbach
www.emilschwarz.de

WM Suspension Germany
Waldkraiburger Strasse 14
D-93073 Neutraubling
www.wp-germany.com

Wilbers Products
Federelemente, Lenkungsdämpfer
Alfred-Mozer-Straße 84
D-48527 Nordhorn
www.wilbers.de

TUNING UND SPEZIALBETRIEBE

Baier Tuning Motor GmbH
Münchner Straße 25
D-83043 Bad Aibling

BMC Motorsport GmbH
Luftfiltersysteme
Hauptstraße 71, D-79379 Müllheim
www.bmcairfilter.de

und:
Berger Motorsport Handels GmbH
Hauptstraße 147 A, Top A1
A-3031 Pressbaum
www.berger-motorsport.com

Dynotec GmbH
Motortuning und Messtechnik
Alzeyer Straße 33–37
D-67592 Flörsheim-Dalsheim
www.dynotec.de

Fechter Drive Motorsport GmbH
Sportbike-Zubehör
Michael-Becker-Straße 22
D-73235 Weilheim/Teck
www.fechter.de

Josef Frauenschuh
Wannersdorf 19, A-5141 Moosdorf
www.frauenschuh-tuning.at

Großewächter Racing Parts
Soar 25, D-32139 Spenge
www.gw-racing-parts.de

SCHMIER- UND PFLEGEMITTEL

H.G. Czech Ing.
Spezialschmiermittel für Motorräder
Weyertal 102, D-50931 Köln
www.HKS-CZECH.de

MOTOREX Schmiermittel
Bucher AG Langenthal
Bern-Zürich-Strasse 31
CH-4901 Langenthal
www.motorex.com

MOTOREX-Importeur
Niemann & Frey GmbH
Bischoffstrasse 80, D-47890 Krefeld

Shell Motorradvertrieb und Shell Racingakademie
Shell-Motorradöle, -Pflegemittel
Im MOTOPARK Oschersleben
Motopark Allee 20–22
D-39387 Oschersleben
www.shell-advance.de
und:
SAV GmbH
Postfach 1206, D-59702 Arnsberg

WERKSTATTBEDARF

Boehm Synchrontester
Peter-Kreuder-Straße 21
D-81245 München
www.boehm-synchrontester.de

Friedrich & Hitschfel GmbH
fritec Batterieladegeräte
Mittelrüsselbach 38
D-91338 Igensdorf
www.fritec.de

Hazet-Werk
Spezialwerkzeuge für Kraftfahrzeuge
Postfach 10 04 61
D-42804 Remscheid
www.hazet.de

Helicoil Gewindeeinsätze
Böllhoff GmbH
Archimedesstraße 1–4
D-33649 Bielefeld
www.boellhoff.de

Loctite Deutschland GmbH
Schraubenkleber
Arabellastraße 17
D-81925 München
www.henkel.com
www.loctite.com

Mobil-Tech OHG
Montageständer, Messgeräte, Abgastester, Tuning-Zubehör, Anti-Hopping-Kupplungen
Hindenburgstraße 65
D-78549 Spaichingen
www.mobil-tech.de

NGK Spark Plug Europe GmbH
Harkortstraße 41
D-40880 Ratingen
www.ngkntk.de

Profi Products
Kettenfluchttester, Spurprüfsysteme
Mühlstraße 1a
D-67707 Schopp
www.profi-products.de

Adressen der Reifenhersteller und Importeure in D, A, CH

Avon

- **Cooper Tire & Rubber Company Deutschland GmbH**
  Hans-Böckler-Straße 4
  D-64823 Groß-Umstadt
  www.avon-motorradreifen.de
- **Autoplus GmbH**
  Richard-Strauss-Straße 14
  A-1232 Wien
  www.avonmotorcycle.com
- **Cooper Avon (Suisse) S.A.**
  Hagackerstrasse 12
  CH-8953 Dietikon
  www.avontyres.com

Bridgestone

- **Bridgestone Deutschland GmbH**
  Du-Pont-Straße 1
  D-61352 Bad Homburg v.d.H.
  www.bridgestone.de
- **Bridgestone Austria GmbH**
  Laxenburgerstraße 252
  A-1232 Wien
  www.bridgestone.at
- **Bridgestone Schweiz**
  Limmatpark
  Pfadackerstrasse 6
  CH-8957 Spreitenbach
  www.bridgestone.ch

Continental

- **Continental AG**
  Abt. Motorradreifen
  Büttnerstr. 25, D-30165 Hannover
  www.conti-moto.de

Dunlop

- **Dunlop GmbH & Co. KG**
  Abteilung PM-M
  Dunlopstraße 2, D-63450 Hanau
  www.dunlop.de
- **Goodyear Dunlop Tires Austria GmbH**
  Richard-Strauss-Straße 19
  A-1230 Wien
  www.dunlop.at
- **Goodyear Dunlop Tires Suisse SA**
  Industriestrasse 21
  CH-8604 Hegnau
  www.dunlop.ch

Heidenau

- **Reifenwerk Heidenau GmbH & Co. KG**
  Hauptstr. 44, D-01809 Heidenau
  www.reifenwerk-heidenau.de

IRC

- **NC Reifenservice**
  Alfred Schenk
  Taubenbrunnen 13
  D-97534 Theilheim
  www.irc-motorradreifen.de
- **Hostettler AG Pneuservice**
  Haldenmattstrasse 3
  CH-6210 Sursee
  www.hostettler.com

Maxxis

- **Maxxis International GmbH**
  Kaddenbusch 31
  D-25578 Dägeling
  www.maxxis.de

Metzeler

- **Pirelli Deutschland AG Metzeler Motorradreifen**
  Gneisenaustraße 15
  D-80992 München
  www.metzelermoto.de
- **Metzeler Motorradreifen**
  Salzburger Straße 196
  A-4600 Wels
- **Hostettler AG Pneuservice**
  Haldenmattstrasse 3
  CH-6210 Sursee
  www.hostettler.com

Michelin

- **Michelin Reifenwerke AG & Co. KGaA**
  Michelinstraße 4
  D-76185 Karlsruhe
  www.michelin-motorrad.de
- **Michelin Verkaufsgesellschaft**
  Wiegelestraße 10
  A-1231 Wien
- **SA des Pneumatiques Michelin**
  Route Jo Siffert 36
  CH-1762 Givisiez

Pirelli

- **Pirelli Deutschland AG Pirelli Motorradreifen**
  Gneisenaustraße 15
  D-80992 München
  www.pirellimoto.de
- **Pirelli Austria**
  Salzburger Straße 196
  A-4600 Wels
- **Hostettler AG Pneuservice**
  Haldenmattstrasse 3
  CH-6210 Sursee
  www.hostettler.com

Reifenfreigaben

- **Alpha Technik GmbH & Co. KG**
  Reifenfreigaben, TÜV-Gutachten
  Äußere Salzburger Straße 201
  D-83071 Stephanskirchen
  www.alphatechnik.de
- **D. Theobald M&A Reifenhandel**
  Reifen-Großhändler
  Lindenstraße 4
  D-97892 Kreuzwertheim
  www.dtheobald.de

Anziehdrehmomente

In diesem Kapitel sind die von KTM vorgeschriebenen Anziehdrehmomentwerte für die meisten Schraubverbindungen der LC4 aufgelistet (Toleranz von ± 10 %). Dabei haben wir die Teilebezeichnungen von KTM verwendet, während im doppelseitigen Schaubild umgangssprachliche Bezeichnungen eingetragen sind (Beispiel: Steckachse vorne Bundmutter M16x1,5 = Vorderachsmutter).

■ Werden Schrauben/Muttern zu locker angezogen, besteht die Gefahr, dass sich die Schraubverbindung lockert.

■ Dies gilt auch dann, wenn »Loctite« vorgeschrieben ist, aber nicht verwendet wird!

■ Werden Schrauben/Muttern zu fest angezogen, werden ihre Gegengewinde »weich«; gefühlt ist die Schraubverbindung »fest«. Im Betrieb lockert sich diese dann und fällt ab.

■ Werden Schrauben/Muttern bei der Montage zu fest angezogen, reißen bzw. brechen dabei aber (noch) nicht, dann aber spätestens im Betrieb.

Wichtiges zur Montage

1. Erste wichtige Voraussetzung zum korrekten Anziehen von Schrauben und Muttern ist, dass die Gewinde und Anlageflächen unbeschädigt und frei von Schmutz sind.

2. Verschmutzte Schraubgewinde oder solche, an denen Reste von Dichtmittel oder Schraubensicherung hängen, NICHT mit einer Stahlbürste reinigen, dadurch kann das Gewinde beschädigt werden.

■ Zum Reinigen von Schraubengewinde und Anlageflächen immer eine Messingbürste benutzen.

3. Schrauben, Muttern und Unterlagscheiben vor dem Einbau etwas einölen. Normales Motorenöl dazu verwenden.

4. Schrauben mit verrostetem oder beschädigtem Gewinde müssen durch Neuteile ersetzt werden.

5. An einigen Schraubverbindungen ist die Verwendung flüssiger Schraubensicherung vorgeschrieben (»Loctite« in drei verschiedenen Festigkeiten »leicht«, »mittelfest« und »hochfest«).

■ Die am meisten benötigte Qualität ist »mittelfest«. Sie wird verwendet, wenn hohe Festigkeit verlangt wird und die damit gesicherten Schrauben ohne Zerstörung des Gewindes wieder gelöst werden müssen.

6. Wenn für ein Bauteil bzw. eine Schraubverbindung kein eigener Wert aufgeführt ist, gelten die Anziehdrehmomente für Schrauben/Muttern entsprechender Größe.

Allgemein gültige Anziehdrehmomentwerte:

Schraube/Mutter M6 .... 6 bis 10 Nm
Schraube/Mutter M8 .... 15 bis 20 Nm
Schraube/Mutter M10 .... 30 Nm
Schraube/Mutter M12 .... 55 Nm
Schraube/Mutter M14 .... 85 Nm
Schraube/Mutter M16 .... 130 Nm

Schrauben und Bundmuttern am KTM-Fahrwerk:

Schrauben M6 .... 10 Nm
Schrauben M8 .... 25 Nm
Schrauben M10 .... 45 Nm
Bundmuttern M6 .... 15 Nm
Bundmuttern M8 .... 30 Nm
Bundmuttern M10 .... 50 Nm

Fahrwerk

Vorderrad

Steckachse vorne Bundmutter M16x1,5, M17 .... 40 Nm
Steckachse vorne Bundmutter/-schraube M24x1,5 .... 40 Nm
Steckachse vorne Bundschraube
M24x1,5 (Modell Adventure) .... 60 Nm
Steckachse vorne Bundschraube M10
(Modell 400 SXC) .... 40 Nm
Reifenhalter M8 .... 5 Nm
Speichennippel M4 .... 4 Nm

Hinterrad

Steckachse hinten Bundmutter M20x1,5 .... 80 Nm
Kettenblatt Bundmuttern M8 .... 35 Nm
■ *Loctite »mittelfest« auf Gewinde auftragen*
Reifenhalter M8 .... 5 Nm
Speichennippel M4 .... 4 Nm

Vorderradbremse

Vorderer Bremssattel Befestigungschrauben M8 .... 25 Nm
■ *Loctite »mittelfest« auf Gewinde auftragen*
Vorderer Bremssattel Befestigungschrauben
M10 (Modell LC4 Supermoto) .... 40 Nm
■ *Loctite »mittelfest« auf Gewinde auftragen*

Bild 1: Kleiner (5 bis 20 Nm) und großer Drehmomentschlüssel (40 bis 200 Nm), Nussadapter mit 1/4- bis 3/4-Zoll-Vierkant.

Vorderer Bremssattel Innensechskantschrauben M10x1,25 (Modell DUKE) .... 45 Nm
■ *Loctite »mittelfest« auf Gewinde auftragen*
Vorderer Bremssattel Innensechskantschraube M10 (Modell 660 SMC) .... 60 Nm
Bremsscheibe vorne Bundschraube M6 (M10.9) .... 10 Nm
■ *Loctite »mittelfest« auf Gewinde auftragen*

Hinterradbremse
Hinterer Bremssattelträger Innensechskantschraube M10 (Modell DUKE) .... 40 Nm
Bremsscheibe hinten Bundschraube M6 (M10.9) .... 10 Nm
■ *Loctite »mittelfest« auf Gewinde auftragen*

Lenker und Telegabel
Lenkerklemmbrücken Bundschrauben M8 .... 20 Nm
■ *Loctite »mittelfest« auf Gewinde auftragen*
Lenkeraufnahme gedämpft Innensechskantschraube M10 (Modelle LC4, LC4-SM, SMC, Adventure, DUKE) .... 20 Nm
■ *Loctite »mittelfest« auf Gewinde auftragen*
Lenkeraufnahme ungedämpft Innensechskantschraube M10 (Modelle SC, SC-SM, SXC) .... 40 Nm
■ *Loctite »mittelfest« auf Gewinde auftragen*

Standrohr-Klemmschrauben in Gabelbrücken:
Upside-Down-Gabel 43 mm:
obere Klemmschrauben .... 20 Nm
untere Klemmschrauben .... 15 Nm

Upside-Down-Gabel 48 mm:
obere Klemmschrauben .... 20 Nm
untere Klemmschrauben .... 15 Nm

Extreme:
obere Klemmschrauben .... 15 Nm
untere Klemmschrauben .... 20 Nm

Achsklemmschrauben in Gabelfäusten M8 .... 10 Nm
Gabelschaftrohrklemmung M8 .... 20 Nm

Federbein und Hinterradschwinge
Federbein oben M10 (M10.9) .... 45 Nm
Federbein unten M10 (M10.9) .... 45 Nm
Schraube M6 für Einstellring der Federvorspannung am Federbein .... 8 Nm
Winkelhebelbolzen Bundmuttern M14x1,5 .... 100 Nm
Schwingarmbolzen Bundmutter M14x1,5 .... 100 Nm
Lagerbolzen Verbindungsstange/Rahmen Bundmuttern M12 .... 60 Nm

Rahmen und Verkleidung
Rahmenausleger/Soziusrasten M8 .... 35 Nm
■ *Loctite »mittelfest« auf Gewinde auftragen*

Kühlsystem
Wasserpumpendeckel M6 .... 10 Nm

Motor in Rahmen

Motorgehäuse, Kupplungsdeckel, Zündungsdeckel M6 .... 10 Nm
Motorbefestigungsschrauben M8 .... 40 Nm
Motorbefestigungsschrauben M10 .... 70 Nm
Motortragschraube M10 .... 45 Nm
Restliche Schrauben Motor
M5 .... 6 Nm
M6 .... 10 Nm

Motor

Schmiersystem
Ölleitungen Hohlschrauben M8x1 .... 10 Nm
Ölleitungen Hohlschrauben M10x1 .... 15 Nm
Ölablassschraube M22x1,5 .... 30 Nm
Magnetschraube (Motorölablassschraube) M12x1,5 .... 20 Nm
Bypassventil Verschlussschraube M12x1,5 .... 20 Nm
Ölfilterdeckel M6 .... 10 Nm
Microfilterdeckel M5 (Modell SC) .... 6 Nm
Ölpumpe Innensechskantschrauben M6 .... 8 Nm
■ *Loctite »mittelfest« auf Gewinde auftragen*
Ölpumpe Bundschraube M6 *(ab Modell 2003)* .... 10 Nm
■ *Loctite »mittelfest« auf Gewinde auftragen*

Auspuffanlage
Auspuffflansch M6 .... 10 Nm

Hinterrad-Antriebskette
Kettenritzelschraube 8.8 M10 .... 40 Nm
■ *Loctite »mittelfest« auf Gewinde auftragen*
Kettenritzelschraube 10.9 M10 .... 60 Nm
■ *Loctite »mittelfest« auf Gewinde auftragen*
Kettenritzelmutter M20x1,5 .... 60 Nm
Kettenspann-Exzenter Bundmuttern M10 (Modell DUKE) .... 40 Nm

Kupplung und Schaltung
Kupplungsmitnehmer Sechskantmutter M18x1,5 .... 100 Nm
■ *Loctite »mittelfest« auf Gewinde auftragen*
Kupplungsfedern Bundschrauben M6 .... 10 Nm
Kupplungsdeckel Düsenschraube M8 .... 10 Nm
Lagerhalteblech Antriebswelle M6 .... 8 Nm
■ *Fügemittel Loctite »648« auf Gewinde auftragen*
Lagerhalteblech Antriebswelle M6 *(ab Modell 2003)* .... 10 Nm
■ *Fügemittel Loctite »648« auf Gewinde auftragen*
Kugelgelenk für Druckstange M8 .... 25 Nm
■ *Loctite »mittelfest« auf Gewinde auftragen*
Schaltungsträger Lagersicherung M5 .... 6 Nm
■ *Loctite »mittelfest« auf Gewinde auftragen*

Schaltungsträger M6 .... 8 Nm
■ *Loctite »mittelfest« auf Gewinde auftragen*
Schaltungsträger M6 *(ab Modell 2003)* .... 10 Nm
■ *Loctite »mittelfest« auf Gewinde auftragen*
Schaltarretierung M6 .... 10 Nm
■ *Loctite »mittelfest« auf Gewinde auftragen*
Nehmerzylinder Innensechskantschraube M6 .... 10 Nm
Schalthebel M6 .... 10 Nm
■ *Loctite »mittelfest« auf Gewinde auftragen*

Zylinderkopf und Ventiltrieb
Ventildeckel M6 .... 10 Nm
Ventileinstellschrauben Kontermutter M7x0,75 .... 16 Nm
Steuerkettenspanner Verschlussschraube M12x1,5 .... 20 Nm
Steuerkettenspanner an Zylinder M6 .... 8 Nm
■ *Loctite »mittelfest« auf Gewinde auftragen*
Steuerkettenspanner / Zylinder M6 *(ab Modell 2003)* .... 10 Nm
Steuerkettenführung M12x1,25 .... 15 Nm
■ *Loctite »mittelfest« auf Gewinde auftragen*
Steuerkettenführung Innensechskantschraube M6 .... 10 Nm
■ *Loctite »mittelfest« auf Gewinde auftragen*
Spannschiene Steuerkette M8 .... 15 Nm
■ *Loctite »mittelfest« auf Gewinde auftragen*
Ausfallsicherung Steuerkette M6 .... 8 Nm
Ausfallsicherung Steuerkette Innensechskantschraube M6 *(ab Modell 2003)* .... 10 Nm
■ *Loctite »mittelfest« auf Gewinde auftragen*

Nockenwellenrad Sechskantschraube M10 .... 35 Nm
■ *Loctite »mittelfest« auf Gewinde auftragen*

Zylinderkopf-Oberteil Schrauben M6x25; M6x35; M6x65; M6x70 (8.8) .... 8 Nm
Zylinderkopf-Oberteil Schrauben M6x50; M6x55 (12.9) .... 15 Nm
Zylinderkopf-Oberteil Schrauben M6 (8.8) *(ab Modell 2003)* .... 10 Nm
Zylinderkopf-Oberteil Schrauben M7 (12.9) *(ab Modell 2003)* .... 15 Nm
Zylinderkopf / Zylinder M8 .... 25 Nm
Zylinderkopf / Zylinder M6 .... 8 Nm
Zylinderkopf / Zylinder M6 *(ab Modell 2003)* .... 10 Nm
Zylinderkopfschrauben M10 .... 50 Nm
Zylinderkopfschrauben M10 *(ab Modell 2004)* .... 53 Nm
Zylinderfuß Bundmuttern M10 .... 40 Nm
Zylinderkopf Verschlussschraube M10 (Modell SC) .... 20 Nm
Deko-Wellenhebel Innensechskantschraube M6 .... 10 Nm
■ *Loctite »mittelfest« auf Gewinde auftragen*
Kurbelwellen-Blockierschraube M8 .... 25 Nm
Primärrad Sechskantmutter M20x1,5 .... 170 Nm
■ *Loctite »mittelfest« auf Gewinde auftragen*

Elektrik

Zündung
Zündkerze M12x1,25 .... 20 Nm
Zündungsschrauben M5 .... 6 Nm
■ *Loctite »mittelfest« auf Gewinde auftragen*
Halteplättchen Zündung M5 (Modell SC) .... 6 Nm
■ *Loctite »mittelfest« auf Gewinde auftragen*

Lichtmaschine
Schwungrad Sechskantmutter M16x1,25 Linksgewinde (Modelle LC4, Adventure, DUKE) .... 150 Nm
Schwungrad Sechskantmutter M12x1 Linksgewinde (Modelle SC, SXC) .... 60 Nm
Stator M6 (Modell SC) .... 10 Nm
■ *Loctite »mittelfest« auf Gewinde auftragen*
Stator M5 (Elektrostarter) .... 6 Nm
■ *Loctite »mittelfest« auf Gewinde auftragen*

Anlasser
Kickstarter-Anschlagschraube M12x1,5 .... 50 Nm
Innensechskantschrauben der Freilaufnabe (Elektrostarter) M6x12/M6x12,5 .... 12/16 Nm
■ *Fügemittel Loctite »648« auf Gewinde auftragen*
Kickstarter M8 .... 25 Nm
Elektrostartermotor M6 .... 10 Nm
Starterflansch, Starterdeckel (Elektrostarter) M6 .... 10 Nm

Raum für Notizen

33 Anziehdrehmomente

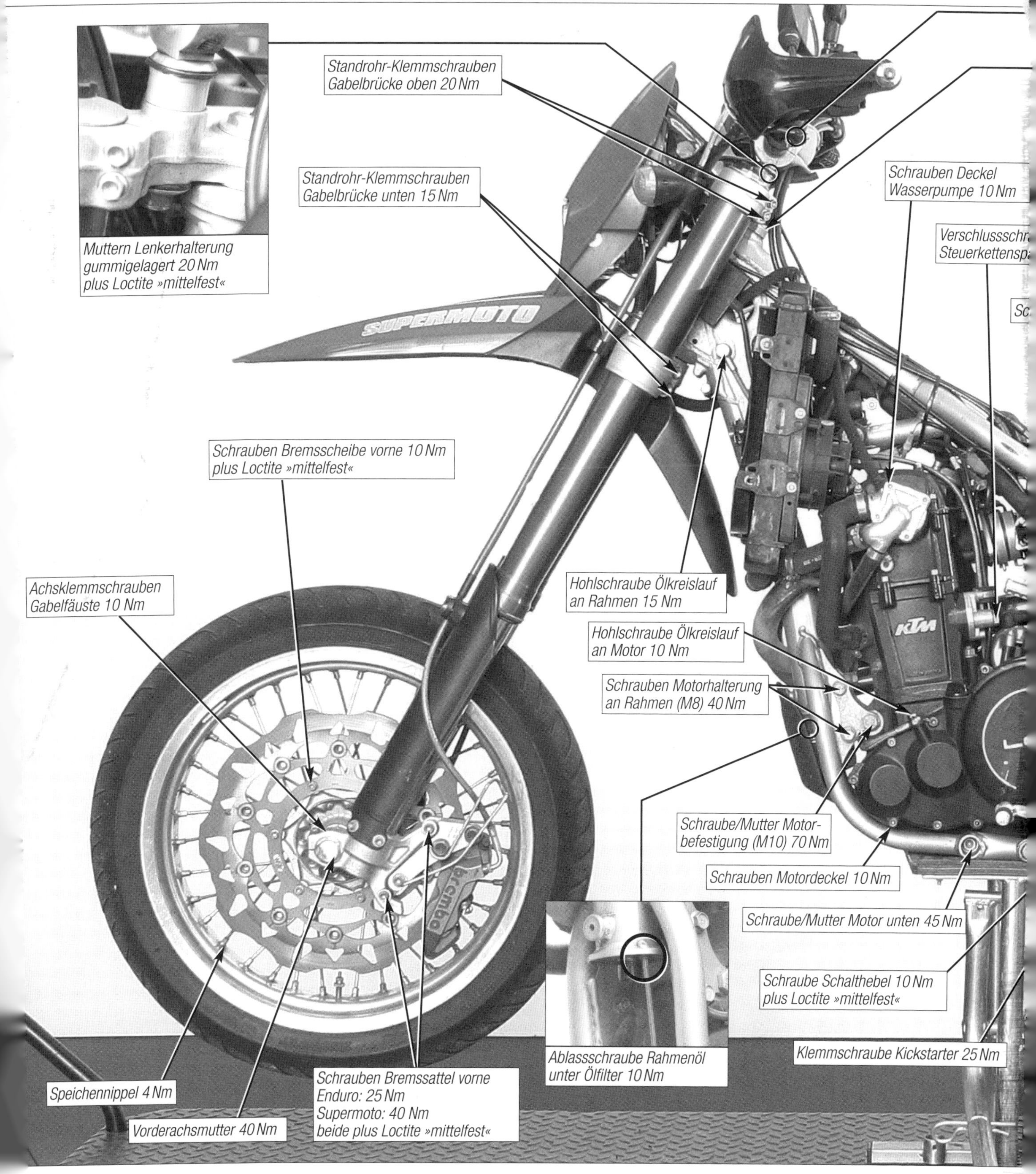

uben Gabelbrücke oben 20 Nm
Klemmschrauben Gabelbrücke unten 15 Nm
hraube Auspuff-
u Auspufftopf 10 Nm
SUPERMOTO
KTM
LC4
Achsklemmschrauben
Gabelfäuste 10 Nm
Öleinfüllschraube 15 Nm
Auspuffflansch 10 Nm
Zündkerze 20 Nm
Schraube/Mutter (M8) Motor-
halterung an Rahmen 40 Nm
Schraube/Mutter (M10) Motor-
befestigung vorne 70 Nm
aube
uf 15 Nm
Schrauben Motordeckel 10 Nm
Schrauben Ölfilterdeckel 5 Nm
Speichennippel 4 Nm

33 Anziehdrehmomente

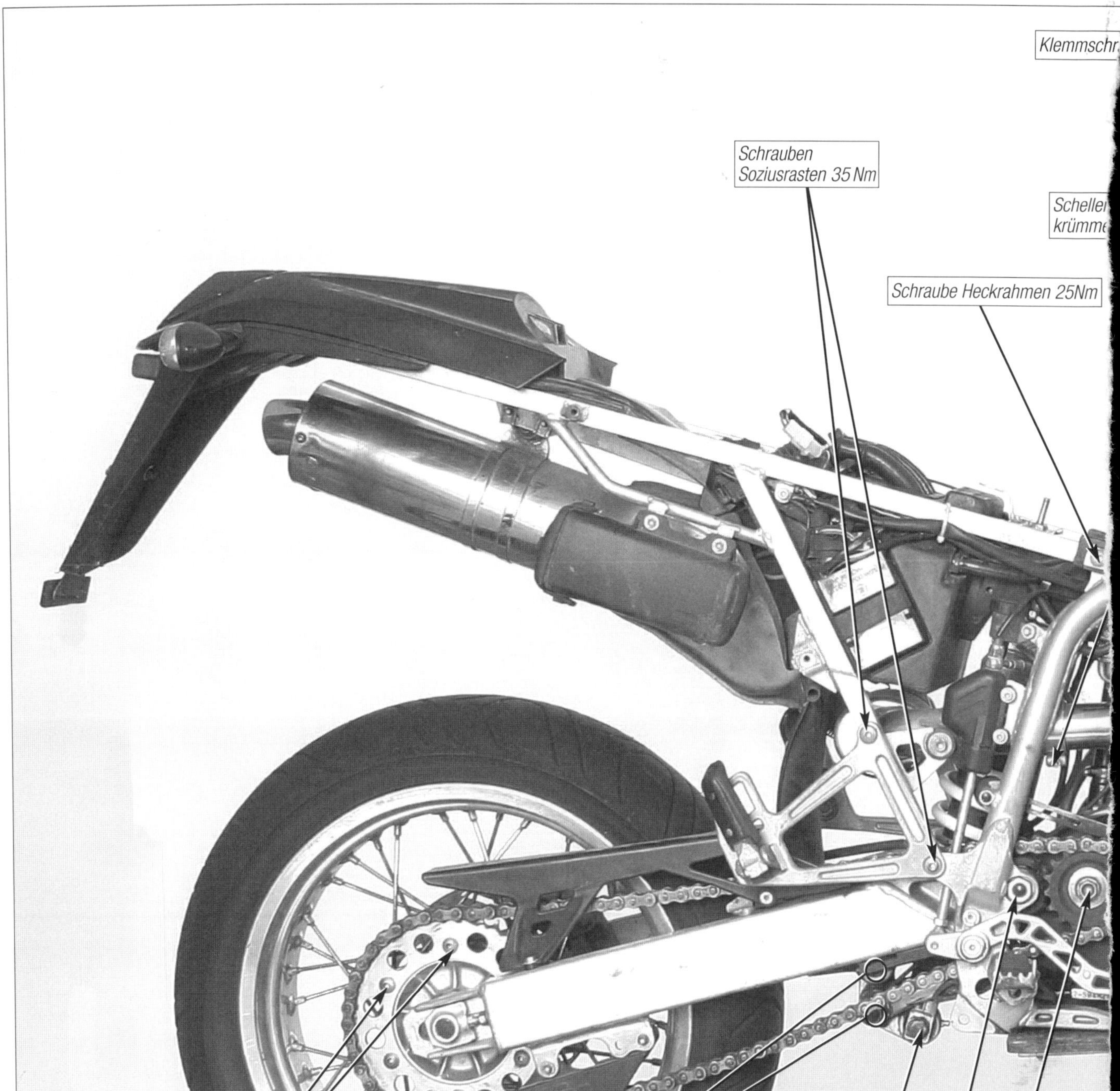

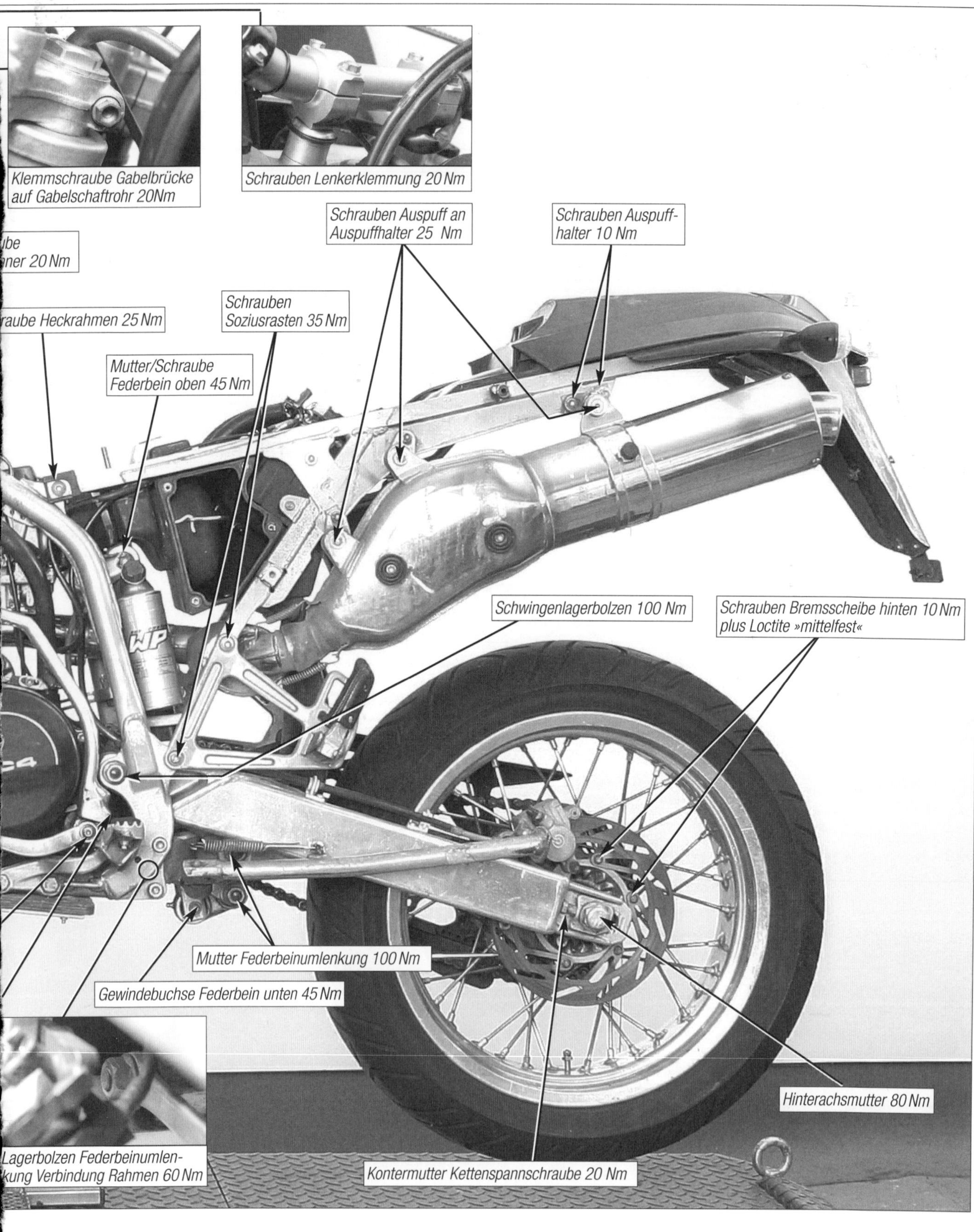
Klemmschraube Gabelbrücke auf Gabelschaftrohr 20Nm
Schrauben Lenkerklemmung 20 Nm
Schrauben Auspuff an Auspuffhalter 25 Nm
Schrauben Auspuffhalter 10 Nm
ibe
iner 20 Nm
raube Heckrahmen 25 Nm
Schrauben Soziusrasten 35 Nm
Mutter/Schraube Federbein oben 45 Nm
Schwingenlagerbolzen 100 Nm
Schrauben Bremsscheibe hinten 10 Nm plus Loctite »mittelfest«
Mutter Federbeinumlenkung 100 Nm
Gewindebuchse Federbein unten 45 Nm
Hinterachsmutter 80 Nm
Lagerbolzen Federbeinumlenkung Verbindung Rahmen 60 Nm
Kontermutter Kettenspannschraube 20 Nm

r verschiedene Relais (Anlas-
nd Seitenständerrelais), deren
5 und 6 ersichtlich wird. Falls
nicht funktioniert und die
g in Ordnung ist, leicht gegen
nd erneut versuchen. Falls
eht, testweise ein erwiesen-
chtiges Relais einsetzen.

Bilder 5 (A bis I) und 6: Einbaulage von Sicherungen, Schaltern, Relais und Steckern sowie sonstiger wichtiger elektrischer Bauteile.

dspule

Steckverbindung EPC-Steuergerät

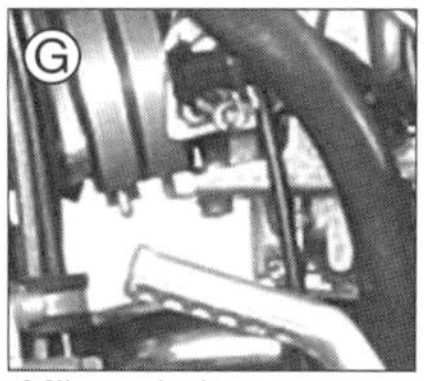

Mikroschalter EPC-System

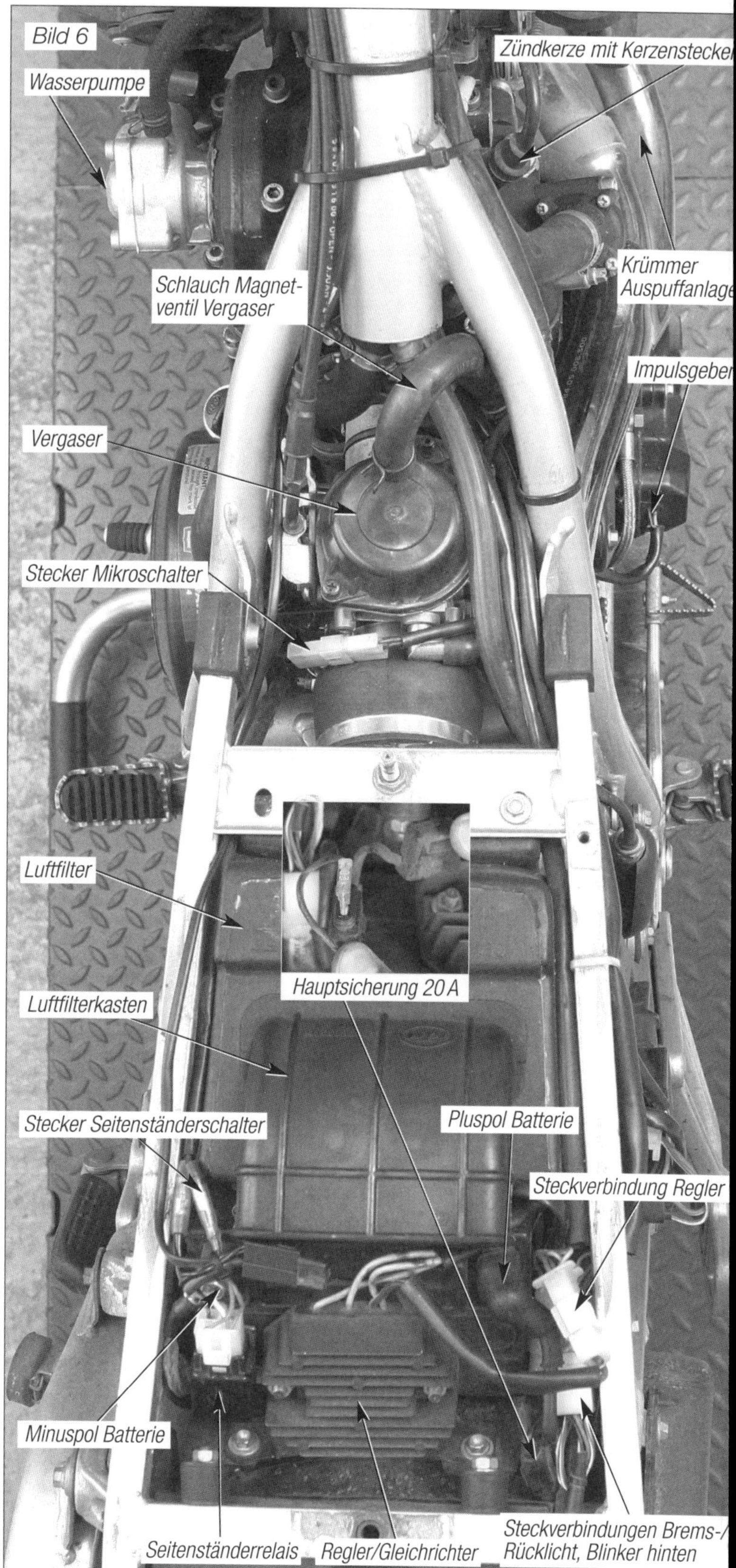

Sicherungen · Relais · Stecker

diesem Kapitel: Einbaulage der Sicherun-
n, Sicherung wechseln · Einbaulage der Relais.

diesem Kapitel empfehlen wir folgende
rrespondenzkapitel:
15 »Licht · Hupe« ■ 16 »Batterie«
17 »Ladesystem« ■ 27 »Anlasser«

Sicherungen

⚠ **Achtung:** Auf keinen Fall eine Sicherung mit einem höheren Ampere-Wert einsetzen. Falls eine Sicherung wiederholt durchbrennt, den Fehler suchen und beheben.

Hauptsicherung: Die Hauptsicherung mit 20 Ampere befindet sich unter der Sitzbank, unmittelbar neben dem Regler (Bilder 1 C und 6).

Weitere Sicherungskästen: Neben der Hauptsicherung sind weitere Sicherungen in der Lampenmaske untergebracht. Um an diese zu gelangen, muss die Scheinwerfermaske entfernt werden (siehe Kapite 15 »Licht · Hupe«). Dort finden sich, von lin nach rechts und entgegen der Fahrtrichtur gesehen, folgende Sicherungen:
- Links mit 10 A: Scheinwerfer, Standlicht
- Mitte mit 10 A: Blinker, Brems-/Rücklich Hupe, Lüftermotor des Kühlers

Bild 1

■ Rechts mit 10 A: Zündung, Startsystem

Baugruppe, Stärke: Die Stärke der Sicherung ist nur auf der jeweiligen Sicherung selbst markiert. Im Bild 3 finden Sie die zu den Baugruppen gehörenden Sicherungen mit ihren Stärken vermerkt.

Defekte Sicherung auswechseln:
■ Zum Öffnen jeweils mit Hilfe eines kleinen Schraubenziehers oder durch leichten Finger-

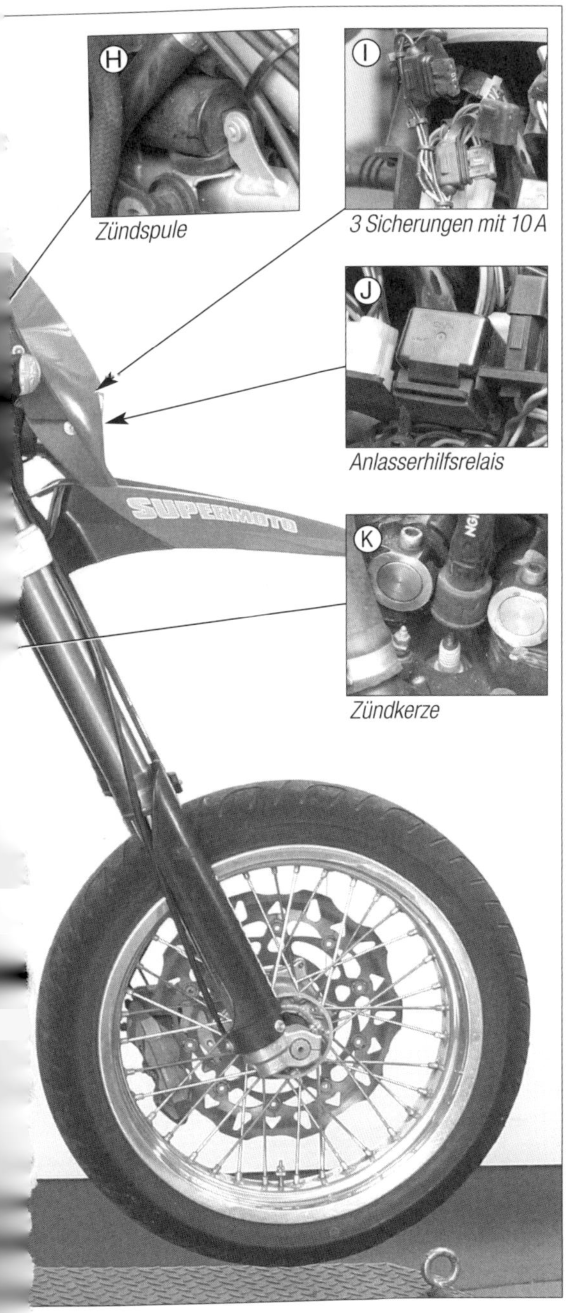

Zündspule

3 Sicherungen mit 10 A

Anlasserhilfsrelais

Zündkerze

Bilder 1 (A bis M): Einbaulage von Sicherungen, Schaltern, Relais und Steckern sowie weiterer wichtiger elektrischer Bauteile.

Bild 2: Für sicheren Kontakt einer gebrauchten Sicherung deren Zungen mit feinem Schmirgelpapier abziehen.

Bild 3: Der Sicherungskasten enthält folgende Sicherungen (von links nach rechts): 10 A: Scheinwerfer, Standlicht; 10 A: Blinker, Brems-/Rücklicht, Hupe, Lüftermotor des Kühlers; 10 A: Zündung, Startsystem.

Bild 4: Lage der Stecker und Diode in der Lampenmaske.

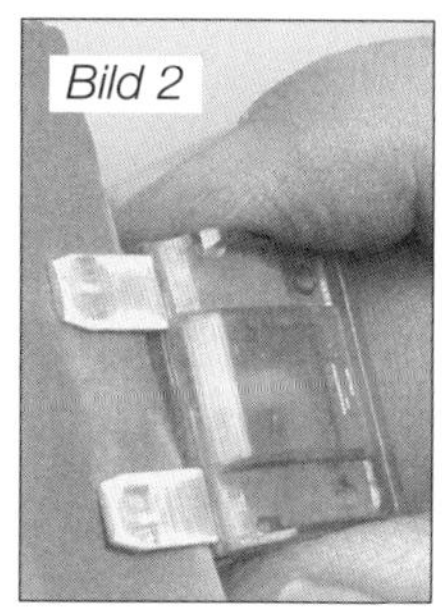

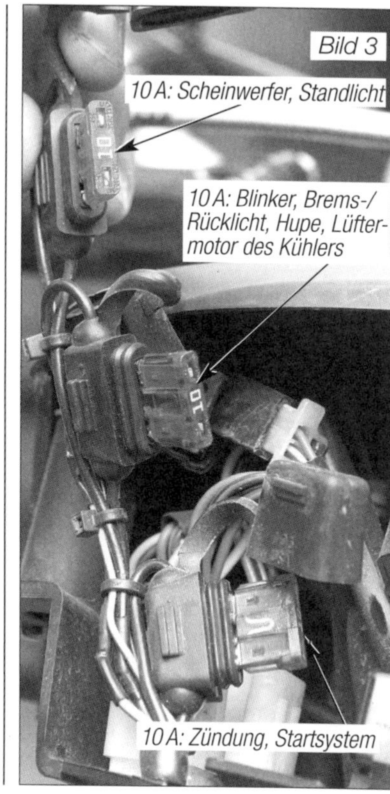

Die KTM LC4 Modelle verfügen über folgende Sicherungen, Relais, Stecker und Schalter (Bilder 1 bis 6):
Hauptsicherung 20 Ampere (Bilder 1 C und 6); drei Sicherungen unter der Scheinwerfermaske mit je 10 Ampere (Bild 3); Diode (Bilder 5 B und 4); Zündspule (Bild 1 H und 6); Regler/Gleichrichter (Bild 6); EPC-Steuereinheit (Bild 5 H); CDI Einheit (Bild 1 A); Magnetventil (Bild 1 F); Kondensator (Bild 1 G); Instrumentenstecker (Bild 4); Stecker hintere Blinker, Rück- und Bremslicht (Bild 6); Anlasserhilfsrelais (Bilder 1 J und 4); Anlasserrelais (Bild 1 B); Seitenständerrelais (Bild 6); Zündkerze (Bild 1 K); Leerlaufschalter (Bilder 1 L und 6); Thermoschalter (Bild 1 M); Seitenständerschalter (Bild 5 I); Not-Aus-Schalter (Bild 4); Mikroschalter (Bild 5 G); Kühlmittel-Temperatur-Sensor (hinter Thermostat); Drosselklappensensor ab Modelljahr 2003.

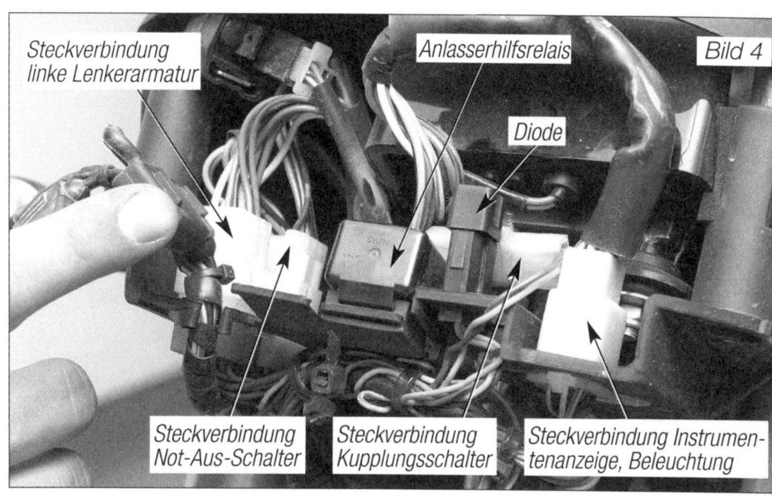

druck den Deckel von der Halterung des Sicherungskästchens lösen und den Deckel aufklappen.
■ Defekte Sicherung aus der Steckklemme ziehen.
■ Neue Sicherung mit identischem Ampere-Wert einsetzen.

Da bei der KTM keine Ersatzsicherungen vorhanden sind, empfehlen wir, Reservesicherungen mit jeweils 10 Ampere und 20 Ampere im Bordwerkzeug mitzunehmen.

Beim Arbeiten an Sicherungen beachten:
■ Vor einem Sicherungswechsel die Zündung sicher ausschalten, Zündschlüssel am besten abziehen.
■ Defekte Sicherungen nicht reparieren, etwa mit alubeschichtetem Papier aus der Zigarettenschachtel (Brandgefahr!).
■ Nur Sicherungen mit vorgeschriebenem Amperewert verwenden!

Relais

Die KTM verfügt übe
ser-, Anlasserhilfs- u
Lage in den Bildern
eine der Baugrupper
zugehörige Sicherun
das Relais klopfen u
immer noch nichts g
ermaßen funktionstü

3 Sicherungen mit 10 A
Diode
Anlasserhilfsrelais
Kupplungsschalter
Zür
EPC-Steuergerät
Anlasser
Seitenständerschalter
Bild 5

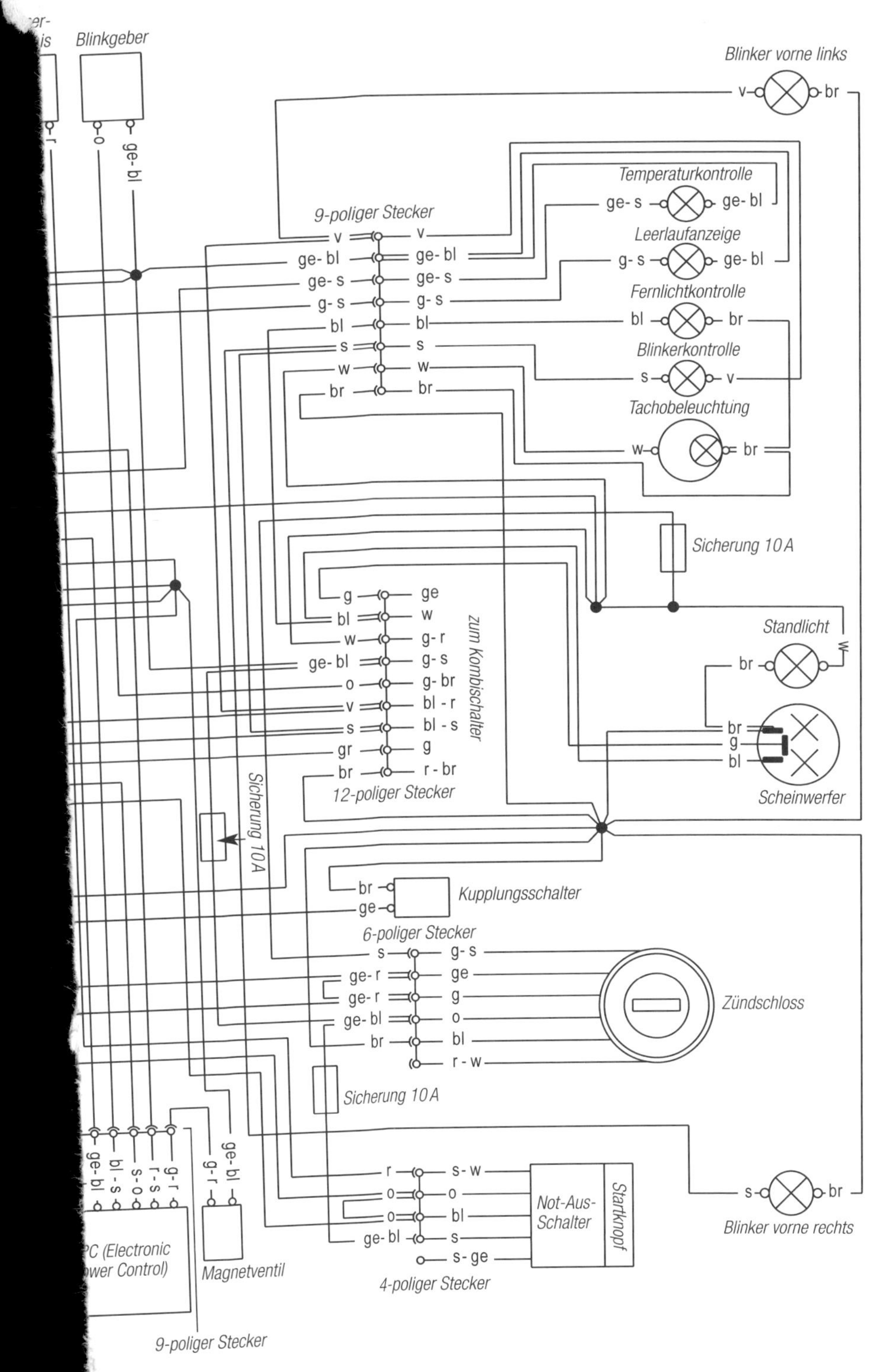

Kombischalter

	br	ge	w	bl-r	bl-s	g-br	g	g-s
Blinker links				•		•		
Blinker rechts					•	•		
Lampen ●								
Abblendlicht		•						•
Fernlicht			•					•
Hupe	•						•	
Lichthupe		•	•					•

Startknopf Not-Aus-Schalter

Domino		o	s-ge	bl	s	s-w
(button symbol)	(start symbol)			•	•	
(button symbol)	(crossed symbol)		•	•		
(lightning symbol)	(engine symbol)	•				•

Zündschloss (Typ Zadi)

	o	g	ge	g-s	r-w	bl
(lock symbol)					•	•
(crossed symbol)					•	•
(on symbol)	•	•				
(light symbol)	•	•	•	•		

Kabelfarben
- **bl** = blau
- **br** = braun
- **ge** = gelb
- **gr** = grau
- **g** = grün
- **o** = orange
- **r** = rot
- **ra** = rosa
- **s** = schwarz
- **v** = violett
- **w** = weiß

KTM 640 LC4 Adventure

Modelljahr 2003/2004

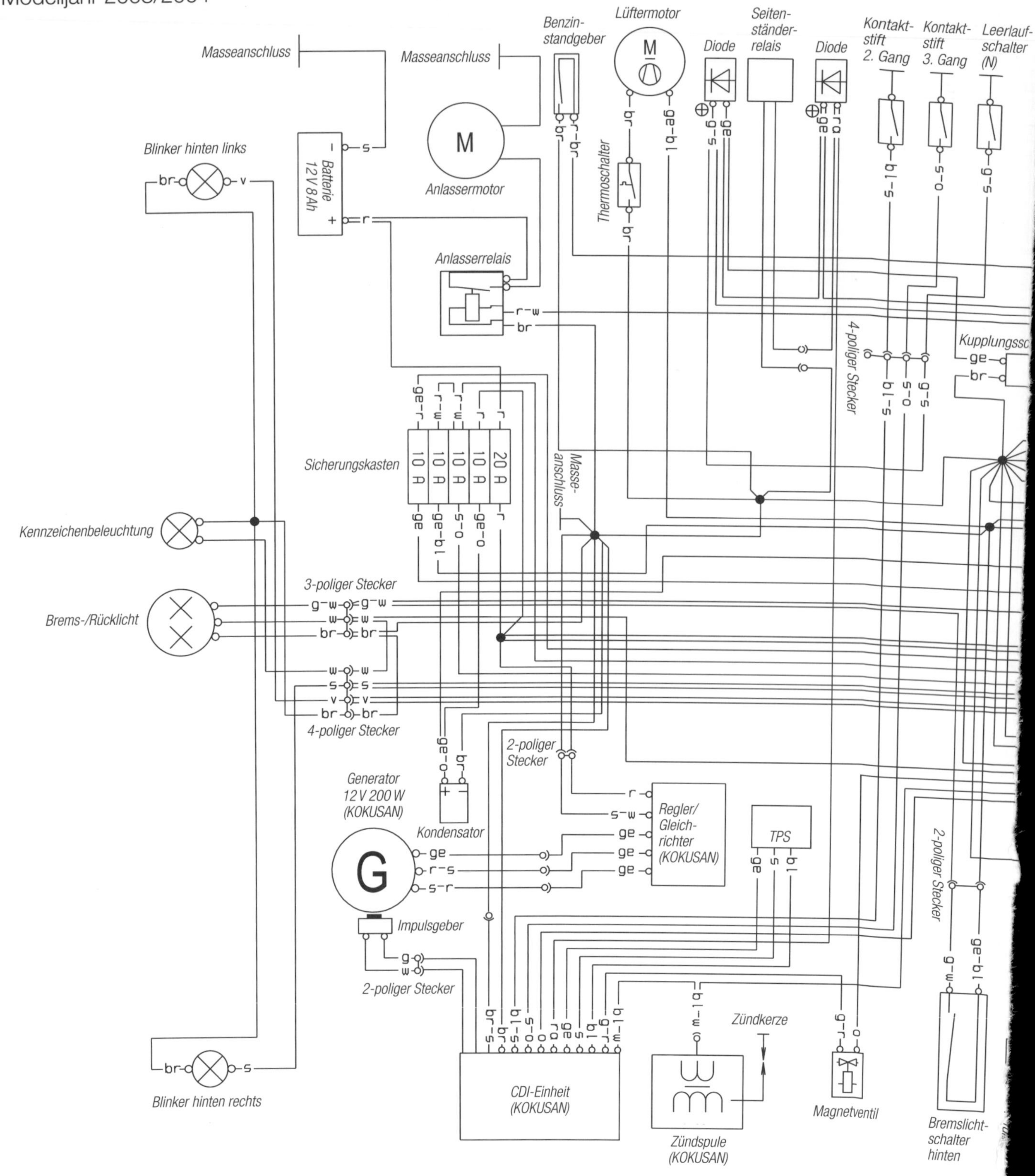

Schaltplan bietet Überblick über Sicherungen und zentrale elektrische Bauteile der KTM 640 LC4 Adventure Mj. 2003/2004. Für tiefer gehende Detailinformationen verweisen wir auf die KTM-interne Werkstattliteratur.

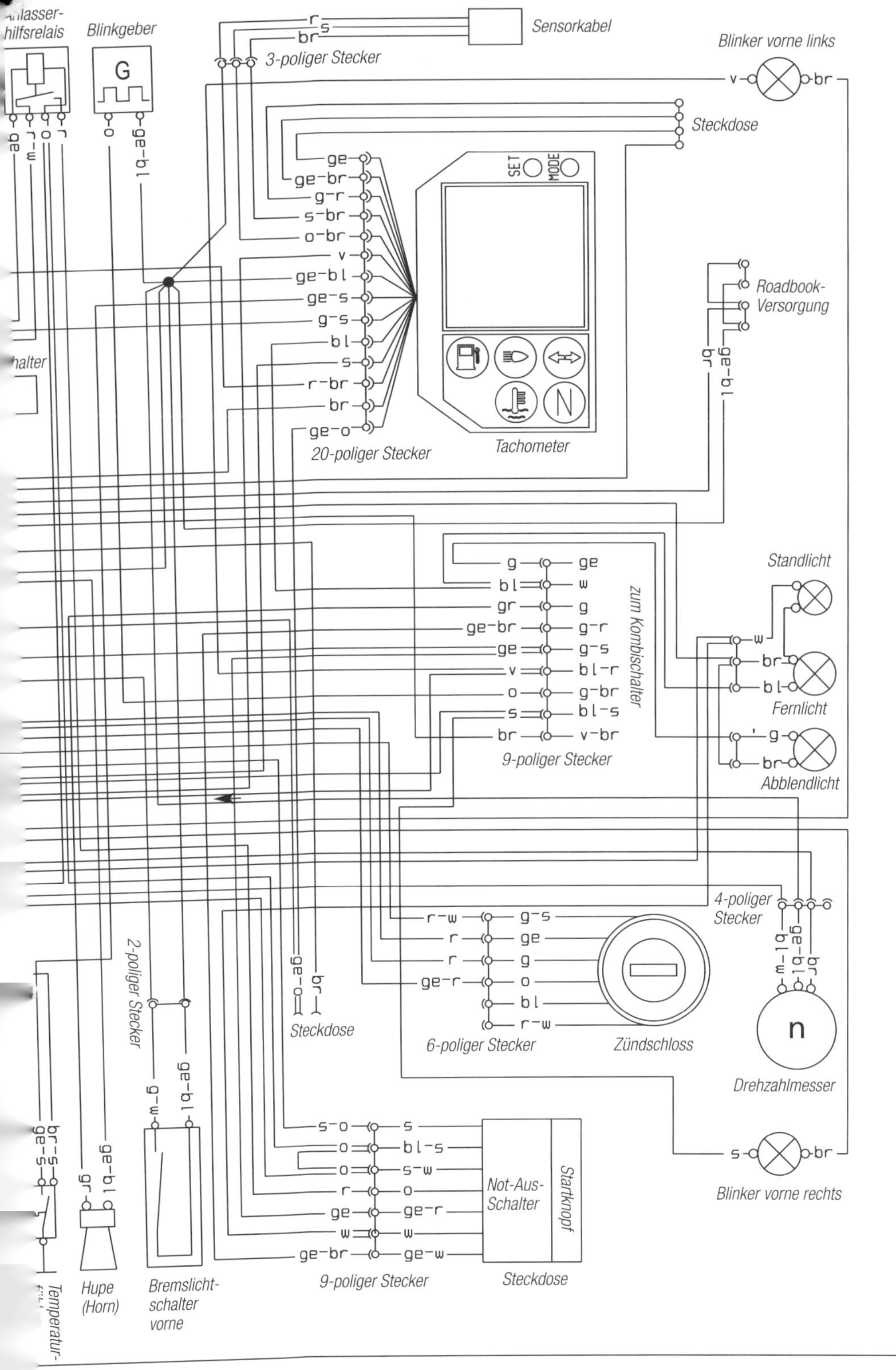

Kombischalter

	s-bl	g-br	v-br	r-bl	g-s	g	g-r	ge	w
Blinker links		•	—	•					
Blinker rechts	•	•							
Lampen •									
Abblendlicht							•	•	
Fernlicht							•	—	•
Hupe			•	—	—	•			
Lichthupe					•	—	—	—	•

Startknopf Not-Aus-Schalter

ASAHI	DENSO	o	s-w	bl-s	s	ge-r	w	ge-w
□	↻			•	•			
▁	⊗							
ϟ	(§)	•	•					
•								
						•	•	
						•	•	•

Zündschloss (Typ Zadi)

	o	g	ge	g-s	r-w	bl
🔒					•	•
⊗					•	•
↻	•	•	•	•		

Kabelfarben

bl	=	blau
br	=	braun
ge	=	gelb
gr	=	grau
g	=	grün
o	=	orange
r	=	rot
ra	=	rosa
s	=	schwarz
v	=	violett
w	=	weiß

KTM 400/640 LC4-E

Modelljahr 2002

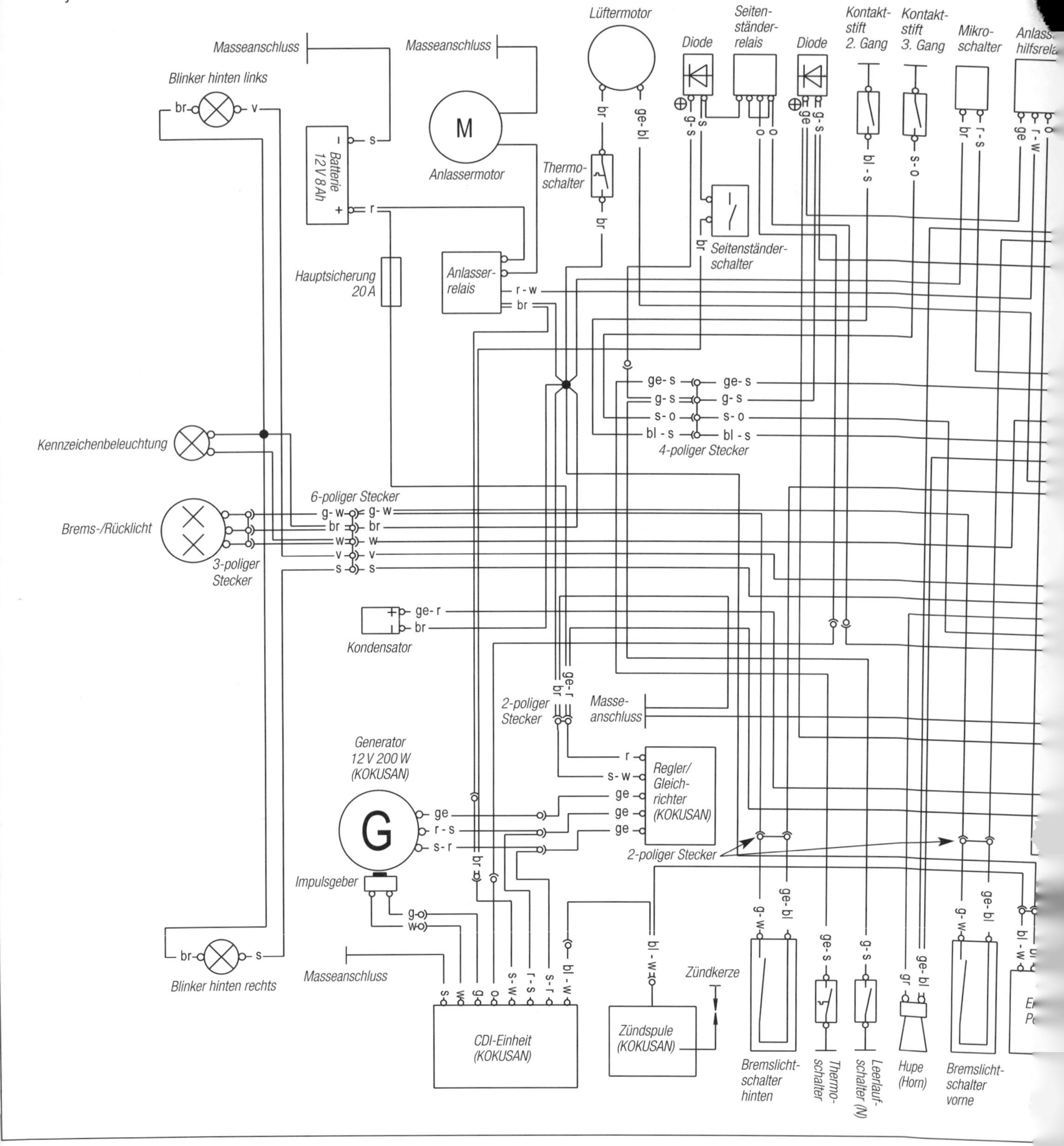

KTM 640 Duke-E

Modelljahr 1998

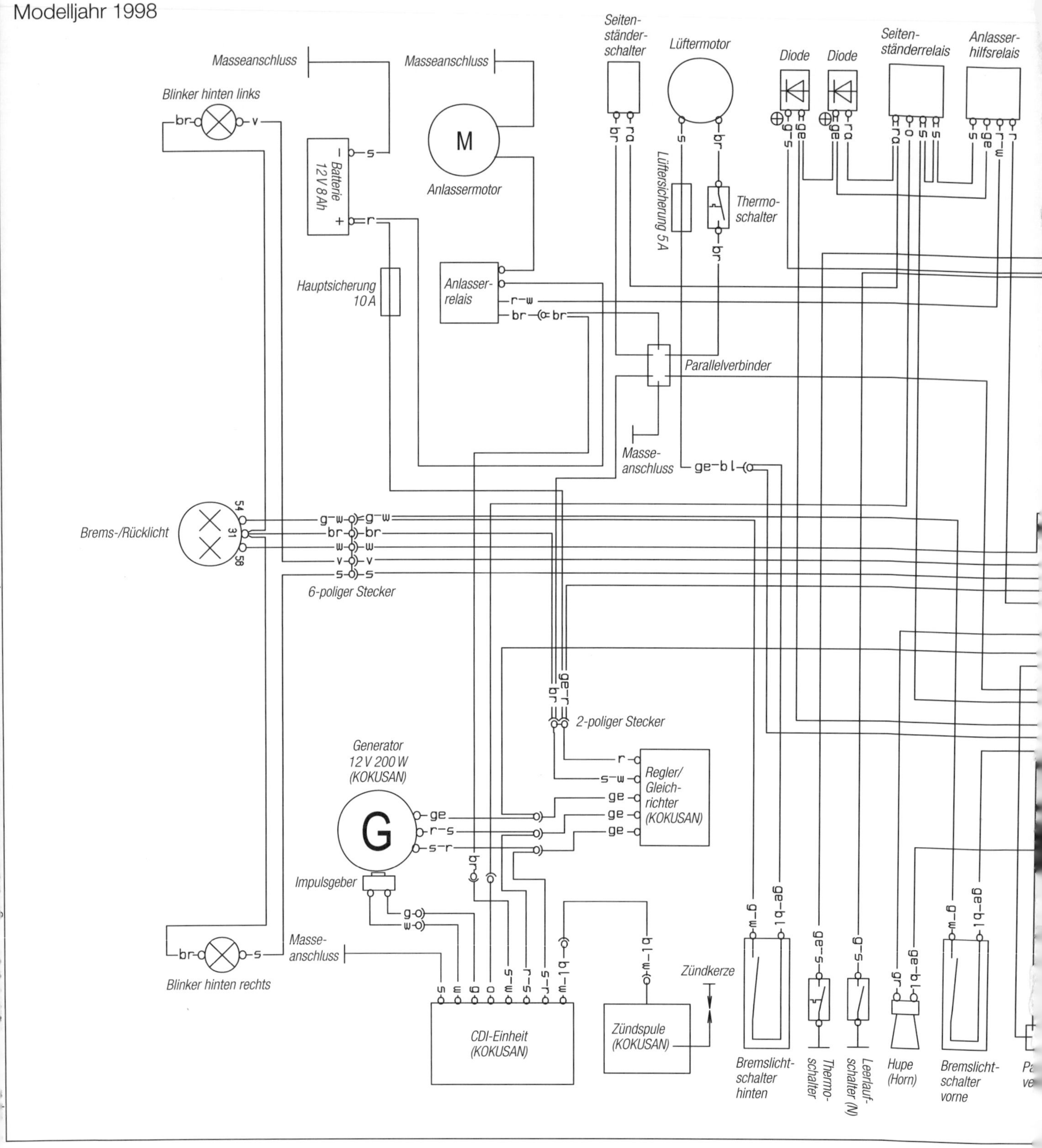

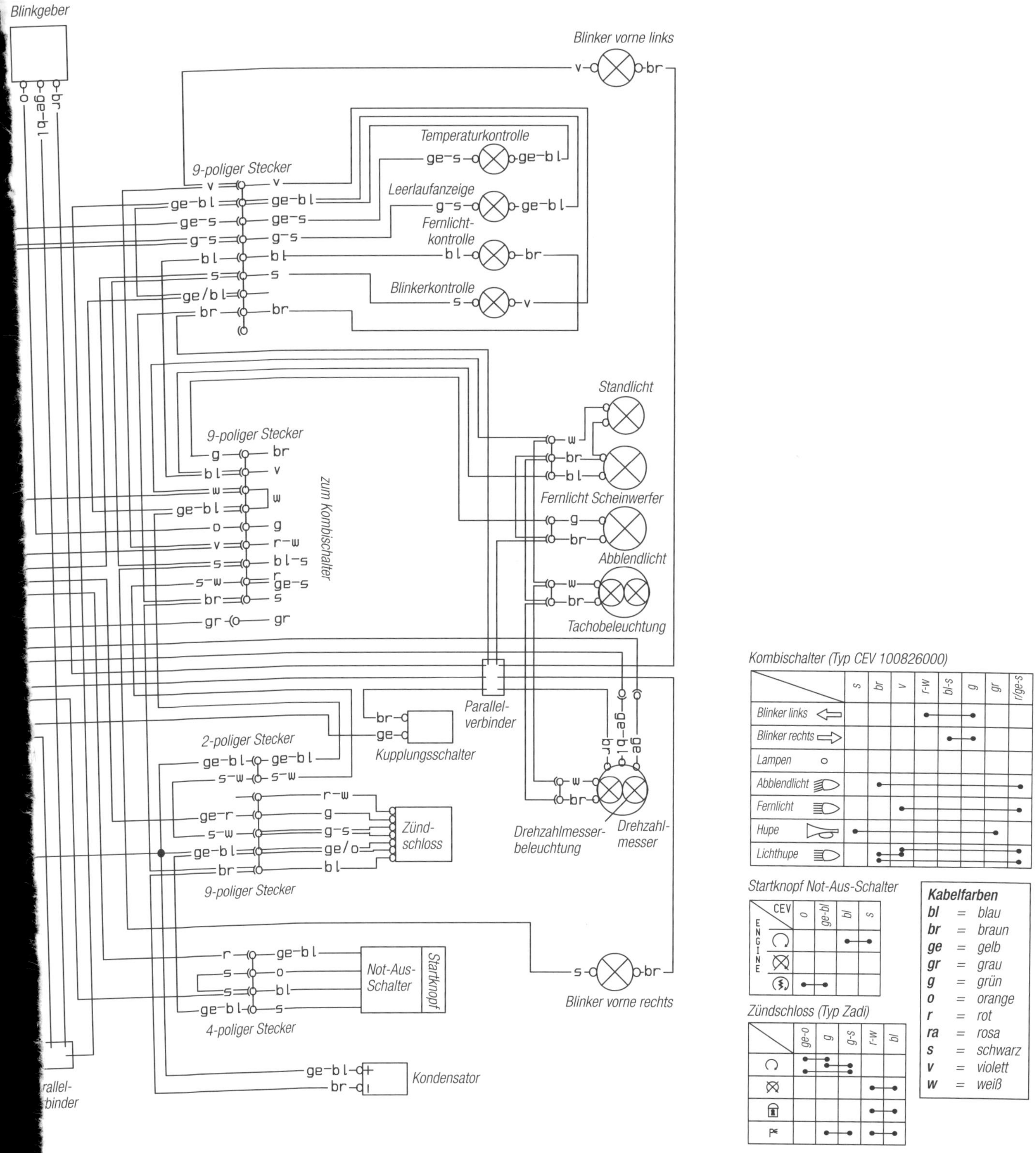

Kabelfarben

bl	=	blau
br	=	braun
ge	=	gelb
gr	=	grau
g	=	grün
o	=	orange
r	=	rot
ra	=	rosa
s	=	schwarz
v	=	violett
w	=	weiß